EUL VERLAG

PERSONAL UND ORGANISATION

Herausgegeben von Prof. Dr. Fred G. Becker, Bielefeld, und Prof. Dr. Jürgen Berthel, Siegen

Band 25
Lars Renner
Flexibilität durch individualisierte Arbeitsinhalte und Arbeitszeiten
Lohmar – Köln 2002 • 326 S. • € 49,- (D) • ISBN 3-89012-988-9

Band 26
Lars Reichmann
Entgeltflexibilisierung – Betriebswirtschaftliche und rechtliche Möglichkeiten an Beispielen der IT-Branche
Lohmar – Köln 2002 • 362 S. • € 53,- (D) • ISBN 3-89012-989-7

Band 27
Frank Bau
Anreizsysteme in jungen Unternehmen – Eine empirische Untersuchung
Lohmar – Köln 2003 • 282 S. • € 47,- (D) • ISBN 3-89936-081-8

Band 28
Maike Gattermann-Kasper
Gestaltungsperspektiven von Telearbeit
Lohmar – Köln 2003 • 292 S. • € 48,- (D) • ISBN 3-89936-085-0

Band 29
Christian Rafflenbeul-Schaub
Die Wahl der Lohnform für Verkäufer im Einzelhandel – Eine empirische Untersuchung
Lohmar – Köln 2003 • 254 S. • € 46,- (D) • ISBN 3-89936-151-2

Band 30
Katja Hüfner
Anreizsysteme für Führungskräfte in multinationalen Unternehmungen – Eine Konzeptualisierung unter Berücksichtigung multinational-relevanter Einflussfaktoren
Lohmar – Köln 2003 • 320 S. • € 52,- (D) • ISBN 3-89936-152-0

JOSEF EUL VERLAG

Reihe: Personal und Organisation · Band 30
Herausgegeben von Prof. Dr. Fred G. Becker, Bielefeld, und Prof. Dr. Jürgen Berthel, Siegen

Dr. Katja Hüfner

Anreizsysteme für Führungskräfte in multinationalen Unternehmungen

Eine Konzeptualisierung unter Berücksichtigung multinational-relevanter Einflussfaktoren

EUL VERLAG

Bibliographische Information der Deutschen Bibliothek

Die Deutsche Bibliothek verzeichnet diese Publikation in der Deutschen Nationalbibliographie; detaillierte bibliographische Daten sind im Internet über <http://dnb.ddb.de> abrufbar.

Dissertation, Universität Bielefeld, 2003

ISBN 3-89936-152-0
1. Auflage September 2003

Printed in Germany
Druck: RSP Köln

JOSEF EUL VERLAG GmbH
Brandsberg 6
53797 Lohmar
Tel.: 0 22 05 / 90 10 6-6
Fax: 0 22 05 / 90 10 6-88
E-Mail: info@eul-verlag.de
http://www.eul-verlag.de

Bei der Herstellung unserer Bücher möchten wir die Umwelt schonen. Dieses Buch ist daher auf säurefreiem, 100% chlorfrei gebleichtem, alterungsbeständigem Papier nach DIN 6738 gedruckt.

VORWORT

Die vorliegende Arbeit wurde von der Fakultät für Wirtschaftswissenschaften der Universität Bielefeld unter dem Titel „Anreizsysteme für Führungskräfte in multinationalen Unternehmungen. Eine Konzeptualisierung unter Berücksichtigung multinational-relevanter Einflussfaktoren" als Dissertation angenommen. Zwischen der ersten Seite und dem erfolgreichen Abschluss liegt ein längerer Zeitraum, der durch eine ganze Reihe von Beteiligten und ihre spezifischen Beiträge gekennzeichnet ist. Bei all den Beteiligten möchte ich mich an dieser Stelle herzlich bedanken.

Ein besonderer Dank gilt meinem Doktorvater Prof. Dr. Fred G. Becker, der auch nach Beendigung meiner Tätigkeit am Lehrstuhl für Betriebswirtschaftslehre, insb. Organisation, Personal und Unternehmungsführung, das nötige Vertrauen in mich setzte; er unterstütze meinen Dissertationsprozess stets mit Rat und konstruktiver Kritik. Prof. Dr. Rolf König danke ich für die Übernahme des Koreferates.

Herzlich bedanken möchte ich mich auch bei allen, mit denen ich insbesondere in den regelmäßigen Doktorandenseminaren das Konzept oder einzelne Kapitel meiner Arbeit diskutieren konnte. An erster Stelle sind hier meine ehemaligen Kollegen PD. Dr. Michael J. Fallgatter, Dr. André Fleer und Dr. Sven Günther zu nennen, die gerade in der frühen konzeptionellen Phase meiner Arbeit wichtige und kritische Ratgeber waren. Aber auch die Beiträge von Dipl.-Kfm. Dirk Quermann, Dipl.-Kffr. Natascha Henseler, Dipl.-Kfm. Christian Brinkkötter, Dipl.-Psych. Michael Ruppel – als Mitarbeiter am Lehrstuhl – und von Dr. Hanno Stöcker, Dipl.-Kfm. Frank Scholz, Dipl.-Kffr. Anke Pankoke – als externe Doktoranden – waren wertvoll. Mein Dank gilt auch Dipl.-Kffr. Christine Reiff und meiner Schwester Dipl.-Ing. Karen Stießel für ihre abschließende und zeitnahe Durchsicht des Manuskriptes.

Auf besondere Weise mit meiner Dissertation verbunden sind meine Familie und Freunde. Für die „seelisch-moralische" und die finanzielle Unterstützung während aller Phasen des Entstehungsprozesses meiner Arbeit möchte ich mich bei meiner Familie bedanken. Meinen Eltern gilt dabei ein besonderer Dank, denn ohne ihren stetigen Zuspruch wäre ich nicht bis hierhin gekommen. Danken möchte ich auch Dipl.-Kffr. Anja Golembek, die es als „beste Freundin" immer verstand, wenn mich meine Arbeit voll in Anspruch nahm, aber auch stets da war, wenn ich Ablenkung benötigte.

Nicht zuletzt möchte ich mich bei meinem Mann bedanken, der mir letztlich den Rückhalt gab, den ich für die Fertigstellung der Dissertation brauchte. Durch sein Verständnis und Einfühlungsvermögen erlangte ich immer wieder die nötige Kraft zum Weitermachen und zum erfolgreichen Abschluss. Ihm und meinen Eltern sei diese Arbeit gewidmet.

Vaals, Juni 2003 Katja Hüfner

Inhaltsübersicht

INHALTSVERZEICHNIS

ABKÜRZUNGSVERZEICHNIS

AG	–	Aktiengesellschaft
AktG	–	Aktiengesetz
aktual.	–	aktualisierte
ASF	–	Anreizsystem für Führungskräfte
BetrVG	–	Betriebsverfassungsgesetz
DAX	–	Deutscher Aktienindex
ed.	–	edition
erg.	–	ergänzte
erw.	–	erweiterte
Gestalt.	–	gestaltete
GmbHG	–	Gesellschaft mit beschränkter Haftung-Gesetz
i. d. R.	–	in der Regel
i. e. S.	–	im engeren Sinne
i. w. S.	–	im weiteren Sinne
IAS	–	International Accounting Standards
KonTraG	–	Gesetz zur Kontrolle und Transparenz im Unternehmensbereich
SEC	–	Securities and Exchange Commission
sog.	–	sogenannt(e/r)
überarb.	–	überarbeitete
übers.	–	übersetzte
umgestalt.	–	umgestaltete
unwes.	–	unwesentlich
US-GAAP	–	United States- Generally Accepted Accounting Principles
v.	–	vom
Veränd.	–	veränderte
vollst.	–	vollständig
z. T.	–	zum Teil

ABBILDUNGSVERZEICHNIS

TABELLENVERZEICHNIS

TEIL I. GRUNDLAGEN

A. EINLEITUNG

1. Problemstellung und Forschungsstand

1.1 Anreizsysteme für Führungskräfte in multinationalen Unternehmungen – eine relevante Problemstellung

Neue Absatzmärkte zu erschließen und kostengünstigere Produktionsstätten zu schaffen kann als ein jeder wirtschaftlichen Unternehmung immanentes Streben gesehen werden. Mit einer zunehmenden Internationalisierung und Globalisierung geht dieses Streben vielfach über nationale Grenzen hinaus und betrifft die gesamte Unternehmungstätigkeit („The world of organization is no longer defined by national boundaries."[1]). Unternehmungen, die ihre Unternehmungstätigkeit auf internationale Märkte ausweiten, werden dort mit anderen als den nationalen wirtschaftlichen, rechtlichen sowie kulturellen Gegebenheiten konfrontiert und vor neue Herausforderungen in der Unternehmungsführung gestellt.

Solche sogenannten „multinationalen Unternehmungen" sind aufgrund ihrer Tätigkeit auf internationalen Märkten komplexeren und dynamischeren Umwelten ausgesetzt als nationale Unternehmungen. Insbesondere für die Führungskräfte der multinationalen Unternehmungen bedeutet dies eine Erweiterung der Handlungs- bzw. Entscheidungsalternativen und höhere Anforderungen bezüglich ihrer Tätigkeiten.[2] Hieraus ergibt sich für die Unternehmung ein explizites Problemfeld, da eine erfolgreiche Unternehmungstätigkeit sowohl auf nationalem als auch auf internationalem Gebiet maßgeblich von der Tätigkeit der Führungskräfte abhängt.[3] Führungskräfte müssen – als wichtige Erfolgsfaktoren – motiviert werden, um im Sinne der Unternehmungszielerreichung zu agieren.[4] Dies macht es erforderlich, sich mit Anreizsystemen für Führungskräfte auseinander zu setzen, deren Aufgabe gerade in der Motivation der Führungskräfte hinsichtlich der Unternehmungszielerreichung zu sehen ist.[5]

Die geeignete Ausgestaltung von Anreizsystemen für Führungskräfte stellt eine multinationale Unternehmung vor ein komplexes Problem: Aufgrund der Verteilung der unternehmerischen Aktivitäten auf mehrere Länder ergibt sich die Notwendigkeit – in Abhängigkeit von den jeweiligen wirtschaftlichen, rechtlichen und kulturellen Gegebenheiten – die der Führungskraft und Situation entsprechenden geeigneten Anreize zu finden. Dies beinhaltet bspw.

[1] Adler (2002), S. V.

[2] Vgl. Köhnke/Stache (1994), S. 542 ff.

[3] Vgl. Finkelstein/Hambrick (1996), S. 24 ff. und die dort angeführten verschiedenen empirischen Studien.

[4] Vgl. Harvey (1993), S. 57.

[5] Vgl. Wild (1973), Becker (1990), Laux (1992), Winter (1996a).

die Berücksichtigung unterschiedlicher nationaler Märkte, unterschiedlicher Rechtsgrundlagen, aber auch des unterschiedlichen Individualverhaltens, das u. a. auf verschiedene kulturelle Hintergründe zurückzuführen ist.[6]

Für eine multinationale Unternehmung stellt die Gestaltung eines geeigneten Anreizsystems für Führungskräfte aus weiteren Gründen eine besondere Herausforderung dar. Zum einen muss sie bestrebt sein, im weltweiten Wettbewerb die besten Führungskräfte für die Unternehmung zu gewinnen. Zum anderen stellt sich das Problem der Bindung an die Unternehmung, wenn eine Führungskraft rekrutiert werden konnte und auch zukünftig die von der Unternehmung erwünschten Leistungen erbringen soll.[7]

Dass Anreizsysteme für Führungskräfte ein besonderes Problemfeld von multinationalen Unternehmungen darstellen, kann durch die in der wissenschaftlichen Diskussion und die in der Praxis auftretenden Probleme bestätigt werden. Dies sei im Folgenden veranschaulicht.

Ein Problemaspekt ergibt sich bspw. aus den unterschiedlichen Vergütungsniveaus für Führungskräfte in verschiedenen Ländern. So konnten etwa in Vergleichen von Vergütungen international tätiger Führungskräfte erhebliche Unterschiede festgestellt werden. *Schwalbach* (1999) erhob für die Vorstände von 14.079 deutschen Unternehmungen im Zeitraum von 1987-1996, dass deren Vergütung zwar im Zeitablauf gestiegen ist, im Vergleich zu Gehältern US-amerikanischer Vorstände aber eher gering ausfällt.[8] Ähnliche Ergebnisse finden sich auch in anderen Untersuchungen.[9] Für eine multinationale Unternehmung ergibt sich hieraus folgendes Problem: Will sie z. B. als eine Unternehmung mit dem Stammland Deutschland eine US-amerikanische Führungskraft rekrutieren, sollte die Höhe des angebotenen Gehaltes US-amerikanischen Verhältnissen entsprechen, um einen Beitrittsanreiz für die Führungskraft zu liefern. Eine solche Anpassung impliziert allerdings u. U. den Unmut der bereits in der Unternehmung befindlichen Führungskräfte, die nach „deutschen Verhältnissen" entlohnt werden. Dies könnte einerseits eine abfallende Motivation der bereits in der Unternehmung tätigen und geringer entlohnten Führungskräfte zur Folge haben. Andererseits – im Fall einer auf Gerechtigkeitsaspekten beruhenden Anpassung der übrigen Führungskräftegehälter – könnte dies die Unternehmung vor Probleme zu hoher Kosten für das Anreizsystem stellen.

Wird das Beispiel weiter verfolgt, lassen sich zusätzliche Problemaspekte veranschaulichen: Die US-amerikanische Führungskraft könnte erwarten, ihre Vergütung zu einem geringen Anteil an fixem, zu einem relativ hohen Anteil an variablem Vergütungsbestandteil zu er-

---

[6] Vgl. Scherm (1999a), S. 281 ff.

[7] Vgl. Weinert (1992), Sp. 123.

[8] Vgl. Schwalbach (1999b), S. 592 ff.

[9] Vgl. z. B. Kielley (1990), S.26 ff., Steppan (1998), S. K1.

halten. Oft erfolgt dies bei börsennotierten Unternehmungen in Form von Aktienoptionen. Um auf dem Nachfragemarkt für Führungskräfte konkurrenzfähig gegenüber US-amerikanischen Unternehmungen zu werden, ist dann die (deutsche) Unternehmung gezwungen, sich in ihrem Vergütungsangebot anzupassen.[10] Tatsächlich wurden vor dem Hintergrund eines internationalen Wettbewerbs um Führungskräfte in den letzten Jahren von vielen deutschen Unternehmungen Aktienoptionspläne eingeführt.[11] Allerdings geschah dies – insbesondere in der Einführungsphase – nicht immer in sinnvoller Art und Weise.[12] Solche Problemaspekte verdeutlichen die Relevanz einer analysierenden Auseinandersetzung mit der Ausgestaltung von Anreizsystemen vor dem Hintergrund unterschiedlicher Unternehmungsumwelten.

Die im Rahmen der internationalen Unternehmungstätigkeit auftretende kulturelle Vielfalt stellt einen weiteren wichtigen Aspekt dar, der Anreizsysteme für Führungskräfte in multinationalen Unternehmungen von denen nationaler Unternehmungen unterscheidet. Hier geht es zum einen um die kulturelle Herkunft der in der Unternehmung tätigen Individuen. In einer multinationalen Unternehmung stammen sie vielfach aus verschiedenen Ländern und gehören unterschiedlichen Kulturkreisen an; dies bedingt i. d. R. verschiedene Werte und Verhaltensweisen und führt dazu, dass gleiche Situationen unterschiedlich bewertet werden.[13] Hieraus kann ein Einfluss kultureller Prägung auf die Leistungsmotivation folgen.[14] Ferner kann die jeweilige Kultur des Landes, in dem die multinationale Unternehmung ihre Unternehmungstätigkeit ausübt, ebenfalls Einflüsse auf Beziehungen zu Wettbewerbern, zu Kunden u. ä. besitzen.[15]

Die Frage, ob eine Unternehmung eine weltweit identische Anreizstrategie für sämtliche Führungskräfte durchsetzen kann oder ob sie kulturelle Unterschiede berücksichtigen muss, wird bspw. von *Müller* thematisiert: In einer Befragung von Personalverantwortlichen der

---

[10] Vgl. Hüffer (1997), S. 215 oder auch einen Bericht des Deutschen Aktien Institutes e.V. (1996), S. 1 f. Veranschaulicht sei dies durch die Äußerung des Vorstandschefs eines deutschen Pharma- und Chemiekonzerns, der den Ausbau seiner Unternehmungstätigkeit in den USA anstrebte und sich deshalb zur Notierung an der Wall Street entschloss: „Wir wollen die Aktie natürlich einsetzen als wichtiges Mittel, um erstklassige Leute zu gewinnen. Und die können sie ohne Aktienoptionen schwer bekommen.“ (Vgl. Smolka (2002), S. 6).

[11] Verwiesen sei hier auf die seit 1997 sprunghafte Zunahme der in Deutschland eingeführten Aktienoptionsprogramme, vgl. etwa Unternehmungen wie die Deutsche Bank AG, die Schwarz-Pharma-AG oder die Volkswagen AG.

[12] Beispielhaft sei hier die Daimler-Benz AG genannt: Im Zuge der Entscheidung über eine Fusion mit der Chrysler Corp. waren die Anreizsysteme für die Führungskräfte ein entscheidendes Thema (vgl. z. B. Frankfurter Allgemeine Zeitung v. 10.08.1998, S. 15 oder v. 12.09.1998, S. 17). Das in diesem Zusammenhang von der Daimler-Benz AG eingeführte Aktienoptionsprogramm wurde in Wirtschaft und Presse und auch von Seiten eines Hochschullehrers ausgiebig und kritisch diskutiert und unterlag aufgrund kritisierter Bestandteile des Programms mehrfachen Änderungen (vgl. z. B. Handelsblatt v. 12./13.6.1998, S. 17, v. 13.08.1998, S. 13, v. 21.09.1998, S. 14 und v. 31.10/1.11.1998, S. 19).

[13] Vgl. dazu bspw. die empirischen Untersuchungen von *Hofstede* bezüglich kultureller Unterschiede.

[14] Vgl. Kumar (1991), S. 127 ff.

[15] Vgl. bspw. Dülfer (2001).

zwölf größten deutschen Industrieunternehmungen kam er zu dem Ergebnis, dass es aus der Sicht der Befragten darauf ankomme, lokalen Unterschieden hinsichtlich der Ausgestaltung von Anreizsystemen gerecht zu werden.[16] Es stellt sich demnach die Frage, inwieweit spezifische Faktoren, denen sich eine multinationale Unternehmung gegenüber sieht, in einem Anreizsystem für Führungskräfte berücksichtigt werden müssen bzw. inwieweit ein hoher Grad der Vereinheitlichung eines Anreizsystems für Führungskräfte in einer multinationalen Unternehmung sinnvoll sein kann. Das Problemfeld der Themenstellung kommt in folgenden Fragestellungen zum Ausdruck:

- Ist die heutzutage vielfach vernommene Forderung nach einem standardisierten „globalen Anreizsystem" für Führungskräfte einer multinationalen Unternehmung ökonomisch geboten?
- Wenn sich eine Unternehmung von einer nationalen zu einer multinationalen Unternehmung wandelt, besteht dann Anpassungsbedarf in ihrem Anreizsystem für Führungskräfte?
- Haben die in einer multinationalen Unternehmung auftretenden verschiedenen Kulturzugehörigkeiten der Führungskräfte oder die dort auftretende Umweltheterogenität Einfluss auf die unternehmungsspezifischen Verhaltensweisen der Führungskräfte und damit auf die Wirksamkeit von gegebenen Anreizsystemen für Führungskräfte?
- Wenn die letzte Frage mit „ja" zu beantworten ist, erscheint es dann sinnvoll, solche Aspekte explizit im Anreizsystem für Führungskräfte zu berücksichtigen?
- Wenn sich eine Anpassungsnotwendigkeit des Anreizsystems für Führungskräfte durch den multinationalen Kontext ergeben sollte, was sind dann solche multinational-relevanten Einflussfaktoren, denen eine Wirkung auf ein Anreizsystem zugesprochen werden kann?

Die bisherigen Ausführungen skizzieren Probleme in multinationalen Unternehmungen, wenn es darum geht, mittels eines Anreizsystems für Führungskräfte die für die Unternehmung besten Führungskräfte zu gewinnen, diese an die Unternehmung zu binden und sie zu zielgerechten Leistungen zu motivieren.[17] Um dieses komplexe Problemfeld zu durchdringen, erscheint eine Systematisierung solcher Aspekte notwendig, die auf die Wirksamkeit des Anreizsystems Einfluss haben können.

---

[16] Vgl. Müller (2001), S. 23.

[17] Die beispielhafte Darstellung erhebt keinen Anspruch auf eine vollständige Angabe der auftretenden Probleme. Sie soll vielmehr dazu dienen, das Problemfeld von Anreizsystemen für Führungskräfte in multinationalen Unternehmungen zu verdeutlichen.

1.2 Forschungsstand

Probleme im Zusammenhang mit der Gestaltung von Anreizsystemen für Führungskräfte in multinationalen Unternehmungen werden in der Praxis immer wieder thematisiert und für kritisch befunden. Allerdings erfolgte die Problematisierung in der Literatur bisher lediglich in eingeschränkter Weise.

Ein Blick in die Literatur bestätigt einerseits das Interesse an der spezifischen Problematik der Anreizsysteme für Führungskräfte: So lassen sich gerade im US-amerikanischen Bereich immer wieder Arbeiten finden, die sich mit der aktuellen Entwicklung der Führungskräftevergütung auseinandersetzen bzw. Vorschläge für eine optimale Entlohnung für Führungskräfte liefern.[18] Auch in der deutschsprachigen Literatur gibt es in den letzten Jahren vermehrt Arbeiten, die sich mit Anreizsystemen für Führungskräfte beschäftigen.[19] Solche Arbeiten beziehen sich allerdings nicht bzw. nur in sehr eingeschränkter Weise auf mögliche Besonderheiten einer internationalen Betrachtungsperspektive.

Zudem existieren Arbeiten, die als Reaktion auf die o. a. zunehmende Internationalisierung gesehen werden können und internationale Aspekte zum Inhalt haben. Im englischsprachigen Raum sind diese Arbeiten weit verbreitet, auch in einer Vielzahl von Zeitschriftenveröffentlichungen.[20] Im deutschsprachigen Raum wird diese Thematik vielfach als Teilgebiet des Internationalen Personalmanagements aufgefasst und nur in entsprechenden Werken[21] bzw. in Form von Veröffentlichungen in Herausgeberwerken mit anderer Themenorientierung[22] analysiert. Allerdings wird nicht immer die spezielle Gruppe der Führungskräfte behandelt. Außerdem ist festzustellen, dass solche Arbeiten die „internationale Vergütung" lediglich auf einem sehr spezifischen Niveau betrachten, in dem sie primär die Berechnung und die explizite Darstellung exakter Entlohnungsgrößen vornehmen. Bei solchen Entlohnungsgrößen handelt es sich etwa um den Kaufkraftausgleich, Steuern u. a. Zudem beziehen sich die Analysen i. d. R. auf Expatriates.

Innerhalb der US-amerikanischen Literatur finden sich zwar vermehrt Ansätze, die ein Konzept einer internationalen Entlohnung zum Ziel haben, aber auch diese Arbeiten beziehen sich größtenteils auf die spezifische Entlohnungsstruktur international eingesetzter Mitarbeiter einer Unternehmung.

---

[18] Vgl. z. B. die aktuelle Arbeit von Balsam (2002), weiter bspw. Finkelstein/Hambrick (1996), S. 263 ff., Gomez-Meija (1994), S. 161 ff., Gomez-Meija/Welbourne (1989).

[19] Vgl. z. B. Becker (1990), Bleicher (1992), Guthof (1995), Wächli (1995), Winter (1996a) und (1996b), Grewe (2000).

[20] Vgl. die US-amerikanischen Arbeiten von Kielley (1990), Harvey (1993), Solomon (1995), Young (2002).

[21] Vgl. z. B. Scherm (1999a), S. 286 ff., Kammel/Teichelmann (1994), S. 89 ff., Linke (1996), S. 91 ff. und S. 171 ff.

[22] Vgl. z. B. Macharzina (1993), S. 391 ff., Mayrhofer (1996), S. 352 ff.

In der Literatur besteht dementsprechend eine Lücke zwischen konzeptionellen Arbeiten für Anreizsysteme für Führungskräfte ohne einen internationalen Fokus und Arbeiten, die vorrangig die Vergütung von ins Ausland entsandten Führungskräften im Detail erklären. Ursachen, Einflussfaktoren und Wirkungsweisen, die Anreizsysteme für Führungskräfte in multinationalen Unternehmungen von denen in nationalen Unternehmungen unterscheiden, werden nicht erörtert. Unklar bleibt auch, welche Einflussfaktoren bei der Betrachtung einer multinationalen Unternehmung zusätzlich zu beachten sind.

Um diese Lücke in der Forschung zu schließen, ist es angebracht, sowohl Erkenntnisse über Anreizsysteme für Führungskräfte als auch die des betriebswirtschaftlichen Forschungsbereiches des „Internationalen Managements" heranzuziehen. Denn diese bieten einerseits die Grundlagen für eine Auseinandersetzung mit Anreizsystemen und andererseits die notwendige Erweiterung der Sichtweise von Anreizsystemen auf mögliche multinational-relevante Einflussfaktoren. Als unmittelbarer Anknüpfungspunkt für die Arbeit dient dann in erster Linie die Literatur zu Anreizsystemen für Führungskräfte. Darüber hinaus sind solche Arbeiten aus dem Forschungsbereich „Internationales Management" auszuwerten, die Fragestellungen thematisieren, welche länderübergreifende ökonomische Austauschbeziehungen international agierender Unternehmungen betreffen.[23] Darauf aufbauend ist es dann möglich, die Erkenntnisse beider Bereiche themenspezifisch zu verbinden.

2. Zielsetzung und Vorgehensweise

2.1 Zielsetzung

In der vorliegenden Arbeit geht es darum, spezifische Erkenntnisse für die Thematik „Anreizsysteme für Führungskräfte" vor dem Hintergrund einer multinationalen Unternehmung zu gewinnen. Für den Weg einer solchen Erkenntnisgewinnung stehen im Rahmen der Geisteswissenschaften eine Reihe von Forschungsverfahren zur Verfügung, die sich durch unterschiedliche Differenzierungen hinsichtlich des Denkablaufs, der Rahmenbedingungen und der Ebenen des Denksystems voneinander abgrenzen lassen.[24]

Der für die vorliegende Arbeit gewählte Weg der Erkenntnisgewinnung liegt in der Nutzung der modernen Hermeneutik als wissenschaftstheoretischer Vorgehensweise. Die moderne Hermeneutik ist auf die theoretische Rekonstruktion des Alltags ausgerichtet.[25] Die Rekon-

---

[23] So das Verständnis des „Internationalen Management" nach Staehle (vgl. Staehle (1999), S. 501). Weitere Definitionen des Begriffs des „Internationalen Management" findet sich z. B. bei Macharzina (1989) sowie in einem zusammenfassenden Überblick über deutsche Arbeiten zum Themengebiet bei Macharzina/Engelhardt (1987). Die in der Literatur zu findenden Begriffe wie „International Business", „Internationale Betriebswirtschaftslehre" etc. werden hier als Synonyme für den Begriff des „Internationalen Management" gesehen.

[24] Vgl. Lattmann (1998), S. 114.

[25] Vgl. Sloane/Twardy/Buschfeld (1998)S. 297 und als Grundlage der modernen Hermeneutik: Gadamer (1972), S. 216.

struktion der Wirklichkeit unter Zuhilfenahme von Theorien ist hierbei der Kern. Das Typische der Wirklichkeit wird als Anwendungsfall des Allgemeinen in einem besonderen Fall gesehen, d. h. eine existierende reale Situation wird als Anwendungsfall der Theorie verstanden; mit Hilfe der Theorie soll diese Situation verständlich gemacht werden.[26] Die im Rahmen der vorliegenden Arbeit zugrundeliegende reale Situation bezieht sich auf Anreizsysteme für Führungskräfte in multinationalen Unternehmungen. Hier gilt es, dieses Phänomen mit Hilfe von theoretischen Erkenntnissen derart zu rekonstruieren, dass Wirkungsweisen und Einflussfaktoren extrahiert und interdependente Beziehungen aufgezeigt werden können.

Ziel der Arbeit soll es deshalb sein, das komplexe reale Phänomen der Anreizsysteme für Führungskräfte in multinationalen Unternehmungen auf Basis theoretischer Überlegungen zu strukturieren: Einerseits um Grundlagen für die weitere wissenschaftliche Forschung zu legen und andererseits um Orientierungshilfen für die praktische Anwendung zu bieten. Dabei kann es nicht darum gehen, im Schluss konkrete Handlungsalternativen für spezifische multinationale Unternehmungen zu generieren. Allerdings soll die praxeologische Ausrichtung dazu verpflichten, an keinem Punkt der theoretischen Untersuchung die grundsätzliche praxisrelevante Richtung zu verlieren. Dementsprechend versucht die vorliegende Arbeit im Sinne einer praktischen Anwendungshilfe ein „Gerüst" von Bedingungen zu liefern, die sich als relevant für den Einsatz von Anreizsystemen für Führungskräfte in multinationalen Unternehmungen erweisen. Zur Umsetzung des Erkenntniszieles werden zwei Teilerkenntnisziele formuliert:

Beim ersten Teilerkenntnisziel geht es um die *Extrahierung* möglicher Unterschiede zwischen Anreizsystemen für Führungskräfte einer multinationalen Unternehmung im Gegensatz zur nationalen Unternehmung bzw. einer nicht spezifisch multinational orientierten Unternehmung; dies soll mittels einer Analyse in der Literatur vorhandener theoretischer und empirischer Ansätze geschehen. Als Ergebnis einer solchen Analyse wird angestrebt, besondere Faktoren herauszuschälen, die einen Einfluss auf den Einsatz von Anreizsystemen für Führungskräfte im multinationalen Unternehmungskontext besitzen. Solche Faktoren seien aus Gründen sprachlicher Vereinfachung im Rahmen der Arbeit als multinational-relevante Faktoren bezeichnet.

Hieran anknüpfend geht es dann um die Umsetzung des zweiten Teilerkenntniszieles, der *Strukturierung* des Phänomens „Anreizsysteme für Führungskräfte in multinationalen Unternehmungen" hinsichtlich relevanter Einflussfaktoren und deren Interdependenzen. Dabei werden zum einen die o. a. multinational-relevanten Einflussfaktoren berücksichtigt. Darüber hinaus werden auch die Literaturerkenntnisse hinsichtlich herkömmlicher Einflussfakto-

[26] Vgl. Sloane/Twardy/Buschfeld (1998), S. 298.

ren auf Anreizsysteme für Führungskräfte in nicht spezifisch multinational orientierten Unternehmungen verarbeitet. Diese werden in Bezug zu den verschiedenen Gestaltungselementen eines Anreizsystems für Führungskräfte gesetzt, so dass abschließend eine konzeptionelle Übersicht über wichtige Bedingungen für den Einsatz von Anreizsystemen für Führungskräfte in multinationalen Unternehmungen angestrebt wird.

Die Differenzierung in zwei Teilerkenntnisziele erfolgt deshalb, um eine dem Gesamtziel der Arbeit entsprechende zielführende Systematik erreichen zu können – einerseits multinational-relevante Einflussfaktoren auf Anreizsysteme für Führungskräfte zu identifizieren, andererseits deren spezifischen Wirkungszusammenhänge auf das Anreizsystem innerhalb einer Konzeptualisierung zu analysieren. Bei einer solchen Vorgehensweise ist es nicht immer zu vermeiden, relevante Analysebereiche völlig überschneidungsfrei darzustellen. Im Rahmen dieser Arbeit werden solche themenimmanenten Überschneidungen ausdrücklich zu Gunsten einer systematischen Vorgehensweise der Analyse in Kauf genommen.

2.2 Vorgehensweise

Die beiden Teilerkenntnisziele spiegeln sich im Aufbau der Arbeit wider. Nach dem Grundlagenteil führen Teil 2 und Teil 3 – zunächst unabhängig voneinander, dann in integrierender Betrachtung – zur Extrahierung besonderer Einflussfaktoren auf Anreizsysteme für Führungskräfte in multinationalen Unternehmungen (Erreichung Teilerkenntnisziel 1). Die Ergebnisse daraus fließen dann in den Teil 4 ein, um das zweite Teilerkenntnisziel zu erreichen. In Abb. 1 ist dieser Aufbau der Arbeit visualisiert.

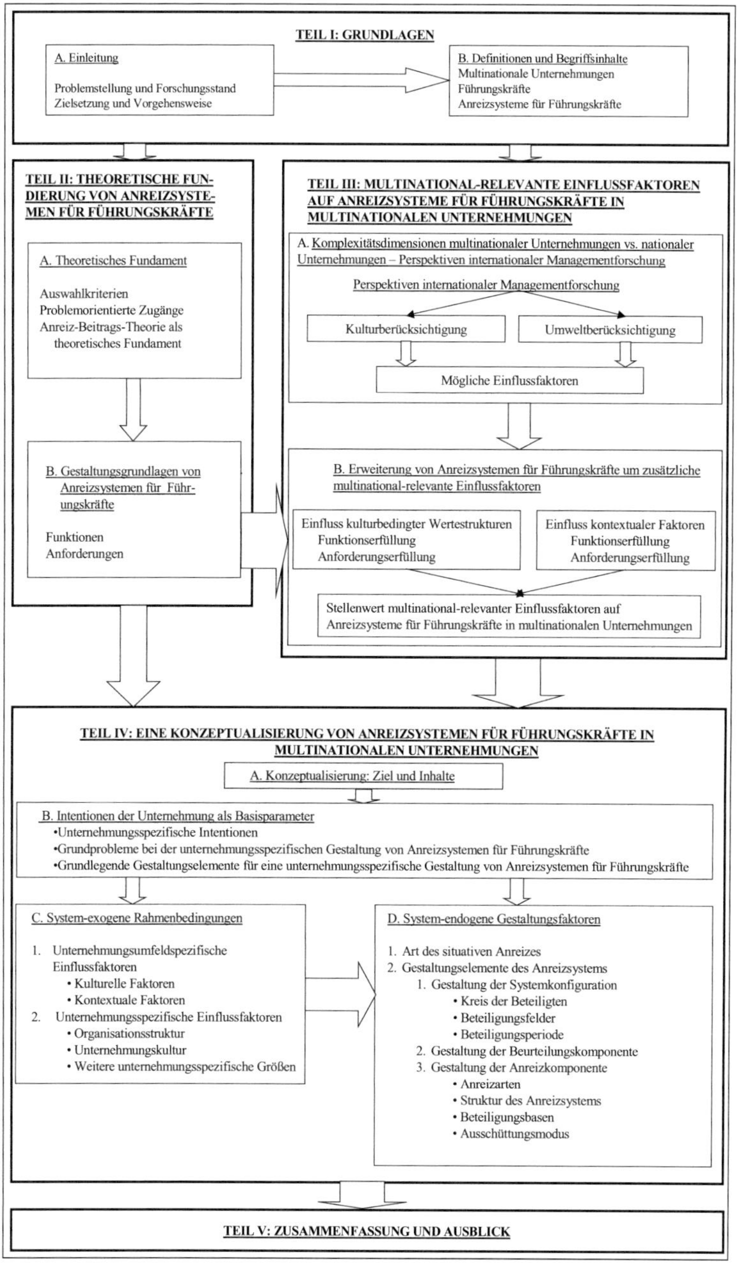

Abb. 1: Aufbau und Vorgehensweise der Arbeit

Die vorliegende Arbeit gliedert sich in fünf Teile. Teil 1 behandelt nach einer Darlegung der Problemstellung, der Vorgehensweise und der Ziele der Untersuchung mit der Definition wichtiger Begriffe Grundlagen der Arbeit. Die Begriffe „Multinationale Unternehmungen", „Führungskräfte" und „Anreizsysteme für Führungskräfte" werden vor dem Hintergrund der vorliegenden Themenstellung präzisiert. Denn insbesondere für den Begriff „Multinationale Unternehmungen" kann in der Literatur eine Vielzahl unterschiedlicher Begriffsexplikationen gefunden werden.

Im Teil 2 der Arbeit wird das theoretische Fundament gelegt. Zunächst werden Kriterien für eine theoretische Basis der Auseinandersetzung erarbeitet. Das jene Kriterien am besten erfüllende theoretische Konzept ist das der Anreiz-Beitrags-Theorie. Auf ihrer Grundlage kann die Themenstellung in ihrer ganzen Komplexität erfasst werden. Die Anreiz-Beitrags-Theorie lässt ausreichend Raum für die Erklärung verschiedener Teilphänomene, die das Gebiet der Anreizsysteme für Führungskräfte in multinationalen Unternehmungen aufwirft. Im weiteren Verlauf des zweiten Teils erfolgt dann eine Analyse der Funktionen und Anforderungen von Anreizsystemen für Führungskräfte aus der Sicht des theoretischen Fundaments, der Anreiz-Beitrags-Theorie.

Teil 3 beinhaltet die Frage nach möglichen besonderen Einflussfaktoren auf Anreizsysteme für Führungskräfte in multinationalen Unternehmungen, die sich daraus ergeben, dass – im Gegensatz zum nationalen Umfeld – bei multinationalen Unternehmungen weitere Einflussfaktoren relevant sein können. Hierbei wird zunächst auf verschiedene Perspektiven des Forschungsbereichs des „Internationalen Managements" zurückgegriffen: Zum einen auf die Perspektive der Kulturberücksichtigung und zum anderen auf die Perspektive der Umweltberücksichtigung. Unterschiedliche theoretische und empirische Konzepte werden dabei herangezogen, aus denen als Ergebnis potentielle Einflussfaktoren auf Anreizsysteme für Führungskräfte in multinationalen Unternehmungen extrahiert werden. Integrierend werden dann die Ergebnisse des dritten Teils der Arbeit – potentielle Einflussfaktoren – mit den Ergebnissen des zweiten Teils – theoretisch gehaltvolle Funktionen von und Anforderungen an Anreizsysteme für Führungskräfte in multinationalen Unternehmungen – verbunden, um zu den potentiellen multinational-relevanten Einflussfaktoren auf Anreizsysteme für Führungskräfte in multinationalen Unternehmungen zu gelangen.

Teil 4 der Arbeit beinhaltet die Konzeptualisierung von Anreizsystemen für Führungskräfte in multinationalen Unternehmungen auf Basis der in den vorherigen Teilen gewonnenen Erkenntnisse. Nachdem im dritten Teil erarbeitet wurde, welche multinational-relevanten Einflussfaktoren auf Anreizsysteme für Führungskräfte existieren, geht es hier um die Analyse der Art und Weise des Einflusses der extrahierten Faktoren.

Dabei erfolgt eine Differenzierung in unterschiedliche Teilgruppen, die jeweils andere Bedeutung für einen Einsatz von Anreizsystemen für Führungskräfte in multinationalen Unternehmungen besitzen: Zum einen sind die Intentionen einer Unternehmung, die mit dem Einsatz eines Anreizsystems für Führungskräfte verbunden sind, als Basisparameter für den Einsatz von Anreizsystemen entscheidend. Darüber hinaus erfordert die Verwendung eines Anreizsystems zur Verfolgung spezifischer Unternehmungsziele den Einsatz verschiedener system-endogener Gestaltungsfaktoren, also solcher Faktoren, durch die das Anreizsystem aktiv von der Unternehmung gestaltet werden kann. Allerdings werden jene wiederum durch verschiedene system-exogene Rahmenbedingungen beeinflusst. Hierbei sind die system-exogenen Rahmenbedingungen als solche zu verstehen, die nicht unmittelbar von der Unternehmung zu beeinflussen und damit in der Regel – zumindest in kurzfristiger Sicht – von ihr zu akzeptieren sind. Diese system-exogenen Rahmenbedingungen werden zunächst dargestellt und hinsichtlich einer Einflussmöglichkeit auf einzelne system-endogene Gestaltungsfaktoren analysiert. Daran anschließend erfolgt dann die Analyse, wie die jeweiligen system-exogenen Rahmenbedingungen auf die einzelnen Gestaltungselemente wirken.

Im Teil 5 erfolgt dann eine Zusammenfassung der Ergebnisse der Arbeit sowie eine abschließende Bewertung, sowohl hinsichtlich der weiteren Forschungsnotwendigkeit als auch der Implikationen für die Unternehmungspraxis.

B. Definitionen und Begriffsinhalte

1. Multinationale Unternehmungen

In der Literatur existieren viele Begriffe und Definitionen von Unternehmungen, die sowohl national als auch international tätig sind. Allerdings werden inhaltlich ähnlichen Definitionen häufig unterschiedliche Begriffe zugeordnet.[27] Darüber hinaus existiert zum gleichen Begriff häufig eine Vielzahl unterschiedlicher Definitionen. Vielfach finden sich in der Literatur die Begriffe der „Multinationalen Unternehmung“ und der „Internationalen Unternehmung“.[28] Auch die Inhalte dieser Begriffe unterscheiden sich von Autor zu Autor.[29] Eine Bewertung der Vielzahl an Definitionen erscheint im Rahmen der vorliegenden Arbeit nicht angebracht. Stattdessen geht es in diesem Abschnitt um eine geeignete Begriffsfindung und Begriffspräzisierung für Zwecke der vorliegenden Arbeit. Nach *Buckley* („Definitions are not right or wrong, just more or less useful.“[30]) sind Definitionen jeweils vor dem Hintergrund ihres Verwendungszusammenhangs zu analysieren. Aufgrund dessen soll hier eine für die vorliegende Themenstellung zweckmäßige Explikation erfolgen, die in der Literatur vorhandene Definitionen als Grundlage heranzieht.

---

[27] Eine Übersicht der bereits 1975 existierenden Begriffe in der Literatur findet sich bei Hederer (1975), S. 21 f.

[28] Vgl. Hederer (1975), S. 22.

[29] Umfangreiche Beispiele hierzu finden sich ebenfalls bei Hederer (1975), S. 22 ff.

[30] Buckley (1979), S. 172.

Ausgangspunkt für die Begriffsfindung stellt eine national tätige Unternehmung dar.[31] Unterschiede von national tätigen und international tätigen Unternehmungen lassen sich anhand bestimmter Merkmale extrahieren. In der Literatur werden zur Abgrenzung häufig folgende Merkmale ausgewählt:[32]

1. Strukturelle Merkmale
2. Leistungsmerkmale
3. Verhaltensorientierte Merkmale
4. Merkmale des Internationalisierungsprozesses

Abb. 2 veranschaulicht Inhalte sowie Gemeinsamkeiten und Unterschiede der genannten Merkmale. So können etwa die Merkmale 1-3 als statisch, die Merkmale des Internationalisierungsprozesses als dynamisch aufgefasst werden. Im Folgenden seien die Merkmale näher erläutert und hinsichtlich ihrer Eignung für die angestrebte Begriffsabgrenzung beurteilt.

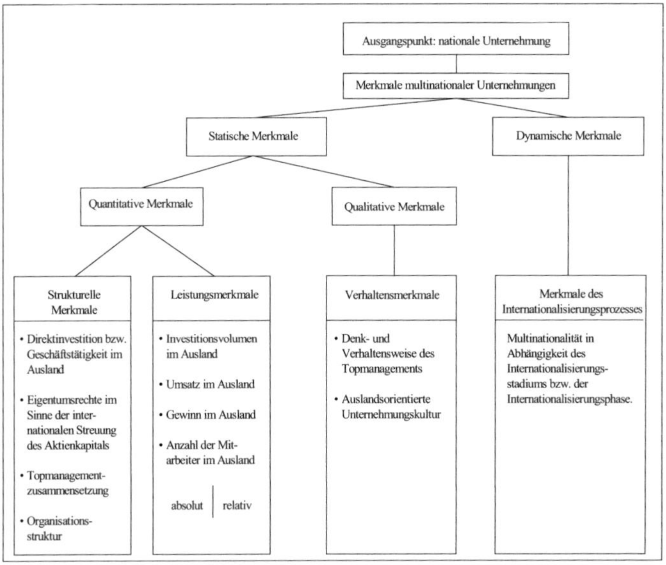

Abb. 2: Merkmale zur Bewertung der Multinationalität (Quelle: in Anlehnung an Roessel v. (1988), S. 39)

---

[31] Dieser Ausgangspunkt ist den meisten Definitionen gemein. Vgl. dazu Albach (1981), S. 14 oder Welge (1980), S. 3.

[32] Vgl. bspw. hierzu ursprünglich Aharoni (1971), S. 27 ff., Robock/Simmonds (1989), S. 6; später dann Biel (1979), S. 4 ff., Welge (1980), S. 3 ff., Perridon/Rössler (1980), S. 216, Mahari (1985), S. 5 ff., Macharzina/Engelhard (1987), S. 321, v. Roessel (1988), S. 36 ff.

1. Strukturelle Merkmale

Ein grundlegendes Abgrenzungskriterium einer international tätigen von einer national tätigen Unternehmung wird in der Geschäftstätigkeit bzw. den Unternehmungsinvestitionen im Ausland gesehen. Hinsichtlich der Geschäftstätigkeit existieren bereits differierende Ansichten. So versteht etwa *Fayerweather* unter einer internationalen Unternehmung bereits eine solche, die Absatz- und Beschaffungstätigkeiten im Ausland durchführt.[33] Dem entgegen wird mehrheitlich die Auffassung vertreten, eine internationale Geschäftstätigkeit sei erst dann erreicht, wenn Produktionstätigkeiten auch im Ausland stattfinden.[34] Auch die Mindestanzahl an Ländern, in denen produziert wird, um von internationaler Geschäftstätigkeit sprechen zu können, wird nicht einheitlich verwendet.[35] Auch das Bestehen ausländischer Geschäftstätigkeiten erscheint im Schrifttum als ein wesentliches Definitionsmerkmal zur Abgrenzung von nationalen Unternehmungen. Für dieses Definitionsmerkmal spricht die einfache Überprüfbarkeit. Schließlich müssen große (börsennotierte) Unternehmungen weltweit in ihren Jahresabschlüssen im Rahmen einer Segmentberichterstattung über ihre ausländischen Unternehmungstätigkeiten berichten.[36] Für Zwecke der vorliegenden Arbeit soll deshalb – kompromissorientiert – als Mindestanforderung festgehalten werden, dass eine international tätige Unternehmung mindestens in zwei unterschiedlichen Ländern produktionsorientierte Geschäftstätigkeiten ausübt.

Als weitere strukturelle Abgrenzungsmerkmale zu national tätigen Unternehmungen werden vielfach die Eigentümerstruktur der ausländischen Tochtergesellschaften oder auch die Besetzung des Topmanagements angeführt.[37] Gegen das Submerkmal „Eigentümerstruktur der ausländischen Tochtergesellschaften" spricht, dass deren jeweiliger Einfluss auf die Unternehmungspolitik als sehr gering eingestuft werden kann. Außerdem lassen sich die Nationalitäten sämtlicher Aktionäre nur schwer aus allgemein verfügbaren Informationen identifizieren. Aufgrund seiner geringen Operationalisierbarkeit scheint dieses Submerkmal daher wenig zur Abgrenzung geeignet.[38] Die internationale Besetzung des Top-Managements als Abgrenzungskriterium ist ebenso umstritten. So führt z. B. *Welge* Anfang der achtziger Jahre an, dass unter Umständen nationale Gesetze – wie Einwanderungsrecht oder das Arbeitsrecht – eine ungehinderte Beschäftigung ausländischer Top-Manager unterbinden.[39] Allerdings

---

[33] Vgl. Fayerweather (1989), Sp. 927.

[34] Vgl. etwa Borrmann, (/1970), S. 19, Sieber (1970), S. 417, Welge (1980) S. 4, Perridon/Rössler (1980), S. 214.

[35] Unterschiedlicher Auffassung sind hier z. B. Welge (1980), der von mindestens zwei Ländern ausgeht, Vernon (1971) hingegen fordert mindestens sechs Länder.

[36] Vgl. z. B. Ordelheide/Stubenrath (2000), S. 382 ff.

[37] Vgl. z. B. Welge (1980), S. 3 ff., S. 5 ff, Macharzina/Engelhard (1987), S. 321, v. Roessel (1988), S. 36 ff.

[38] Vgl. Welge (1980), S. 4. Anderer Auffassung ist z. B. Sieber (1966), S. 55.

[39] Vgl. Welge (1980), S. 4.

dürfte sich dieses Problem aufgrund international harmonisierter Gesetzgebungen im letzten Jahrzehnt, bspw. in der Europäischen Union, ausreichend entschärft haben.[40] In der Tat ist davon auszugehen, dass in einer international tätigen Unternehmung auch Top-Manager unterschiedlicher Nationalitäten beschäftigt sind, sei es als Gastlandmanager in einer ausländischen Tochtergesellschaft oder als ausländischer Manager in der Muttergesellschaft. Die unterschiedliche nationale Herkunft gilt natürlich als strukturelles Merkmal nicht nur für Führungskräfte der obersten Unternehmungsebene, sondern auch für Führungskräfte darunter liegender Ebenen.

2. Leistungsmerkmale

Neben den strukturellen Merkmalen werden als zweite Gruppe sogenannte Leistungsmerkmale als Abgrenzungskriterium herangezogen. Innerhalb dieser Merkmalsgruppe werden „Leistungskennzahlen“ genutzt: im Ausland erzielte Umsatz- oder Gewinnbeträge, Beschäftigungszahlen u. a. Eine definitorische Orientierung an Ausprägungen solcher Kennzahlen erscheint aus den folgenden Gründen wenig geeignet. Neben den Relationsproblemen derartiger absoluter Kennzahlen (größere Unternehmungen sind bei diesen absoluten Zahlen „eher international tätig“ als kleinere Unternehmungen) treten – selbst bei Verwendung relativer Kennzahlen – Probleme bei der Festlegung kritischer Größenausprägungen für international tätige Unternehmungen auf, sowohl für einzelne als auch für Kombinationen von Kennzahlen. Darüber hinaus sind Manipulationsmöglichkeiten und die Gefahr verzerrter Berichterstattungen nicht auszuschließen.[41] So können z. B. bilanzielle Daten durch geschicktes „Rangieren“ oder durch willkürliche Festlegungen von Transferpreisen für unternehmungsinterne Transaktionen verfälscht werden. Festgehalten werden soll im Zusammenhang mit den Leistungsmerkmalen lediglich, dass eine international tätige Unternehmung im Ausland (positiven oder negativen) Ergebnisbeitrag erwirtschaftet.

3. Verhaltensmerkmale

Die dritte Gruppe von Merkmalen zur Abgrenzung von national zu international tätigen Unternehmungen ist die der verhaltensorientierten Merkmale. Im Gegensatz zu den anderen Kriterien handelt es sich hier nicht um quantitative, sondern um qualitative Abgrenzungsmerkmale.[42] Dabei wird die Denk- und Verhaltensweise des Top-Managements betrachtet. Eine internationale Denkweise kann dann unterstellt werden, wenn innerhalb der Unternehmung sämtliche Entscheidungen im Hinblick auf eine weltweite Perspektive getroffen werden.[43] Eine solche verhaltensorientierte Begriffsbestimmung gründet auf dem EPRG-Modell

---

[40] Vgl. z. B. Clermont/Schmeisser (1997), S. 3.

[41] Vgl. hierzu Welge (1980), S. 5 f., v. Roessel (1998), S. 37.

[42] Vgl. v. Roessel (1988), S. 38 f.

[43] Vgl. Welge (1980), S. 7.

nach *Perlmutter*.[44] Hier werden vier unterschiedliche idealtypische Verhaltensorientierungen von Unternehmungen definiert, und zwar (1) die ethnozentrische Orientierung, (2) die polyzentrische Orientierung, (3) die regiozentrische und (4) die geozentrische Orientierung.[45]

Die von *Perlmutter* geschaffene Typologie ist für die Präzisierung des Begriffs international tätiger Unternehmungen mit Problemen behaftet. Auch hier besteht das Problem der mangelhaften Operationalisierbarkeit der Größe „Verhaltensorientierung".[46] Zudem handelt es sich hierbei um idealtypische Orientierungsmuster der Verhaltensausrichtung des Topmanagements einer Unternehmung, die sämtlich nicht überschneidungsfrei sind und jeweils Vor- und Nachteile besitzen.[47]

Im Rahmen dieser Arbeit soll davon ausgegangen werden, dass eine international tätige Unternehmung bezüglich der Verhaltensorientierung des Topmanagements so ausgerichtet ist, dass eine globale Grundorientierung vorhanden ist, die jedoch stets mit den regionalen Besonderheiten abgestimmt wird und Führungskräfte entsprechend ihrer Eignung, aber unabhängig von ihrer nationalen Herkunft, rekrutiert werden.

4. Merkmale des Internationalisierungsprozesses

Die vierte Gruppe der Merkmale ist im Vergleich zu den bisherigen dynamischer Natur, weil sie sich mit dem Internationalisierungsprozess beschäftigt.[48] Die Entwicklungsstufe des Internationalisierungsprozesses wird mittels unterschiedlicher Begriffe ausgedrückt: Angefangen mit der Stufe der Unternehmungen, die Verkaufsstellen im Ausland betreiben, später dann Unternehmungen, die Beteiligungen an ausländischen Unternehmungen erwerben und schließlich Unternehmungen, die im Ausland Tochtergesellschaften besitzen, wobei der nationale Charakter der Unternehmungstätigkeit aufgehoben ist. Hierbei wird dann häufig die jeweilige Phase der Internationalisierung anhand der ersten drei statischen Merkmale gemessen.

Bei dem Merkmal des Internationalisierungsprozesses zur Beschreibung einer international tätigen Unternehmung existieren wiederum Messprobleme. Zudem ist eine eindeutige Zuordnung zum jeweiligen Begriff der Entwicklungsstufe nicht immer möglich, da sich Über-

---

[44] Vgl. zum ursprünglichen EPG-Modell Perlmutter (1969), S. 9 ff. und darauf aufbauend die Vervollständigung dieser Betrachtung um eine weitere Orientierung: die regiozentrische durch Heenan/Perlmutter (1979), S. 17 ff. zum EPRG-Modell.

[45] Zu den Inhalten der einzelnen Verhaltensorientierungen siehe Perlmutter (1969) und Heenan/Perlmutter (1979).

[46] Vgl. Welge/Holtbrügge (1998), S. 54. Das EPRG-Konzept gilt als Grundlage der Internationalen Managementforschung (vgl. Ricks (1985), S. 3). Da das Konzept aber konzeptionelle Schwächen aufweist, erfuhr es mehrfache Weiterentwicklungen und Abwandlungen (siehe z. B. Bartlett/Ghoshal (1990).

[47] Vgl. Clermont/Schmeisser (1997), S. 8. Zu den Vor- und Nachteilen vgl. bspw. die Argumentation zur Ausrichtung der Besetzungsstrategien nach dem EPRG-Konzept bei Perlitz (2000), S. 468 ff.

[48] Vgl. Hederer/Kumar/Müller-Heuman (1970), S. 509 ff., die auch als Begründer dieser dynamischen Sichtweise gelten.

gänge i. d. R. fließend ergeben. Deshalb sollen diese Internationalisierungsprozessmerkmale auf folgende Weise in die Begriffsexplikation eingehen: eine international tätige Unternehmung durchläuft im Zuge der Internationalisierung unterschiedliche Stufen, die sich im Ausmaß der internationalen Tätigkeit unterscheiden; sie ist jedoch bereits über die Phasen der Verkaufsstellen und der bloßen Beteiligungen an ausländischen Unternehmungen hinaus entwickelt und besitzt ausländische Tochtergesellschaften.

Neben der nicht immer eindeutigen Zuordnung und oftmals fehlenden Operationalisierbarkeit der Merkmale einer international tätigen Unternehmung tritt auch das Problem der geeigneten Begriffsverwendung. Hier soll im Folgenden statt von einer „international tätigen Unternehmung“ von einer „multinationalen Unternehmung“ gesprochen werden. Diese Begriffswahl begründet sich damit, dass in der vorliegenden Arbeit ein besonderer Fokus auf heterogene Aspekte in der internationalen Unternehmungstätigkeit gelegt wird, etwa auf kulturelle Unterschiede zwischen Führungskräften. Nach der hier vorliegenden Meinung wird dieser Fokus durch das Attribut „multinational“ deutlicher zum Ausdruck gebracht.

Nach der eingehenden Darstellung und Beurteilung obiger Merkmale zum Zweck der Explikation und der Auswahl des verwendeten Begriffs, stellt sich die Frage, was für die Begriffspräzisierung einer multinationalen Unternehmung zusammenfassend bedeutsam erscheint. Auch wenn viele der angeführten Merkmale nur schwer operationalisierbar sind, wird hier resümierend bezüglich der inhaltlichen Präzisierung definiert:

Eine multinationale Unternehmung besitzt neben der Muttergesellschaft im Stammland mindestens zwei Tochtergesellschaften in verschiedenen Ländern, mittels derer Erfolg (positiv oder negativ) erwirtschaftet wird. Die multinationale Unternehmung ist bezüglich der Besetzung der Führungskräftepositionen international orientiert, was eine innerhalb des Führungsgremiums internationale (im Sinne von geozentrisch-globale) Denk- und Verhaltensweise bedingt.[49]

2. Führungskräfte

Ein weiterer Begriff, der für die Bearbeitung der Themenstellung zentral ist, ist der einer „Führungskraft“. Der Terminus „Führungskraft“ wird in Theorie und Praxis vielschichtig verwendet. Der unterschiedliche Gebrauch dieses Begriffs sowie die häufige Nutzung von Synonymen (Manager, Vorgesetzter, Leiter u.v.a.m.) in wissenschaftlicher und praxeologischer Auseinandersetzung lässt die Vielschichtigkeit erkennen. Hierin drückt sich offenbar aus, dass es sich bei den als „Führungskräften“ bezeichneten Personen um eine sehr hetero-

[49] Hierbei wird nicht unbedingt unterstellt, dass jede individuelle Führungskraft international orientiert ist. Da Unternehmungsführungen aber häufig durch Führungskräfte unterschiedlicher Nationalitäten besetzt sind, lässt sich aus einem solchen „Mix“ meist auf eine internationale Orientierung schließen.

gene Gruppe handelt.[50] Es ist demnach beschreibend, dass bis dato eine einheitliche Begriffsdefinition nicht existiert.

Ein früher Versuch den Begriff einer Führungskraft zu präzisieren, findet sich bei *Faßbender* 1957. *Faßbender* konzipierte eine „Führungskräftepyramide", in der er die Führungskräfte in verschiedene hierarchische Kategorien einteilt. Auf der obersten Ebene werden die Unternehmer eingeordnet, dann obere Führungskräfte, weiter mittlere Führungskräfte bis hin zu unteren Führungskräften.[51] Dieses Definitionsschema für Führungskräftegruppen ist jedoch sehr allgemein gehalten und ermöglicht deshalb lediglich eine sehr weite Definition des Begriffs der Führungskraft.[52]

Für die vorliegende Bearbeitung scheint eine engere themenimmanente Abgrenzung des Begriffs notwendig. Die in der späteren Literatur vorliegende Differenzierung verschiedener Autoren soll als Grundlage dienen:[53] Die Differenzierung erfolgt hierbei nach dem funktionalen vs. institutionellen Führungsbegriff.[54]

In der institutionellen Betrachtungsperspektive werden Führungskräfte, ähnlich der Zuordnung bei *Fassbender,* hinsichtlich ihrer Zugehörigkeit zu den oberen, den mittleren und den unteren Führungskräften definiert.[55] Die Ebene der unteren Führungskräfte stellt solche Organisationsmitglieder dar, die eine erste Führungsstufe über den ausführenden Stellen einer Unternehmung bilden.[56]. Sie stellen die Nahtstelle zwischen den Führungsebenen und den allein ausführenden Mitarbeitern einer Unternehmung dar und sind eher zu den hierarchisch unter ihnen stehenden Mitarbeitern orientiert.[57] Führungskräfte, die der mittleren Führungsebene angehören sind solche, die vornehmlich in Sachgebietsleitungen (Werke, Ressorts u. a.) zu finden sind.[58] Die zentrale Aufgabe der mittleren Führungskräfte ist es,

---

[50] Vgl. Limpens (1994), S. 26.

[51] Vgl. Faßbender (1957), S. 20.

[52] Vgl. Faßbender (1975), Sp. 880, Faßbender (1957), S. 23.

[53] Vgl. hierzu verschiedene Autoren, wie Gutenberg, 1962, S.20, Welge (1992a), Sp. 938 ff., Staehle (1999), S. 81 ff. Diese Differenzierungen dienen lediglich als Hilfe für die Begriffsfindung und sind nicht überschneidungsfrei. Vielmehr können sie je nach thematischem Blickwinkel ergänzend und näher erläuternd genutzt werden.

[54] Bei *Limpens* (1994) findet sich eine andere Differenzierung und zwar nach funktionaler, hierarchischer, rechtlicher und soziologischer Hinsicht. Die hierarchische und die rechtliche Differenzierung können unter dem Oberbegriff der institutionellen Differenzierung zusammengefasst werden. Die Differenzierung nach soziologischen Aspekten ergibt sich aus erhobenen demographischen Größen. Allerdings können solche Größen tatsächliche Abgrenzungskriterien für den Begriff einer Führungskräfte nicht liefern, da sie immer nur ex post zu präzisen Aussagen führen.

[55] Vgl. Welge (1992a), Sp.938, Staehle (1999), S. 89 f.

[56] Ebd. Analog der untersten Stufe in *Faßbenders* Führungskräftepyramide sind hierbei die Positionen des Meisters, Gruppen- oder Abteilungsleiter, teils auch nicht-leitende außertarifliche Mitarbeiter typisch.

[57] Vgl. Staehle (1999), S. 89.

[58] Vgl. Limpens (1994), S. 44.

Ziele und unternehmungspolitische Entscheidungen in Programme, Regeln und konkrete Vorgaben umzusetzen.[59] Obere Führungskräfte gehören vorwiegend der Geschäftsführung bzw. dem Vorstand einer Unternehmung an. Ihnen kommen daher direkte Unternehmungsführungsaufgaben zu.[60]

Innerhalb der funktionalen Sichtweise von Führung geht es nicht um bestimmte Personen in der Unternehmung, sondern um spezifische Aufgaben einer Führungskraft.[61] Die funktionale Perspektive stellt dementsprechend darauf ab, welche Funktionen der jeweilige Mitarbeiter einer Unternehmung ausübt. Eine Führungskraft ist ein Unternehmungsmitglied dann, wenn sie in der Unternehmung primär mit dispositiven Aufgaben betraut ist.[62] Dies sind z. B. Aufgaben wie Planung, Organisation, Führung und Kontrolle einer Unternehmung.[63] Diese Aufgaben fallen in jedem Funktionsbereich einer Unternehmung und auf jeder Hierarchiestufe, wenn auch in sehr unterschiedlichem Maß, an.

Obwohl Führungsaufgaben grundsätzlich in jedem Funktionsbereich und jeder Hierarchieebene anfallen, sollen die unteren Führungskräfte im Rahmen der vorliegenden Arbeit aus dem Begriff der Führungskraft ausgeschlossen werden. Der Grund liegt darin, dass ihre Entscheidungen nicht in unmittelbarem Zusammenhang zur Erreichung der Unternehmungsziele stehen: Ihre Aufgaben sind aufgrund der ihnen zugeteilten Kompetenz eher objektbezogener als dispositiver Natur.[64]

Die hier zu betrachtenden Führungskräfte gehören demnach den Gruppen der mittleren und oberen Führungskräfte an. Darüber hinaus muss aber auch im Top-Management eine weitere Einschränkung hinsichtlich der relevanten Führungskraftgruppen vorgenommen werden. Per definitionem ist ein Top-Manager mit Unternehmungsführungsaufgaben betraut und besetzt die Position des Geschäftsführers oder eines Vorstandsmitgliedes. Diese Aufgabe kann auch von einem aktiv führenden Unternehmungseigner ausgeführt werden. Hinsichtlich themati-

---

[59] Vgl. Staehle (1999), S. 90.

[60] Vgl. Welge (1992a), Sp. 939. Neben der Begriffspräzisierung in hierarchischer Hinsicht bietet die institutionelle Betrachtungsperspektive noch einen Zugang über eine rechtliche Differenzierung: So können in Deutschland bspw. Führungskräfte in der institutionell-rechtlichen Sicht dadurch bestimmt werden, dass sie per definitionem (vgl. §5 Abs. 3 BetrVG) zu den „leitenden Angestellten" gehören. Rechtliche Grundlagen existieren auch für die Definition der oberen Führungskräfte. So werden etwa nach deutschem Recht die Positionen des Geschäftsführers und des Vorstandsmitgliedes sowie deren Rechte und Pflichten durch konkrete Angaben im deutschen AktG und GmbHG präzisiert (vgl. dazu §§76-94 AktG, §§6, 84 ff. sowie 95 ff. GmbHG).

[61] Vgl. Fallgatter (1996), S.12.

[62] Vgl. Limpens (1994), S. 33. Zudem siehe auch die grundlegenden Ausführungen zu dispositiven Aufgaben von Führungskräften Gutenberg (1983), S. 5 ff.

[63] Vgl. z. B. Fayol (1929) als Begründer der funktionalistischen Sichtweise des Managements. Aber auch Gulick/Urwick (1937) (später: Simon (1981)) mit der POSDCORB-Differenzierung (Planning, Organizing, Staffing, Directing, Coordinating, Reporting, Budgeting) als Führungsfunktionen.

[64] Vgl. Limpens (1994), S. 44.

scher Perspektiven soll eine Ausgrenzung von Unternehmungseignern aus der zu betrachtenden Gruppe der Führungskräfte erfolgen. Denn durch die Kopplung von Eigentum und Unternehmungsführung wird eine Anreizproblematik bezüglich der Erreichung der Unternehmungsziele von vorneherein ausgeschlossen: Unternehmungsziele würden in einem solchen Fall eine Einheit mit den individuellen Zielen des Eigners bilden.[65]

3. Anreizsysteme für Führungskräfte

Ein betriebliches Anreizsystem umfasst die Summe aller bewusst gestalteten und aufeinander abgestimmten Stimuli, die bestimmte erwünschte Verhaltensweisen verstärken, dagegen die Wahrscheinlichkeit des Auftretens anderer mindern.[66] Das Ziel eines Anreizsystems besteht demnach in dem Versuch, durch geschickte Auswahl von Anreizen die Motivation der Beschäftigten auf die Unternehmungsziele auszurichten.[67]

Der Einsatz von Anreizsystemen erscheint nur unter der Annahme sinnvoll, dass menschliches Verhalten in unterschiedlicher Art und Weise motivationalen Aspekten zugeschrieben werden kann. Motive determinieren, wie und in welchem Maß individuelle Bedürfnisse befriedigt werden können.[68] In Abhängigkeit von Motiven kann auf individuelle und situative Wahrnehmungen spezifisch reagiert werden. Ein Anreiz kann demnach nur dann Motivation „schaffen“ bzw. motivierend wirken, wenn es durch ihn gelingt, das jeweilige individuenspezifische Motiv zu aktivieren.[69]

In der Literatur existieren viele verschiedene Klassifikationen von Anreizen, die in Unternehmungen zur Motivation der Mitarbeiter genutzt werden.[70] Eine vielfach verwendete Differenzierung ist die in extrinsische und intrinsische Anreize.[71] Aufgrund unterschiedlicher Motivarten (intrinsische vs. extrinsische Motive)[72] existieren zu deren Befriedigung unter-

---

[65] Vgl. Chmielewicz 1992, Sp. 2472.

[66] Vgl. Wild (1973), S. 47.

[67] Vgl. French (1978), S. 439.

[68] Motive werden hierbei verstanden als: Verhaltensbereitschaft, die als zeitlich relativ überdauernde psychische Dispositionen zu begreifen sind. Vgl. Rosenstiel, v. (1975), S. 38 u. 103 ff. und zu den Aussagen über Anreizsysteme Becker (1990), S. 9.

[69] Vgl. Schanz (1991), S. 8.

[70] Vgl. Winter (1996a), S. 14.

[71] Eine andere Differenzierungsart ist bspw. die in „ökonomische“ und „nichtökonomische“ Anreize, wobei die „nichtökonomischen“ weiter in „psychologische“ und „soziale“ Anreize differenziert werden (vgl. Hambrick/ Snow (1989), S. 338 f.).

[72] Vgl. Deci (1972), S. 113. Intrinsisch motiviert ist ein Verhalten dann, wenn es um seiner selbst willen ausgeführt wird und Bedürfnisbefriedigung aus der Tätigkeit selbst gewonnen wird (vgl. z. B. Ryan/Deci (2000), S. 16, Deci (1972, S. 113). Extrinsisch motiviertes Verhalten zeichnet sich im Gegensatz dazu aus, dass es zum Erreichen einer Belohnung eingesetzt wird (vgl. z. B. Deci (1972), S. 113).

schiedliche, den Unternehmungsmitgliedern anzubietende Anreize:[73] Während materielle extrinsische Anreize monetär bewertbare Größen (fixe und variable Entlohnung, Werkswohnungen, etc.) betreffen, handelt es sich bei immateriellen extrinsischen Anreizen um nicht monetär bewertbare Größen (Karriere, soziale Kontakte mit Kollegen, Unternehmungsimage etc.). Intrinsische Anreize hingegen ergeben sich aus der Tätigkeit selbst (Selbstverwirklichungsmöglichkeit, Leistungsstreben etc.[74]

Sowohl extrinsische als auch intrinsische Anreize sind bei der Gestaltung eines Anreizsystems in einer Unternehmung zu berücksichtigen.[75] Intrinsische Anreize liegen dabei in den jeweiligen Erwartungen von Unternehmung und Mitarbeiter und sind innerhalb deren Beziehung im sogenannten „psychologischen Vertrag" manifestiert.[76] Die innerhalb der Unternehmung aktiv gestaltbaren Anreize liegen in den extrinsischen Anreizen. Für ein Anreizsystem in einer Unternehmung ergibt sich dementsprechend – in Analogie zu der weiteren Unterteilung der extrinsischen Anreize – die Gliederung in ein materielles und ein immaterielles Systemelement (vgl. Abb. 3).[77] Das materielle Element eines Anreizsystems ist als Summe aller von der Unternehmung an Unternehmungsmitglieder gelieferten materiellen Belohnungen zu verstehen. Derartige Belohnungen sind in obligatorische und fakultative einzuteilen. Den obligatorischen Teil betreffen Belohnungen in Form von Festgehalt, Sozialleistungen und eventuellen Zusatzleistungen. Fakultative Elemente stellen variable Entgelte und sonstige Erfolgs-/Kapitalbeteiligungen an der Unternehmung dar. Das immaterielle Element eines Anreizsystems beinhaltet Anreize, die Motive immaterieller Art aktivieren sollen.

---

[73] Vgl. v. Rosenstiel (1975), S. 231.

[74] Vgl. z. B. Becker (1995a), Sp. 37, Becker (1997), S. 246.

[75] Vgl. Schanz (1991), S. 5.

[76] Zur Definition des psychologischen Vertrages vgl. Schein (1980), S. 24.

[77] Vgl. z. B. Schanz (1991), S. 14. Es existieren neben dieser weitere Möglichkeiten der Klassifizierung, die vorliegende entspricht einer traditionellen Differenzierung (Vgl. z. B. Barnard 1970, Lawler 1971).

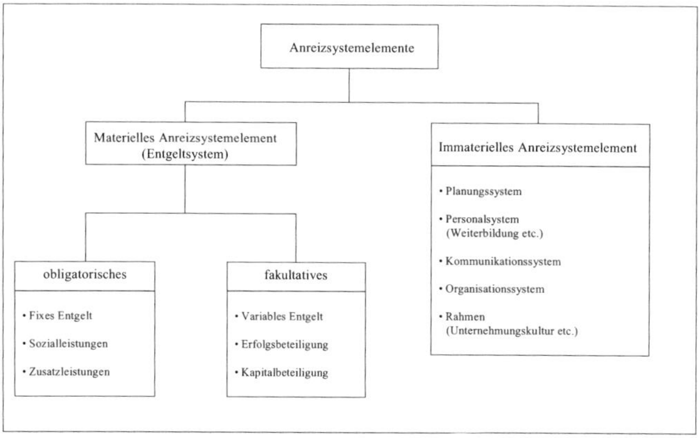

Abb. 3: Elemente eines Anreizsystems (Quelle: Becker (1997), S. 247)

Die innerhalb der vorliegenden Thematik betrachteten Unternehmungsmitglieder sind die Führungskräfte. Führungskräften kommt gemäß den Ausführungen im vorherigen Abschnitt die Aufgabe zu, ihre Führungstätigkeit derart auszuüben, dass Unternehmungsziele erreicht werden, wobei sie sowohl strategische als auch operative Aufgaben erfüllen müssen. Die Wirkungsweise eines Anreizsystems für Führungskräfte kann demnach wie in Abb. 4 dargestellt, verdeutlicht werden.

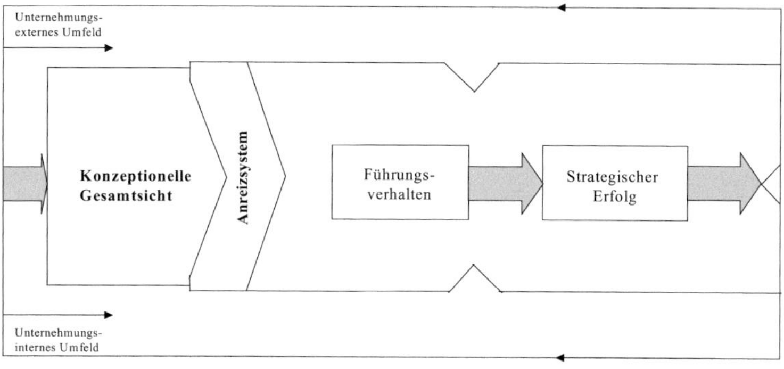

Abb. 4: Wirkungsweise eines Anreizsystems für Führungskräfte auf das Führungsverhalten (Quelle: In Anlehnung an Bleicher (1992), S. 13 und Becker/Fallgatter (2002), S. 181)

Werden die bisherigen Ausführungen dieses Abschnittes zusammengefasst, ergibt sich das dieser Arbeit zugrundegelegte Verständnis eines Anreizsystems für Führungskräfte. Ein Anreizsystem für Führungskräfte (ASF)[78] wird folgendermaßen definiert:[79]

[78] Im Folgenden soll zur Vereinfachung die Abkürzung „ASF“ verwendet werden.

Unter einem *Anreizsystem für Führungskräfte (ASF)* wird die Gesamtheit aller Anreize (sowohl materielle als auch immaterielle) verstanden, die Führungskräfte derart anregen, belohnen und steuern soll, dass sie ihr Denken und Handeln zu einem intendierten angemessenen Leistungsverhalten führt und die Erreichung der Unternehmungsziele konsequent unterstützt.

[79] In Anlehnung an Becker (1990), S. 7 und (1993), S. 321.

TEIL II. THEORETISCHE FUNDIERUNG VON ANREIZSYSTEMEN FÜR FÜHRUNGSKRÄFTE

A. THEORETISCHES FUNDAMENT

1. Auswahlkriterien

Sich mit ASF in multinationalen Unternehmungen zu beschäftigen, stellt ein komplexes Thema dar: neben Erkenntnissen zu Anreizsystemen müssen typische Strukturen multinationaler Unternehmungen erfasst werden. Das umschließt die Beschäftigung mit den besonderen Interdependenzen innerhalb einer solchen Unternehmung sowie solchen mit der Umwelt, sofern sie sich auf die Analyse der Gruppe der Führungskräfte auswirken.

Bevor ein theoretisches Fundament für diese Arbeit erstellt werden kann, ist zunächst der Frage nachzugehen, welchen spezifischen, themenimmanenten Kriterien dieses Fundament gerecht werden muss. Hiernach muss beantwortet werden, wie mit Hilfe einer oder mehrerer theoretischer Konzepte das Verhalten von Führungskräften beschrieben werden kann. Insbesondere interessiert es, ob hiermit Implikationen des Führungskräfteverhaltens sowie mögliche Interdependenzen bzw. Restriktionen aufgrund multinationaler Einflüsse evident und transparent analysiert werden können. Eine besondere Konzentration auf Untersuchungs- bzw. Bezugsobjekt erscheint somit notwendig zu sein.

Wird zunächst das Untersuchungsobjekt „Anreizsysteme für Führungskräfte“ betrachtet, lässt sich bereits ein Kriterium für die Auswahl eines geeigneten theoretischen Fundaments extrahieren. Die herangezogene theoretische Basis sollte anwendbar sein, um *Erklärungsmuster für die anreizspezifische Problematik der Gruppe der Führungskräfte in einer Unternehmung (Kriterium 1)* leisten zu können. Daher muss es in einem ersten Schritt darum gehen, Theorieansätze zu bestimmen, mit Hilfe derer Aussagen darüber getroffen werden können, weshalb es für eine Unternehmung sinnvoll bzw. notwendig sein kann, Anreizsysteme für Führungskräfte auszugestalten.

Darüber hinaus ist das Bezugsobjekt „Multinationale Unternehmung“ zu analysieren. Deshalb ergibt sich als weiteres Kriterium für ein theoretisches Fundament die *Erfassung und Erklärungsfähigkeit möglicher diverser und im besonderen auf multinationale Unternehmungen zutreffender Faktoren (Kriterium 2).* Im Gegensatz zur nationalen Unternehmung sind daher zusätzliche Einflussfaktoren zu berücksichtigen, z. B. Faktoren der internationalen Unternehmungstätigkeit hinsichtlich diverser Märkte.[80] Dazu gehört auch, mögliche

[80] Vgl. hierzu verschiedene Arbeiten, die sich mit der multinationalen Unternehmung als Untersuchungsobjekt befassen (z. B. Welge (1980)) oder auch andere, denen die multinationale Unternehmung als Bezugsobjekt dient (z. B. v. Roessel (1988)). In solchen Arbeiten wird das Spektrum auftretender zusätzlicher Einflussfaktoren multinationaler Unternehmungen immer wieder detailliert dargestellt.

Unterschiede in Unternehmungskultur oder -struktur, die auf landesspezifischen Besonderheiten eines Gastlandes beruhen, bezüglich deren Einflusses auf die Gestaltung von Anreizsystemen zu extrahieren und zu analysieren.

Ein drittes Kriterium liegt in der Erweiterung des in Kriterium 1 geforderten anreiztheoretischen Konzeptes um eine *verhaltensspezifische Komponente (Kriterium 3)*. Bereits in der Literatur zu Anreizsystemen (ohne einen Bezug zu multinationalen Aspekten) „... steigt die Einsicht, dass sich die Effizienz von Anreizverträgen letztlich aus den Auswirkungen auf die individuelle Motivationslage von Führungskräften ergibt.“[81] Ein theoretisches Fundament sollte daher Platz für Erkenntnisse über derartige individuelle Verhaltensaspekte lassen. Findet zudem der multinationale Bezug Beachtung, fällt auf, dass im Rahmen der Arbeiten, die sich mit internationalem Personalmanagement[82] beschäftigen, u. a. immer wieder auf die Bedeutung kultureller Unterschiede hingewiesen wird. Diese beziehen sich insbesondere auf das Verhalten der in einer multinationalen Unternehmung tätigen Mitarbeiter und ergeben sich aus den landes- oder regionenspezifischen diversen kulturellen Werthaltungen.[83] Derartige potentielle Verhaltensunterschiede und -beeinflussungen sollten innerhalb des theoretischen Fundaments ebenfalls berücksichtigt werden können und ggf. integrierbar sein.[84]

Nicht zuletzt ist es von Vorteil, wenn in der verwendeten theoretischen Basis auf ein in dem Problemkontext vieldiskutiertes und bewährtes Konzept zurückgegriffen werden kann. Dies liegt etwa vor, wenn es durch häufige Anwendung und daraus resultierender ausreichender Überprüfung fundiert und entsprechend modifizierbar oder erweiterbar ist. Im anderen Fall – der Nichtexistenz eines derartigen theoretischen Konzepts – wäre erst ein geeignetes themenspezifisches Fundament zu erarbeiten.

Ebenso entscheidend wie die Erfüllung der einzelnen Kriterien ist die Durchdringung von ASF in ihrer ganzen Komplexität. Zwar erscheint es möglich, Partialtheorien für die Erklärung spezifischer Fragestellungen heranzuziehen, dennoch ist die Verwendung eines integrierenden theoretischen Basiskonzeptes fruchtbarer, um mögliche Interdependenzen oder Synergien erfassen zu können. Eine spätere Ergänzung um theoretische Erkenntnisse aus Analysen spezifischer themenimmanenter Problemkomplexe soll damit nicht ausgeschlossen sein.

Die Rangfolge o. a. Kriterien ist derart zu gestalten, dass zunächst die Kriterien bezüglich des Untersuchungsobjekts zu erfüllen sind. Die dafür infragekommenden Konzepte sind

---

[81] Winter (1996a), S. 8.

[82] ASF sind als Bestandteil des Personalmanagements multinationalen Unternehmungen(in der Literatur meist als „internationales Personalmanagemen“ bezeichnet) zu sehen.

[83] Vgl. diverse Arbeiten zum Interkulturellen Management, z. B. Beermann/Stengel (1996), Thomas (1996), Weinand (2000).

[84] Vgl. Schanz (1993b), Sp. 4526.

dann weiterhin hinsichtlich ihrer spezifischen Eignung für die Kriterien des Bezugsobjekts zu überprüfen. Grundlage für die Auswahl soll zunächst die Frage nach einem existierenden vieldiskutierten und bewährten theoretischen Konzept sein, das die anreizspezifische Problematik zum Inhalt hat.

Was die Suche nach einem theoretischen Konzept betrifft, findet sich bei *Winter* eine zusammenfassende Darstellung von Arbeiten, die sich mit dieser Thematik beschäftigen:[85] Als einer ersten Kategorie zugehörig werden Arbeiten gesehen, die Motivationstheorien zugrundelegen. Die zweite Kategorie sieht *Winter* in Arbeiten, die sich auf die Prinzipal-Agenten-Theorie stützen. In der dritten Kategorie werden solche Arbeiten zusammengefasst, die keinerlei Bezug zu den anderen beiden Ansätzen erkennen lassen und Gestaltungsempfehlungen häufig ohne jeglichen theoretischen Hintergrund geben.

Winters Kategorisierung liefert einen fruchtbaren Ausgangspunkt. Was die Charakterisierung der ersten Kategorie angeht, bleibt er jedoch zu unspezifisch. Offensichtlich fasst er hierunter sämtliche theoretischen Ansätze, die eine Analyse des Verhaltens in Organisationen zum Inhalt haben. Derartige Theorien sollten aber hinsichtlich der Ebene der Analyse differenziert betrachtet werden:[86] Theorien, die individuelles Verhalten analysieren (1. Ebene), theoretische Konzepte, die eine Analyse des Verhaltens in Gruppen beinhalten (2. Ebene) und Ansätze, die das Verhalten von Organisationen thematisieren (3. Ebene).[87]

Zu der ersten Ebene einer solchen Analyse werden die sogenannten Inhalts- und Prozesstheorien der Motivationsforschung gezählt, die der Frage nach der individuellen Motivation nachgehen. Sie beschäftigen sich mit Fragestellungen wie „Welche Faktoren motivieren?“ (Inhaltstheorien) bzw. „Wie verläuft ein solcher Motivationsprozess?“ (Prozesstheorien).[88] In der zweiten Analyseebene werden die Untersuchungen von der Betrachtung individuellen Verhaltens auf besonderes Verhalten in Gruppen fokussiert. Innerhalb der dritten Ebene wird das Verhalten von Organisationen problematisiert. Zur Beschreibung und Analyse von Organisationsverhalten hat sich in der Wissenschaft und Praxis die sogenannte Anreiz-Beitrags-Theorie bewährt. Hierbei handelt es sich um ein organisationstheoretisches Konzept der verhaltenswissenschaftlichen Entscheidungstheorie: die Organisation steht im Zentrum

[85] Vgl. Winter (1996a), S. 2 f. Zwar spricht *Winter* im Rahmen seiner Arbeit lediglich von "Vergütungssystemen“ statt von „Anreizsystemen“, die hier angeführte Literaturdiskussion lässt sich aber auch für den weiter gefassten Anreizsystembegriff nutzen.

[86] Vgl. Staehle (1999), S. 162 ff., Ridder (1999), S. 72 ff.

[87] Bei Staehle (1999), S. 161 findet sich noch eine vierte Ebene, die Ebene der Organisation-Umwelt-Beziehungen. Diese Ebene wird jedoch später in der Analyse lediglich im Zusammenhang mit der dritten Analyseebene betrachtet. Dies erscheint durchaus plausibel, da eine separate Analyse zwischen Beziehungen der Umwelt und der Organisation ohne Relation zum Organisationsverhalten (als 3. Ebene) vermeintlich unfruchtbar sein würde. Aus diesem Grund wird auch hier die Differenzierung in die drei Analyseebenen vorgenommen, mit der Implikation der Umweltberücksichtigung in der dritten Ebene.

[88] Vgl. Ridder (1999), S. 73 ff.

der Betrachtung; als zentral für das Verhalten von Organisationen gelten die Gewährung des Organisationsbestands und die Anpassung der Organisation an ihre Umwelt.[89]

Innerhalb dieser das Verhalten in Organisationen untersuchenden theoretischen Ansätze kann in erster Linie die dritte Ebene als mögliches theoretisches Fundament dieser Arbeit genutzt werden. Die theoretischen Ansätze der anderen beiden Ebenen beinhalten lediglich die Analyse individuellen bzw. gruppenspezifischen Verhaltens, nicht aber zudem die hier nötige Explikation organisationaler Gegebenheiten, die durch die Betrachtung des Bezugsobjekts „Multinationale Unternehmung" impliziert ist. Hiermit soll jedoch nicht ausgeschlossen werden, dass diese anderen Motivationstheorien zum gegebenen Zeitpunkt zu spezifischen Analysezwecken individuellen bzw. gruppenspezifischen Verhaltens herangezogen werden können.

Da für ein theoretisches Fundament natürlich solche Arbeiten nicht in Frage kommen, die über keine theoretische Basis verfügen, liefert die dritte Kategorie von *Winter* bei der Suche nach einem solchen Fundament keine weiteren Erkenntnisse. Zu diskutieren bleiben daher die Prinzipal-Agenten-Theorie als institutionenökonomische Organisationstheorie und die Anreiz-Beitrags-Theorie als organisationstheoretisches Konzept der verhaltenswissenschaftlichen Entscheidungstheorie.[90] Diese beiden Theorien sollen im Folgenden Abschnitt vor dem Hintergrund der Kriterienerfüllung analysiert werden.

2. Problemorientierte Zugänge

2.1 Prinzipal-Agenten-Theorie

Zur Analyse hinsichtlich der Eignung der Prinzipal-Agenten-Theorie ist es zunächst notwendig, die Inhalte der Theorie und die in der Literatur angeführte Kritik aufzuzeigen, um ein besseres Verständnis zu erlangen. Im Anschluss daran erfolgt die explizite Analyse, ob die Theorie die an das theoretische Fundament gestellten Kriterien erfüllen kann.

(1) Inhalte und Kritik

Eine der bekanntesten und am meisten diskutierten theoretischen Ansätze, die zur Klärung der Managementvergütung herangezogen werden, ist die der mikroökonomisch orientierten

[89] Vgl. Berger/Bernhard-Mehlich (2001), S. 133 ff.

[90] In der Literatur werden im Rahmen der Betrachtung von Anreizsystemen auch noch weitere theoretische Konzepte herangezogen (etwa die „Managerialism-Theorie" – als Theorie, die zwar den gleichen zentralen Ausgangspunkt wie die Prinzipal-Agenten-Theorie besitzt, aber andere Annahmen und daraus resultierend andere Schlussfolgerungen zieht – Vgl. hierzu: Backes-Gellner/Geil (1997), S. 468 ff.). *Kossbiel* thematisiert z. B. neben der Anreiz-Beitrags-Theorie ausgewählte Theorien hinsichtlich der Effizienzbeurteilung betrieblicher Anreizsysteme. (Vgl. Kossbiel (1993), S. 79 ff.) Weil solche theoretischen Konzepte jedoch nicht so allgemein anwendbar sind wie die beiden o. a. Organisationstheorien, werden sie hier vernachlässigt.

Neuen Institutionenökonomie zuzuordnenden Prinzipal-Agenten-Theorie.[91] Innerhalb dieser Theorie sollen die Auftragsbeziehungen zwischen einem Agenten und einem Prinzipal, dessen Wohlfahrt durch die Handlungswahl des Agenten beeinflusst werden, analysiert und optimale Gestaltungsmöglichkeiten dieser Beziehungen gefunden werden.

In dieser Auftragsbeziehung geht es im Speziellen um die vertragliche Auftragsgestaltung:[92] Der Prinzipal erteilt dem Agenten einen Auftrag, weil dieser bezüglich der Auftragsausführung bessere Informationen (etwa aufgrund seiner Qualifikation) als der Prinzipal selbst besitzt und somit den Auftrag hinsichtlich der Interessenlage des Prinzipals vorteilhafter erfüllen könnte als dieser. Durch die Ausführung der Agentenhandlung entsteht ein Ergebnis, dass durch den Eintritt von Umweltzuständen determiniert ist und so durch Unsicherheit gekennzeichnet ist.

Die Auftragsbeziehung zwischen beiden Parteien beinhaltet allerdings ein Problempotential. Zwar wird der Agent vom Prinzipal beauftragt, er erhält aber einen gewissen Handlungsspielraum in der Art der Auftragserfüllung;[93] der Agent soll aus Sicht des Prinzipals diejenige Handlungsalternative wählen, mit der das vorgegebene Auftragsziel des Prinzipals am besten erreicht werden kann. Die mit den Interessen des Prinzipals zielkonforme Umsetzung des Auftrages durch den Agenten kann der Prinzipal aber nicht vollkommen beobachten und kontrollieren, und zwar aufgrund des spezifischen Informationsvorsprungs des Agenten (hervorgerufen durch die bessere Eignung des Agenten zur Auftragserfüllung) und der unsicheren Umweltentwicklungen. Je weniger Informationen dem Prinzipal über Motive, Leistungsverhalten u. a. des Agenten zur Verfügung stehen, desto größer gestaltet sich das Risiko des Prinzipals, dass der Agent seinen Informationsvorsprung in opportunistischer Weise ausnutzt, d. h. eine Handlungsalternative zur Erfüllung des Auftrages wählt, die ihm selbst, aber nicht notwendigerweise dem Prinzipal, den größten Nutzen verschafft.[94] Für den Prinzipal ergibt sich daraus die Notwendigkeit, Maßnahmen zu ergreifen, die eine Wahrung seiner Interessen sicherstellen.

Um eine derartige Vertragsbeziehung beschreiben zu können, baut die Prinzipal-Agenten-Theorie ihre Analyse auf drei Prämissen auf, nämlich dass:[95]

---

[91] Vgl. Winter (1996a), S. 4. Grundlegende Quellen zur Prinzipal-Agenten-Theorie: Ross (1973), Jensen/ Meckling (1976), Fama (1980), Fama/Jensen (1983a/b), Eisenhardt (1989), Laux (1990).

[92] Vgl. Ebers/Gotsch (2001), S. 209.

[93] Vgl. Laux (1995), S. 6.

[94] Vgl. Ebers/Gotsch 2001, S. 211. Zu weiteren Ausführungen bezüglich möglicher Typen der zwischen dem Prinzipal und Agenten bestehenden asymmetrischen Informationsverteilung, vgl. Breid (1995) und die dort angegebene Literatur.

[95] Vgl. etwa Ebers/Gotsch (2001), S. 210 ff. Innerhalb dieser Theorie existieren zwei unterschiedliche Forschungsrichtungen: Zum einen die positive Theorie, die als eher deskriptiv zu bezeichnen ist, und zum anderen die normative Theorie, die entscheidungslogisch und formalanalytisch eingestuft werden kann. Während die

(1) das gesamte Organisationsgeschehen und deren Umweltbeziehungen in vertraglichen Beziehungen abbildbar sind,

(2) asymmetrische Informationsverteilung, unterschiedliche Risikoneigungen und individuelle Nutzenmaximierung der beteiligten Akteure gegeben sind,

(3) durch die Schaffung einer effizienten Vertragsgestaltung sog. „Agency-Kosten“ anfallen.

Den durch die vertragliche Beziehung auftretenden Informations- und Kontrollproblemen kann der Prinzipal mittels geeigneter Anreiz-, Kontroll- und Informationsmechanismen entgegenwirken. Mit der Konzipierung eines solchen Anreizsystems befasst sich die normative Prinzipal-Agenten-Theorie. Hier wird versucht, ein optimales finanzielles Anreizsystem zu finden, welches an den Interessen des Prinzipals ausgerichtet ist und eine aus dessen Sicht richtige Handlung des Agenten belohnt.

Bezogen auf die vorliegende Thematik der Anreizsysteme für Führungskräfte lässt sich die Prinzipal-Agenten-Theorie je nach Kontextunterschieden organisationstheoretisch konkretisieren: meist derart, dass sich die zu beobachtende Vertragsbeziehung einerseits zwischen Unternehmungseigner (Prinzipal) und Führungskraft (Agent) vollzieht; andererseits kann es sich bei dem Prinzipal auch um eine Führungskraft der Unternehmungsleitung handeln, während der Agent durch eine Führungskraft unterhalb der Unternehmungsleitung oder einen anderen Mitarbeiter verkörpert wird.[96] Im hier betrachteten Sinne soll die Führungskraft die Unternehmung zielkonform im Sinne des Unternehmungseigners führen. Das Ergebnis dieser Handlung ist der Unternehmungserfolg, der die Zielerreichung im Interesse des Prinzipals misst. Allerdings kann der Unternehmungseigner aufgrund von möglichen Umwelteinflüssen, die neben der Leistung der Führungskraft den Unternehmungserfolg beeinflussen, dessen Leistung nicht unmittelbar zuordnen. Aus diesem Grund empfiehlt die Prinzipal-

positive Theorie auf die Beschreibung und Erklärung von Auftragsbeziehungen in Institutionen ausgerichtet ist und die Trennung von Eigentum und Kontrolle den Interessenschwerpunkt liefert, beschäftigt sich die normative Theorie mit der vertraglichen Beziehung zwischen Prinzipal und Agenten und setzt sich zum Ziel, ein optimales finanzielles Anreizsystem ermitteln zu können. Vgl. etwa Fischer (1995), S. 320 und Breid (1995), S. 822, Müller (1995), S. 62, Eisenhardt (1989), S. 59 f., Jensen (1983), S. 334 ff. Zu der weiteren Differenzierung der normativen Theorierichtung in ökonomische vs. finanzielle Theorie siehe ebenfalls Breid (1995), S. 822 f. und die dort angegebene Literatur.

[96] Vgl. Picot/Neuburger (1995), Sp. 16. Die bisherige Forschung innerhalb der Prinzipal-Agenten-Theorie bezieht sich bisher primär auf das Untersuchungsfeld, wenn Trennung von Eigentum und Kontrolle der Unternehmung vorliegt (vgl. Ebers/ Gotsch (2001), S. 215). Zudem wird hier davon ausgegangen, dass auch Führungskräfte der unter der Unternehmungsleitung angesiedelten Ebenen im Sinne der Unternehmungseigner und deren Ziele (wie auch immer diese definiert sind) agieren sollten. Deshalb wird hier auch die Situation der Trennung von Eigentum und Kontrolle der Unternehmung zugrundegelegt.

Agenten-Theorie, das Verhalten der Führungskraft mittels einer Beteiligung am Unternehmungserfolg durch ergebnisorientierte Anreizsysteme zu steuern.[97]

Der Beitrag der Prinzipal-Agenten-Theorie innerhalb der Organisationstheorie kann zweifellos in der Analyse der in einer Organisation auftretenden Prinzipal-Agenten-Beziehungen – die in nahezu jeder vertraglichen Vereinbarung erkennbar sind – gesehen werden. Wichtige Grundprobleme und Entscheidungskalküle innerhalb einer vertraglichen Beziehung können evident dargelegt werden.[98] Das Grundmodell der Prinzipal-Agenten-Theorie zeichnet sich zudem durch eine relativ einfache und präzise Theoriekonstruktion aus, die eine geeignete Grundlage für zahlreiche empirische Studien liefert.[99]

Aufgrund der Strukturanalysen der Vertragsbeziehungen wurde in der Literatur zunächst von einem starken Zusammenhang zwischen Managementvergütung und Unternehmungserfolg[100] ausgegangen. Aus diesem Grund erschien dieser Theorieansatz als geeignet, Führungskräfte hinsichtlich des Unternehmungsziels durch entsprechende Vergütung zu lenken. Allerdings erwiesen sich diese Erwartungen, die sich aus den modelltheoretischen Annahmen ergaben, als nicht „empirisch zu bestätigen". Sogar Vertreter der Prinzipal-Agenten-Theorie mussten dies in empirischen Studien selbst herausfinden.[101]

Darüber hinaus lassen sich für die Prinzipal-Agenten-Theorie weitere Aspekte anführen, die Anlass zur Kritik bieten:[102] Zum einen erscheinen empirische Analysen der Theorie aufgrund von Operationalisierungsproblemen schwierig. Auch praktische Empfehlungen für die Vergütung von Führungskräften lassen sich nur schwer herleiten. Dies ist darauf zurückzuführen, dass entweder lediglich intuitive Ergebnisse zu erhalten sind oder die restriktiven Annahmen derart realitätsfern einzustufen sind, dass der Aussagegehalt derartiger formaler Empfehlungen für die Praxis zu gering ist.

Weiterhin ist die vertragliche Ex-ante-Perspektive zu problematisieren, die einen möglichen Einbezug von Schwierigkeiten bei der Vertragserfüllung ausschließt:[103] Verträge zwischen

---

[97] Vgl. Osterloh (1999), S. 184 und Winter (1996a), S. 4. Weitere Möglichkeiten der Steuerung der Agenten werden in der Einsetzung von Kontrollorganen bzw. der Ausnutzung des Arbeitsmarktes für Führungskräfte und des Marktes für Unternehmungskontrolle gesehen. Vgl. Ebers/Gotsch (2001), S. 216 ff.

[98] Vgl. Ebers/Gotsch (2001), S. 221, Ridder (1999), S. 52.

[99] Vgl. Ebers/Gotsch (2001), S. 221.

[100] Siehe hierzu Baker/Jensen/Murphy (1988).

[101] Die wohl bedeutendste Untersuchung liefern Jensen/Murphy (1990), wobei sie zu dem Ergebnis kamen „...in most publicly held companies, the compensation of top executives ist virtually independent of performance" (S. 138); für die Ergebnisse deutscher Führungskräfte siehe Schwalbach/Graßhoff (1997).

[102] Zu ausführlichen Darstellungen über Kritikpunkte der Theorie siehe Ebers/Gotsch (2001), S. 221 ff. Insbesondere grundlegende Kritik an der normativen Prinzipal-Agenten-Theorie und ihres Informationsgehalts findet sich bei Müller (1995).

[103] Vgl. Müller (1995), S. 64 ff und Ebers/Gotsch (2001), S. 222.

Prinzipal und Agent werden annahmegemäß in vollem Bewusstsein möglicher Risiken geschlossen. Demnach sind Folgen bei der Vertragserfüllung nach Aussage der Theorie hinreichend vorhersehbar und durch geeignete Maßnahmen innerhalb des Vertrages und folglich auch durch das Anreizsystem abzufangen.[104] Selbst im Fall einer Vorhersehbarkeit der zukünftigen Entwicklung und der Existenz rational Handelnder stellt die komplexe Abdeckung sämtlicher vertraglich zu regelnder Faktoren einen immensen Aufwand dar. Die Konsequenz ist, dass ein solcher Vertrag und die damit verbundene Gestaltung eines Anreizsystems aufgrund der dadurch hohen Agency-Kosten ökonomisch nicht mehr sinnvoll sein kann. Auch die angestrebte Verhaltensbeeinflussung des Agenten durch mögliche Optimalitätsverluste kann dann nicht optimal umgesetzt werden.[105]

Neben die Annahme der asymmetrischen Informationsverteilung,[106] treten die sehr restriktiven Annahmen über die Verhaltensstruktur der Agenten: Es wird ein rationales an der eigenen Nutzenmaximierung orientiertes Verhalten der Akteure unterstellt, wobei die Nutzenmaximierung des Agenten einzig in der Maximierung der variablen Vergütung zu sehen ist.[107] Diese Annahme unterstellt, dass die Nutzenfunktionen der Akteure stets gegeben sind – eine aus entscheidungstheoretischer Sicht fragwürdige Annahme, denn eine Ermittlung von individuellen Nutzenfunktionen erweist sich regelmäßig als problematisch.[108] Die Möglichkeit, einer sich aufgrund verändernder Umweltbedingungen und im Zeitablauf ändernden Nutzenstruktur (und somit auch Motivationsstruktur) des Agenten wird ausgeschlossen.[109] Weiterhin impliziert diese Prämisse, dass mittels Maximierung des variablen Vergütungsbestandteils jeder Agent – hier die eingesetzte Führungskraft – ausreichend hinsichtlich der Zielkongruenz von Prinzipal und Agent motiviert wird.[110] Dies mag für Individuen, die vollkommen als Einkommensmaximierer agieren, zutreffen. Zweifellos gibt es aber auch Individuen, die sich nicht (allein) auf materiell extrinsische Weise motivieren lassen.[111]

---

[104] Vgl. Ebers/Gotsch (2001), S. 222.

[105] Vgl. Müller (1995), S. 65.

[106] Ebd. S. 66 ff.

[107] Vgl. Ebers/Gotsch (2001), S. 211 und Müller (1995), S. 68 f.

[108] Vgl. u. a. Bamberg/Coenenberg (1996), S. 95 ff., Schildbach (1989), S. 771 ff. zu der Problematik der Ermittlung individueller Nutzenfunktionen.

[109] Vgl. Breid (1995), S. 845.

[110] Vgl. Müller (1995), S. 69.

[111] Vgl. hierzu auch die Ausführungen in Abschnitt I.B.3 dieser Arbeit. Zu ausgewählten Typen von Mitarbeitern in einer Unternehmung, die durch unterschiedliche Verhaltensweisen und Präferenzen determiniert sind, vgl. Frey (2000). So kann bei Menschen, die intrinsisch motiviert sind, eine ergebnisorientierte Vergütung eher kontraproduktiv wirken (vgl. Frey (2000) und die dort angegebene Literatur).

(2) Kriterienspezifische Analyse

Nach der generellen kritischen Auseinandersetzung mit der Prinzipal-Agenten-Theorie soll nun die Analyse ihrer Eignung als theoretischem Fundament für die Thematik der ASF in multinationalen Unternehmungen untersucht werden.[112]

Hinsichtlich des ersten Kriteriums, ein Erklärungsmuster für die anreizspezifische Problematik der Gruppe der Führungskräfte in einer Unternehmung zu liefern, kann der Theorieansatz unter Akzeptanz der gesetzten Prämissen als geeignet angesehen werden. Schließlich sind die divergierenden Interessenlagen zwischen Prinzipal und Agent Ausgangspunkt der Anreizproblematik. Darüber hinaus handelt es sich insbesondere im normativen Zweig der Prinzipal-Agenten-Theorie um einen Theoriebereich, dessen Intention die Ermittlung eines optimalen – allerdings ausschließlich finanziellen – Anreizsystems darstellt.[113]

Wird das zweite Kriterium herangezogen, gestaltet sich die Analyse der Eignung als schwierig. Die *Erfassung und Erklärungsfähigkeit möglicher diverser und im besonderen auf multinationale Unternehmungen zutreffender Faktoren* (2). In den Annahmen der Theorie werden sämtliche für die Vertragsgestaltung notwendigen Aspekte durch die Annahme der vollkommenen Abbildbarkeit sämtlicher organisationsspezifischer Vorgänge und Umweltfaktoren berücksichtigt. Wie innerhalb der Kritik an der Theorie bereits angeführt, muss diese Annahme als eher unrealistisch gelten, da einerseits eine vertragliche Berücksichtigung sämtlicher Einflussfaktoren im Anreizsystem mit sehr hohen Agency-Kosten gleichbedeutend wäre. Andererseits erscheint es als unrealistisch, sämtliche Einflussfaktoren, eben auch zukünftige Entwicklungen, ex-ante vollständig berücksichtigen zu können.

Für die Erfüllung des zweiten Kriteriums ist es notwendig, mögliche Besonderheiten multinationaler Unternehmungen im Gegensatz zum Bezugsobjekt der nationalen Unternehmung in die Theorie integrieren zu können. Abgesehen von der theorieimmanenten Schwäche, starker Vereinfachungen aufgrund restriktiver und realitätsferner Annahmen, scheint auch dieses Kriterium unter einer eben solchen Annahme, alle Einflussfaktoren seien erfassbar, erfüllbar. Allerdings gilt dies lediglich in dem Maße, wie eine Einbeziehung zusätzlicher Einflussfaktoren multinationaler Unternehmungen hinsichtlich der Erfassung innerhalb einer Vertragsbeziehung als ausreichend angesehen wird.[114] Eine explizite Extrahierung der Unterschiede zu einer nationalen Unternehmung erscheint im Ergebnis – dem ermittelten optimalen Anreizsystem – hingegen nicht mehr möglich.

---

[112] Vgl. dazu die im vorherigen Abschnitt extrahierten Kriterien für das dieser Arbeit zugrunde zu legende theoretische Fundament.

[113] Vgl. Fischer (1995), S. 321.

[114] Immerhin könnten Einflussfaktoren existieren, die innerhalb einer Vertragsbeziehung nicht relevant sind, weil jeweils eine bestimmte Situation Vertragsgegenstand ist, nicht aber die dieser Situation ursächlichen Faktoren.

Unter den gegebenen Prämissen erscheint bis dato die Prinzipal-Agenten-Theorie als theoretisches Fundament verwendbar. Als entscheidend stellt sich somit die Erfüllung des dritten Kriteriums eine *„Erweiterung des anreiztheoretischen Konzepts um eine verhaltensspezifische Komponente"* (3) heraus. Um es vorwegzunehmen: Hier scheitert die Eignung der vorgestellten Prinzipal-Agenten-Theorie als theoretisches Fundament. Bereits bei einfacher Betrachtung, d. h. ohne jegliche Berücksichtigung der Besonderheiten multinationaler Unternehmungen, ist die Prinzipal-Agenten-Theorie in der vorliegenden Form nicht in der Lage, individuelle verhaltensspezifische Komponenten zu integrieren: Die Unternehmung wird als ein Netzwerk von Prinzipal-Agenten-Beziehungen verstanden, das ausschließlich durch streng rationale Individuen charakterisiert ist.[115] Es wird ein dem neoklassischen „homo oeconomicus" ähnlicher Typus, der „Opportunist", geschaffen, der durch rationale Entscheidungen hinsichtlich seiner Einkommensmaximierung bei geringem Arbeitsaufwand gekennzeichnet ist.[116] Individuell spezifische Verhaltensweisen, wie z. B. Aspekte der Wahrnehmung von Anreizmechanismen, mögliche Zukunftserwartungen der Führungskräfte oder besondere intrinsische oder immateriell extrinsische Motivationen, die Einfluss auf die individuelle Anreizwirkung haben, werden nicht zugelassen und können in der dargestellten Form der Theorie nicht integriert werden.[117] Die Sichtweise der Prinzipal-Agenten-Theorie reduziert somit das Verhalten und mögliche Motive von Führungskräften auf einen äußerst einfachen Spezialfall.[118]

Eine Verwendung der Prinzipal-Agenten-Theorie in der vorliegenden Form ist für Zwecke der Themenstellung der vorliegenden Arbeit nicht geeignet. Würde allerdings die vielfach geforderte Erweiterung der Prinzipal-Agenten-Theorie erfolgen, wonach neben der bisherigen Betrachtung auch verhaltenswissenschaftliche Erkenntnisse beachtet und mit den Inhalten der Prinzipal-Agenten-Theorie kombiniert würden, könnte zukünftig eine Verwendung der Theorie in diesem Zusammenhang möglich werden.[119]

---

[115] Vgl. Breid (1995), S. 844.

[116] Vgl. Müller (1995), S. 69.

[117] Vgl. Winter (1996a), S. 8.

[118] Vgl. z. B. Dülfer (1983), S. 10, Winter (1996a), S. 8.

[119] Vgl. Winter (1996a), S. 8, Müller (1995), S. 69. In diesem Zusammenhang sei auf die zwischen den Vertretern der Prinzipal-Agenten-Theorie und denen verhaltenswissenschaftlicher Ansätze vorhandene kontroverse Diskussion hingewiesen (vgl. z. B. die Stellungnahmen verschiedener Autoren zum Beitrag von Müller (1995), etwa Elschen (1995), Bamberg/Trost (1995), Kossbiel (1995)).Diese Diskussion sei allerdings im Rahmen dieser Arbeit nicht näher thematisiert, weil hier eine Konzentration auf die themenspezifische Problematik erfolgt und die theoretischen Konzepte lediglich vor dem Hintergrund der Kriterienerfüllung beurteilt werden.

2.2 Anreiz-Beitrags-Theorie

Analog zur Vorgehensweise bei der Prinzipal-Agenten-Theorie soll im Folgenden die Anreiz-Beitrags-Theorie daraufhin überprüft werden, ob sie als geeignetes Fundament der Thematik verwendet werden kann. Deshalb erfolgt auch hier zunächst eine kurze Darstellung der Theorieinhalte und der in der Literatur angeführten Kritik, um darauf aufbauend die spezielle kritische Analyse hinsichtlich der Erfüllung der Kriterien für die theoretische Basis dieser Arbeit durchzuführen.

(1) Inhalte und Kritik:

1938 wurde erstmals von *Barnard* der Gedanke der Organisation als Koalition der an ihr teilnehmenden Mitglieder geäußert.[120] *Barnard* schuf mit seinen Ausführungen über Teilnahme- und Beitragsentscheidungen innerhalb einer Organisation die Grundlage für die Anreiz-Beitrags-Theorie. Weiter fortgeführt wurde diese Theorie dann von *Simon* (1947), *Simon/ Smithburg/Thompson* (1950) und später von *March/Simon* (1958).[121]

Nach *Barnard* ist eine Organisation von einem grundsätzlichen Überlebensziel und der Suche nach einem möglichen Überlebensmechanismus geprägt.[122] Dieser Überlebensmechanismus ist durch die Motivation der Organisationsmitglieder bestimmt, da diese die Restriktionen setzen, die eine weitere Teilnahme von Individuen an der Organisation bedingen.[123] Das Überleben von Organisationen ist dementsprechend abhängig von der (bewussten oder unbewussten) Bereitschaft der Individuen (1) der Organisation beizutreten, (2) in der Organisation einen Beitrag zur Zielerreichung zu leisten und (3) in der Organisation zu verbleiben.[124]

Zur Untermauerung der Aussagen der Anreiz-Beitrags-Theorie wurden von *Barnard* Annahmen entwickelt, die in Annahmen über die Organisation und Annahmen über den Menschen getrennt werden können. Die Annahmen über die Organisation beziehen sich auf die Begriffe „Gruppe“ und „Person“, durch die eine Organisation häufig definiert wird.[125] Der Begriff der Gruppe impliziert nach *Barnard* systematische persönliche Beziehungen, die durch Zusammenarbeit und Koordinierung kooperativen Handelns gekennzeichnet sind; es existieren innerhalb einer Gruppe auch Handlungen, die nicht Teile von kooperativen

---

[120] Vgl. Barnard (1938), siehe auch Staehle (1999), S. 431.

[121] So erweiterten *March/Simon* die Theorie gegenüber *Barnard*, der sich auf die Teilnahmeentscheidung von Individuen an einer Organisation (decision to participate) und die Bedingungen eines Gleichgewichtszustandes zwischen Anreizen und Beiträgen (inducement-contribution-balance) konzentrierte, durch ihren Fokus auf die „produktive Beitragsleistung“ (decision to produce).

[122] Vgl. Barnard (1970), S. 86, Kappler (1976), Sp. 84.

[123] Vgl. Barnard (1970), S. 86, weiter S. 122 ff. und Simon (1981), S. 141 ff.

[124] Vgl. Barnard (1970), S. 78.

[125] Ebd. S. 67.

Handlungen sind.[126] Diese sollen bei der Gruppenbetrachtung ausgeschlossen werden. Somit wird unter einer Gruppe nicht eine Ansammlung von Personen verstanden, sondern die „...kooperative Beziehung, die ein System von Interaktionen bildet."[127] Wird der Begriff der Person innerhalb einer Organisation analysiert, weist *Barnard* darauf hin, dass viele beobachtete Handlungen von Personen in einer Organisation unabhängig vom kooperativen System sind, darüber hinaus werden Handlungen manchmal nur aus Systemerfordernissen unternommen.[128] Die zu betrachtenden Handlungen sind demnach nur Partikel der menschlichen Handlungsvielfalt und sind durch die Organisation determiniert. Die Annahmen über Organisationen sind entsprechend zu präzisieren: Organisationen werden als System bewusst koordinierter Handlungen verstanden.[129]

Bezüglich der Annahmen über den Menschen wird auf die begrenzte menschliche Rationalität eingegangen. Ursachen für ein begrenzt rationales Verhalten von Menschen in Organisationen liegen in:[130]

- der Unvollständigkeit des Wissens, d. h. Menschen besitzen lediglich fragmentales Wissen und können Situation nur mit diesem eigenen individuellen Wissen beurteilen. Lediglich in stark auf das individuelle Wissen bezogenen begrenzten Situationen mit einer überschaubaren Anzahl von Einflussmöglichkeiten ist ein rationales Verhalten möglich, allerdings ohne Bezug zu weiteren Faktoren bzw. Situationen.
- der begrenzten Vorhersehbarkeit von Ergebnissen, d. h. Menschen können auch bei fast vollständiger Beschreibung von Ergebnissen einer Entscheidung nicht die Folgen der Handlung in ihrem ganzen Umfang erfassen. Die Bewertung von Situationen erfolgt so z. B. anhand von Erfahrungen oder Werten.
- der begrenzten Auswahl von Verhaltensalternativen, d. h. das Vorstellungsvermögen von Menschen ist nicht ausreichend, um sämtliche von Individuen ausführbare Handlungen zu erfassen.

Diese Annahmen implizierend und die Aussagen der Anreiz-Beitrags-Theorie präzisierend stellten *Simon/Smithburg/Thompson* folgende Postulate auf:[131]

---

[126] Ebd.

[127] Barnard (1970), S. 69.

[128] Vgl. Ridder (1999), S. 85. Als Beispiel für systemerforderliche Handlungen nennt *Ridder* das Ausfüllen von Formularen und das Erstellen von Berichten; Tätigkeiten, die eine Person unabhängig von einem kooperativen System nicht freiwillig ausführen würde.

[129] Vgl. Barnard (1970), S 69.

[130] Siehe dazu Simon (1981), S. 116 ff.

[131] Vgl. Simon/Smithburg/Thompson (1971), S. 381f.

1. Die Organisation stellt ein System verbundener und voneinander abhängiger sozialer Verhaltensweisen von Individuen – Organisationsteilnehmern – dar.
2. Die Organisationsteilnehmer erhalten Anreize von der Organisation und erbringen im Gegenzug Beiträge für die Organisation.
3. Die Teilnahme an der Organisation ist nur solange gesichert, wie die dem Organisationsteilnehmer gewährten Anreize gleich groß oder größer sind als die von ihm geleisteten Beiträge.[132]
4. Die Organisation produziert die Anreize für die Organisationsteilnehmer aus den von diesen geleisteten Beiträgen.
5. Die Organisation ist nur solange überlebensfähig, solange die an sie geleisteten Beiträge ausreichen, derart große Anreize zu ermöglichen, die eine entsprechende weitere Beitragsleistung sichern.

Als Anreize werden dabei sämtliche „Zahlungen" verstanden, die dem Organisationsmitglied als Mittel zur Bedürfnisbefriedigung von der Organisation gewährt werden.[133] Es kann sich dabei sowohl um materielle als auch immaterielle Anreize handeln.[134] Maßgeblich dafür, ob Anreize als solche gesehen werden und wie sie bewertet werden, ist das individuelle Wertesystem des Organisationsmitglieds, d. h. der Wert eines Anreizes für das Organisationsmitglied bemisst sich aus dem subjektiven Nutzen, den das Organisationsmitglied aus ihm erhält.[135] Dies kann sich mit jedem durch das betreffende Individuum erbrachten Beitrag ändern.

Der Beitrag des Organisationsmitglieds an die Organisation ergibt sich aus der Erfüllung der Rollenerwartung und sonstiger Verhaltensansprüche, die an das entsprechende Organisationsmitglied gestellt werden.[136] Der Wert des Beitrages bestimmt sich anhand von Opportunitätskostenüberlegungen. Er wird anhand des entgangenen Nutzens alternativer Anreize, der durch die Beitragsleistung an die Organisation entsteht, bemessen.[137] Dies gilt sowohl für Eintritts- und Austrittsentscheidungen als auch für die Entscheidung zum rollenkonformen Verhalten.[138] So wird z. B. die Eintrittsentscheidung in eine Organisation von folgenden Überlegungen geleitet sein: Die Akzeptanz des Arbeitsvertrages und die Ausführung seiner

---

[132] Hierbei stellt die individuelle Nutzenfunktion des jeweiligen Organisationsteilnehmers den Maßstab dar.

[133] Vgl. Nick (1975), Sp. 40.

[134] Vgl. Kappler, E. (1976), Sp. 85. *Barnard* und *Simon* betonen in diesem Zusammenhang die Wichtigkeit immaterieller Anreize (vgl. Barnard (1970), S. 125, Simon (1981), S. 145 f.).

[135] Vgl. Nick (1975), Sp. 40 f. und Kappler (1976), Sp. 85.

[136] Vgl. Nick (1975), Sp. 41. Ausführlich zur Rollenerwartung vgl. z. B. Kupsch/Marr (1991), S. 734 ff.

[137] Vgl. Kappler (1976), Sp. 85, Kupsch/Marr (1991), S. 746.

[138] Ebd.

Bedingungen sowie die Annahme des psychologischen Vertrags – also die Erfüllung einer vordefinierten Rolle[139] – ergibt den zu leistenden Beitrag. Dieser wird dann den durch die Organisation gebotenen Anreizen gegenübergestellt. Individuelle Opportunitätsüberlegungen bezüglich entgangener Anreize alternativer Eintritte in anderen Organisationen führen dann zu der Entscheidung, ob ein Beitritt in die Organisation aufgrund des individuellen Anspruchsniveaus möglich ist oder nicht.[140]

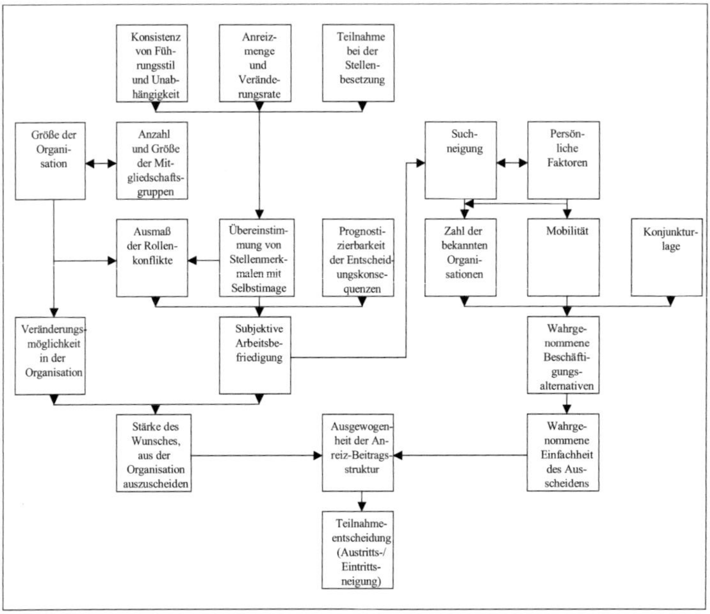

Abb. 5: Einflussgrößen der Teilnahmeentscheidung (Quelle: Kupsch/Marr (1991), S. 748)

Sowohl die Anreiz- als auch die Beitragsbewertung orientiert sich an individuellen Werten. Um Aufschluss hierüber zu erhalten, müssen wichtige Einflussgrößen der Verhaltensentscheidungen identifiziert und systematisiert werden.[141] *March/Simon* haben diesbezüglich ein System von Verhaltenshypothesen aufgestellt, das viele soziale Beziehungszusammen-

[139] Zur Präzisierung des Begriffs des „psychologischen Vertrages" vgl. z. B. Schein (1980), S. 24 und weiter Staehle (1999), S. 574 ff. Zudem auch Drumm (2000), S. 438 ff. (Bei *Drumm* wird allerdings der psychologische Vertrag lediglich darauf beschränkt, dass die in eine Unternehmung Eintretenden unter den Führungskräften einzuordnende Mitarbeiter sind. Deren psychologischer Vertrag wird stets zwischen ihnen und den Führungskräften geschlossen. Für Führungskräfte (die in dieser Arbeit interessieren), die in eine Unternehmung eintreten, gelten die Merkmale eines psychologischen Vertrags ebenso. Der psychologische Vertrag wird dann bspw. zwischen ihnen und den Unternehmungseignern geschlossen.)

[140] Vgl. Nick (1975), Sp. 41.

[141] Vgl. Kupsch/Marr (1991), S. 746.

hänge aufzeigt.[142] Sie unterscheiden in ihrem Erklärungsmodell zwischen drei Entscheidungen, und zwar den Entscheidungen über Ein- bzw. Austritt in eine bzw. aus einer Organisation (siehe Abb. 5) und der Entscheidung zu rollenkonformem Verhalten (siehe Abb. 6).[143]

So spielen bspw. bei der Entscheidung über einen Eintritt in eine Organisation neben der individuellen Beurteilung der derzeitigen Anreiz-Beitrags-Struktur subjektive Aspekte, wie die Arbeitsbefriedung, aber auch organisationsspezifische Faktoren, wie die Organisationsgröße, eine Rolle. Bei der Entscheidung über das eigene Arbeitsverhalten (rollenkonformes Verhalten), sind Aspekte wie z. B. die Komplexität der Arbeitsaufgabe, die Identifikation mit der jeweiligen Gruppe oder auch die Struktur des Anreizsystems von Bedeutung.

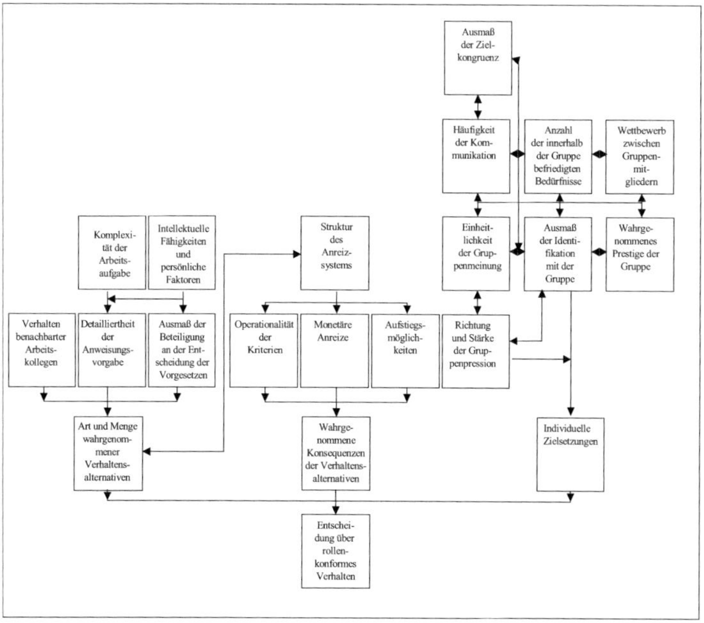

Abb. 6: Einflussgrößen rollenkonformen Verhaltens (Quelle: Kupsch/Marr (1991), S. 751)

Gemäß den Aussagen der Anreiz-Beitrags-Theorie soll nun ein Gleichgewicht zwischen Anreizen zur Beitragsleistung bzw. Beitrittsentscheidung und den Beitragsleistungen der Organisationsmitglieder geschaffen und aufrechterhalten werden. Ein individueller Gleichgewichtszustand eines Organisationsmitgliedes ist erreicht, wenn die seitens der Organisation gebotenen Anreize größer bzw. mindestens gleich den durch das Individuum geleisteten

[142] Vgl. March/Simon (1976), S. 86 ff.

[143] Eine nähere Beschreibung sämtlicher Elemente der Abbildungen findet sich z. B. bei Kupsch/Marr (1991), S. 747 ff.

Beiträgen sind, anders ausgedrückt: der Nutzen der Anreize muss höher oder mindestens gleich dem „Opfer" der Beiträge sein.

Um diesen Gleichgewichtszustand erhalten zu können, sind seitens der Organisation immer wieder neue Anreize zu setzen, die diese Erwartungshaltung befriedigen. Eine ständige Anpassung von Anreizen seitens der Organisation wird auch zum Erreichen des organisatorischen Gleichgewichts benötigt: Nur wenn die Beiträge ausreichen, um so viele Anreize zu schaffen, dass die Organisationsmitglieder zur Leistung neuer Beiträge motiviert werden, ist das organisatorische Gleichgewicht gesichert.[144] Es besteht also eine Abhängigkeit zwischen der Überlebensfähigkeit der Organisation und der Erwartungserfüllung der an der Organisation teilnehmenden Individuen. Eine Organisation ist nur dann überlebensfähig, wenn Individuen bezüglich der drei o. a. Entscheidungsmöglichkeiten eine im Sinne der Organisation positive Bereitschaft zeigen. Dies ist nur dann der Fall, wenn das individuelle Gleichgewicht eines jeden Organisationsmitgliedes hergestellt ist.

Wie kann die Anreiz-Beitrags-Theorie beurteilt werden? Der Verdienst der Anreiz-Beitrags-Theorie liegt zweifellos in der Schaffung einer auf einer einheitlichen Grundlage basierenden Verbindung zwischen individuellen und organisationalen Entscheidungen.[145] Ebenso hervorzuheben ist das hohe heuristische Potential, das die Theorie durch die Aufdeckung und Systematisierung von Einflussgrößen des individuellen Entscheidungsverhaltens hinsichtlich der Eintritts-/Austrittsentscheidung und der Entscheidung zur Beitragserbringung im Sinne der Organisation – allerdings ohne Anspruch auf Vollständigkeit – erhält.[146]

Die Kritik an der Anreiz-Beitrags-Theorie wird vor allem in der fehlenden Konkretisierung der für sie bedeutsamen Anreize und Beiträge gesehen.[147] Zweifellos stellt die Anreiz-Beitrags-Theorie eine Theorie dar, die sich auf einer sehr allgemeinen, abstrakten Ebene befindet und somit eine eindeutige Spezifizierung der Anreize und Beiträge schon aus diesem Grund nicht leisten kann. [148] Ohne eine inhaltliche Klärung der Begriffe „Anreiz" und „Beitrag" kann aber das in der Theorie zentrale Organisationsgleichgewicht nicht ermittelt werden. Jedenfalls erscheint mit den innerhalb der Theorie formulierten Definitionen von Anreizen und Beiträgen eine eindeutige Zuordnung von Größen zu diesen beiden Begriffen nicht

[144] Vgl. Berger/Bernhard-Mehlich (2001), S. 136.

[145] Vgl Kossbiel (1993), S. 90.

[146] Vgl. Marr/Stitzel (1979), S. 47, Nick (1975), Sp. 43.

[147] Vgl. z. B. Kossbiel (1993), S. 92, Marr/Stitzel (1979), S. 45.

[148] Vgl. Matiaske/Mellewigt (2001), S. 10, Kossbiel (1993), S. 92.

möglich.[149] Die Theorie bleibt so „substantiell leer“, wenn nicht unter zu Hilfenahme anderer theoretischer Ansätze eine „Füllung“ dieser Begriffe erfolgt.[150]

Innerhalb der Anreiz-Beitrags-Theorie wird zudem unberücksichtigt gelassen, dass auch ein negatives Anreiz-Beitrags-Verhältnis eines Organisationsmitgliedes oftmals nicht zum sofortigen Austritt aus der Organisation führt, sondern dynamische Prozesse in der Organisation initiieren kann. So besteht die Möglichkeit, dass ein Problemlösungsprozess ausgelöst wird, mit dessen Hilfe das Fortbestehen der Organisation gesichert werden kann, z. B. durch eine Neuverteilung der Anreize und Beiträge.[151] Da i. d. R. die Organisationsteilnehmer höhere Anreize erhalten als zur Aufrechterhaltung ihres individuellen Gleichgewichts nötig ist, ist eine derartige Neuverteilung möglich. Oftmals werden von der Organisation zudem Reserven an Anreizen gebildet, indem Beiträge von Organisationsteilnehmern gespeichert werden und so ihre Transformation in Anreize verzögert werden kann.[152] Nicht berücksichtigt wird innerhalb der Anreiz-Beitrags-Theorie außerdem, dass auch eine Identifikation mit der Unternehmung seitens der Organisationsteilnehmer vorliegen kann, die in einer bloßen Beschränkung der Bedürfnisbefriedigung durch Anreize nicht enthalten ist.

Ein weiterer Kritikpunkt bezieht sich auf die Interpretation des Nutzenbegriffs innerhalb der Theorie. Sämtliche Anreize und Beiträge lassen sich aufgrund des Argumentationskerns der Anreiz-Beitrags-Theorie in einer einzigen Nutzenfunktion bilden.[153] Eine besondere Ausprägung und Wirkung einzelner zugrunde liegender Bedürfnisse bzw. Werte erfolgt nicht.

Zusammenfassend ist festzuhalten, dass die Anreiz-Beitrags-Theorie lediglich Anhaltspunkte über die Motive der Organisationsteilnehmer zur Teilnahme und Beitragsleistung an bzw. in einer Organisation liefern kann. Ein Organisationsgleichgewicht ist allerdings nicht a priori bestimmbar, weil notwendige konkretisierende Aussagen über die subjektive Bewertung von Anreizen und Beiträgen nicht gemacht werden können und Operationalisierungsmöglichkeiten des individuellen Nutzens und der empfundenen Zufriedenheit fehlen.[154]

---

[149] *Reber* führt zur Verdeutlichung einen einfachen Konkretisierungsversuch an: Lohn entspricht dem Anreiz und Arbeit dem Beitrag. Eine derartige Zuordnung sei aber durch die Erkenntnisse aus anderen theoretischen Ansätzen nicht ohne weiteres zulässig. Vgl. dazu Reber (1976), S. 359.

[150] Ebd.

[151] Vgl. Kappler (1976), Sp. 87.

[152] Ebd.

[153] Vgl. Nick (1975), Sp. 46.

[154] Vgl. Staehle (1999), S. 434 und die dort angegebene Literatur.

(2) Kriterienspezifische Analyse

Wie bei der Prinzipal-Agenten-Theorie soll nach der generellen kritischen Auseinandersetzung mit der Theorie die Analyse erfolgen, ob sie als theoretisches Fundament für die Thematik der ASF in multinationalen Unternehmungen geeignet ist.[155]

Wird das erste Kriterium – Erklärungsmuster für die anreizspezifische Problematik der Gruppe der Führungskräfte in einer Unternehmung (Kriterium 1) – herangezogen, kann die Eignung der Anreiz-Beitrags-Theorie als theoretisches Fundament als geeignet betrachtet werden: Einerseits bejaht die Theorie vehement die Setzung von Anreizen an Organisationsmitglieder, andererseits werden sämtliche Organisationsmitglieder betrachtet, somit ist auch die Gruppe der Führungskräfte in die Argumentation eingeschlossen.

Das zweite Kriterium – die Erfassung und Erklärungsfähigkeit möglicher diverser und im besonderen auf multinationale Unternehmungen zutreffender Faktoren (Kriterium 2) – kann in dem Maße als durch die Theorie erfüllbar gesehen werden, als derartige Faktoren innerhalb der für das Überleben einer Organisation notwendigen Beiträge und Anreize impliziert sind. Eine tatsächliche Realisierung dieser Faktoren scheint jedoch nur dann erreichbar, wenn innerhalb einer weiteren Auseinandersetzung mit den Anreizen und Beiträgen diese mit „Inhalt gefüllt“ werden. Hier kommt der o. a. Kritikpunkt der Anreiz-Beitrags-Theorie zum Tragen, wonach Anreizen und Beiträgen die Konkretisierung fehlt. Bemüht man sich darum, lassen sich auch Einflussfaktoren multinationaler Unternehmungen in der Anreiz-Beitrags-Theorie thematisieren.

Beim Heranziehen des dritten Kriteriums – der Erweiterung des anreiztheoretischen Konzeptes um eine verhaltenswissenschaftliche Komponente – verhält es sich ähnlich wie bei der Erfüllung des zweiten Kriteriums. Durch die Bewertung der Anreize und Beiträge anhand der individuellen Wertesysteme der jeweiligen Organisationsmitglieder ist eine Berücksichtigung verhaltensspezifischer Komponenten implizit vorhanden. Insbesondere eine mögliche Bedeutung unterschiedlicher Bewertung von Anreizen und Beiträgen aufgrund anderer kultureller Zuordnungen kann durch die Betrachtung individueller Wertesysteme erörtert werden.[156] Jedoch muss auch zur Erfüllung dieses Kriteriums eine entsprechende spezifischere Analyse der individuellen Wertesysteme erfolgen, um die in diesem Zusammenhang besonders interessierenden spezifischen kulturbedingten Wertesysteme in die Analyse aufnehmen zu können.

Vorraussetzung für eine Verwendung der Anreiz-Beitrags-Theorie als theoretisches Fundament der vorliegenden Thematik ist demnach eine explizite Analyse der individuellen Aspekte der Anreize der Führungskräfte und der organisatorischen Bedingungen für die

---

[155] Vgl. die relevanten Kriterien in Abschnitt II.A.1.

[156] Vgl. Dülfer (1983), S. 11.

Höhe der notwendigen Beiträge. Unter Berücksichtigung der notwendigen Analyseergänzungen auf Grundlage der Anreiz-Beitrags-Theorie erscheint diese als theoretisches Fundament verwendbar. Welche Implikationen aus der Verwendung der Anreiz-Beitrags-Theorie als theoretisches Fundament der vorliegenden Thematik herauszuheben sind, soll im Folgenden erörtert werden.

3. Anreiz-Beitrags-Theorie als theoretisches Fundament und deren themenspezifische Implikationen

Die Anreiz-Beitrags-Theorie wird hier unter Berücksichtigung entsprechender Prämissen als theoretisches Fundament verwendet. Paradoxerweise ist die vielfach kritisierte Theorieschwäche der unzureichenden bzw. fehlenden Konkretisierung von Anreizen und Beiträgen und einer daraus resultierenden abstrakten Argumentationsebene der Schlüssel für die Analyse der vorliegenden Arbeit: Erst der geringe Konkretisierungsgrad innerhalb der Anreiz-Beitrags-Theorie bietet die Möglichkeit einer Erfassung des gesamten Themenkomplexes, ohne übermäßig eingrenzend zu sein. Die Argumentation der Anreiz-Beitrags-Theorie erfolgt so auf einer Betrachtungsebene, die eine Erklärung von Teilphänomenen innerhalb des komplexen Phänomens mit Hilfe anderer theoretischer Ansätze zulässt. Dies wiederum bietet die Möglichkeit, durch die Beschäftigung mit Teilbereichen eine Konkretisierung der Anreize und Beiträge als Ergebnis erreichen zu können.

Bei der Analyse der Teilphänomene ist die z. T. kritisierte Beschränkung auf eine verhaltenswissenschaftliche vs. eine ökonomische Interpretation nicht notwendig. Vielmehr erscheint die Kombination beider Richtungen, die auch in der Literatur immer wieder gefordert wird, vielversprechend; zudem ist nur sie mit der hermeneutischen Vorgehensweise dieser Arbeit verträglich.[157] Beiden oben diskutierten theoretischen Zugängen können Potentiale für die Themenbearbeitung zugeschrieben werden. Allerdings geht die Anreiz-Beitrags-Theorie in ihrer Offenheit für die Erfassung komplexer Zusammenhänge und Wirkungsweisen weiter als die zum Teil sehr restriktive Prinzipal-Agenten-Theorie, so dass eine Thematisierung nur im Rahmen der Anreiz-Beitrags-Theorie sinnvoll erscheint.

Die Anreiz-Beitrags-Theorie eröffnet aufgrund ihrer konzeptionellen Offenheit die Möglichkeit, Aspekte unterschiedlichster Bereiche zu kombinieren. Einerseits sind Erkenntnisse über die subjektive Bewertung von Anreizen – und die daraus folgende Spezifizierung des Begriffes „Anreiz“ – für die Theorieanreicherung fruchtbar und nötig. Eine Zuhilfenahme unterschiedlicher Motivationstheorien ist hier denkbar und durch die Anreiz-Beitrags-Theorie nicht verhindert, da eben keinerlei Aussagen über die Konkretisierungsmöglichkeiten und

[157] In der Literatur sind immer wieder Aussagen zu finden, die eine bloße Beschränkung auf eine der beiden Theoriezweige kritisieren. Vgl. hierbei z. B. Reber (1976), selbst *Laux* als Vertreter der Prinzipal-Agenten-Theorie erkennt die Wichtigkeit der Berücksichtigung verhaltenswissenschaftlicher Aspekte (siehe Laux (1992), Sp. 114).

die Art und Weise des Konkretisierungsweges gemacht werden. Die Analyse der Aussagen solcher Motivationstheorien könnte zum besseren Verständnis und zur erwünschten Konkretisierung beitragen.

Andererseits können die Erkenntnisse der normativen Prinzipal-Agenten-Theorie herangezogen werden. Die durch Trennung von Eigentum und Unternehmungsleitung entstehenden Interessenkonflikte als Grundlage der Prinzipal-Agenten-Theorie werden von der Anreiz-Beitrags-Theorie nicht in Frage gestellt. Vielfach ist innerhalb der zu betrachtenden Unternehmungen eine derartige Konstellation zu beobachten. Die Aussage, warum es notwendig ist, Organisationsmitglieder zur Leistung von Beiträgen zu motivieren und ihnen Anreize zu bieten, wird zwar hinsichtlich der Entscheidungsprozesse Organisationsein- oder -austritt und Entscheidung zur Beitragsleistung präzisiert, bleibt zunächst aber bezüglich der Ursachen – z. B. einer Trennung von Eigentum und Unternehmungsleitung – aufgrund der Unbestimmtheit der betrachteten Organisation offen. Eine Betrachtung von Unternehmungen, in denen analog der Argumentation der Prinzipal-Agenten-Theorie diese Trennung vorliegt, kann somit erfasst und in die Argumentationsweise der Anreiz-Beitrags-Theorie integriert werden.

Ebenso können formal-analytische Erkenntnisse bspw. für eine Bewertung der Beiträge aus Unternehmungssicht, die allein für die Erörterung der Wirtschaftlichkeit notwendig sind, herangezogen werden. So führt eine explizite Untersuchung der Art und Weise, wie das organisatorische Gleichgewicht erreicht werden soll – durch maximale Anreize an die Organisationsteilnehmer und maximale Erreichung der Organisationsziele durch vorhandene Ressourcen – laut *Simon* sogar zur ökonomischen „Theorie der Unternehmung“.[158]

Die Anreiz-Beitrags-Theorie wurde als eine Erklärungstheorie entwickelt, so dass auf die Theorie aufbauende Gestaltungsmaßnahmen durchaus möglich sind.[159] Vor dem Hintergrund der Anreiz-Beitrags-Theorie und der damit verbundenen Konzentration auf die Sicherung der Überlebensfähigkeit einer Unternehmung – angereichert mit den Erkenntnissen anderer theoretischer Konzepte – scheint eine Analyse der Spezifika von ASF in multinationalen Unternehmungen legitim. Der Grund liegt darin, dass sowohl – im Fall einer Konkretisierung von Anreizen und Beiträgen – individuelle Aspekte als auch die Unternehmung betreffende Aussagen Berücksichtigung finden können.

Im weiteren Verlauf der Arbeit soll deshalb auf Grundlage der Überlegungen der Anreiz-Beitrags-Theorie eine Systematisierung und Analyse individueller Verhaltensaspekte der Gruppe der Führungskräfte als (potentielle) Organisationsteilnehmer einerseits und möglicher Besonderheiten multinationaler Unternehmungen andererseits erfolgen. Zum Verständ-

---

[158] Vgl. Simon (1981), S. 148 f.

[159] Vgl. Lattmann (1998), S. 111.

nis der Problematik der ASF erfolgt zunächst in Teil B eine Darstellung der Gestaltungsgrundlagen für ASF auf Basis der Anreiz-Beitrags-Theorie.

B. Gestaltungsgrundlagen von Anreizsystemen für Führungskräfte aus anreiz-beitrags-theoretischer Sicht

1. Funktionen und Anforderungen als generelle Gestaltungsaspekte

Bei der Entwicklung von ASF stehen die mit dem Anreizsystem verfolgten Zwecke im Vordergrund. Solche Zwecke sind unternehmungsspezifisch zu betrachten: Einerseits sind – im Sinn der Anreiz-Beitrags-Theorie – die unterschiedlichen Arten von Anreizen (Eintritts-, Leistungs-, Bleibeanreize) zu berücksichtigen. Andererseits muss zur Ausgestaltung eines ASF innerhalb einer Unternehmung extrahiert werden, welche spezifischen Intentionen mit dem Einsatz des ASF verbunden sind.[160] So sind neben organisatorischen und kulturellen Rahmenbedingungen auch unternehmungspolitische Ziele spezifisch, denen daher Rechnung zu tragen ist. Dahingehend existieren Funktionen, die durch den Einsatz eines ASF erfüllt werden sollen:[161]

Innerhalb der Gruppe der Führungskräfte kann von einer im allgemeinen relativ hohen Motivation zur Arbeitsleistung und einer hohen Arbeitsintensität ausgegangen werden.[162] Aus diesem Grund müssen im Gegensatz zu anderen Anreizsystemen, die oftmals einer generellen Leistungsmotivation von Mitarbeitern dienen, ASF ausschließlich motivierende Effekte auslösen, die im Unternehmungssinn zielgerichtet wirken – sei eine Steigerung des Unternehmungswerts das angeführte Ziel oder andere spezifische Unternehmungsziele.[163] Die motivationsfördernde Wirkung von ASF kann als eine erste Funktion von ASF – die Motivationsfunktion – gesehen werden.[164]

---

[160] Vgl. Becker (1990), S. 18 und Bleicher (1992), S. 27.

[161] Während *Guthof* (1995) von Zielen eines strategischen Anreizsystems spricht (offenbar in der impliziten Konzentration auf die unternehmungsspezifische Sichtweise), verwenden *Becker (1995a)* und *Winter* (1996a) und (1996b) bereits den Begriff der Funktionen, ohne allerdings diese Begriffswahl näher zu erläutern. Hier wird der Begriff der Funktion – im Sinne des Funktionalismus – deshalb gewählt, weil eine Überschneidung mit dem Begriff des Ziels, welches hier im Sinne des unternehmungsspezifischen Ziels verstanden wird, vermieden werden soll. Die intendierten unternehmungsspezifischen Zielsetzungen können zwar mit den grundlegenden Funktionen eines ASF übereinstimmen, sollten jedoch in wesentlich weiter differenzierter Form vorgenommen werden, um den Besonderheiten von Gesamtunternehmungszielsetzungen gerecht werden zu können.

[162] Vgl. zu Studien über die Arbeitsintensität bei Führungskräften Finkelstein/Hambrick (1988), S. 552 und die dort angegebene Literatur.

[163] Eine weitere Differenzierung von möglichen Unternehmungszielen wird hier nicht vorgenommen, da u. U. verschiedene Unternehmungen aus der Betrachtung herausfallen würden. Einen Überblick über verschiedene Gesamtunternehmungszielsetzungen finden sich z. B. bei Frey (2000), S. 85 f.

[164] Der von *Becker* verwendete Begriff der „Aktivierungsfunktion" bezieht sich auf den Motivationsprozess und kann damit inhaltlich der Motivationsfunktion zugeordnet werden (vgl. Becker (1995a), Sp. 39); ähnlich auch Wunderer (2001), S. 402.

Eine zweite Funktion von ASF ist die der Personalselektion.[165] Innerhalb dieser Funktion von ASF geht es um eine Anreizwirkung dahingehend, selektierend sein zu können: Mit Hilfe von Anreizsystemen soll die Unternehmung in der Lage sein, für bestimmte Aufgabenerfüllung nur geeignete Führungskräfte anzusprechen. Dies gilt sowohl für den Eintritt in eine Unternehmung als auch für den Anreiz zum Verbleib in der Unternehmung.[166] Vorrangig soll solche Wirkung von ASF durch Selbstselektion der Führungskräfte erreicht werden.[167] Zudem fallen durch die bei der Anwendung eines ASF zu erfolgende Leistungsbeurteilung der einzelnen Führungskräfte Informationen an, die ebenfalls eine Basis für einen Selektionsmechanismus darstellen können.[168] Durch eine Erfüllung der Personalselektionsfunktion von ASF könnten somit die Auswahl einer geeigneten Führungskraft für eine entsprechende Stelle ermöglicht und deren Verbleib in der Unternehmung gesichert werden.

Als dritte Funktion eines ASF kann die Koordinationsfunktion angeführt werden.[169] Grundsätzlich kann in einer Unternehmung davon ausgegangen werden, dass organisatorische Prozesse und der damit verbundene Ressourceneinsatz nicht unabhängig ablaufen und somit zwischen einzelnen Unternehmungsbereichen Koordinationsbedarf besteht. Hierzu soll ein ASF dahingehend unterstützend wirken, einerseits die Kooperationsbereitschaft der Führungskraft zu fördern und andererseits steuernd hinsichtlich der Ressourcenverteilung zu fungieren.[170]

Letztlich stellen die Personalselektionsfunktion und die Koordinationsfunktion Teilfunktionen der Motivationsfunktion dar: Innerhalb der Motivationsfunktion geht es um die grundlegende Motivation zur intentionalen Beitragsleistung der Führungskraft für die Unternehmung. Dabei werden jedoch noch keine spezifischen Richtungen der Beitragsleistung abgeleitet. In der Personalselektionsfunktion und der Koordinationsfunktion bezieht sich die Motivation hingegen explizit auf spezifische Aspekte der intentionalen Beitragsleistung: zum einen auf die Motivation zur Selbstselektion und zum anderen auf die Motivation hinsichtlich eines kooperativen Verhaltens. Die Motivationsfunktion ist dementsprechend als die wichtigste Funktion von ASF zu verstehen.[171]

---

[165] Vgl. Winter (1996a) und (1996b), S. 4, S. 64 ff. Wunderer (2001), S. 402. Ebenso Guthof (1995), S. 34, der allerdings in Personalattraktion, und –retention differenziert.

[166] Ebd.

[167] Vgl. Winter (1996a), S. 64.

[168] Ebd., S. 39.

[169] Vgl. Winter (1996a), S. 66 ff.

[170] Vgl. Winter (1996a), S. 40, (1996b), S. 4 und Becker (1990), S. 20.

[171] Vgl. Winter (1996a), S. 40, Guthof (1995), S. 34 aber auch Schwalbach (1999a), S. 173.

Neben den o. a. Funktionen[172] von ASF sind aus Anreiz-Beitrags-orientierter Sicht auch Anforderungen an ASF zu stellen.[173] Diese Anforderungen sind, ordnet man sie gemeinsam mit den Funktionen in ein hierarchisches Schema ein, unter den Funktionen anzusetzen. Anforderungen sollen dazu dienen, die Funktionen erfüllen zu können.[174] Bis auf *Winter* wurde in der einschlägigen deutschen Literatur keine Trennung dieser beiden Gruppen vorgenommen: die angesprochenen Funktionen wurden in unterschiedlicher Art und Weise in die Anforderungen integriert.[175] Aus den bei *Winter* beispielhaft angeführten Gründen kann es etwa als nicht zweckmäßig betrachtet werden, „...Motivation und Wirtschaftlichkeit unter einem gemeinsamen Konstrukt zu subsumieren", da „die Anforderung Wirtschaftlichkeit in keinem Fall als Funktion des Anreizsystems betrachtet werden kann"[176]. Daher soll hier ebenfalls diese Differenzierung vorgenommen werden. Zwar kann, wie *Winter* es selbst anführt, auch mit dieser Differenzierung keine gleichrangige Einordnung der unterschiedlichen Funktionen und Anforderungen erreicht werden, dennoch erscheint die übergeordnete Positionierung der Funktionen themenspezifisch gerechtfertigt.[177]

Es existieren eine Reihe von Anforderungen, die zur Funktionserfüllung notwendig sind. Sie sollten je nach spezifischer Unternehmungszielsetzung prioritär ausgewählt und in eine für die Unternehmung geeignete Rangfolge gebracht werden. Denn nicht alle Anforderungen lassen sich aufgrund unterschiedlicher Systemkonzeptionen gleichzeitig und im gleichen Ausmaß erfüllen. Darüber hinaus verfügt jede Unternehmung über spezifische Zielsetzungen, die eine solche prioritäre Auswahl notwendig machen.[178] Verschiedene Anforderungen an Anreizsysteme deutschsprachiger Autoren sind in Tab. 1 zusammengefasst (Das Zeichen „x" zeigt dabei an, dass der jeweilige Autor die entsprechende Anforderung heranzieht.):[179]

---

[172] Weitere in der Literatur angeführte Funktionen, wie z. B. Informations-, Veränderungsfunktion und Steuerungsfunktion (vgl. z. B. Becker (1995a), Sp. 39 f. oder Wunderer (2001), S. 402) werden nicht berücksichtigt, weil sie im Gegensatz zu den genannten Funktionen nicht spezifisch für die Gruppe der Führungskräfte sind, sondern als Funktionen von Anreizsystemen für sämtliche Mitarbeiter gelten (vgl. Wunderer (2001), S. 402).

[173] Vgl. hierzu z. B. Becker (1990), Bleicher (1992), Guthof (1995), Hahn/Willers (1999), Winter, (1996a).

[174] Vgl. Winter (1996a), S. 71.

[175] Vgl. dazu Becker (1990), S. 18 ff., Bleicher (1992), S. 19 f., Guthof (1995), S. 36 ff., Hahn/Willers (1999), S. 711, Grewe (2000), S. 15 ff.

[176] Siehe Winter (1996a), S. 71.

[177] Sicher könnte der Einwand erhoben werden, die beiden Funktionen Personalselektionsfunktion und Koordinationsfunktion genügten eben nicht der Grundsätzlichkeit der Motivationsfunktion. Tatsächlich erscheint eine gleichrangige Einordnung fragwürdig, da beide Funktionen hierarchisch unter der Motivationsfunktion einzuordnen sind. Hierzu finden sich allerdings auch bei *Winter* keine eindeutigen Ausführungen. Gleichwohl werden beide Funktionen als solche und gerade nicht als Anforderungen verstanden, da sie einen grundlegenderen Charakter zur Verfolgung der Gesamtunternehmungsziele aufweisen.

[178] Vgl. Becker (1990), S. 18.

[179] Vgl. zu den Anforderungen: Becker (1990), S. 18 ff., Bleicher (1992), S. 19 f., Guthof (1995), S. 36 ff., Winter (1996a), S. 71 ff., Hahn/Willers (1999), S. 711, Grewe (2000), S. 15 ff.

Autor / *Anforderung*	**Becker** (1990)	**Bleicher** (1992)	**Guthof** (1995)	**Hahn/Willers** (1999)	**Winter** (1996)
Akzeptanz					X
Anreizkompatibilität					X
Belohnungswirkung	X	X			
Differenzierung		X			
Dualität					X
Einfachheit					
Ergebnisfördernde Wirkung	X			X	
Flexibilität	X	X	X	X	X
Gerechtigkeit	X	X	X	X	X
Individual- u. Gruppenanwendbarkeit	X	X	X		
Individualisierung			X		
Integration		X			
Leistungsorientierung	X		X	X	X
Motivation	X	X			
Planungsgenauigkeit					X
Risikoreduktion					X
Transparenz	X	X	X	X	X
Wirtschaftlichkeit	X	X	X	X	X

Tab. 1: Anforderungen an ASF

In einigen Fällen der angeführten Anforderungen handelt es sich um ähnliche Inhalte, die jedoch von den jeweiligen Autoren keine einheitliche Benennung bzw. Kategorisierung erfuhren:[180] So kann etwa die Anforderung „Belohnungswirkung“ von *Becker* und *Bleicher* aufgrund ihrer Formulierung in ihrem Inhalt zum einen der Motivationsfunktion zugeordnet werden[181], weiterhin der Anforderung der „Gerechtigkeit“[182] und auch den Inhalten der

[180] Im Folgenden werden einige der in der Tabelle angeführten Anforderungen argumentativ ausgeschlossen und der Katalog der Anforderungen themenspezifisch reduziert. Zu den Inhalten der später hier verwendeten Anforderungen an ASF vgl. die Ausführungen in Abschnitt II.B.3.

[181] Hier wird ein „Fit“ zwischen den gebotenen Anreizen und den zeitlich bedingten Motiven der Führungskräfte gefordert, der auch eine Befriedigung der Motive nach Beendigung der Leistungserbringung erreicht (vgl. Becker (1990), S. 25). Im Rahmen der Motivationsfunktion wird diese Problematik durch die Beschäftigung mit Motiven, Motivationsprozess und Erwartungshaltung erörtert (vgl. die Ausführungen im Abschnitt zur Motivationsfunktion).

[182] Die Empfindungen der Führungskräfte hinsichtlich der Gerechtigkeit der Belohnungen müssen beachtet werden, so die Forderung in der Anforderung (vgl. Becker (1990), S. 25).

Anforderung der „Flexibilität“[183]. Schließlich wird die Anforderung „Motivation“ als Funktion der ASF behandelt, in der auch die Forderung nach einer „ergebnisfördernden Wirkung“ induziert ist.[184]

Ähnlich verhält es sich mit den Anforderungen „Individualisierung“ und „Einfachheit“ von *Guthof*: In seiner Anforderung nach „Individualisierung“ bezieht sich *Guthof* auf die unterschiedlichen individuellen Motive der Führungskräfte, denen durch flexible Anreizsysteme Rechnung getragen werden muss. Auch hier ist die Erfüllung der Motivationsfunktion impliziert, in der es gerade um unterschiedliche Motivstrukturen der Führungskräfte geht.[185] Zum anderen kann die Forderung nach einem flexiblen Anreizsystem unter der Anforderung „Flexibilität“ eingeordnet werden. In der Anforderung nach „Einfachheit“ wird die Forderung nach einfachen, klar verständlichen Systemen gefordert:[186] einerseits um eine Unsicherheit der Führungskräfte zu vermeiden, andererseits um eine Verwaltung der Anreizsysteme in einem angemessenen Aufwand vornehmen zu können. Diese Anforderung ist bezüglich der Vermeidung der Unsicherheit der Führungskräfte einerseits in der Gerechtigkeitsanforderung und andererseits in der Anforderung „Transparenz“ beinhaltet. Die Forderung nach einem annehmbaren Verwaltungsaufwand wiederum kann auch unter dem Aspekt der „Wirtschaftlichkeit“ eines ASF subsumiert werden. Die Anforderungen der „Differenzierung“, der „Individual- und Gruppenanwendbarkeit“ als auch die Anforderung der „Integration“ können mit ihren Inhalten ebenfalls unter der Anforderung der „Flexibilität“ integriert werden.[187] *Winter* führt in seiner Arbeit weitere Anforderungen an ASF an: „Dualität“, „Anreizkompatibilität“, „Risikoreduktion“, „Akzeptanz“ und „Planungsgenauigkeit“.[188] Die Anforderung der „Dualität“ wird bei *Winter* als Forderung nach einer Unterstützung sowohl strategischer als auch operativer Unternehmungsziele gesehen. Dieser Aspekt wird innerhalb dieser Arbeit ebenfalls durch die Anforderung „Flexibilität“ abgedeckt. Die „Planungsgenauigkeit“ kann aufgrund ihres Inhaltes auch unter der Anforderung der „Leistungsorientierung“ erörtert werden.

Werden die angeführten Argumente zusammengefasst, ergeben sich acht Anforderungen an ASF, die einerseits aufgrund ihrer – über mehrere Autoren hinweg – großen Relevanz heran-

---

[183] Siehe die Forderung nach einem flexiblen Anreizsystem (vgl. Becker (1990), S. 25).

[184] *Becker* führt selbst bezüglich seiner Anforderung „ergebnisfördernder Wirkung“ an, dass es für weiterführende Aussagen bezüglich dieser Anforderung empirischer Ergebnisse bedürfte (vgl. Becker (1990), S. 26).

[185] Siehe der folgende Abschnitt zur Motivationsfunktion.

[186] Vgl. Guthof (1995), S. 40.

[187] Vgl. zu den genannten Anforderungen Becker (1990), S. 24 f., Bleicher (1992), S. 19 f. und zur integrierenden Anforderung „Flexibilität“ die entsprechenden Ausführungen in Abschnitt II.B.3.

[188] Vgl. Winter (1996a), S. 72 ff.

gezogen werden: „Gerechtigkeit“[189], „Flexibilität“, „Leistungsorientierung“, „Transparenz“ und „Wirtschaftlichkeit“; zudem zeigen sich aufgrund eines vermuteten Potentials hinsichtlich der Funktionserfüllung im anreiz-beitrags-theoretischen Sinn die Anforderungen „Akzeptanz“, „Anreizkompatibilität“ und „Risikoreduktion“.

Im Folgenden Teil B.2. sei zunächst auf die drei grundlegenden Funktionen von ASF, die Motivationsfunktion, die Personalselektionsfunktion und die Koordinationsfunktion näher eingegangen. Im Teil B.3. erfolgt dann aus Anreiz-Beitrags-theoretischer Sicht eine Darstellung und Diskussion der o. a. Anforderungen an ASF.

2. Funktionen

Im Folgenden werden die drei grundlegenden Funktionen von ASF hinsichtlich ihrer Inhalte und ihrer Bedeutung für die vorliegenden Arbeit näher dargestellt.

(1) Motivationsfunktion

Im Interesse der Unternehmung liegt es, Faktoren zu finden, die eine im Sinne der Unternehmungsführung positive Beitragsleistung der Führungskräfte bewirken können.[190] Durch gezielt eingesetzte Anreize – im Sinne der Definition eines ASF – soll eine derartige Leistungserbringung erreicht werden.[191] Es sind demnach von der Unternehmung leistungsfördernde Anreizstrukturen zu schaffen, die individuenspezifische Motive aktivieren und so eine Führungskraft dazu bewegen, den von der Unternehmung gewünschten Beitrag zu leisten.[192] Aus dem Blickwinkel der Anreiz-Beitrags-Theorie stellt sich so die Aufgabe, die Führungskräfte zu den aus Unternehmungssicht erwünschten Beitragsleistungen zu motivieren. Motivation stellt so im Leistungsprozess die Schlüsselvariable dar.[193]

Für das Verständnis der Wirkungsweise der Motivationsfunktion eines ASF interessiert einerseits die Frage, welche Faktoren die Entscheidung beeinflussen, in eine Unternehmung einzutreten und eine leitende Tätigkeit anzunehmen. Andererseits ist zu klären, aus welchen Beweggründen eine Führungskraft ihre Arbeit in der Unternehmung leistet bzw. wie sie ggf. in geeignetem Maß dazu motiviert werden kann, dies zu tun. Dies sind die Fragestellungen der Anreiz-Beitrags-Theorie. Ihre Beantwortung macht eine Beschäftigung mit motivationstheoretischen Erkenntnissen notwendig, d. h. die Begriffe Anreize und Beiträge müssen hinsichtlich ihrer motivationalen Wirkungen, Einflussfaktoren und Interdependenzen analysiert

[189] Die Anforderung „Gerechtigkeit“ wird teilweise noch weiter in unterschiedliche „Gerechtigkeitsarten“ differenziert. So differenzieren *Becker* und *Hahn/Willers* jeweils in Marktgerechtigkeit und Anforderungsgerechtigkeit.

[190] Vgl. Schanz (1991), S. 8.

[191] Zur Definition des ASF vgl. Abschnitt I.B.3.

[192] Ebd.

[193] Vgl. Drumm (2000), S. 435.

werden. Dementsprechend muss im Rahmen der Betrachtung eines ASF Fragen nach dem Motivationsprozess, dessen Grundlagen, beeinflussenden und beeinflussbaren Variablen und anderen Zusammenhängen nachgegangen werden. Im Folgenden wird deshalb der Begriff der Motivation präzisiert. Mögliche Einflussfaktoren der Motivation sollen dann durch die Auseinandersetzung mit motivationstheoretischen Aspekten zur Motivation herausgefiltert werden, um zu einem umfassenden Verständnis der Motivationsfunktion in einem ASF zu gelangen.

Zunächst ist die Begriffsklärung der Motivation notwendig. Motivation kann generell als Aktivierung von Verhaltensbereitschaften (Motive) verstanden werden, um konkretes zielgerichtetes Verhalten herbeizuführen.[194] Bezogen auf die Motivation von Führungskräften in einer Unternehmung bedeutet dies, das Verhalten der jeweiligen Führungskraft so durch die Aktivierung entsprechender Motive (z. B. durch ein Anreizsystem) zu beeinflussen, dass

1. sie zum Eintritt in die Unternehmung bewegt wird,
2. sie ihre Aktivitäten bzw. Beitragsleistungserbringung auf die Erreichung der Unternehmungsziele ausrichtet.[195]
3. sie nicht den Willen verspürt, aus der Unternehmung auszuscheiden.

Für eine weitere Spezifizierung des Begriffs der Motivation ist es notwendig, den Motivbegriff zu präzisieren. Motive sind inhaltliche Klassifikationen von angestrebten Zielzuständen, die in einer Person durch Sozialisationsprozesse entstanden und in Form von überdauernden und relativ konstanten Verhaltens- oder Wertdispositionen erkennbar sind.[196] In entsprechenden Situationen wird aus den in einer Person vorhandenen Motivklassen das relativ stärkste Motiv aktiviert und bis zur befriedigenden Erfüllung beibehalten.[197] Eine Aktivierung von Motiven erfolgt durch Anreize, die einerseits in der Person selbst begründet liegen (körperlich, symbolisch) oder andererseits von außen stimuliert werden (z. B. mit Hilfe eines Anreizsystems).[198]

Motivation verläuft in einem Prozess. Dieser wird dann in Gang gesetzt, wenn ein Ungleichgewicht der Bedürfnissituation entsteht.[199] Aus einem oder mehreren unbefriedigten Bedürfnissen entsteht ein Motiv zum Handeln. Werden die Bedürfnisse durch das hervorgerufene

[194] Vgl. Rosenstiel v. (1975), S. 103 ff, (1999a), S. 174, (1999b), S. 50 f., Marr/Stitzel (1979), S. 45, Becker (1993), S. 317.

[195] Vgl. Becker (1990), S. 25.

[196] Vgl. Heckhausen (1989), S. 9.

[197] Vgl. Rosenstiel v. (2000), S. 206.

[198] Ebd.

[199] Vgl. Drumm (2000), S. 442.

Handeln befriedigt, erlischt – zumindest temporär – die Motivation.[200] Für die Beitragsleistung einer Führungskraft in der Unternehmung ist demnach entscheidend, wie die Motivation der Führungskraft aufrecht erhalten werden kann bzw. wie deren Prozess der Motivation verläuft.

An der Klärung solcher Fragen setzen die Motivationstheorien an. Sie versuchen auf unterschiedlichste Art das Phänomen der menschlichen Motivation erklären zu können.[201] Die Motivationstheorien lassen sich in zwei Gruppen einteilen, die sich hinsichtlich ihrer Fragestellungen unterscheiden: Inhaltstheorien und Prozesstheorien.[202] Innerhalb der Inhaltstheorien wird der Frage nachgegangen, was die Motivation hervorruft, welche Variablen das Verhalten beeinflussen.[203] In den Prozesstheorien hingegen ist der Motivationsprozess Gegenstand des Interesses. Hier interessiert, wie ein bestimmtes Verhalten herbeigeführt werden kann, welche Interaktionen zwischen einzelnen Variablen ablaufen und wie diese zu beeinflussen sind.[204]

Es kann hier nicht zielführend sein, sämtliche Motivationstheorien zu diskutieren und deren jeweilige Implikationen für die Themenstellung herauszustellen.[205] Vielmehr sollten die Aussagen der Motivationstheorien zu einem integrierenden Gesamtkonzept zusammengeführt werden, um verdichtete theoretische Erkenntnisse über die Motivation der Führungskräfte hinsichtlich einer intendierten Verhaltensausrichtung in Unternehmungen erhalten zu können.

Ein solches Konzept liefert etwa *Berthel* mit dem Leistungsdeterminantenkonzept. Neben diesem Synthesemodell existieren weitere. So findet sich bspw. bei *Winter* ein Modell, dass

---

[200] Vgl. Nieschlag/Dichtl/Hörschgen (1997), S. 166.

[201] Diese Motivationstheorien beziehen sich stets auf das menschliche Individuum und dessen Motivation und damit zusammenhängende Faktoren bzw. Prozesse. Sie sind demnach zum größten Teil nicht auf die Gruppe der Führungskräfte präzisiert. Da jedoch Grundlagen für das Verstehen der menschlichen Motivation in Unternehmungen gelegt werden, sind diese auch auf die Gruppe der Führungskräfte anwendbar.

[202] Diese beiden Theorierichtungen sind nicht als Alternativen zur Erklärung des Motivationsphänomens zu verstehen, vielmehr ergänzen sie sich im Rahmen der modernen Motivationspsychologie (vgl. Schanz (2000), S. 197).

[203] Vgl. z. B. Rosenstiel v. (2000), S. 207. Zu den Inhaltstheorien zählen z. B. die „Bedürfnishierarchie" von *Maslow* (vgl. z. B. Maslow (1943), (1977)), die „Zwei-Faktoren-Theorie" von *Herzberg* (Vgl. z. B. Herzberg/Mausner/Snyderman (1959) und Herzberg (1966)) oder auch die „Theorie der Leistungsmotivation" von *McClelland* und *Atkinson* (vgl. z. B. McClelland/Atkinson/Clark/Lowell (1953), McClelland (1961), (1971) und Atkinson (1975).

[204] Vgl. z. B. Gebert/Rosenstiel v. (1996), S. 39, Rosenstiel v. (1999a), S. 182. Zu den Prozesstheorien zählen z. B. die „Valenz-Instrumentalitäts-Erwartungs-Theorie" von *Vroom* (vgl. z. B. Vroom (1964)), die „Zieltheorie" von *Locke* (vgl. z. B. Locke (1968), (1976)), die „Gleichheitstheorie" nach *Adams* (vgl. z. B. Adams (1963a), (1963b) und (1965)).

[205] Statt dessen sei hier auf die bereits angeführte grundlegende Literatur zu den verschiedenen Motivationstheorien verwiesen. Zudem finden sich etwa bei Wunderer/Grunwald (1980), Marr/Stitzel (1979) oder Kupsch/Marr (1991) kritische Darstellungen vieler Motivationstheorien.

den Motivationsprozess im Hinblick auf die Motivationsfunktion beschreibt.[206] Es werden ähnliche Faktoren wie die im Leistungsdeterminantenkonzept berücksichtigt, allerdings auf einer abstrakteren Ebene und weniger umfangreich. Ein anderes vielfach angeführtes Synthesemodell ist das “Erweiterte Motivationsmodell” von *Heckhausen*.[207] Lediglich *Berthel* bezieht sein Synthesemodell speziell auf das leistungsrelevante Verhalten in Unternehmungen. Hinsichtlich der Themenstellung erscheint das Leistungsdeterminantenkonzept aus diesem Grund als primär relevant.[208]

Der Beitrag des Konzeptes nach *Berthel* liegt dabei nicht in der Weiterentwicklung oder Vertiefung einzelner Aspekte der Motivationstheorien. Vielmehr gelingt eine – auch für die vorliegende Arbeit relevante – Verknüpfung der Aussagen unterschiedlicher Motivationstheorien und deren Einordnung in einen Gesamtzusammenhang. Das Konzept erfüllt somit explikative und deskriptive Ziele. Eine empirische Überprüfbarkeit ist jedoch nicht möglich.[209]

Das Konzept berücksichtigt neben Aspekten des internen individuellen Motivationsprozesses auch externe individuelle Einflussfaktoren. Diesen wird ein Einfluss auf die Leistungserbringung zugeschrieben und sie sind daher – entsprechend der inhaltlichen Festsetzung der Motivationsfunktion (der Motivation zur zielkonformen Leistungserbringung) – gleichermaßen innerhalb dieser zu berücksichtigen.[210] In der nachstehenden Abbildung, die *Berthel* selbst als „Orientierungsgerüst“ bzw. „Heuristik“ bezeichnet,[211] werden diese Zusammenhänge deutlich (siehe dazu Abb. 7).

---

[206] Vgl. Winter (1996a), S. 53 ff.

[207] Vgl. z. B. Heckhausen (1980).

[208] Vgl. Berthel (2000), S. 35 ff.

[209] *Berthel* formuliert die mit dem Konzept verfolgte Intention wie folgt: „Das Konzept kann und soll als Denkhilfe bei der Interpretation von menschlichem Verhalten im Betrieb dienen. Zudem soll es die Ableitung technologischer Hypothesen ermöglichen und so z. B. bei der Gestaltung von betrieblichen Anreizsystemen zur Steuerung des Leistungsverhaltens von Mitarbeitern behilflich sein. Zwar gestattet das Modell keine präzisen Verhaltensaussagen und erhebt auch nicht den Anspruch, den Anforderungen zu genügen, die an wissenschaftliche Theorien gestellt werden. Gleichwohl lassen sich grundlegende Feststellungen ableiten...“ (Berthel (1997), S. 38). Demnach kann dieses Modell auch für die Betrachtung des Leistungsverhaltens von Führungskräften herangezogen werden, da es diese mit einschließt.

[210] „Intern individuell“ bezieht sich auf die nicht direkt beobachtbaren, in einem Individuum ablaufenden Prozesse, während „extern individuell“ die Faktoren beschreibt, die außerhalb des Individuums wirken, wie beobachtbare Zustände und ablaufende Prozesse.

[211] Vgl. Berthel (2000), S. 53.

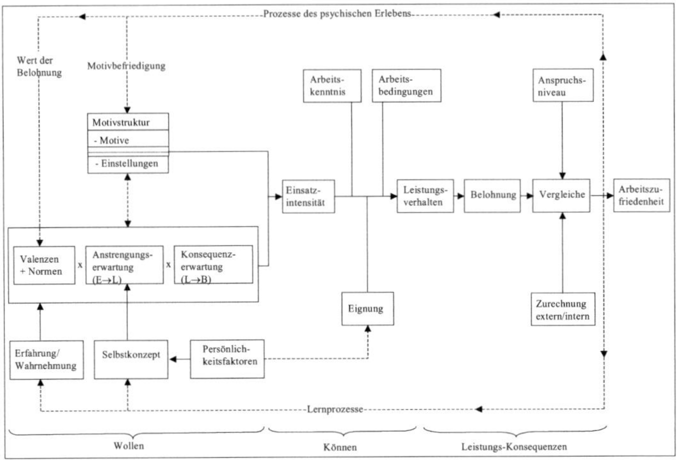

Abb. 7: Leistungsdeterminantenkonzept (Quelle: Berthel (2000), S. 37)

Mit einer kurzen Erläuterung der verschiedenen Komponenten dieses Konzeptes sollen im Folgenden die Inhalte des Konzepts und die Implikationen hinsichtlich der Motivation der Führungskräfte verdeutlicht werden:

Innerhalb eines ersten Komplexes, den sog. „Determinanten des Wollens", wird die Motivstruktur erfasst, die sich durch individuelle Motive und Einstellungen bestimmt. Dabei interessieren in der vorliegenden Arbeit diejenigen Motive, deren Befriedigung für eine Leistungserbringung seitens der Führungskräfte Voraussetzung sind.[212] Einstellungen sind im Gegensatz zu Motiven nicht handlungs- bzw. verhaltensbezogen, sondern objekt- bzw. situationsbezogen.[213] In Anlehnung an die Erwartungs-Valenz-Theorie ergeben sich für einen weiteren Komplex innerhalb des Konzeptes die Größen „Valenz und Norm" bzw. „Anstrengungserwartung".[214]

Dabei beschreiben die Normen bestimmte Verhaltensweisen, Ansichten und Werthaltungen, die ein Individuum durch sein soziales Umfeld übernommen bzw. entwickelt hat. In engem

---

[212] Wichtig ist hierbei auch die Unterscheidung in extrinsische und intrinsische Motive (vgl. Berthel (2000), S. 36 ff und die Ausführungen in Abschnitt I.B.3). Bei der Beschäftigung mit der Motivation müssen beide aus diesen Motivarten resultierenden Motivationen unterschieden und berücksichtigt werden. Intrinsische Motivation ergibt sich dabei aus der Tätigkeit als solcher (vgl. z. B. Deci (1972), S. 23). Als Beispiele für intrinsische Motivation lassen sich etwa die persönliche Verantwortung für eine bedeutungsvolle Tätigkeit oder auch die Verrichtung sinnvoller Aktivitäten durch die Tätigkeitsausübung als solcher anführen (vgl. Weinert (1992), Sp. 129). Für die Motivation der Führungskräfte soll hier festgehalten werden, dass intrinsische Anreize unbedingt berücksichtigt werden müssen, sie ersetzen aber nicht die extrinsischen Anreize in Form von Belohnungen etc. (vgl. auch Winter (1996a), S. 58).

[213] Vgl. Neuberger (1978), S. 222.

[214] Vgl. Becker (1998a), S. 245.

Zusammenhang zur Norm steht die Valenz eines Individuums. Sie kann verstanden werden als angenommener Nutzen der Zielerreichung bzw. des Verhaltens, der die individuelle affektive (positive oder negative) Einstellung zu den angestrebten Ergebnissen angibt.[215] Von den Valenzen eines Individuums wird die Wahrnehmung von Anreizen, ihre Auswahl, ihr Vergleich und ihre Vorzugswürdigkeit determiniert.[216]

Insbesondere für die vorliegende Thematik erscheint die Berücksichtigung von Valenzen und Normen ein wichtiger Aspekt: in einer multinationalen Unternehmung sind Führungskräfte unterschiedlicher kultureller Herkünfte tätig, die u. U. durch grundsätzlich verschiedene Werthaltungen charakterisiert sein können. Für die Motivation der Führungskräfte würde dies bedeuten, dass diese Werthaltungen – neben der individuellen Anstrengungs- und Konsequenzerwartung – einen entscheidenden Einfluss auf die Motivation der Führungskräfte besitzen und dementsprechend durch jeweils geeignete Anreize berücksichtigt werden müssen.

Neben den Valenzen und Normen ist die individuelle Anstrengungserwartung der Führungskraft von großer Bedeutung. Sie beinhaltet die angenommene subjektive Wahrscheinlichkeit, mit den individuellen Fähigkeiten und Ressourcen eine Leistung erbringen zu können. Darüber hinaus kann die Konsequenzerwartung mit der angenommenen Wahrscheinlichkeit beschrieben werden, mit der durch ein bestimmtes individuelles Verhalten eine Belohnung erreicht werden kann.

Nur im Fall eines insgesamt positiven Wertes der drei multiplikativ miteinander verknüpften Determinanten (Valenzen und Normen, Anstrengungserwartung und Konsequenzerwartung) kann eine positive Einsatzintensität (Leistungsbereitschaft) entstehen. Auch hieraus ist wiederum eine Implikation für die Motivation der Führungskräfte in einer Unternehmung wichtig:[217] Beruhend auf der Annahme rationalen Verhaltens wird unterstellt, dass ein Individuum stets diejenige Handlungsalternative unter sämtlichen Handlungsalternativen auswählt, die den größten subjektiven Nutzen erwarten lässt. Dies bedeutet, dass eine in Aussicht gestellte hohe bzw. höhere Belohnung für die Beitragsleistung der Führungskraft lediglich dann motivierend wirken kann, wenn die entsprechende Handlung, die zur Zielerreichung nötig ist, aus Sicht der Führungskraft nicht zur negativen Ausprägung einer der anderen Größen führt (etwa durch eine negative Ausprägung der Valenz, die durch ein subjektiv empfundenes zusätzliches „Arbeitsleid" aufgrund einer erhöhten Arbeitsstundenzahl oder auch den subjektiv empfundenen „schlechteren" Arbeitsplatz bei einem Stellenwechsel ent-

[215] Vgl. Berthel (2000), S. 40.

[216] Ebd.

[217] Vgl. Winter (1996a), S. 48.

steht). Diese mit der Anreizgestaltung verbundenen negativen Ergebnisse würden im Ergebnis dann nicht zu der intendierten Motivation führen.

Die Ausprägungen dieser drei Determinanten werden nach *Berthel* zudem durch individuelle Persönlichkeitsfaktoren beeinflusst.[218] Die Einsatzintensität wird neben diesen drei Größen auch von der Motivstruktur beeinflusst. Denn erst im Zusammenhang mit der Aktivierung der Motive durch Anreize lässt sich eine individuelle Leistungsbereitschaft der betrachteten Führungskraft erwarten.[219]

Ist die Leistungsbereitschaft gegeben, spielen andere Faktoren, die sog. „Determinanten des Könnens", wie Arbeitskenntnis, Arbeitsbedingungen und persönliche Eignung eine wichtige Rolle, um zu einem bestimmten Leistungsverhalten zu führen.

Schließlich entscheiden über die Arbeitszufriedenheit noch die sog. „Leistungskonsequenzen", die im Folgenden in ihrer Auswirkung auf das Führungskräfteverhalten skizziert werden sollen: Einerseits sind hier die Belohnungen bedeutsam, andererseits aber auch das Anspruchsniveau, das Art und Ausmaß der Erwartung beschreibt, die ein Individuum hat. Dabei wird etwa die eigene Anreiz-Beitrags-Beziehung mit denen von anderen Individuen verglichen. Dieser Aspekt des Vergleichens entspricht den Inhalten der Gleichgewichtstheorie nach *Adams*, in der die Wichtigkeit der Angemessenheit der Anreizwahrnehmung betont wird.[220] Hieraus können wiederum Implikationen hinsichtlich einer motivationsfördernden Anreizgestaltung für Führungskräfte entnommen werden: So wird die Angemessenheit von Anreizen nicht nur (explizit) anhand der eigenen individuellen Nutzenfunktion der jeweiligen Führungskräfte beurteilt, sondern im Vergleich zur Relation von Anreiz und Beitrag anderer Referenzobjekte (z. B. andere Führungskräfte der Unternehmung, die Angebote alternativer Unternehmungen erhalten, in denen sie arbeiten könnten oder auch öffentlich publizierte Daten, wie z. B. Vergütungsdaten einzelner Branchen).[221] Ist das Gleichgewicht der Wahrnehmung von einer Person A, die vergleicht, und einer Person oder einer Personengruppe B, mit der verglichen wird,[222] gestört, ergibt sich eine Motivationswirkung in Richtung der Einstellung der Gleichgewichtssituation; bspw. könnte es im Fall der subjektiv zu niedrig empfundenen Anreize einer Führungskraft zur Reduktion ihrer Beitragsleistung kommen.[223]

---

[218] Diese Persönlichkeitsfaktoren beeinflussen wiederum die individuellen Wahrnehmungen und Erfahrungen sowie auch die persönliche Selbsteinschätzung (vgl. Berthel (2000), S. 42).

[219] Vgl. Becker (1998a), S. 246.

[220] Vgl. Adams (1963), (1963b), (1965).

[221] Vgl. Staehle (1999), S. 239, Heide (2001), S. 98, Winter (1996a), S. 50 f.

[222] $\frac{\text{Ertrag von A}}{\text{Aufwand von A}} = \frac{\text{Ertrag von B}}{\text{Aufwand von B}}$, wobei Ertrag und Aufwand im Verständnis der Anreiz-Beitrags-Theorie als Anreiz und Beitrag verstanden werden können.

[223] Vgl. Rosenstiel, v. (1999b), S. 73.

Bei der Betrachtung von ASF ergeben sich aus diesem Aspekt Hinweise für die individuelle Bewertung der von der Unternehmung gewährten Anreize.[224] So kann die Offenlegung von Regelungen und Ausgestaltungen individueller Anreizsysteme Fehleinschätzungen im Vergleich der eigenen Anreize einer Führungskraft mit denen anderer Führungskräfte entgegenwirken bzw. reduzieren.

Darüber hinaus ist Arbeitszufriedenheit auch von der subjektiven Ursachenzuschreibung (interne und externe Zurechnung) hinsichtlich der Erreichung eines bestimmten Leistungsergebnisses abhängig. Eine Führungskraft wird lediglich dann zu einer intendierten Verhaltensausrichtung zu motivieren sein, wenn sie sich sicher sein kann, dass die Anreize, die sie erhält auch in Abhängigkeit von ihrer Leistung ermittelt wurden. Schreibt sie hingegen aus ihrer Sicht zu geringe Anreize nicht ihrer eigenen Leistungsfähigkeit, sondern externen Einflüssen zu, die bei der Bewertung ihrer Leistung nicht berücksichtigt wurden, wird sie ihre Beitragsleistung einschränken. Demnach müssen auch externe Faktoren, welche die Leistung beeinflussen, im Rahmen eines ASF berücksichtigt werden, damit die zukünftige Erwartung der Führungskraft über den Zusammenhang von gewährten Anreizen und ihrer Beitragsleistung nicht reduziert wird.

Der letztlich erreichte Grad an Arbeitszufriedenheit hat dann wiederum Einfluss auf die Leistungsbereitschaft.

Zusammenfassend können aus dem Leistungsdeterminantenkonzept als Synthese-Modell von Motivationstheorien folgende Schlussfolgerungen für die Motivation der Führungskräfte in einer multinationalen Unternehmung gezogen werden:

- Eine pauschale Beeinflussung der Motivation aller Führungskräfte einer Unternehmung durch Anreize ist nicht ausreichend, um ein bestimmtes Leistungsverhalten zu antizipieren; vielmehr sind auch individuelle Faktoren, wie Persönlichkeitsfaktoren, Einstellungen und Werthaltungen zu berücksichtigen.
- Die von der Unternehmung gebotenen Anreize müssen als subjektiv wertvoll empfunden werden. Zudem muss der Zusammenhang zwischen der Leistung und den gewährten Anreizen erkennbar sein, so dass letztlich eine positive Ausprägung von Anstrengungserwartung und Konsequenzerwartung vorliegt.
- Neben der Aktivierung der Motive durch geeignete Anreize sind andere externe Faktoren zu berücksichtigen, etwa Vergleichsmaßstäbe in der Anreizsetzung oder auch die Beitragsleistung beeinflussende Faktoren.

Die Bedeutung der Motivationsfunktion im Hinblick auf die Wirkungsweise von ASF lässt sich durch sämtliche o. a. Argumente und Bestimmungsfaktoren der Motivation im Leis-

[224] Vgl. Winter (1996a), S. 50 f.

tungserstellungsprozess einer Unternehmung rechtfertigen. Ein ASF kann nur dann zweckgerecht und zielgerichtet wirken, wenn motivationsspezifische Aspekte berücksichtigt werden.

Legt man das hier verwendete theoretische Fundament der Anreiz-Beitrags-Theorie zugrunde, kann die Motivationsfunktion gestützt werden: die Führungskräfte sollen mit Anreizen motiviert werden, einen Beitrag für die Unternehmung zu leisten. Ein Gleichgewicht zwischen Anreizen und Beiträgen kann in einer Unternehmung nur dann erreicht werden, wenn die von der Unternehmung zur Verfügung gestellten Anreize auch eine Motivation der Führungskräfte in der forcierten Richtung zur Folge haben. Hierfür müssen die o. a. Aspekte der menschlichen Motivation berücksichtigt werden; diese sind je nach Anreizsituation,[225] je nach Typ von individuellem Anreizempfänger und nach vorhandenen beeinflussenden Faktoren zu berücksichtigen. Werden bspw. die Eintrittsanreize betrachtet, wenn geeignete Führungskräfte für die Unternehmung gewonnen werden sollen, dann gilt es, die Attraktivität der Unternehmung auf dem Arbeitsmarkt für eben solche geeigneten Führungskräfte zu gewährleisten. Wird mit den gesetzten Anreizen gleichwohl jedwede Führungskraft motiviert, sich für die entsprechende Führungskraftposition zu bewerben, kommt es unter Umständen zu extrem großen Unterschieden zwischen Anreizen und Beiträgen, da eine ungeeignete Führungskraft die von der Unternehmung geforderten Beiträge nicht leisten kann. Die Unternehmung schöpft – laut Anreiz-Beitrags-Theorie – die Anreize indessen aus den Beiträgen der Unternehmungsmitglieder und wird so bei ungeeigneten Führungskräften die notwendigen Anreize auf Dauer nicht mehr bieten können.

Analog verhält es sich mit den Bleibeanreizen, die bereits in der Unternehmung tätige Führungskräfte motivieren sollen, weiterhin ihre Beiträge für die Unternehmung zu leisten. Hier ist das Augenmerk auf die Leistungsmotivation zu lenken. Die von den Führungskräften empfundene Attraktivität der Leistungsanreize bestimmt letztlich, inwieweit es einer Unternehmung gelingen kann, die Führungskräfte auf Dauer zu einer mindestens ausreichenden Beitragserfüllung zu motivieren.[226]

(2) Personalselektionsfunktion

Die Personalselektionsfunktion von ASF beschreibt die neben der Motivationsfunktion anfallende Möglichkeit, Anreizsysteme zur Selektion von geeigneten Führungskräften zu nutzen.[227] Der Personalselektion kommt die Aufgabe zu, für die Unternehmung die geeignete qualitative und quantitative Führungskraftkapazität zu finden.[228] Die vorrangig interessieren-

[225] Gemeint sind hier die unterschiedlichen Anreizsituationen innerhalb der Anreiz-Beitrags-Theorie: Anreize zum Eintritt in die Unternehmung bzw. zum Verbleib in der Unternehmung.

[226] Vgl. Evers (1991), S. 740.

[227] Vgl. Winter (1996a), S. 64

[228] Vgl. z. B. Bleicher (1993), S. 4 ff.

de Selektion ist die Selbstselektion der Führungskräfte.[229] Eine Selbstselektion einer Führungskraft bezüglich der Bewerbung auf eine Stelle erfolgt nach dem Prinzip der Gesamtnutzenmaximierung der Führungskraft. Nur wenn die Bewerbung auf eine Stelle einen positiven Gesamtnutzen erwarten lässt und dieser zudem größer als der Nutzen alternativer Beschäftigungsmöglichkeiten eingeschätzt wird, wird sich die Führungskraft für diese Stelle interessieren.[230] Mit einem geeigneten Anreizsystem kann eine Unternehmung demnach steuern, welche und wie viele Führungskräfte zu einem Eintritt in die Unternehmung bewegt werden können.

Unternehmungen, deren Anreize durchschnittlich besser bewertet werden als die anderer Unternehmungen, besitzen für qualifizierte Führungskräfte eine höhere Attraktivität als andere.[231] Allerdings trifft diese höhere Attraktivität auch für weniger qualifizierte Führungskräfte zu. Aufgrund der in der Realität vorliegenden asymmetrischen Informationsverteilung können sich auch ungeeignete Führungskräfte bewerben, ohne dass deren mangelhafte Qualifikation sofort entdeckt wird. Diesem Nachteil seitens der Unternehmung kann durch ein geeignetes Anreizsystem, etwa durch eine starke Leistungsdifferenzierung, entgegengewirkt werden.[232] Lediglich die geeignete Führungskraft kann aufgrund ihrer guten Beitragsleistungserbringung eine hohe Belohnung erwarten. Die ungeeignete Führungskraft muss aufgrund dieses Anreizsystems erwarten, einen schlechteren Gesamtnutzen zu erzielen als in alternativen Beschäftigungsmöglichkeiten.[233]

Eine weitere Möglichkeit zur Selektion im Zusammenhang mit ASF besteht aufgrund der für die Anwendung eines ASF notwendigen Leistungsbeurteilung. Hier fallen Informationen an, die Schwächen und Defizite einer Führungskraft aufdecken können und die Unternehmung befähigt, darauf zu reagieren. Sei es einerseits durch eine Änderung des Anreizsystems dahingehend, dass sich der Gesamtnutzen für die jeweilige Führungskraft im Gegensatz zu alternativen Beschäftigungsmöglichkeiten verringert oder andererseits durch daraus intendierte Personalentwicklungsmaßnahmen für die Führungskraft.

Auch die Bedeutung der Personalselektionsfunktion als Funktion von ASF lässt sich mit der Anreiz-Beitrags-Theorie erklären: Es handelt sich bei der Erfüllung dieser Funktion explizit um den Anreiz zum Eintritt in die Unternehmung. Für die Unternehmung ist es neben der Beitragsleistung der bereits in der Unternehmung tätigen Unternehmungsmitglieder auch

---

[229] Neben der Selbstselektion existiert auch eine Fremdselektion, bei der die Eignung eines Bewerbers durch Dritte eingeschätzt wird (Personalauswahl, vgl. dazu z. B. Drumm (2000), S. 342).

[230] Vgl. Balsam (2002), S. 59.

[231] Vgl. Guthof (1995), S. 34

[232] Vgl. Winter (1996a), S. 64 und S. 169.

[233] Diesem Prinzip sind allerdings dann Grenzen gesetzt, wenn das individuelle Einkommensrisiko der Führungskraft aufgrund der Variabilität zu groß wird (vgl. Berthel (2000), S. 407).

entscheidend, die geeigneten neuen Unternehmungsmitglieder für eine Beitragsleistung in der Unternehmung zu gewinnen. Hierbei sollten nur diejenigen zum Eintritt in die Unternehmung bewegt werden, die eine entsprechende Eignung für die zu besetzende Stelle – als Grundlage für eine ausreichende Beitragsleistung in der Unternehmung – mitbringen, um für das Erreichen des Anreiz-Beitrags-Gleichgewichts bereits ex-ante geeignete Voraussetzungen zu setzen. Tritt eine ungeeignete Führungskraft in die Unternehmung ein, die nicht in der Lage ist, ausreichende Beiträge für die Unternehmung zu erbringen und gewährt die Unternehmung der Führungskraft Anreize, die der notwendigen Qualifikation für diese Führungsposition entspricht, entsteht ein Ungleichgewicht zwischen Anreizen und Beiträgen, das entsprechend den Aussagen der Anreiz-Beitrags-Theorie zur Existenzgefährdung der Unternehmung führen kann. Diese Existenzgefährdung ergibt sich z. B. aus einer dann notwendigen Neubesetzung der Stelle, die für die Unternehmung erhebliche Kosten verursachen kann.[234]

Nach der Motivationsfunktion, die eine grundsätzliche Funktion von ASF darstellt, in der es um eine generelle Motivation zur individuellen Leistungserbringung der Führungskräfte – sei es die Motivation zum Unternehmungseintritt, zur Beitragsleistung oder zum Verbleib in der Unternehmung – geht, bezieht sich die Personalselektionsfunktion vorrangig auf den Eintrittsanreiz bzw. die Entscheidung zum Austritt aus der Unternehmung und stellt somit einen speziellen Bereich der Motivationsfunktion, insbesondere aus Sicht der Anreiz-Beitrags-Theorie, dar.

(3) Koordinationsfunktion

Die Koordination in einer Unternehmung kann als zentrale Managementaufgabe gesehen werden.[235] Hierbei kann unter Koordination eine auf die Unternehmungsziele ausgerichtete „Abstimmung und Harmonisierung von Handlungen der Organisationsmitglieder sowie Ausrichtung arbeitsteilig gebildeter Stellen...“[236] verstanden werden. Insbesondere in divisionalisierten Unternehmungen müssen Integrations- und Koordinationsprobleme gelöst werden.[237] Aber auch in weniger stark divisionalisiert organisierten Unternehmungen laufen Maßnahmeentscheidungen und deren Realisation aufgrund von Arbeitsteilung in den Unternehmungen multipersonal ab, d. h. verschiedene Führungskräfte treffen unterschiedliche Entscheidungen, die jedoch im Sinne einer Unternehmungszielerreichung miteinander koordiniert werden müssen.[238]

---

[234] So kann eine erneute Besetzung einer Stelle Kosten für die Unternehmung verursachen, die das fünffache des eigentlichen Monatseinkommens dieser Stellte übersteigen (vgl. Lawler (1989), S. 137).

[235] Vgl. Staehle (1999), S. 555.

[236] Ebd. als Zusammenfassung unterschiedlicher Definitionen. Vgl. dazu die dort angegebenen Quellen.

[237] Vgl. Dörfler (1993), S. 27.

[238] Vgl. Macharzina (1999), S. 156 ff.

Anreizsystemen kommt neben der Motivationsfunktion auch eine unterstützende Funktion in Bezug auf diese Koordination zwischen den einzelnen Teilbereichen sowie zwischen Teilbereichen und Unternehmungsleitung zu.[239] Ein ASF muss entsprechend nicht nur Anreize hinsichtlich des individuellen Nutzens der Führungskräfte enthalten, sondern auch koordinationsfördernde Anreize im Sinne der strategischen Unternehmungszielerreichung berücksichtigten.[240]

Eine derartige Koordination in der Unternehmung kann jedoch nicht als grundsätzlich gegeben gesehen werden, ihr Grad ist vielmehr von unterschiedlichen Faktoren abhängig.[241] Daher gilt es Anreize zu setzen, die eine für die Unternehmung überlebensnotwendige Zusammenarbeit fördern. Neben den notwendigen Anreizen für eine erfolgreiche Führung des der Führungskraft zugeordneten Unternehmungsteilbereichs müssen auch Koordinationsanreize für eine kooperative Zusammenarbeit mit anderen Teilbereichen gesetzt werden. Es gilt hier, Anreizsysteme derart zu gestalten, dass die individuelle Leistungsausrichtung aufgrund der Anreize nicht zuungunsten einer kollektiven – im Sinne von koordinativen – Erfolgsausrichtung erfolgt. Anreizsysteme müssen demnach nicht nur an den Zielen einer, die jeweilige Führungskraft betreffenden organisatorischen Einheit ausgerichtet sein, sondern auch durch Einbindung einer weiteren Koordinationsperspektive, den sogenannten Ressortegoismus verhindern können.[242]

Allerdings besteht die Möglichkeit gegenläufiger Wirkungen motivationsfördernder und koordinationsfördernder Anreize:[243] Insbesondere leistungsorientierte Anreizsysteme bieten ein Potential zu unkooperativem Verhalten indem sie den Wettbewerb hinsichtlich individueller Leistung forcieren. Derartigen Interessenkonflikten und Interdependenzen gilt es mit einem geeigneten Anreizsystem aufzudecken und zweckgerecht in motivations- und koordinationsfördernder Sicht auszurichten.[244]

Erfolgt eine Betrachtung der Koordinationsfunktion vor dem Hintergrund der Anreiz-Beitrags-Theorie, können die Interdependenzen zwischen der Anreizsetzung und der Beitragsleistung aufgezeigt werden. Eine Beitragsleistung seitens der Führungskräfte kann nur dann ausreichend und sinnvoll für die Unternehmung sein, wenn sie auf die Erhaltung der Unternehmung ausgerichtet ist; nur dann ist die Unternehmung in der Lage, entsprechend in Höhe

---

[239] Vgl. Salter (1973), S. 95.

[240] Vgl. Becker (1990), S. 25.

[241] Vgl. Kotter/Schlesinger/Sathe (1979), S 123.

[242] Vgl. Becker (1990), S. 25.

[243] Vgl. Winter (1996a), S. 67 und die dort angegebenen weiteren Literaturhinweise.

[244] Bei der Koordinationsfunktion ebenfalls gelten selbstverständlich ebenfalls die in der Motivationsfunktion implizierten motivationalen Grundlagen: Anreize, die zu Zwecken der Koordinationsförderung gesetzt werden, können nur dann als solche wirken, wenn sie mit ausreichendem zweckentsprechendem Motivationspotential ausgestattet sind.

und Dauer ausreichende Anreize bieten zu können. Wird durch eine fehlende Koordination zwischen Teilbereichen oder der Unternehmungsleitung und Teilbereichen eine „Vernichtung" geleisteter Beiträge durch ressortegoistisches Verhalten hervorgerufen, können langfristig keine Anreize von der Unternehmung an die Führungskräfte gegeben werden; so würde die Existenz der Unternehmung langfristig gefährdet.[245]

Bei der Koordinationsfunktion handelt es sich demnach, wie schon bei der Personalselektionsfunktion, um einen speziellen Bereich der Motivationsfunktion. Anders als die Motivationsfunktion mit ihrem generellen Charakter der Motivation, der Motivation zur individuellen Leistungserbringung, betrifft die Koordinationsfunktion die Motivation der Führungskräfte zu einem koordinativen Verhalten. Es geht um die Sicherung der Anreize, die seitens der Unternehmung zur Motivation der individuellen Leistungserbringung der Führungskräfte gewährt werden sollen. Nur durch das koordinative Verhalten der Führungskräfte ist dies gewährleistet.

3. Anforderungen

An dieser Stelle erfolgt eine Darstellung und Diskussion der oben separierten Anforderungen, die für eine Funktionserfüllung von ASF als wichtig erachtet werden: Akzeptanz, Anreizkompatibilität, Flexibilität, Gerechtigkeit, Leistungsorientierung, Risikoreduktion, Transparenz und Wirtschaftlichkeit.

Akzeptanz: Mit der Anforderung der Akzeptanz wird das nötige Einverständnis der betreffenden Führungskraft hinsichtlich des Anreizsystems ausgedrückt.[246] Der Grad der Akzeptanz eines Anreizsystems wird durch eine Vielzahl an Faktoren bestimmt:[247] vorgesehene Regelungen, die individuelle Risikoneigung der entsprechenden Führungskraft, die Erfolgssituation der Unternehmung u. a. Fühlen sich – auch wenn es sich hierbei oft um individuell empfundene Situationen handelt – Führungskräfte durch ein Anreizsystem benachteiligt, kann aus ihrer Sicht kaum mit der Akzeptanz des Anreizsystems gerechnet werden, was einer motivationsfördernden Wirkung entgegensteht.

Die Akzeptanz eines Anreizsystems wird auch durch die Stärke der Leistungsdifferenzierung determiniert.[248] Ist mit der Einführung eines neuen Anreizsystems eine stärkere Leistungsdifferenzierung intendiert, werden gerade Führungskräfte mit weniger gutem Leistungsverhalten dieses weniger akzeptieren, da für sie die Wahrscheinlichkeit der Belohnung geringer wird, was wiederum die Motivation negativ beeinflusst. Eine ständige offene Kommunikati-

245 Siehe die Ausführungen zur Anreiz-Beitrags-Theorie.

246 Vgl. Winter (1996a), S. 89.

247 Vgl. Becker (1988), S. 84.

248 Vgl. Winter (1996a), S. 89.

on hinsichtlich des Anreizsystems bzw. einer möglichen Unzufriedenheit seitens der Führungskraft kann einer fehlenden Akzeptanz entgegenwirken.[249]

Anreizkompatibilität:[250] Unter Anreizkompatibilität wird in diesem Zusammenhang die Zielbezogenheit des Anreizsystems verstanden:[251] Ein Anreizsystem darf lediglich dann eine belohnende Wirkung besitzen, wenn die Anstrengungen der Führungskräfte auf das Erreichen der Unternehmungsziele ausgerichtet sind. Hier wird die Überschneidung zur Anforderung der Leistungsorientierung deutlich. Das Leistungsverhalten der Führungskraft soll erkennbar positiv sein. Die Forderung nach Anreizkompatibilität präzisiert das Leistungsverhalten nun hinsichtlich der Ausrichtung des Verhaltens bezüglich der Zielerreichung.

Die Anforderung der Anreizkompatibilität ist insbesondere aus Unternehmungssicht wichtig. Eine Motivation der Führungskräfte, die nicht an den Unternehmungszielen ausgerichtet ist, wird langfristig die Überlebensfähigkeit der Unternehmung in Frage stellen. Die Unternehmung kann nur dann die Anreize liefern, wenn auch die geleisteten Beiträge ausreichen. Wird die Motivation der Führungskraft aber auf ein – aus Unternehmungssicht: falsches – nicht-intentionales Verhalten ausgerichtet, kann die Leistung der Führungskraft nicht als positiv bewertet werden, was wiederum eine Demotivation der Führungskraft zur Folge haben kann, da sie ihre eigene Leistung – unabhängig von der Zielerreichung – als positiv bewerten wird.

Die Forderung nach Anreizkompatibilität dient auch der Erfüllung der Koordinationsfunktion eines ASF. Ein Anreizsystem sollte derart konzipiert sein, dass Teilbereichsziele in Abstimmung mit anderen Teilbereichszielen, aber auch mit Gesamtunternehmungszielen gesetzt werden und eine Führungskraft nur dann eine Belohnungswirkung erwarten kann, wenn sie in ihrer Beitragsleistung diesen „Gesamtunternehmungsblick" behält. Dies betrifft vor allem die Teilbereichsziele, die oftmals von den die Teilbereiche leitenden Führungskräften selbst gesetzt werden.[252]

Flexibilität:[253] Die Forderung nach Flexibilität eines ASF ergibt sich daraus, dass die strategische Führung einen dynamischen Charakter trägt: Unternehmungspläne und Unter-

---

[249] Ebd. S. 90.

[250] Die Anforderung der Anreizkompatibilität wird stets im Zusammenhang mit der Betrachtungsperspektive der Prinzipal-Agenten-Theorie angeführt und stellt auf die im Eigentümerinteresse intendierte Vermögensvermehrung ab. Da i. d. R. in heutigen Unternehmungen eine Trennung von Eigentum- und Unternehmungsführung vorzufinden ist, erscheint die Berücksichtigung dieser Anforderung erforderlich.

[251] Vgl. hierzu z. B. Winter (1996a), S. 90f, Laux (1995), S. 74ff., Osterloh (1999), S. 187.

[252] *Winter* sieht in dieser Problematik eine eigene Anforderung der Planungsgenauigkeit, was die Zielplanung innerhalb der Teilbereiche anbelangt.

[253] Die Anforderung der Flexibilität sollte natürlich von jedem Anreizsystem, nicht nur von ASF, erfüllt werden. Allerdings wird hier davon ausgegangen, dass die Anpassung an eine veränderte Unternehmungsum-

nehmungsziele müssen immer wieder an die sich verändernden Umweltbedingungen angepasst werden.[254] Zudem gilt es, diverse Zielsetzungen in den einzelnen Unternehmungsteilbereichen innerhalb eines ASF zu berücksichtigen und es intentional hinsichtlich dieser Ziele, aber auch der Gesamtunternehmungsziele ausrichten zu können.[255] Wobei aufgrund sich permanent ändernden situativen Faktoren eine regelmäßige Anpassung diverser Anreize möglich sein muss.[256] Von dieser möglichen situativen Anpassung von Anreizen sollte jedoch eine vorhandene Grundstruktur eines ASF bewahrt bleiben, um eine einheitliche, für Führungskräfte verlässliche Anreizstruktur zu gewährleisten, die keiner ständigen Variation unterliegt.[257] Innerhalb dieser Grundstruktur kann allerdings die Flexibilität durch eine Vielzahl flexibel einsetzbarer Teilelemente gewahrt bleiben.[258]

Ein weiterer Flexibilitätsaspekt betrifft den das Anreizsystem betreffenden Personenkreis.[259] Ein ASF sollte idealerweise derart konzipiert sein, dass sowohl Einzelleistungen als auch die Gruppenleistung mehrerer Führungskräfte honoriert werden können. Diese Perspektive betrifft insbesondere die Erfüllung der o. a. Koordinationsfunktion. Selbstverständlich soll eine einzelne Führungskraft dazu motiviert werden, den in ihrem Verantwortungsbereich liegenden Teilbereich erfolgreich – im Sinne von zielerreichend – zu führen; andererseits ist aufgrund der notwendigen Koordination zwischen verschiedenen Teilbereichen und zwischen Teilbereichen und Unternehmungsleitung auch auf Anreize zu achten, die dann – im Gegensatz zur Einzelbewertung der Teilbereichsleistung – notwendigerweise Gruppenan-

---

welt – laut Definitionsverständnis einer strategischen Führung – sich innerhalb der strategischen Unternehmungsführung vollzieht. Diese strategische Unternehmungsführung schafft dann die Grundlagen für die Umsetzung im operativen und taktischen Bereich einer Unternehmung.

[254] Vgl. z. B. Becker (1990), S. 24, Guthof (1995), S. 38.

[255] Hierzu gehören auch die von *Winter* in der separaten Anforderung „Dualität" angesprochenen integrierenden Berücksichtigung sowohl operativer als auch strategischer Ziele (vgl. dazu Winter (1996a), S. 80 ff.).

[256] Ebd. und Bleicher (1992), S. 19.

[257] Hier wird der Bezug zu anderen Anforderungen sichtbar, wie die Vergleichbarkeit von ASF aufgrund von Gerechtigkeitsüberlegungen einerseits, aber auch im Hinblick auf die Einhaltung von Wirtschaftlichkeitsaspekten, die eine ständige kostenaufwendige Änderung von ASF negieren. Auch die Überschneidungen innerhalb dieser Anforderungen werden deutlich.

[258] Vgl. Becker (1990), S. 24. Hier kann auch die Forderung nach der Flexibilität eines ASF im Rahmen der von *Guthof* formulierten eigenständigen Anforderung „Individualisierung" eingeordnet werden: Die flexible Gestaltung des Anreizsystems durch unterschiedliche Kombinationsmöglichkeiten von Teilelementen, die durch die Unternehmung gewährleistet werden sollte (vgl. Guthof (1995), S. 39).

[259] Teilweise wird die Individual- und Gruppenanwendbarkeit als eine eigene Anforderung gesehen (vgl. z. B. Becker (1990), S. 24f.). Die Möglichkeit, ASF sowohl für eine Führungskraft als auch für eine Gruppe von Führungskräften nutzen zu können, wird hier im Kriterium der Flexibilität eingeschlossen, weil sie oftmals untrennbar mit der Veränderung organisatorischer Strukturen – z. B. Zusammenlegung einzelner Teilbereiche und damit auch der Verantwortlichkeitsbereiche von mehreren Führungskräften – verbunden ist und gleichzeitig für eine Führungskraft perspektivisch sowohl Einzel- als auch Gruppenanreize gegeben werden müssen.

reize für mehrere Führungskräfte diverser kooperierender oder auch konkurrierender Teilbereiche enthalten muss.

Gerechtigkeit: Ein ASF soll dann als „gerecht" gelten, wenn die Anreize sowohl dem von der Führungskraft geleisteten Beitrag in absoluter Höhe angemessen sind als auch dem Vergleich zu anderen Führungskraftpositionen standhalten. Aufgrund unterschiedlicher individueller Gerechtigkeitsempfindungen dürfte in Konsequenz dessen die „Gerechtigkeit" eines Anreizsystems von jeder Führungskraft in eigener Weise beurteilt werden.[260]

Um eine gewisse Operationalisierbarkeit des Gerechtigkeitsbegriffs erreichen zu können, sollte argumentativ zwischen zwei Arten unterschieden werden: Marktgerechtigkeit und Leistungsgerechtigkeit:[261] Wird die Leistungsgerechtigkeit betrachtet, müssen die Anreize in einem adäquaten Verhältnis zu den geleisteten Beiträgen stehen. Dies gilt sowohl seitens der Führungskraft, die nur für sie ausreichend hohe Anreize zu einem weiteren Leistungsbeitrag und Verbleib in der Unternehmung bewegen können, als auch aus Sicht der Unternehmung, die nur Anreize in der Höhe bieten kann, die der Leistung der Führungskraft entsprechen. Zu hohe Anreizsetzung kann langfristig Existenzbedrohung für die Unternehmung bedeuten.[262]

Aus Sicht der Führungskraft erscheint hierbei die Wahrnehmung der Belohnung ihrer Beiträge entscheidend. Als Implikation aus den motivationstheoretischen Ausführungen hinsichtlich der Valenz – dem für das Individuum subjektive Wert des Handlungsergebnisses – resultiert, dass nur dann eine motivationsfördernde Wirkung zu erwarten ist, wenn die Führungskraft die Belohnung ihrer Beiträge als gerecht wahrnimmt. D. h. die Führungskraft muss den Anreiz und die damit verbundene Belohnung als angemessen einschätzen, wobei die Angemessenheit vielfach danach beurteilt wird, inwieweit das Anreiz-Beitrags-Verhältnis dem von anderen Führungskräften entspricht.[263] Eine absolut empfundene Angemessenheit kann dann nicht mehr motivierend wirken, wenn anderen Führungskräften für die gleiche Beitragsleistung höhere Anreize geboten werden bzw. diese für eine geringere Beitragsleistung die gleiche Anreizhöhe erhalten.[264] Hier wird der Zusammenhang zwischen der

---

[260] Vgl. Winter (1996a), S. 75.

[261] Eine andere Möglichkeit der Differenzierung innerhalb der Gerechtigkeitsanforderung der ASF ist die der Unterscheidung zwischen „interner" und „externer" Gerechtigkeit (vgl. z. B. Hilb (1991a), S. 25, Balkin/Gomez-Meija (1990), S. 2). Die interne Gerechtigkeit bezieht sich dabei auf die Forderung nach einer Leistungs-, Anforderungs- und Sozialgerechtigkeit des Anreizsystems, während sich die externe Gerechtigkeit auf die Gerechtigkeit eines Anreizsystems bezüglich des Vergleiches auf dem Arbeitsmarkt für Führungskräfte bezieht. Diese Differenzierung unterscheidet sich hinsichtlich der Argumentation allenfalls in einer anderen Begriffsverwendung.

[262] Siehe auch die Ausführungen in Abschnitt II.A. zur Anreiz-Beitrags-Theorie.

[263] Diese Argumentation greift auf die „Equity-Theorie" nach Adams (vgl. Adams (1963a, 1963b, 1965) zurück.

[264] Vgl. Winter (1996a), S. 50. Existieren lediglich Vermutungen über die Vergütung anderer, wird nachweislich die Belohnungshöhe anderer Führungskräfte der gleichen Hierarchiestufe im Gegensatz zur eigenen

Leistungsgerechtigkeit und der Marktgerechtigkeit deutlich, denn der Vergleich mit anderen Führungskräften bezieht sich sowohl auf die Unternehmung als auch auf Führungskräfte außerhalb der Unternehmung, etwa in Wettbewerbsunternehmungen.

Marktgerechtigkeit impliziert, dass die von einer Unternehmung gewährten Anreize mindestens gleichwertig den am Markt üblichen Anreizen sind.[265] Marktgerechtigkeit ist einerseits notwendig, um eine Vergleichbarkeit bezüglich der Bewertung der eigenen Anreizstruktur erhalten zu können. Andererseits impliziert die Forderung nach Marktgerechtigkeit auch die Möglichkeit für die Unternehmung, geeignete Führungskräfte zu gewinnen. Entspricht ein ASF nicht den am Markt üblichen Konditionen, d. h. liegen die implizierten Anreize darunter, werden die gewünschten Führungskräfte den Anreiz zum Eintritt in die Unternehmung als zu gering erachten und ihren Leistungsbeitrag einer anderen Unternehmung zur Verfügung stellen, deren Anreize eher als „marktgerecht“ empfunden werden. Ebenfalls werden Führungskräfte, die bereits in der Unternehmung tätig sind, zu niedrige Anreize für ihre Leistung als Anlass nehmen, aus der Unternehmung auszuscheiden.

Inwiefern dient die Anforderung der Gerechtigkeit nun zur Funktionserfüllung? Insbesondere als Unterstützung für die Erfüllung der Motivationsfunktion lässt sich anführen, dass ein als ungerecht im Sinne von zu niedrig von einer Führungskraft empfundener Anreiz nicht motivationsfördernd wirken kann; ebenso gilt ein als ungerecht im Sinne von zu hoch empfundener Anreiz aus Sicht der Unternehmung als nicht ökonomisch sinnvoll.[266] Leistungsgerechtigkeit ist demnach als eine Anforderung zur Förderung der Motivation zu sehen. Betrachtet man die Marktgerechtigkeit, kann diese innerhalb der Motivationsfunktion auch als unterstützende Anforderung hinsichtlich des Personalselektionsaspektes gesehen werden: Entspricht ein Anreizsystem für eine Führungskraftposition mindestens den am Markt üblichen Konditionen, können mit ihm bereits aufgrund der Offenlegung Qualifikationsmerkmale verbunden werden; nur geeignete Führungskräfte können dann mit positiven Konsequenzen für ihre Beitragsleistung rechnen.[267]

Leistungsorientierung: Die Anforderung der Leistungsorientierung eines Anreizsystems entspricht der Forderung nach Honorierung von Leistungsunterschieden durch jeweils angemes-

größtenteils überschätzt, was zwangsläufig eine Unzufriedenheit und Demotivation zur Folge hat (vgl. Lawler (1981), S. 46).

[265] Die Begriffsaussage „am Markt übliche Anreize“ bezieht sich auf Anreize, die von einer Unternehmung durch empirische Erhebungen am Markt zu erhalten sind. „Marktübliche Anreize“ sind spezifiziert nach Qualifikation und Anforderung an die entsprechende Führungskraftposition. Die von *Becker* und *Hahn/Willers* geforderte „Anforderungsgerechtigkeit“ ist folglich bereits impliziert. Vgl. Winter (1996a), S. 75.

[266] Vgl. die Ausführungen innerhalb der Darstellung der Motivationsfunktion und der Anforderung der Wirtschaftlichkeit.

[267] Vgl. Winter (1996a), S. 55 und die Ausführungen zur Personalselektionsfunktion in Abschnitt II.B.2.

sene Differenzierungen innerhalb des ASF.[268] Die Leistungsorientierung erfordert aber nicht nur eine einseitige Ergebnisorientierung. Neben dem Leistungsergebnis müssen auch das Leistungsverhalten und die Leistungsbedingungen berücksichtigt werden.[269]

Ein Leistungsergebnis ist hierbei als Resultat einer Tätigkeit zu verstehen. Es stellt das objektiv ermittelte Ergebnis der von der Führungskraft erbrachten Anstrengung dar.[270] Das Leistungsergebnis ist eine quantitative Größe, die im Rahmen von Soll-Ist-Analysen durch Ermittlung eines Zielerreichungsgrades und weiterer Abweichungsanalysen erhoben werden kann.[271]

Das Leistungsverhalten impliziert die Art und Weise, wie das Leistungsergebnis zustande gekommen ist. Leistungsverhalten lässt sich aus der Kombination von Leistungsbereitschaft und -motivation der entsprechenden Führungskraft beobachten und wird durch Arbeitsbedingungen determiniert. Ein als positiv erachtetes Leistungsverhalten ist demnach nicht gleichbedeutend mit einem angestrebten positiven Leistungsergebnis.[272] Innerhalb eines Anreizsystems sollten deshalb immer beide Aspekte berücksichtigt werden. Eine motivierende Wirkung ist nur dann zu erwarten, wenn ein positives Verhalten belohnt wird, unabhängig davon, ob im gesamten Leistungsergebnis, ebenfalls ein positives Ergebnis erzielt werden konnte.[273] Schließlich kann das gesamte Leistungsergebnis auch von externen Leistungsbedingungen abhängig sein. Andererseits kann auch die Erreichung eines Leistungsergebnisses als negativ bewertet werden, wenn bei der Erbringung des Leistungsergebnisses lediglich individuelle Interessen rücksichtslos vertreten wurden und dem sozialen Gefüge innerhalb der Unternehmung ein langfristiger hoher Schaden zugefügt wurde.[274]

Leistungsbedingungen beziehen sich primär auf das Umfeld des jeweiligen Individuums. Sie können in personelle und sachliche Leistungsbedingungen eingeteilt werden. Personelle Leistungsbedingungen beziehen sich auf die individuellen Fähigkeiten der jeweiligen Führungskraft.[275] Die sachlichen Leistungsbedingungen beziehen sich im Gegensatz dazu auf Umweltbedingungen, die die Leistung der Führungskraft beeinflussen können. Zu berücksichtigen sind exogene Bedingungen, die sich mittels positiver oder negativer Umweltentwicklung positiv oder negativ auf das Leistungsergebnis der Führungskraft auswirken

[268] Ebd. S. 76.

[269] Vgl. Becker (1990), S. 22 ff.

[270] Vgl. Guthof (1995), S. 36.

[271] Vgl. Becker (1990), S. 23.

[272] Ebd.

[273] Ebd.

[274] Vgl. Guthhof (1995), S. 36.

[275] Vgl. Winter (1996a), S. 76.

können. Weiterhin sind endogene Leistungsbedingungen von Bedeutung, also etwa unternehmungsinterne Kapazitäten. In einem ASF sollten neben den objektiv ermittelbaren Leistungsergebnissen auch Umweltbedingungen mitberücksichtigt werden, da eine potentielle negative Beeinflussung sich negativ auf die Motivationsfunktion auswirken kann: bspw. wenn eine gute Leistung durch negative Umwelteinflüsse unbelohnt bleiben könnte.[276]

Risikoreduktion: Die Anforderung der Risikoreduktion beinhaltet die Reduzierung des individuellen Einkommensrisikos.[277] Ein Anreizsystem soll die Änderung der entsprechenden Leistung beurteilen können; dies kann allerdings nur dann objektiv erfolgen, wenn exogene und endogene Zufallsgrößen möglichst extrahiert werden können. Die Risikoreduktion entspricht in diesem Zusammenhang der Vermeidung von Zufallseinflüssen und betrifft den variablen Teil der Anreize.[278] Auch hier wird der Zusammenhang zur Anforderung der Leistungsorientierung deutlich: Das Leistungsergebnis konnte in Abhängigkeit von den Leistungsbedingungen gesehen werden. Ist das Risiko der negativen Ergebnisbeeinflussung durch sachliche Leistungsbedingungen derart hoch, dass eine Belohnung einer eigentlich positiven Leistung einer Führungskraft aufgrund von exogenen oder endogenen Leistungsbedingungen als unwahrscheinlich erscheint, wird sich dies aufgrund der geringen Erwartung der Belohnungseinstellung negativ auf die Motivation der Führungskraft auswirken. Eine Unternehmung sollte demzufolge solche variablen Anreize bieten, die per se einem geringen Risiko hinsichtlich der Beeinflussung durch Umweltfaktoren ausgesetzt sind.

Transparenz: Ein Anreizsystem sollte individuell transparent, d. h. nachvollziehbar, durchschaubar und überschaubar, sein.[279] Wobei sich die Anforderung der Transparenz auf verschiedene Aspekte bezieht:[280] Zum einen kann die Forderung nach Transparenz als grundlegende Voraussetzung für die Erfüllung der Motivationsfunktion gesehen werden. Motivierend kann ein Anreiz nämlich nur dann sein, wenn die jeweilige Führungskraft den gewünschten Zusammenhang zwischen Leistung und Anreiz erkennen und wahrnehmen kann.[281] Transparenz ist erforderlich, um Motivation überhaupt erst zu ermöglichen.

Zum anderen stellt die Transparenz eine Voraussetzung für die Anforderung der Gerechtigkeit dar. Ein Gefühl der ungerechten Behandlung ist möglicherweise dadurch vermeidbar,

---

[276] Ebd., S. 77.

[277] Vgl. Winter, S. (1996a), S. 91.

[278] Ebd., S. 92. Innerhalb der Risikoreduktion wird der fixe Teil der Anreize per se ausgeschlossen, da er keinem Risiko (laut Definition) unterliegen sollte.

[279] Vgl. Bleicher (1992), S. 19. Guthof sieht in der Einfachheit eines Anreizsystems eine separate Anforderung. Aufgrund der Definition der Transparenz ist diese Einfachheit hier bereits eingeschlossen (vgl. dazu Guthof (1995), S. 40).

[280] Vgl. Winter (1996a), S. 73 f.

[281] Ebd.

dass aufgrund der Nachvollziehbarkeit und der Überschaubarkeit des Anreizsystems für den Betreffenden kein Grund zur Annahme für eine subjektiv empfundene ungerechte Belohnung besteht.[282] Dies betrifft die oben angeführte Implikation der Vergleichbarkeit: Auch hier kann – analog zur Anforderung der Gerechtigkeit – eine Offenlegung der Anreize der Führungskräfte zwecks Vergleichbarkeit einer Fehleinschätzung der Belohnung anderer Führungskräfte im Vergleich zur eigenen vorbeugen.[283]

Des weiteren kann die Transparenz eines ASF dazu dienen, Führungskräften bereits vorab auf vielleicht zukünftig zu ändernde bzw. später relevante Anreizelemente aufmerksam zu machen.[284] Dies dient wiederum der Erfüllung der Anforderung der Akzeptanz, da die Führungskräfte sich früher mit einer möglichen Veränderung des Anreizsystems auseinandersetzen können und durch Einbringung individueller Präferenzen das Anreizsystem eher akzeptieren.

<u>Wirtschaftlichkeit:</u> An ein Anreizsystem ist – wie auch an andere Instrumente der Unternehmungsführung – die Anforderung an Wirtschaftlichkeit zu stellen. Hierbei ist das Kriterium der Wirtschaftlichkeit darauf ausgerichtet, eine wirtschaftliche Durchführung, im Sinne von vertretbarem Berechnungs- und Gestaltungsaufwand für ein Anreizsystem zu ermöglichen.[285] Notwendige Voraussetzung für ein wirtschaftliches Anreizsystem ist es, dass der Aufwand, der durch ein Anreizsystem entsteht, ertragsmäßig durch eine Verbesserung der Führungskraftleistung überkompensiert wird.[286]

Die Wirtschaftlichkeit eines Anreizsystems wird in praxi i. d. R. anhand von Kosten-Nutzenanalysen bestimmt.[287] Während Kosten noch einigermaßen exakt erhoben werden können, stellt die Erhebung des Nutzens allerdings eine schwierige Problematik dar:[288] Die Berücksichtigung der exogenen Leistungsbedingungen lässt eine objektive Zurechnung der individuellen Leistung oft schwierig werden. Über einen längeren Zeitraum sollte aber trotzdem

---

[282] Ebd. S. 74.

[283] Siehe die Ausführungen innerhalb der Anforderung Gerechtigkeit. Winter weist zudem auf den „positiven Nebeneffekt“ einer Offenlegung hin: Anreizsysteme können sich durch die Offenlegung einer größeren Kritikbreite aussetzen und so fehlerhafte oder „unsinnige“ Teile eher erkennen und beheben lassen. Vgl. dazu Winter (1996a), S. 74.

[284] Vgl. Becker (1990), S. 24.

[285] Ebd., S. 26.

[286] Vgl. Bleicher (1992), S. 20.

[287] Vgl. Winter (1996a), S. 72.

[288] Ebd. S. 73.

eine zumindest qualitative Bewertung der Nutzenwirkung eines Anreizsystems möglich sein.[289]

Werden alle acht Anforderungen an ASF zusammenfassend betrachtet, fallen zwei Aspekte auf: Zum einen ergibt sich die Erkenntnis, dass die Anforderungen nicht immer überschneidungsfrei erfasst und oft nur im Zusammenhang mit der Erfüllung anderer Anforderungen gesehen werden können. Zum anderen fällt auf, dass die Anforderungen in zwei Gruppen von Anforderungen differenzierbar sind. Zum einen können die Anforderungen separiert werden, die auf unterschiedliche Verhaltensweisen der Führungskräfte aufgrund unterschiedlicher Motivstrukturen und somit auf verhaltenstheoretische Grundlagen zurückzuführen sind.[290] Hierzu zählen die Anforderungen „Akzeptanz", „Gerechtigkeit", „Leistungsorientierung" und „Transparenz". Aus Anreiz-Beitrags-theoretischer Sicht sind dies die Anforderungen, welche die *Beitragsleistung* der Führungskräfte betreffen; sie beziehen sich primär auf die Beeinflussung der Motivation der Führungskräfte bezüglich ihrer Leistungserbringung aufgrund individueller Valenzen, Normen, Erwartungen, Wahrnehmungen etc.

Dem gegenüber können die Anforderungen „Anreizkompatibilität", „Flexibilität", „Risikoreduktion" und „Wirtschaftlichkeit" als solche Anforderungen eingeordnet werden, die sich auf vertragstheoretische Grundlagen beziehen.[291] Sie betreffen Aspekte, die von der Unternehmung geleistet werden sollen, um eine Sicherung der *Anreize* gewährleisten zu können. Wobei es hier vorrangig um die Verknüpfung der Interessen der Unternehmung mit denen der Führungskräfte geht; also um die Bereiche, die eine Unternehmung zunächst einmal unabhängig von dem Motivationsprozess der Führungskräfte gewährleisten sollte, um eine positive Grundlage für die Motivation zur Leistungserbringung bieten zu können.

Eine Unternehmung, die plant, ein neues Anreizsystem einzuführen, sollte dies an den o. a. Anforderungen überprüfen. Ist dies geschehen, stellt sich die praktische Frage, ob und, wenn ja, wie jenes ASF in der Unternehmung umgesetzt werden kann.

---

[289] Ebd.

[290] Weitere Überlegungen zu Anforderungen von ASF, die auf verhaltenstheoretischen Grundlagen beruhen, finden sich bein *Hungenberg* (1999), S. 720 ff.

[291] Ebd. Diese Argumentation bestätigt wiederum, die Verwendung der Anreiz-Beitrags-Theorie als theoretisches Fundament dieser Arbeit, denn beide Gruppen von Anforderungen können innerhalb der Anreiz-Beitrags-theoretischen Argumentation erfasst werden.

TEIL III. MULTINATIONAL-RELEVANTE EINFLUSSFAKTOREN AUF ANREIZSYSTEME FÜR FÜHRUNGSKRÄFTE IN MULTINATIONALEN UNTERNEHMUNGEN

A. KOMPLEXITÄTSDIMENSIONEN MULTINATIONALER UNTERNEHMUNGEN VS. NATIONALER UNTERNEHMUNGEN – PERSPEKTIVEN INTERNATIONALER MANAGEMENTFORSCHUNG

1. Ausgewählte Perspektiven internationaler Managementforschung

Im vorherigen Abschnitt wurden grundsätzliche Überlegungen hinsichtlich der Gestaltungsaspekte von ASF angeführt. Im Folgenden sollen Besonderheiten des internationalen Kontextes im Gegensatz zur nationalen Perspektive herausgearbeitet werden. Somit gilt es, zunächst Problemfelder zu extrahieren, in denen Unterschiede zwischen einer multinationalen Unternehmung und einer nationalen Unternehmung zu finden sind. Die Literatur bietet in diesem Bereich, dem internationalen Management, eine sehr breite Einstiegsmöglichkeit. Es würde den vorgesehenen Umfang der Arbeit sprengen, wenn sämtliche innerhalb der internationalen Managementliteratur angeführten Problemfelder dargestellt würden. Als Anhaltspunkt ist vielmehr eine Konzentration auf das Forschungsgebiet des „Internationalen Personalmanagements" sinnvoll: so kann eine intentionale Reduktion des Umfanges der entsprechenden Literatur erreicht werden; ein wichtigerer Aspekt ist jedoch, dass die Problematik der ASF in multinationalen Unternehmungen innerhalb des „Internationalen Management" in das Themengebiet des „Internationalen Personalmanagement" einzuordnen ist.[292]

Innerhalb der Literatur zum „Internationalen Personalmanagement" existiert eine Vielzahl an Arbeiten, die sich mit spezifischen Fragestellungen zu einzelnen Funktionsbereichen beschäftigen oder auch das gesamte Personalmanagement multinationaler Unternehmungen zum Inhalt haben.[293] Um einen Ansatzpunkt in der vorliegenden Vielfalt an Forschungsarbeiten für eine mögliche Extrahierung von Problemfeldern für ASF zu erhalten, ist zunächst eine weitere Eingrenzung der Literatur sinnvoll.

Da innerhalb der ASF primär die strategische Unternehmungsführung interessiert, ist es angebracht, das „Strategische Internationale Personalmanagement" heranzuziehen, um zu-

---

[292] Vgl. die Definition des „Internationalen Personalmanagement" nach *Festing* (1999): Sie versteht „Internationales Personalmanagement" als Personalmanagement multinationaler Unternehmungen. Demnach ist das internationale Personalmanagement zu verstehen als „Management aller international tätigen Mitarbeiter einer multinationalen Unternehmung. Dies umfasst nicht nur entsandte Mitarbeiter, sondern auch solche, die an internationalen Schnittstellen des Unternehmens tätig sind oder künftig tätig werden. Andererseits werden auch Aspekte der Abstimmung der internationalen personalwirtschaftlichen Aktivitäten zwischen Stammhaus und Tochtergesellschaft betrachtet." (Festing (1999), S. 16).

[293] Vgl. Festing (1999), S. 20 ff. und die dort angeführten Übersichten deutschsprachiger Arbeiten zu unterschiedlichen Forschungsschwerpunkten innerhalb des internationalen Personalmanagements.

nächst – zwecks eines geeigneten Analyseeinstiegs – an Erkenntnisse innerhalb dieses Bereiches anknüpfen zu können.[294]

Innerhalb der Literatur zum strategischen internationalen Personalmanagement finden sich einerseits Arbeiten, die sich mit der Entwicklung eines Konzepts des strategischen internationalen Personalmanagements beschäftigen.[295] Andererseits gibt es Arbeiten, die sich spezifischen Fragestellungen innerhalb des strategischen internationalen Personalmanagements widmen.[296] Gemeinsam ist diesen Arbeiten, dass i. d. R. eine Konzentration auf zusätzliche Einflussgrößen (und deren Interdependenzen) erfolgt, die sich durch die Auseinandersetzung mit dem internationalen Umfeld ergeben.[297] Es werden verschiedene unternehmungsexterne und unternehmungsinterne Determinanten thematisiert, die eine erhöhte Komplexität des strategischen internationalen Personalmanagements gegenüber dem nationalen strategischen Personalmanagement bedeuten.[298] Für einen solchen komplexen personalwirtschaftlichen Themenbereich ist es allerdings notwendig, Vereinfachungen vorzunehmen.[299] Verschiedene Autoren haben deshalb mehrdimensionale Konzepte des strategischen internationalen Managements entwickelt.[300] So identifiziert *Wunderer* bspw. Einflussgrößen für die strategische Grundorientierung der Personalarbeit als Rahmenbedingungen des internationalen Personalmanagements wie folgt:[301]

(1) Branche, Leistungsprogramm und Marktstrategie;

(2) Kulturspezifische Werthaltungen, Rechtsordnung, Wirtschafts- und Sozialverfassung der Länder in den Mutter- und Tochtergesellschaften sowie die spezielle Unternehmungskultur;

(3) Unternehmungsstruktur und -größe;

---

[294] Zur Definition des „Strategischen internationalen Personalmanagements“ vgl. Schuler/Dowling/De Cieri (1993), S. 422, die unter strategischem internationalen Personalmanagement personalwirtschaftliche Fragestellungen, Funktionen und Vorgehensweisen sowie Praktiken verstehen, die aus den strategischen Aktivitäten multinationaler Unternehmungen resultieren und die die Unternehmung und deren internationale Ziele beeinflussen. Zur Erweiterung dieser Definition um die Berücksichtigung der Organisationsstruktur (vgl. Festing (1999), S. 46).

[295] *Festing* benennt die wichtigsten dieser Arbeiten (vgl. hierzu Festing (1997), S. 44). Ein zusammenfassender Vergleich dieser Arbeiten findet sich bei Festing (1999), S. 27.

[296] Vgl. z. B. deutschsprachige Arbeiten wie die von Stahl (1998), v. Roessel (1988), die sich der Auslandsentsendung von Führungskräften widmen.

[297] Vgl. Festing (1999), S. 26.

[298] Ebd. S. 105.

[299] Vgl. Ende (1982), S. 335.

[300] Vgl. die vergleichende Darstellung verschiedener Konzepte bei Festing (1999), S. 106 ff.

[301] Vgl. Wunderer (1992), S. 163 und S. 177.

(4) Ziele und Denkweisen der Unternehmungsleitung, insbesondere des Personalvorstandes sowie der Reifegrad (Qualifikation, Professionalität) der Personalabteilung;

(5) Mitarbeiterorientierung der Unternehmung (im Verhältnis zur Technologie-, Produkt-, Vertriebs- und Finanzorientierung);

(6) Übernationale Ausrichtung der Unternehmung; auch in anderen Funktionen.

Ähnliche, wenn auch anders systematisierte Einflussgrößen des strategischen internationalen Personalmanagements finden sich bei *Schuler/Dowling/De Cieri.*[302]

Derartige Größen scheinen demnach entscheidenden Einfluss auf das Personalmanagement zu besitzen. Einzuteilen sind sie in Einflussgrößen, die unternehmungsextern auftreten (z. B. länderspezifische Größen, wie die der kulturellen Werthaltungen, rechtlicher und wirtschaftlicher Besonderheiten) und solche, die unternehmungsinterne Faktoren betreffen (bspw. die Ziele und Denkweisen der Führungskräfte der Unternehmungsführung oder weitere unternehmungsspezifische Größen).

Wird nun die Frage nach einer möglichen unterschiedlichen Bedeutung der angeführten Einflussgrößen für den Bereich der ASF in multinationalen Unternehmungen gestellt, fällt auf, dass sowohl innerhalb der Kategorie der unternehmungsinternen (denn von den Zielen und Denkweisen der Führungskräfte der Unternehmungen kann angenommen werden, dass diese stark durch deren kulturellen Werthaltungen geprägt sind) als auch der unternehmungsexternen Einflussgrößen verhaltensspezifische Aspekte (kulturspezifische Werthaltungen, Zielsetzungen und Denkweisen der Führungskräfte) angeführt werden. Auffällig ist dabei, dass kulturellen Einflüssen, die sich sowohl in Werthaltungen als auch in Denk- und Verhaltensweisen äußern, im Gegensatz zu anderen (wirtschaftlichen, rechtlichen, unternehmungsspezifischen u. a.) Einflussgrößen eine spezifische Bedeutung zukommt. Die Ausführungen von *Wunderer* bestätigen dies insofern, als innerhalb seiner Thesen zur Internationalisierung des Personalmanagements – bei denen die strategischen Gestaltungsoptionen im Vordergrund stehen – die besondere Bedeutung kultureller Gegebenheiten deutlich wird.[303]

Wird die vollzogene Eingrenzung auf die Literatur des strategischen internationalen Personalmanagements zugunsten der Literatur des gesamten internationalen Personalmanagements wieder aufgehoben, kann die Vermutung bezüglich der spezifischen Bedeutung der kulturellen Gegebenheiten weiter verstärkt werden. Auch hier finden sich verschiedene Ansätze, die versuchen, die Einflussgrößen des internationalen Personalmanagements zu extrahieren. *Scherm* hat bspw. einen Bezugsrahmen für das internationale Personalmanagement entwickelt, der die Einflussfaktoren und deren Interdependenzen aufzeigen soll (vgl. Abb.

[302] Vgl. Schuler/Dowling/De Cieri (1993), S. 423 ff. Siehe auch die vergleichende Darstellung unterschiedlicher Ansätze bei Festing (1999), S. 106 ff.

[303] Vgl. z. B. die Thesen c), d) und e) in Wunderer (1992), S. 172 ff.

8).[304] Demnach wird das internationale Personalmanagement sowohl von der globalen Umwelt als auch von unternehmungsinternen Rahmenbedingungen sowie von unterschiedlichen Zielsetzungen innerhalb des internationalen Personalmanagements beeinflusst.

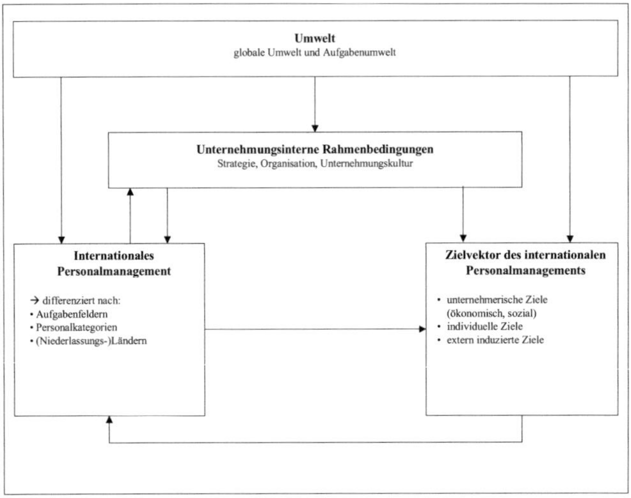

Abb. 8: Bezugsrahmen des internationalen Personalmanagements (Quelle: Scherm (1999), S. 26)

In die Bereiche der Umwelt und der unternehmungsinternen Rahmenbedingungen lassen sich die oben bereits angeführten wirtschaftlichen, technologischen, politischen und rechtlichen Umfeldbedingungen integrieren. Die kulturellen Faktoren besitzen auch hier eine Sonderstellung, weil sie neben der Zuordnung zur Umwelt (z. B. Landeskultur) und zu den unternehmungsinternen Rahmenbedingungen (z. B. Unternehmungskultur) auch in den Bereich des „Zielvektors des internationalen Personalmanagements" eingeordnet werden können. Denn die kulturgeprägten Wertvorstellungen der Mitarbeiter beeinflussen deren Verhalten und daraus resultierend deren Zielsetzungen.

Ähnliche Zuordnungen der Einflussfaktoren des internationalen Personalmanagements ergeben sich bspw. in den Arbeiten von *Festing/Weber*, *Joggi/Rutishauser-Frey, Linke* oder auch *Wolf*.[305] Auch hier werden die kulturellen Einflussfaktoren hervorgehoben: So z. B. bei *Wolf*, der ausführt, obwohl ökologischen, ökonomischen, rechtlichen etc. Einflussfaktoren eine erhebliche Bedeutung beizumessen sei, werde „vor allem die kulturelle Dimension als vorrangig externer Verursachungsfaktor von Problemen bei grenzüberschreitender Unternehmens-

---

[304] Zu einer ausführlichen Darstellung der einzelnen Einflussgrößen und deren Interdependenzen vgl. Scherm (1999a), S. 16 ff.

[305] Vgl. Festing/Weber (2000), Joggi/Rutishauser-Frey (1985), S. 35 ff., Linke (1996), S. 30 ff. und bei Wolf (1994) in sehr ausführlicher Analyse das 5. Kapitel seiner Arbeit.

tätigkeit identifiziert.“[306] Ähnliches findet sich auch bei *Festing/Weber*, die innerhalb eines Eingrenzungsversuchs des internationalen Personalmanagements von unterschiedlichen Ebenen von Einflussfaktoren sprechen, wobei die kulturellen Rahmenbedingungen eine erste und von anderen Rahmenbedingungen in ihrer Bedeutung hervorzuhebende Ebene darstellen.[307] Im übrigen wird die These der besonderen Bedeutung der kulturellen Einflussfaktoren dadurch bestärkt, dass innerhalb der internationalen Personalmanagementliteratur eine Vielzahl an Arbeiten existiert, die sich ausschließlich mit den durch Kulturberücksichtigung verursachten Besonderheiten auseinandersetzen.[308]

Wird neben der Relevanz in der Literatur die primär interessierende Relevanz für ASF in multinationalen Unternehmungen betrachtet, ergeben sich insbesondere aus der grundlegenden Motivationsfunktion Argumente für die Berücksichtigung unterschiedlicher Einflussfaktoren. Auch hier ergibt sich eine größere Bedeutung der kulturellen Einflussfaktoren, die sich auf spezifische Werte, Denk- und Verhaltensweisen der Führungskräfte beziehen. Eine Motivation ist nur dann möglich, wenn in einem ASF die individuenspezifischen Valenzen und Normen berücksichtigt werden.[309] Die kulturbedingten Werthaltungen der Führungskräfte sind dementsprechend als verhaltensspezifische Größe von grundsätzlicher Bedeutung dafür, dass die Auslösung eines Motivationsprozesses der Führungskräfte überhaupt durch spezifische Anreize möglich ist.

Daneben stellen die weiteren unternehmungsexternen Besonderheiten (etwa rechtliche oder wirtschaftliche) einer multinationalen Unternehmung gegenüber einer nationalen Unternehmung solche Faktoren dar, die einen Einfluss auf die Motivation der Führungskräfte im Rahmen der Leistungskonsequenzen (innerhalb des Leistungsdeterminantenkonzeptes) besitzen können.[310] Diese wirken sich dann wiederum auf die zukünftige Anstrengungs- und Konsequenzerwartung aus, welche im Schluss durch – aus Sicht der Führungskraft – unzureichende Berücksichtigung eine negative Wirkung auf die zukünftige Leistungsmotivation besitzen können.[311]

Zusammenfassend ist festzuhalten, dass sich mögliche Einflussfaktoren auf ASF sowohl aus Sicht der spezifischen Funktionserfüllung der ASF als auch aus der Relevanz innerhalb der Literatur zum internationalen Personalmanagement ableiten lassen. Ob und welche Wirkung

---

[306] Wolf (1994), S. 480.

[307] Vgl. Festing/Weber (2000), S. 428.

[308] Vgl. z. B. die in der Arbeit des Institutes für Auslandsbeziehungen (1997) zusammen getragenen Beiträge zur Kulturberücksichtigung in der Managementliteratur. Oder als weiteres deutschsprachiges Beispiel: Weinand (2000).

[309] Vgl. die Ausführungen in Abschnitt II.B.2 zur Motivationsfunktion.

[310] Ebd.

[311] Dies ist durch die zirkuläre Beziehung der Prozesse des psychischen Erlebens innerhalb des Leistungsdeterminantenkonzeptes dargestellt (vgl. dazu die Ausführungen in Abschnitt II.B.2).

solche Faktoren tatsächlich auf ASF in multinationalen Unternehmungen haben, soll in den folgenden Abschnitten analysiert werden. Dazu ist es zunächst erforderlich, die multinational-relevanten Einflussfaktoren auf ASF in multinationalen Unternehmungen näher zu spezifizieren. In Analogie zu Arbeiten innerhalb des internationalen Personalmanagements wird dafür auf ausgewählte Inhalte des Forschungsgebietes „Internationales Management" zurückgegriffen.

Die besondere Bedeutung kultureller Einflussfaktoren, die sich auf die Unterschiedlichkeit der Länder, in denen die Unternehmung tätig ist, und auf kulturgeprägtes Verhalten und Wertvorstellungen der Unternehmungsmitglieder dieser Länder beziehen, drückt sich in einer expliziten Forschungsrichtung innerhalb des internationalen Managements aus. [312] Die kulturvergleichende Managementforschung (comparative bzw. cross-cultural-management-research) beschäftigt sich mit eben dieser Themenstellung: „Die (kultur)vergleichende Managementforschung (CM) befasst sich mit sämtlichen Fragen und Problemen, die sich aus der Verschiedenartigkeit der kulturellen Umwelt und aus der Begegnung von Führungskräften und Organisationen mit unterschiedlichem kulturellen Hintergrund für den Managementprozess, d. h. für die Lenkung von produktiven sozialen Systemen ergeben. Dazu gehören insbesondere die aus dem Transfer von Management-Theorien, Führungstechniken, Strategien und Managern resultierenden Probleme der Unternehmensführung."[313] „Kulturen" können demnach als das zentrale Untersuchungsobjekt gesehen werden.[314]

Zur Herausarbeitung eines möglichen Einflusses kultureller Bestimmungsgrößen auf ASF in multinationalen Unternehmungen erfolgt im Abschnitt III.B.2 eine nähere Auseinandersetzung mit Aspekten dieser Forschungsrichtung. Um eine Voraussetzung für die Diskussion der Kulturabhängigkeit von Managementprozessen und -verhalten zu schaffen, werden zunächst die differierenden Strömungen innerhalb dieses Kontextes – "Culture-free-These" (Universalismus) vs. "Culture-bound-These" (Kulturalismus) – dargestellt. Im Anschluss daran erfolgt eine Vorstellung von Kulturkonzepten, die Aufschluss darüber liefern sollen, ob ASF in multinationalen Unternehmungen durch kulturelle Faktoren beeinflusst werden. Hier ist es erforderlich, auf verschiedene Kultur-Konzepte zurückzugreifen, da bis dato kein integrierendes Kultur-Konzept existiert, welches die existierenden Ansätze zu einem Gesamtkonzept verdichtet. Deshalb können nur durch die eigenständige Betrachtung verschiedener Kultur-Konzepte die tatsächlich relevanten Bestimmungsgrößen kultureller Werthaltungen der Führungskräfte in Bezug auf ASF in multinationalen Unternehmungen identifiziert werden.

---

[312] Vgl. z. B. Weber/Festing/Dowling/Schuler (2001), S. 31.

[313] Keller (1989), Sp. 232.

[314] Vgl. Welge/Holtbrügge (1998), S. 44.

Die Auswahl der Kultur-Konzepte erfolgt dabei zunächst danach, inwieweit kulturspezifische Aspekte in den Konzepten auch in Bezug zur Unternehmung analysiert wurden. Um zusätzlich eine Möglichkeit der Vergleichbarkeit zu schaffen, wurden solche Kultur-Konzepte ausgewählt, die Kulturen anhand ihrer Ausprägungen unterschiedlicher Kulturdimensionen bestimmen. Dabei ergab sich eine Unterscheidung in theoretische und empirisch-basierte Kulturkonzepte.

Bei den theoretischen Kultur-Konzepten handelt es sich um die Ansätze von *Adler* und *Schein*, die jeweils Kulturebenen und darauf aufbauend Kulturdimensionen entwickelten, anhand derer Kulturen analysiert werden können. Im Rahmen der empirisch-basierten Kultur-Konzepte[315] wird zunächst die Studie von *Hofstede* näher dargestellt, da sie innerhalb der kulturvergleichenden Managementstudien herauszuheben ist: nicht nur aufgrund ihrer breiten empirischen Basis, sondern auch wegen ihrer Bedeutung in der kulturvergleichenden Managementforschung, messbar etwa an der großen Zitierhäufigkeit.[316] In einem nächsten Abschnitt wird dann auf das Kultur-Konzept von *Trompenaars* eingegangen.[317]

Sollen neben den kulturellen Einflüssen auch noch andere mögliche beeinflussende Wirkungen von unternehmungsexternen und –internen Bestimmungsgrößen herausgefunden werden, sind Ansätze zu berücksichtigen, die in ihrer Analyse neben kulturellen auch wirtschaftliche, rechtliche und politische Faktoren beinhalten. Hierzu existieren im Forschungsbereich des internationalen Managements eine Reihe von Ansätzen.[318] Ein umfassendes „Modell“ mit einer solchen Berücksichtigung von Umweltfaktoren liefert *Dülfer*.[319] *Dülfer* hat schon früh darauf hingewiesen, dass im internationalen Management besondere Umweltverhältnisse vorkommen, die sachgerecht berücksichtigt werden müssen.[320] Mit dem von

---

[315] In der Literatur werden solche empirisch-basierten Kulturkonzepte dem „Cross-Cultural-Management“ (im deutschsprachigen Raum: „Interkulturelle Vergleichsforschung“) zugeordnet (vgl. Festing/Weber (2000), S. 430). Hier wird der Begriff der „empirisch-basierten Kulturkonzepte“ verwendet, um die Abgrenzung zu den nicht-empirischen, den theoretischen Kulturkonzepten, zu verdeutlichen.

[316] Vgl. z. B. Weber/Festing/Dowling/Schuler (2001), S. 43.

[317] Neben diesen beiden empirisch-basierten Kultur-Konzepten, die zu den bekanntesten kulturvergleichenden Managementstudien zählen (vgl. etwa Newman/Nollen (1996), S. 754), existieren eine Reihe weiterer Studien. Zu ihnen gehören bspw. die frühe Studie von *Haire/Ghiselli/Porter* oder die Studie von *Laurent*, denen eine explizite Beschäftigung mit den kulturellen Einflüssen auf verschiedene Aspekte des Führungskräfteverhaltens zugesprochen werden kann (vgl. dazu Haire/Ghiselli/Porter (1966) und Laurent (1983)). Allerdings beschränken sich solche Studien i. d. R. auf spezifische Aspekte des Verhaltens aufgrund von kulturellen Werten. Die hier angeführten Kultur-Konzepte beziehen sich hingegen auf grundlegende Faktoren von Kulturen, anhand derer dann unterschiedliches Führungskräfteverhalten umfassend analysiert werden kann.

[318] Zu Ansätzen im internationalen Management vgl. Dülfer (2001), S. 228 ff. Es existieren bspw. Ansätze zur nominalen und systemtheoretischen Umweltdifferenzierung, empirisch-situative oder auch interaktionstheoretische Ansätze. Als Beispiel für Ansätze im internationalen Personalmanagement ist der integrative Bezugsrahmen für ein strategisches internationales Personalmanagement von Schuler/Dowling/De Cieri (1993) zu nennen.

[319] Vgl. z. B. Dülfer (2001), Dülfer (1992a), (1992b).

[320] Vgl. Dülfer (1981), S. 7.

ihm entwickelten Umweltschichtenmodell sollten die Umwelteinflüsse, denen sich international tätige Führungskräfte ausgesetzt sehen, extrahiert und vollständig – hier in übereinanderliegenden Schichten – innerhalb eines Modells dargestellt werden.[321] *Dülfer* basiert sein Konzept der Umweltberücksichtigung auf einer methodischen Auseinandersetzung mit einer Vielzahl bis dato existierender Ansätze.[322] Das Umweltschichtenmodell kann insofern bereits als ein Konzept der Synthese dieser Ansätze für eine in der Literatur des internationalen Managements stattfindende Analyse der Umweltberücksichtigung verwendet werden. Eine weitere Auseinandersetzung mit derartigen Ansätzen erscheint – im Gegensatz zu der Vorgehensweise innerhalb der Betrachtung kultureller Faktoren, wo ein solches Gesamtkonzept nicht besteht – deshalb im vorliegenden Zusammenhang nicht nötig.[323]

Das Modell von *Dülfer* wird in der Literatur größtenteils innerhalb kulturspezifischer Ansätze diskutiert, denn *Dülfer* legt seiner Arbeit ein besonderes Kulturverständnis zugrunde.[324] Dieses Kulturverständnis geht weit über das den meisten – und auch den hier darzustellenden – Kultur-Konzepten zugrunde liegende anthropologische Kulturverständnis hinaus, deren engere Kulturdefinitionen sich im wesentlichen auf die kulturell bedingten Wertvorstellungen beziehen.[325] Die umfassende Analyse der unternehmungsinternen und unternehmungsexternen Einflussfaktoren mit einer Identifikation von Interaktionspartnern, natürlichen und – im anthropologischen Sinne – kulturellen Einflussfaktoren und deren Beziehungen untereinander, wie sie *Dülfer* in seinem Modell behandelt, sind nicht Gegenstand der hier herangezogenen Kultur-Konzepte. In dem Umweltschichtenmodell *Dülfers* kommt vielmehr die oben angesprochene besondere Bedeutung der Kultur im Verhältnis zu anderen Rahmenbedingungen zum Ausdruck. Nach *Dülfer* ist für ein umfassendes Verständnis von Kultur als Einflussgröße neben ihrer individuenspezifischen Analyse auch eine Auseinandersetzung mit dem von Individuen Gestaltetem oder Verändertem nötig, das sich in der gesamten Umwelt und den dort auftretenden Interdependenzen ausdrückt. Das Modell von *Dülfer* liefert dementsprechend einen umfangreichen konzeptionellen Rahmen für die Umweltberücksichtigung im internationalen Management, der sowohl die kulturellen

---

[321] Vgl. Weber/Festing/Dowling/Schuler (2001), S. 34.

[322] Nähere Ausführungen zur methodischen Auseinandersetzung und deren Ergebnissen siehe Abschnitt III.A.3.2.

[323] Selbstverständlich existieren andere Ansätze, die in der Literatur immer wieder zur Beschreibung und Identifikation von Einflussfaktoren des internationalen Managements herangezogen werden (vgl. z. B. Ronen (1986), S. 347 ff.). Dies gilt bspw. auch für den Ansatz von *Tepstra,* der ähnliche Faktoren des internationalen Managements herausarbeitet – allerdings in einer anderen strukturellen Verknüpfung darstellt – und diese ebenso wie *Dülfer* in Abhängigkeit von der jeweiligen Kultur sieht (vgl. dazu z. B. Tepstra (1978)). Eine Auseinandersetzung mit weiteren Ansätzen führte aufgrund eines nur marginalen Erkenntniszugewinns lediglich zu einer breiteren Darstellung des Forschungsstandes, der jedoch nicht notwendigerweise zweckdienlich für die Erkenntnisziele dieser Arbeit wäre.

[324] Vgl. Dülfer (2001), S. 264.

[325] Vgl. Festing/Weber (2000), S. 429.

Einflussgrößen – in ihrer individuen- und umweltspezifischen Bedeutung – als auch andere umweltspezifische Einflussgrößen in die Analyse mit einbezieht.

Aus den dargelegten Gründen wird das Umweltschichtenmodell von *Dülfer* herangezogen. Es soll Erkenntnisse darüber liefern, inwieweit ASF in multinationalen Unternehmungen durch unternehmungsinterne und umweltspezifische Größen beeinflusst werden. Die Auseinandersetzung damit erfolgt in Abschnitt III.B.3, wobei zuvor eine generelle Diskussion um die Berücksichtigung von unternehmungsumfeld- und unternehmungsspezifischen Kontextfaktoren in der Literatur aufgegriffen wird.

2. Perspektiven der Kulturberücksichtigung im internationalen Management

2.1 Culture-free-These vs. Culture-bound-These

Im Zuge der Internationalisierung von Unternehmungen wurde in der Literatur immer wieder die Frage aufgeworfen, inwieweit eine multinationale Unternehmung landes- resp. kulturspezifischen Einflüssen ausgesetzt ist bzw. inwieweit es möglich ist, Managementtechniken, Führungsmodelle, Strategien und Führungskräfte in verschiedenen Ländern resp. Kulturen einzusetzen.[326] Hinsichtlich der Übertragbarkeit dieser Aspekte einer Unternehmungsführung in andere Kulturen existieren in der Literatur zwei konträre Auffassungen: die eine ist der Universalismus („Culture-free"-These) und im Gegensatz dazu steht der Kulturalismus („Culture-bound"-These).[327]

Die Vertreter der „Culture-free"-These postulieren eine kulturneutrale Unternehmungsführung.[328] Die Ausgestaltung der Unternehmungsführung wird als universelles Phänomen gesehen. Unabhängig von kulturellen Kontextbedingungen und organisationalen Strukturen sei sie interkulturell identisch und besitze allgemeine Gültigkeit und Wirksamkeit.[329] Das ursprüngliche theoretische Begründungsmuster der „Culture-free"-These liegt in systemtheoretischen Ansätzen der Kultur.[330] Diese Ansätze wurden weiterentwickelt und mündeten in kontingenztheoretischen Ansätzen, die vorwiegend Beziehungen zwischen den unterschiedlichen Subsystemen untersuchten.[331] Die wachsende Kritik am kontingenztheoretischen Ansatz ließ allerdings die Bedeutung dieses Ansatzes für die „Culture-free"-These geringer werden.[332]

---

[326] Vgl. Keller (1989), Sp. 231.

[327] Vgl. z. B. Adler (1983)., Kumar (1995), Keller (1982) sowie Osterloh (1994).

[328] Vgl. Macharzina/Oesterle/Wolf (1998), S. 138.

[329] Vgl. Keller (1989), Sp. 237.

[330] Vgl. z. B. Parson (1971).

[331] Vgl. Schmid (1996), S. 269 und die dort angegebenen Quellen.

[332] Vgl. Osterloh (1994), S. 98.

Ein alternativer Ansatz zur Fundierung der „Culture-free"-These entstand, und zwar der ökonomische Ansatz in Gestalt der neuen Institutionenökonomie. Hiernach besteht die Kultur einer Gesellschaft nicht als eigenständiger Teilbereich einer Gesellschaft, sondern leitet sich aus deren existenten Rahmenbedingungen ab.[333] Die Basisannahmen dieses Ansatzes entsprechen im wesentlichen denen, die auch den „homo oeconomicus" charakterisieren:[334]

- Jedes handelnde Individuum besitzt Präferenzen, nach denen es gegebene Handlungsalternativen bewertet.
- Die Handlungsalternativen werden durch Restriktionen determiniert.
- Individuen verhalten sich rational. Sie wählen stets diejenige Handlungsalternative aus, die ihnen den größten individuellen Nutzen bringt.

Mit Hilfe dieser Annahmen erklärt sich die Koordination von Handlungen. Diese erfolgt nicht über gemeinsame Präferenzen, sondern anhand der nicht-intendierten Nebenwirkungen des nach maximalem subjektiven Nutzen strebenden rationalen Handelns von Individuen.[335] Der „homo oeconomicus" ist somit aufgrund seiner rationalen Handlungsweisen kulturinvariant.

Übertragen auf die Frage nach der Anwendbarkeit von Managementtechniken bedeutet diese Auffassung eine universelle Gültigkeit von Managementtechniken. Diese müssen demnach nicht kulturspezifisch ausgestaltet werden, sondern lediglich ggf. an externe Rahmenbedingungen angepasst werden.[336]

Als Gegenströmung zur „Culture-free"-These entwickelte sich die sogenannte „Culture-bound"-These, deren Vertreter die Wichtigkeit der Berücksichtigung kulturspezifischer Aspekte betonen. Speziell auf das Management übertragen bedeutet die Annahme des Kulturalismus, dass das Management durch unterschiedliche Kulturen und deren Spezifika erheblich beeinflusst wird.[337] Pikanterweise wurde die „Culture-bound"-These durch einige Untersuchungen im Rahmen der „Culture-free"-These bestätigt. Einerseits wurde auf Basis der „Culture-free"-These der Frage nachgegangen, ob und, wenn ja, welche kulturunabhängigen Managementprinzipien existieren.[338] Andererseits interessierte, ob und wenn ja, welche kulturabhängigen Managementprinzipien festzustellen sind. Es erfolgten zahlreiche Untersu-

---

[333] Ebd. S. 99.

[334] Vgl. Frey (1990), S. 4 ff.

[335] Vgl. Osterloh (1994), S. 101.

[336] Ebd.

[337] Vgl. z. B. Kumar/Hoffmann (1999), S. 344 oder Keller (1989), Sp. 238.

[338] Die Grundlage dieser Überlegungen liegt in der sogenannten „Konvergenzthese", die eine gesetzmäßige Verminderung bzw. Aufhebung kultureller Unterschiede aufgrund zunehmender Internationalisierung postuliert. Vgl. dazu Hentze (1987), S. 171.

chungen zu kulturellen Unterschieden. Empirisches Ergebnis beider Untersuchungsrichtungen war u. a. die „Culture-bound"-These, die Kultur als unternehmungsexterne unabhängige Variable versteht.[339] Das Forschungsinteresse innerhalb des Gebietes der „Culture-bound"-These gilt den spezifischen Werten und Normen von Kulturen und deren unterschiedlichen Auswirkungen auf das Verhalten von Unternehmungsmitgliedern.[340]

Die theoretische Basis dieser Auffassung bildet der interpretative Ansatz.[341] Die Koordination von Handlungen mehrerer Individuen wird dem Ansatz zufolge dadurch möglich, dass sich mittels Interaktionsprozessen gemeinsame Vorstellungen hinsichtlich auszuführender Tätigkeiten, angestrebter Ziele und der Bedeutung unterschiedlicher Sachverhalte herausbilden.[342]

Sowohl die „Culture-free"-These als auch die „Culture-bound"-These konnten durch verschiedene Untersuchungen Bestätigung erfahren.[343] Wird allerdings die Frage gestellt, welche der beiden Thesen die „richtigen" Aussagen trifft, muss jeweils eine Differenzierung nach der betrachteten Managementfunktion vorgenommen werden:[344] Die Bestätigung der „Culture-free"-These ist jeweils innerhalb der Studien erfolgt, die sich auf eine Analyse der Makrovariablen (technische Größen, etwa Planungs- oder Produktionstechniken) stützen. Wurden hingegen Variablen der Mikroebene (z. B. Führungsstil oder auch Motivationsprozesse) untersucht, konnte die „Culture-bound"-These bestätigt werden und eine Kulturabhängigkeit dieser Größen ermittelt werden.

Werden also Variablen untersucht, die im Zusammenhang mit dem Verhalten von Unternehmungsmitgliedern – der Mikroebene – bestehen, muss ein Einfluss von Kultur angenommen werden. Die Implikationen dieser Ergebnisse für die vorliegende Arbeit sind eindeutig: Da ASF notwendigerweise mit dem Verhalten von Führungskräften in Verbindung gebracht werden müssen, ist in diesem Zusammenhang von einem Einfluss der Kultur auf diese auszugehen. Im Folgenden wird deshalb ausführlich auf verschiedene Kultur-Konzepte eingegangen. Sie werden dargestellt und diskutiert, um aus einem tieferen Verständnis von Kultur

---

339 Vgl. Weinand (2000), S. 92.

340 Vgl. z. B. Smircich (1983), Kumar (1988), S. 390.

341 Vgl. Osterloh (1994), S. 97.

342 Vgl. hierzu und zu weiteren Ausführungen zum interpretativen Ansatz z. B. Silverman (1972) und (1968) und Staehle (1999), S. 68.

343 Vgl. Keller (1989), Sp. 238. Beispiele für Studien, die die Auffassung der „Culture-free"-These bestätigen konnten sind bspw. Harbison/Meyers (1959), Hickson et. al (1974). Beispiele von Studienergebnissen, die für eine Bestätigung der „Culture-bound"-These sprechen, sind Ouchi (1981) oder Laurent (1983).

344 Vgl. Welge/Holtbrügge (1998), S. 45, Kumar (1995), S. 686, Kumar (1988), S. 390 und Pugh/Timothy/Mallory (1995), S. 230. Wichtige Arbeiten zur Klärung der Diskussion nach der Gültigkeit der einen oder anderen These lieferten hierbei Negandhi (1975) oder auch Child (1981).

mögliche Konsequenzen für die ASF in multinationalen Unternehmungen ermitteln zu können.

2.2 Theoretische Kulturkonzepte

Im Folgenden werden die ausgewählten theoretischen Kultur-Konzepte von *Adler* und *Schein* näher betrachtet. Dabei wird sowohl auf deren Inhalte als auch auf deren Kritik eingegangen.

(1) Kultur-Konzept von Adler

Als der „Culture-bound"-These zuzurechnendes Kultur-Konzept wird zunächst das von *Adler* vorgestellt. Um den Zusammenhang zwischen der Unternehmungsführung und dem Einfluss von kulturellen Faktoren analysieren zu können, entwickelte *Adler* ein Konzept, in dem davon ausgegangen wird, dass die komplexen Beziehungen, Einstellungen und das Verhalten der Mitglieder einer Gesellschaft in der kulturellen Orientierung dieser Gesellschaft zu erkennen sind.[345] Die den Gesellschaftsmitgliedern eigene Kultur wird durch ihre Werte ausgedrückt.[346] Diese Werte bestimmen ihr ganzes Leben und gelten ebenso für ihre gesamte Umwelt. Sie beeinflussen wiederum die Einstellungen der Gesellschaftsmitglieder.[347] Dies geschieht über die Art des Verhaltens, welches in der gegebenen Situation dem Individuum am besten geeignet erscheint.[348] Das Verhalten der Gesellschaftsmitglieder beeinflusst wiederum die Kultur der Gesellschaft, was den zirkulären Einflusskreis der Kultur auf das menschliche Verhalten schließt.[349] Durch die stetig wechselnden Muster des Verhaltens kann auch die Gesellschaftskultur verändert werden. Nach *Adler* ist der Einfluss der Kultur auf das Verhalten somit zyklisch abbildbar (vgl. Abb. 9).

[345] Vgl. zu den folgenden Ausführungen Adler (2002), S. 16 ff. *Adler* entwickelte ihr Kultur-Konzept dabei aufbauend auf dem Kulturverständnis von Kroeber/Kluckhohn (vgl. Kroeber/Kluckhohn (1952), S. 181).

[346] Werte sind dabei zu verstehen als zum einen das von einem Einzelnen oder einer Gruppe explizit oder implizit Erwünschte, zum anderen als das Beeinflussende, das die Auswahl von verfügbaren Mitteln und Zwecken von Handlungen determiniert (vgl. Adler (2002), S. 18, Kluckhohn (1951), S. 395).

[347] Einstellungen sind durch Werte determiniert und drücken sich in Form von Handlungsdispositionen aus. Die Handlungsdispositionen ergeben sich jeweils aus der Beziehung zu einem bestimmten Objekt. Bezugsobjekt von Einstellungen kann hierbei jedwedes psychisch oder physisch Existente sein. (vgl. Nieschlag/Dichtl/Hörschgen (1997), S. 168 ff. zur näheren Darstellung von Einstellungen).

[348] Verhalten wird als jede Form menschlichen Handelns gesehen, wobei jedes menschliche Verhalten als durch die Kultur der jeweiligen Individuen über Werte und Einstellungen bestimmt angesehen wird.

[349] Der Einfluss des Verhaltens auf die Gesellschaftskultur wird bei *Adler* postuliert, allerdings nicht näher erläutert.

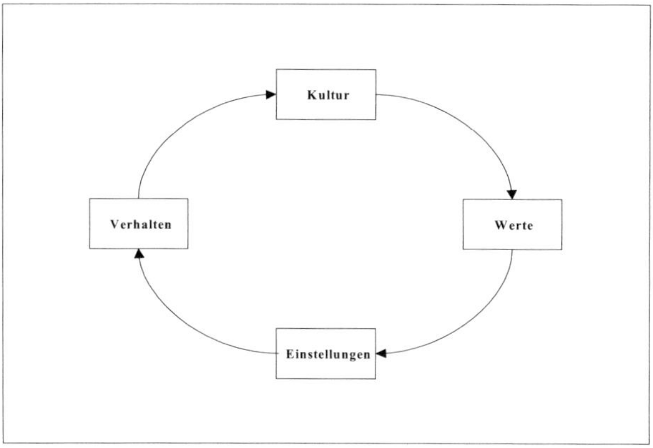

Abb. 9: Der Einfluss der Kultur auf das Verhalten (Quelle: Adler (2002), S. 17)

Aufbauend auf diesem Kulturverständnis, das sich als Modell zur Kultur der Gesellschaft ausdrückt, geht *Adler* der Frage nach, wie Kulturen zu identifizieren sind bzw. worin sie sich unterscheiden. Auf der Basis des von *Kluckhohn/Strodtbeck*[350] entwickelten „Konzepts der Wertorientierung" bildete sie sechs Kulturdimensionen. Diese wirken sich nach ihrem Verständnis auf das Verhalten eines einer bestimmten Kultur zugehörigen Individuums aus.[351] Infolgedessen determinieren jene Kulturdimensionen auch die Unternehmungstätigkeit, da die Unternehmungsmitglieder sich von ihrer kulturellen Prägung nicht lösen können.[352] Im Folgenden werden daher die sechs angesprochenen Dimensionen kurz vorgestellt.[353]

Die erste Dimension beinhaltet die grundlegenden Annahmen über die Natur des Menschen, d. h. ob der Mensch als grundsätzlich gut oder schlecht angesehen wird.[354]. Wird in einer Kultur ein positives Menschenbild zugrundegelegt, setzen die Menschen großes Vertrauen ineinander. Im Gegensatz dazu begegnen sich die Menschen in Kulturen mit einem negativen Menschenbild, mit Skepsis und Misstrauen.[355]

Eine zweite Dimension ergibt sich aus der Beziehung des Menschen zur Welt. Hierin wird unterschieden in Kulturen, in denen der Mensch seine Umwelt kontrolliert, beide in einem

---

[350] Vgl. Kluckhohn/Strodtbeck (1961).

[351] Vgl. Adler (2002), S. 20 und die Übersichtstabelle S. 21.

[352] Dies belegt *Adler* damit, dass sie zu jeder der angeführten Kulturdimensionen ein Beispiel hinsichtlich des Verhaltens in Unternehmungen anführt.

[353] Vgl. dazu die Ausführungen zu den jeweiligen Dimensionen in Adler (2002), S. 20 ff.

[354] Vgl. Adler (2002), S. 20 ff.

[355] Die Kultur in der Republik China kann beispielhaft dafür angeführt werden, dass in ihr eine Kombination aus guten (der Konfuzius-Tradition folgenden) und schlechten (der Tradition des Lao Tzu folgenden) Menschen zu finden ist (vgl. Adler (2002), S. 21).

harmonischen Verhältnis zueinander stehen oder aber der Mensch sich der Umwelt unterordnet. Die kulturelle Grundeinstellung zur Umwelt spiegelt sich in den Kulturen auch in der Unternehmung wider, etwa im Umgang mit den unternehmungsexternen Umweltfaktoren: sie werden entweder als stabil und prognostizierbar, als zufällig und willkürlich oder als unvorhersehbar gesehen. Dies hat sowohl Einfluss auf die strategische Orientierung als auch auf das Verhalten der Mitglieder einer Unternehmung.[356]

Die dritte Dimension beschreibt die Beziehung der Menschen untereinander.[357] Sie kann individualistisch oder kollektivistisch sein. In individualistischen Kulturen sind die Individuen auf den eigenen Vorteil bedacht. Sie stellen persönliche Belange über die der Gruppe. In kollektivistisch orientierten Kulturen werden von den Individuen die Gruppenbedürfnisse in den Vordergrund gestellt und Werte wie Loyalität besitzen einen hohen Stellenwert. Die jeweilige Ausprägung dieser Dimension in Kulturen bestimmt den Grad der Partizipation oder auch den Ablauf von Entscheidungs- und Organisationsprozessen in einer Unternehmung.[358]

Innerhalb einer vierten Dimension bestimmt sich eine Kultur durch das Wesen der Handlungen.[359] Hier sind die „doing-orientation" (Handlungsorientierung) vs. „being-orientation" (Seinorientierung) zu unterscheiden. Innerhalb einer handlungsorientierten Kultur versuchen die Individuen aktiv soviel wie möglich im Leben zu erreichen und Kontrolle über ihre Umwelt besitzen. Im Gegensatz dazu möchte ein seinorientiertes Individuum das Leben erfahren und akzeptiert die Natur wie sie ist, ohne sie beeinflussen zu wollen. Hinsichtlich der Auswirkungen in einer Unternehmung führt *Adler* hier das Beispiel an, dass materielle Anreizsysteme bei diesen beiden Kulturausprägungen ebenfalls unterschiedliche Wirkungen haben:[360] Die „Handlungsorientierten" können hiermit zu einem höheren Arbeitseinsatz motiviert werden, die „Seinorientierten" nicht. Sie präferieren Anreizsysteme, durch die ihnen ein erfülltes und intensives Privatleben (Zeit für die Familie und Freunde) ermöglicht wird.[361]

Eine fünfte Kulturdimension ist die der Vorstellung über die Zeit. Hiernach unterscheiden sich Kulturen dadurch, ob sie vergangenheits-, gegenwarts- oder zukunftsorientiert sind. Bezogen auf die Unternehmung ergeben sich – je nach Zeitvorstellung der Kultur – Unter-

---

[356] Ebd., S. 27. Zu den die Umwelt dominierenden Kulturen zählt Nordamerika. Eine mit der Umwelt in Harmonie lebende Kultur ist bspw. die der Chinesen.

[357] Ebd., S. 27 ff.

[358] Ebd., S. 28. Amerikaner sind innerhalb dieser Dimension als individualistisch einzuordnen. Asiatische Kulturen hingegen werden tendenziell zu den kollektivistischen Kulturen gezählt.

[359] Ebd., S. 29 ff.

[360] Ebd., S. 31.

[361] Ebd. Eine handlungsorientierte Kultur ist bspw. die der Nordamerikaner (US-Amerikaner und Kanadier), ein Beispiel für eine seinorientierte Kultur findet sich in der mexikanischen Kultur.

schiede in der Innovationsbereitschaft der Individuen oder auch hinsichtlich der Planungshorizonte. Vergangenheitsorientierte Kulturen postulieren, dass sich Innovationen lediglich aus den Erfahrungen der Vergangenheit rechtfertigen lassen. Im Gegensatz dazu gehen zukunftsorientierte Kulturen davon aus, dass Pläne in Hinblick auf die geplanten zukünftigen Gewinne erstellt werden sollten. Damit rechtfertigen sie Innovation aus den daraus zu erhaltenen zukünftigen Zahlungsströmen.[362]

Innerhalb der sechsten Dimension wird eine Kultur danach eingeordnet, wie ihre Einstellung zum Raum ist, d. h. deren physischer Umgang mit einem Raum.[363] Zu unterscheiden sind die private vs. die öffentliche Orientierung. Eine privat-orientierte Kultur drückt sich bspw. in jeweils separaten Büros für Führungskräfte aus. Gegenteilig dazu befinden sich die Arbeitsplätze von Führungskräften in öffentlich-orientierten Gesellschaften meist im gleichen Raum mit denen der anderen Beschäftigten.[364]

Adler legt ihrem Verständnis von Kultur die Annahme zugrunde, Kultur sei grundlegend durch die Werte determiniert. Sie beschreibt in sehr anschaulicher Weise den kulturellen Einfluss auf das Verhalten, auch von Unternehmungsmitgliedern.[365] Das gilt selbst dann, wenn auch die Beziehungen zwischen den vier zu betrachtenden Faktoren nicht eindeutig identifiziert werden und die Frage, ob die Werte, Einstellungen und das Verhalten von der Kultur abhängige oder unabhängige Variablen darstellen, ungeklärt bleibt.[366] Hinsichtlich der Dimensionen der Kultur ist *Adler* eindeutig als Vertreterin der „Culture-bound"-These einzuordnen. In den identifizierten Kulturdimensionen lässt sich erkennen, dass im Verhalten von Individuen Unterschiede aufgrund ihrer Kultur auftreten. Diese wirken sich wiederum auch auf die Unternehmungstätigkeit aus. Resultierend daraus können Managementtechniken (*Adler* geht in erster Linie von US-amerikanischen Managementtechniken aus) wenn überhaupt, dann nur in differenzierter Weise, in andere Kulturen übertragen werden.

(2) Kultur-Konzept von Schein

Im Gegensatz zum soeben dargestellten Konzept des Einflusses der Gesellschaftskultur auf das Verhalten, entwickelte *Schein* ein Kultur-Konzept bezüglich der Unternehmungskultur.[367] Unterschiede zwischen Unternehmungen sind bspw. bezüglich der unternehmungsspezifischen Werte und Einstellungen (zum Gewinn, zum Lieferant, zum Kunden, zum erzeug-

---

[362] Ebd. Auch hier werden wiederum Nordamerikaner als Beispiel angeführt: Sie sind als zukunftsorientiert einzuschätzen. Im Gegensatz dazu erscheinen viele europäische Kulturen eher vergangenheitsorientiert.

[363] Ebd., S. 34 ff.

[364] Ebd. Japaner und Länder des mittleren Ostens sind als öffentlich-orientierte Kulturen einzustufen, Nordamerikaner hingegen als privat-orientiert.

[365] Vgl. Weber/Festing/Dowling/Schuler (2001), S. 36.

[366] Ebd., S. 37.

[367] Vgl. für die folgenden Ausführungen Schein (1995).

ten Produkt etc.) feststellbar.[368] Die Werte und Einstellungen der Organisationsmitglieder (Rituale, Umgang miteinander etc.) können Gegenstand des Interesses sein. Da Unternehmungen einerseits als eine Art Miniaturgesellschaften gesehen werden können[369] und andererseits das Konzept auch auf die Analyse nationaler Kulturen anwendbar ist[370], wird das Konzept in diesem Zusammenhang mit anderen („reinen“) Kulturkonzepten behandelt.

Auf Basis einer umfassenden Definition von Unternehmungskultur entwickelte *Schein* ein Konzept unterschiedlicher Kulturebenen, die eine Analyse von Kultur ermöglichen.[371] Die Ebenen sind eingeteilt nach dem Grad der Sichtbarkeit und ihrer Bewusstheit durch die Unternehmungsmitglieder (vgl. Abb. 10) und lassen sich wie folgt beschreiben:[372]

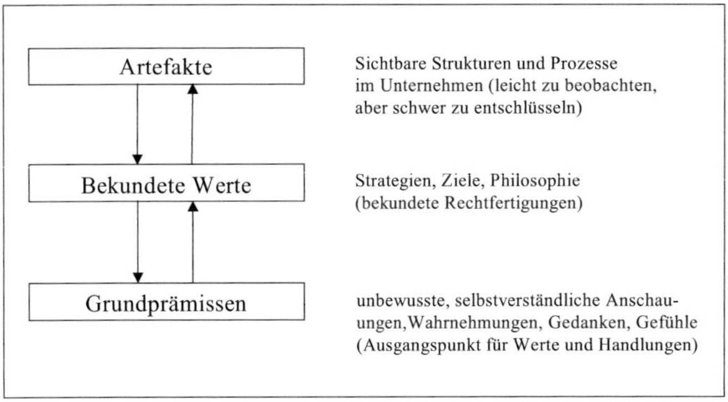

Abb. 10: Ebenen der Kultur (Quelle: In Anlehnung an Schein (1995), S. 30)

Grundprämissen: In dieser Ebene werden grundlegende Annahmen beschrieben, die i. d. R. unbewusst sind bzw. häufig als selbstverständlich vorausgesetzt werden. Zu ihnen gehören Überzeugungen, Wahrnehmungen, Gedanken und Gefühle. Die Grundprämissen werden als selbstverständlich angesehen, sodass sie innerhalb einer kulturellen Gruppe bei jedem Mitglied annähernd gleich sind. Die Grundprämissen determinieren die bekundeten Werte und somit auch die Handlungen von Gruppenmitgliedern. Dies ist mittels der Pfeilbeziehung in

[368] Vgl. Ridder (1999), S. 540.

[369] Vgl. Heinen/Dill (1986), S. 206.

[370] Vgl. Schneider (1990), S. 175.

[371] *Schein* definiert Unternehmungskultur als „ein Muster gemeinsamer Grundprämissen, das die Gruppe bei der Bewältigung ihrer Probleme externer Anpassung und interner Integration erlernt hat, das sich bewährt hat und somit bindend gilt; und das daher an neue Mitglieder als rational und emotional korrekter Ansatz für den Umgang mit diesen Problemen weitergegeben wird.“ (Schein (1995), S. 25).

[372] Vgl. und im Folgenden Schein (1984), S. 3 ff., (1995), S. 29 ff.

der Grafik von den Grundprämissen zu den bekundeten Werten bzw. indirekt zu den Artefakten erkennbar.[373]

Werte: Bei den bekundeten Werten handelt es sich um Verhaltensrichtlinien, die durch die Gruppenmitglieder gemeinsam vertreten werden. Sie befinden sich auf einer mittleren Stufe des Bewusstseins, sind somit teils bewusst, teils unbewusst. Sind sie unbewusst. entwickeln sie sich auf der Basis der Grundprämissen. Werden sie bewusst gebildet, werden sie auch bewusst durch die gesamte Gruppe weiterentwickelt. Die bekundeten Werte müssen von der Gruppe selbst hervorgebracht werden, da die Gruppe die Grundprämissen kennt bzw. sie ggf. ändern kann. Sind sie andererseits von außen vorgegeben und kollidieren sie mit den Grundprämissen der Gruppe, werden sie nicht akzeptiert und somit nicht praktiziert.[374]

Artefakte: Die dritte Ebene der Kultur beinhaltet alle Erscheinungen, die gesehen, gehört und gefühlt werden können. Sie umfassen sichtbare Unternehmungsstrukturen und -prozesse, wie bspw. Büroeinrichtungen, Kleidung, sichtbare Verhaltensweisen oder Technologie. Die Artefakte gleichen Symbolen, die zur Identifikation innerhalb einer Gruppe genutzt werden.[375]

Mit Hilfe der drei Ebenen lässt sich die Kultur einer Gruppe analysieren. Voraussetzung hierfür ist, dass die Grundprämissen einer Kultur richtig entschlüsselt werden. Anderenfalls besteht die Gefahr der Fehlinterpretation der Artefakte, bzw. den bekundeten Werten fehlt dann eine objektive Beurteilungsmöglichkeit hinsichtlich ihrer Glaubwürdigkeit.[376] Es ergibt sich hieraus, dass die Relationen von den Artefakten über die bekundeten Werte zu den Grundprämissen eine geringere Stärke aufweisen als die in gegensätzliche Richtung verlaufenden Beziehungen.[377]

---

[373] Beispiele für die Grundprämissen finden sich z. B. bei Schein (1995), S. 30f. und Ridder (1999), S. 542 f.

[374] Eine Herausfilterung von Werten durch Beobachtung gestaltet sich schwierig. Oftmals fehlt den erkannten Werten eine logische Struktur oder sie können nicht mit dem beobachteten Verhalten in Einklang gebracht werden. Erschwerend kommt hinzu, dass die Differenzierung in Werte, denen die Grundprämissen zugrunde liegen und solcher, die lediglich rationale Erklärungen oder angestrebte Ziele sind, sich schwierig gestaltet. Vielfach werden die schwer zu beobachteten Werte durch Interviews mit Führungskräften von Gruppen ermittelt (vgl. Ridder (1999), S. 543). Eine andere Möglichkeit ist die Erschließung aus den Artefakten. Die richtige Entschlüsselung von Werten und eine Prognose für zukünftiges Verhalten in der Gruppe ist im Grunde nur dann möglich, wenn die zugrundegelegten Prämissen vollständig erfasst wurden.

[375] Für verschiedene Beispiele für derartige Symbole vgl. z. B. Ridder (1999), S. 543. Wichtig ist bei dieser Ebene der Kultur, dass sie sich zwar leicht beobachten lässt, aber nur schwer zu entschlüsseln ist. Ein Beobachter kann seine Eindrücke wiedergeben, nicht jedoch die Bedeutung der Artefakte in einer Gruppe zuordnen. Dies erklärt sich damit, dass Symbole mehrdeutig sind und die für eine Gruppe richtige Bedeutung nur dann ermittelbar ist, wenn selbst eigene Erfahrungen mit der vorhandenen Kultur gemacht wurden. Besteht keine Möglichkeit einer Teilnahme an der Gruppe, ist eine Identifikation der Artefakte noch durch eine Analyse der bekundeten Werte möglich.

[376] Vgl. Schein (1995), S. 33.

[377] Ein Anwendungsbeispiel für das Kultur-Konzept von *Schein* mit dem gleichzeitigen Nachweis der unterschiedlichen Stärke der Beziehungen konnte durch eine Kulturanalyse innerhalb der Europäischen Gemeinschaft geliefert werden. Als Ergebnis kann der sogenannte „Kulturkorridor“ festgehalten werden (vgl.

Werden die Ausführungen zum Kultur-Konzept von *Schein* zusammengefasst, lässt sich sagen, dass die Kultur einer Gruppe auf Basis dreier Ebenen untersucht werden kann: den Grundprämissen, den bekundeten Werten und den Artefakten. Für eine richtige Interpretation der Kultur ist es unabdingbar, die Grundprämissen der Kultur zur kennen. Anderenfalls können die Artefakte fehlinterpretiert werden. Nur das Wissen um die Grundprämissen einer Kultur ermöglicht es, das Wesen einer Kultur wirklich zu erfassen.[378]

Basierend auf diesem strukturellen Kultur-Konzept entwickelt *Schein*, ähnlich wie *Adler*, Kulturdimensionen, die eine Einordnung von unterschiedlichen Kulturen zulassen. Allerdings beschäftigt sich *Schein* im Gegensatz zu *Adler* auch mit dem Entstehungs- und Entwicklungsprozess von Gruppen (erste Dimension und zweite Dimension). Er weist diesem einen entscheidenden Einfluss auf die Bildung kultureller Grundprämissen zu, weil sich an ihnen Inhalte und Dynamik von Kulturen erfassen lassen.[379] Erst für die dritte Dimension und die vierte Dimension beschreibt er Kategorien von kulturellen Grundprämissen, die – wie bei *Adler* – auf der Grundlage der Ausführungen von *Kluckhohn/Strodtbeck*[380] basieren.[381] Die vier Dimensionen seien im Folgenden kurz dargestellt.

In einer ersten Dimension beschäftigt sich *Schein* mit dem Überleben und der Anpassung im äußeren Umfeld. Kulturelle Grundprämissen einer Gruppe entwickeln sich durch deren Auseinandersetzung mit dem externen Umfeld. Bei den Problemen und Fragen des Überlebens und der Anpassung ist ein Zyklus zu identifizieren, der aufgrund des sich wandelnden externen Umfeldes aufrecht zu erhalten ist.[382] Der jeweilige Umgang der Gruppe mit den Problemen innerhalb des Zyklus wird dann zu zentralen Kulturelementen der Gruppe, wenn ein Konsens hinsichtlich der Problemlösung erzielt wird.

Die zweite Dimension betrifft das Management der internen Integration. Inhalt dieser Dimension ist die Art und Weise der Entwicklung und Aufrechterhaltung eines Systems interner Beziehungen in einer Gruppe. Die in der Auseinandersetzung mit Problemen der

---

Scholz/Messemer/Schröter (1991), S. 49 und Scholz (1994), S. 779). *Scholz* interpretiert diesen Kulturkorridor gleichzeitig als Synthese der beiden divergierenden Positionen Konvergenz- vs. Divergenzthese innerhalb der Diskussion um „culture bound“ oder „culture free“ (vgl. Scholz (1998), S. 192). Ermittelt wurde, dass auf der Ebene der Artefakte viele Gemeinsamkeiten in den Ländern der Europäischen Gemeinschaft zu finden sind, bspw. in Gesetzen und Richtlinien. Dennoch wurde weiter nachgewiesen, dass innerhalb der bekundeten Werte größere Unterschiede auftreten. Ein noch geringerer Konsens ergab sich auf der Ebene der Grundprämissen (vgl. Scholz/Messemer/Schröter (1991). So können auch bei der Beobachtung gleicher oder ähnlicher Artefakte dennoch gänzlich unterschiedliche kulturelle Grundprämissen vorhanden sein.

[378] Vgl. Schein (1995), S. 33.

[379] Ebd. S. 61.

[380] Vgl. Kluckhohn/Strodtbeck (1961).

[381] Vgl. dazu die ausführliche Darstellung der Kulturdimensionen in Schein (1995), S. 61-128.

[382] Die Stufen des Zyklus sind: (1) Mission und Strategie, (2) Ziele, (3) Mittel, (4) Bewertung und (5) Korrektur. Diese Stufen laufen nicht notwendigerweise nacheinander ab, sondern werden meist simultan durch die Unternehmung bearbeitet (zu den Inhalten der einzelnen Stufen vgl. Schein (1995), S. 64 ff.).

internen Integration erzielten Prämissen bilden neben den entwickelten Prämissen die Basis für die Beschreibung einer Kultur. Mittels dieser Grundprämissen ist der Beginn und die Entwicklung von Kultur nachzuvollziehen.

Die dritte Dimension bezieht sich auf Wirklichkeit und Wahrheit, Zeit und Raum. Neben den beiden ersten Dimensionen, in denen eine Gruppe ihre eigenen Grundprämissen entwickelt, sind zusätzlich Grundprämissen einer Kultur zu erkennen, die sich aus dem kulturellen Gesamtkontext ergeben.[383] Generelle Grundprämissen beziehen sich zunächst auf die Wirklichkeit und Wahrheit, die sich in drei Wirklichkeitsebenen[384] und dem vorhandenen Kontextgrad[385] der kulturellen Gruppe erkennen lassen. Zudem ist zwischen der kulturellen Ausprägung von Moralismus vs. Pragmatismus zu unterscheiden.[386]

Unterschiede in Kulturen lassen sich ebenfalls durch deren Wahrnehmung und Erfahrung von Zeit erkennen.[387] Eine Differenzierung hinsichtlich der grundlegenden Zeitorientierung ergeben – in Analogie zur fünften Dimension von *Adler* – vergangenheitsorientierte, gegenwartsorientierte oder zukunftsorientierte Kulturtypen.[388] Darüber hinaus können Kulturen nach einem monochronen (Ausführungen von Tätigkeiten erfolgt nacheinander) vs. polychronen (mehrere Tätigkeiten können zur gleichen Zeit ausgeführt werden) Zeitverständnis unterschieden werden.[389] Kulturen divergieren weiter in ihrem Zeitverständnis hinsichtlich von Planungs- vs. Entwicklungszeit.[390] Eine letzte Zeitdimension ergibt sich aus der Auffassung einer Kultur über die Länge von Abläufen. So ergeben sich Kulturen mit langem oder mit kurzem Zeithorizont.

---

383 Diese generellen Grundprämissen bilden die Basis für die Wahl der Mittel bei der Bewältigung der Problemkontexte der ersten und zweiten Dimension.

384 Die drei Wirklichkeitsebenen sind dabei: die externe materielle Wirklichkeit (universell objektiv, empirisch überprüfbar), die soziale Wirklichkeit (intersubjektiv, nicht empirisch überprüfbar) und die individuelle Wirklichkeit (subjektive Erfahrungen).

385 In einer kulturellen Gruppe einer Unternehmung herrscht dann ein hoher Kontextgrad, wenn die Bedeutung der Sprache und Handlungen von bestimmten Individuen abhängig ist. Im Gegensatz dazu besitzen in Gruppen mit einem geringen Kontextgrad Sprache und Handlungen bei allen Gruppenmitgliedern die gleiche Bedeutung.

386 In Kulturen mit einer pragmatischen Ausrichtung wird die Wirklichkeit durch eigene Erfahrungen bestimmt, in moralistischen Kulturen hingegen anhand von allgemeinen philosophischen Erkenntnissen, moralischen Systemen oder Traditionen.

387 Vgl. dazu Schein (1995), S. 91 ff.

388 Zur näheren Beschreibung der Typen vgl. die Ausführungen im vorherigen Abschnitt innerhalb des Konzeptes von *Adler*. *Schein* differenziert die zukunftsorientierten Typen noch weiter in solche, die an der nahen Zukunft und jenen, die an der fernen Zukunft orientiert sind. (vgl. Schein (1995), S. 101.)

389 Ebd., S. 102.

390 Kulturen mit einem Planungszeitverständnis betrachten alles als vom Menschen zeitlich beeinflussbar. Eine Entwicklungszeit-Kultur vertritt die Annahme, dass in der Welt Prozesse existieren, die nicht nach Belieben zu beschleunigen oder zu verlangsamen sind.

Vorstellungen über den Raum sind ebenfalls kulturspezifisch. Sie determinieren unterschiedliche Auffassungen über einen akzeptierten oder empfohlenen Abstand zwischen Individuen (Vertrautheitsabstand, Sozialer Abstand, Öffentlicher Abstand). Zudem können Räume für Kulturen jeweils eine andere Bedeutung – *Schein* nennt es „Symbolkraft“ – besitzen. Anhand der Raumgestaltung und der Nutzung von Körpersprache sind u. U. Werte und Prämissen der vorherrschenden Kultur erkennbar.

Die vierte Dimension des Wesens, der Handlungsweisen und Beziehungen von Menschen betrifft die wichtigsten Grundprämissen von Kultur. Bezüglich der Wesenstypen von Menschen differenziert *Schein* – in gleichem Maße wie *Adler* – in gute und schlechte Menschen.[391] Zusätzlich unterscheidet er hinsichtlich der Beziehung des Einzelnen zur Gruppe. Kulturelle Unterschiede ergeben sich hier aus einer Differenzierung in Arbeit, Familie und Freizeit als einzelne Lebensteile vs. dem Verständnis des einheitlichen Ganzen dieser drei Bereiche. *Schein* erörtert das Wesen des Menschen insbesondere in Bezug auf die Unternehmung. Hierbei wird die Wichtigkeit der einheitlichen Grundprämissen in einer Unternehmung betont, weil diese sich bspw. in Anreiz- und Kontrollsystemen widerspiegeln. Nur wenn ein Konsens über die Grundprämissen des „Wesens des Menschen“ besteht, kann widersprüchlichen Verhaltensweisen bzw. Unverständnis von Unternehmungsmitgliedern vorgebeugt werden.

Sollen kulturelle Grundprämissen bezüglich menschlicher Handlungsweisen identifiziert werden, ergibt sich eine Dreiteilung. Analog zu *Adler* differenziert *Schein* zunächst in Handlungsorientierung und Seinorientierung.[392] Darüber hinaus ist eine dritte Orientierung zu konstatieren, die Entwicklungsorientierung.[393] Schließlich unterscheiden sich Kulturen hinsichtlich der Grundprämissen über das Wesen menschlicher Beziehungen. Neben der Differenzierung in individualistische vs. kollektivistische Kulturen[394] können Kulturen nach dem Grad der Beteiligung von Unternehmungsmitgliedern in der Unternehmung bestimmt werden.[395]

Das Kultur-Konzept von *Schein* zeigt, dass Kultur ein vielschichtiges Phänomen ist und zwischen Kulturen erhebliche Unterschiede bestehen können. Anhand der dargestellten Dimen-

---

[391] Vgl. nähere Ausführungen innerhalb des Konzeptes von *Adler* zum „guten oder schlechten Menschen“.

[392] Vgl. nähere Ausführungen innerhalb des Konzeptes von *Adler* zur Handlungs- und Seinorientierung.

[393] Sie ist zwischen der Handlungs- und der Seinorientierung einzuordnen. Entwicklungsorientierung bedeutet, dass der Mensch mittels innerer Distanz, Meditation und Beherrschung von Dingen (z. B. Gefühle, körperliche Funktionen) einen Einklang seines Lebens mit seiner Umwelt erreichen muss. Der Mensch wird hier nach seinem Entwicklungsstand, nicht nach seinen Handlungen oder Aufgabenbewältigungen beurteilt.

[394] Vgl. nähere Ausführungen innerhalb des Konzeptes von *Adler* zur Individualismus vs. Kollektivismus.

[395] Es existieren verschiedene Typologien hinsichtlich des Grades der Beteiligung in Unternehmungen. Grundsätzlich beinhalten diese aber alle den unterschiedlichen Umgang mit den verschiedenen in einer Unternehmung auftretenden Machtverhältnissen (vgl. Schein (1995), S. 121 ff.).

sionen lassen sich nach *Schein* derartige Unterschiede von Kulturen festmachen. Allerdings können die Dimensionen lediglich Ausgangspunkte für eine Kulturbestimmung sein. Um eine Kultur und deren Grundprämissen vollständig zu durchdringen und die Bedeutung der diversen Dimensionen erkennen zu können, muss analog zum Kulturverständnis von *Schein* eine intensive Beschäftigung mit dieser Kultur erfolgen.

Nach Darstellung der vorherrschenden theoretischen Kulturkonzepte werden im Folgenden die Erkenntnisse empirisch basierter Kulturkonzepte vorgestellt. Denn im Rahmen der Analyse von Kultur und deren Implikationen für ASF interessieren nicht nur einer logischen Konsistenz genügende Kultur-Konzepte. Darüber hinaus ist zu fragen, inwieweit Beobachtungen der Realität mit den Vorstellungen solcher oder anderer Kulturkonzepte verträglich sind.

2.3 Empirisch-basierte Kulturkonzepte

Im Folgenden werden die beiden emprisich-basierten Kultur-Konzepte von *Hofstede* und *Trompenaars* vorgestellt, wobei jeweils auf die Inhalte der Konzepte als auch auf deren kritische Aspekte eingegangen wird.

(1) Studie von Hofstede

Die Studie von *Hofstede*[396] nimmt im Rahmen der kulturvergleichenden Managementstudien eine besondere Stellung ein. Zum einen kann sie als eine der ersten auf diesem Gebiet gesehen werden und zum anderen übertrifft sie viele andere derartiger Arbeiten aufgrund ihrer sehr umfangreichen empirischen Basis.[397] Die Studie von *Hofstede* wird hier als Kulturkonzept aufgefasst, weil *Hofstede* als Ergebnis seiner empirischen Untersuchungen – ähnlich wie in den vorgestellten theoretischen Kulturkonzepten – Kulturdimensionen definieren konnte. Sämtlichen untersuchten Landeskulturen kann innerhalb jeder Dimensionen ein Wert zugewiesen werden, so dass eine eindeutige Kulturunterscheidung möglich wird.[398] Durch die Befragung von nur IBM-Mitarbeitern, die sich durch Ähnlichkeiten bezüglich ihres Arbeitgebers, ihres Berufs und bei vergleichbaren Berufen auch hinsichtlich ihres Bildungsniveaus beschreiben lassen, war *Hofstede* zur Folge eine hohe Wahrscheinlichkeit gegeben, dass auftretende Differenzen auf die unterschiedlichen Nationalitäten zurückzuführen sind.[399] Die Befragten wurden insbesondere nach individuellen Werten und

---

[396] Vgl. z. B. Hofstede (1980a), (1983), (1991), (1993), (1997).

[397] Vgl. Wolf (1994), S. 489. Die Untersuchung *Hofstedes* erfolgte im Rahmen einer empirischen Befragung von 116.000 IBM-Mitarbeiten aus 38 Berufen und 64 Ländern (vgl. z. B. Hofstede (1997), S. 364).

[398] Vgl. z. B. Pugh/Clark/Mallory (1995), S. 231.

[399] Vgl. z. B. Hofstede (1991), S. 13, oder Hofstede (1997), S. 364.

Vorstellungen über ihre Arbeitssituation befragt.[400] Die Studie setzt demnach auf der Werteebene innerhalb des Kultur-Konzeptes von *Schein* an.[401]

Hofstede begreift Kultur derart, dass jeder Mensch Träger von Mustern des Denkens, Fühlens und potentiellen Handels ist, die er während seines Lebens erlernt hat. Er bezeichnet diese Muster als „mentale Programme“.[402] Kultur wird deshalb von *Hofstede* als “kollektive Programmierung” bezeichnet, die Mitglieder einer Gruppe oder Kategorie von einer anderen unterscheidet.[403]

Hofstede konnte aufbauend auf seiner empirischen Untersuchung vier Kulturdimensionen identifizieren, mit Hilfe derer Kulturen beschrieben werden können:[404] Individualismus vs. Kollektivismus, Machtdistanz, Maskulinität vs. Femininität und Unsicherheitsvermeidung. Im Folgenden sollen diese Dimensionen näher erläutert werden, um die Einordnung unterschiedlicher Kulturen in die entsprechenden Ausprägungen der Dimensionen deutlich machen zu können.

Individualismus vs. Kollektivismus

Diese Dimension beschreibt den Grad der Unabhängigkeit, der in einer Gesellschaft zwischen deren Individuen besteht. In einer individualistischen Kultur ist jeder primär für sich selbst verantwortlich. Im Gegensatz dazu befindet sich ein Individuum in einer kollektivistischen Kultur oft seit der Geburt in einer Gruppe, in der es klare Beziehungs- und Verantwortungsregeln füreinander gibt. Dies gilt sowohl für die privaten als auch die arbeitsbezogenen Beziehungen. In einer individualistischen Kultur steht in einer Unternehmung die individuelle Arbeitsleistung im Vordergrund und die Aufgabenerfüllung hat Vorrang vor sozialen Beziehungen am Arbeitsplatz. In einer kollektiven Kultur hingegen wird im Aufbau sozialer Beziehungen das oberste Ziel am Arbeitsplatz gesehen.

Machtdistanz

Innerhalb dieser Dimension geht es um die Akzeptanz und Erwartung von Machtunterschieden seitens der schwächeren Mitglieder einer Kultur. Kulturen können eine hohe oder eine geringe Machtdistanz besitzen. In Kulturen mit einer hohen Machtdistanz wird der Machtunterschied von Untergebenen erwartet und akzeptiert. Für die Situation in Unternehmungen bedeutet eine hohe Machtdistanz, dass Mitarbeiter in einem großen Maß von ihren Vorge-

---

[400] Ebd.

[401] Im Gegensatz dazu setzen viele andere Studien auf der Ebene der Artefakte an. Vgl. Weber/Festing/Dowling/Schuler (2001), S. 43.

[402] Vgl. z. B. Hofstede (1997), S. 3.

[403] Vgl. z. B. Hofstede (1993), S. 18 ff., Hofstede (1995), S. 150. Kategorien oder Gruppen sind bspw. Nationen, Regionen oder ethnische Gruppen.

[404] Als Kulturdimension wird dabei ein im Verhältnis zu einer anderen Kultur messbarer Aspekt verstanden. Vgl. Hofstede (1993), S. 29. Zu den folgenden Ausführungen siehe die o. a. Arbeiten von *Hofstede*.

setzten abhängig sind und ihnen gesagt wird, was sie zu tun haben. Dies äußert sich im autokratischen oder patriarchalischen Führungsstil. Kulturen mit geringer Machtdistanz lassen sich daran erkennen, dass die Abhängigkeit des Mitarbeiters vom Vorgesetzten begrenzt ist und es einen gleichberechtigten Austausch zwischen Mitarbeiter und Vorgesetztem gibt. Charakteristisch sind flache Hierarchien und ein partizipativer Führungsstil.

Maskulinität vs. Femininität

Diese Dimension beschreibt den Grad, in welcher Weise und wie stark eine Kultur soziale Rollen auf die Geschlechter verteilt. Hierbei differenziert *Hofstede* zunächst eher maskuline und eher feminine Werte. Maskuline Werte sind Werte wie Karrierestreben, Konkurrenzdenken, Leistung, Selbstbehauptung, aber auch Selbstüberschätzung. Intuition, Solidarität, Lebensqualität, Wertschätzung von sozialen Beziehungen, Bescheidenheit, oder auch Sicherheit des Arbeitsplatzes stellen dagegen feminine Werte dar.

Unsicherheitsvermeidung

Anhand des Grades der Unsicherheitsvermeidung ist bestimmbar, inwieweit Mitglieder einer Kultur auf unsichere Situationen reagieren, ob sie sich von ihnen bedroht fühlen bzw. sie zu vermeiden versuchen. Kulturen mit einem starken Grad an Unsicherheitsvermeidung sind an strikten Verhaltens- und Glaubensnormen zu erkennen, durch die unsichere Situationen vermieden werden sollen. Für den Ablauf in Unternehmungen bedeutet ein hoher Grad an Unsicherheitsvermeidung eine Angst, den Arbeitsplatz zu verlieren. Aufgrund dessen zeichnen sich Mitarbeiter in einer solchen Unternehmung durch eine hohe Motivation zur Arbeit selbst aus. Innovationen hingegen sind eher selten. In Umkehrung gilt für Kulturen mit einem niedrigen Grad an Unsicherheitsvermeidung eine geringe Formalisierung und Standardisierung. Innovatives Arbeiten ist aufgrund einer großen Offenheit gegenüber Neuem möglich.

Zu diesen vier Dimensionen kam im Rahmen einer späteren Studie mit Studenten aus 23 Ländern eine weitere Dimension hinzu.[405] Innerhalb dieser Studie konnten die ersten drei Dimensionen bestätigt werden, lediglich die Dimension „Unsicherheitsvermeidung“ wurde durch eine neue Dimension, die sogenannte „Konfuzianische Dynamik“, ersetzt.[406]

---

[405] Vgl. Hofstede/Bond (1988).

[406] Vgl. z. B. Hofstede (1997), S. 230. Allerdings ergab sich diese neue Dimension dadurch, dass eine andere Art der Fragestellung verwendet wurde. In der früheren Studie wurde ein Fragebogen verwendet, der die kulturelle Prägung der Forscher westlicher Industrieländer trug (Rokeach Value Survey). In dieser Studie wurde ein Fragebogen verwendet, der eine chinesische Prägung aufweist (Chinese Value Survey), da er von chinesischen Wissenschaftlern entworfen wurde (vgl. Hofstede/Bond (1988), S. 15). Die Dimension der Unsicherheitsvermeidung ist demnach nicht als irrelevant anzusehen, sie beruht jedoch auf der Sichtweise westlicher Forscher. Insofern sind beide Dimensionen wichtig, um sowohl das westlich- als auch östlich geprägte Kulturverständnis berücksichtigen zu können.

„Konfuzianische Dynamik“[407]

In dieser Dimension geht es um eine grundsätzliche Langfrist- vs. Kurzfristorientierung im Leben eines Menschen. In Kulturen, die eine eher langfristige Orientierung aufweisen, zeichnen sich die Individuen bspw. durch Sparsamkeit, Ausdauer und Beharrlichkeit in der Zielverfolgung aus. Im Gegensatz dazu weisen Individuen einer kurzfristig orientierten Kultur Werte wie Respekt vor der Tradition, Respekt vor sozialen Verpflichtungen, Wahrung des Gesichts u. a. auf. Für die Unternehmung bedeutet eine langfristige Orientierung, dass ein Erreichen von Zielen, Reinvestitionen in die Unternehmung und die Einhaltung von Verpflichtungen begünstigt werden. Eine Kurzfristorientierung bedeutet hingegen für die Unternehmung eine eher Gegenwarts- und Vergangenheitsorientierung, was Innovationen und dem Reagieren auf starke dynamische Entwicklungen entgegen steht.

Neben den extrahierten Kulturdimensionen konnte für die untersuchten Länder jeweils eine Einordnung in diese Dimensionen ermittelt werden, die eindeutige Unterschiede in den kulturellen Werten lieferten.[408] Um zu einer kulturellen Klassifizierung der untersuchten Länder zu gelangen, ermittelte *Hofstede* den Dimensionen angepasste Indizes. Beispielhaft verdeutlicht Tab. 2 unterschiedliche Ausprägungen der Dimensionen in ausgewählten Ländern.[409]

Anhand der Daten in der Tabelle ist zu erkennen, dass sich oft erhebliche Unterschiede in den Ausprägungen innerhalb der Kulturdimensionen ergeben: So ist bspw. festzustellen, dass Deutschland eine Kultur mit einer relativ geringen Machtdistanz ist. Im Gegensatz dazu herrscht in Frankreich eine eher hohe Machtdistanz. Die USA weist den höchsten Grad an Individualismus auf. Japan kennzeichnet der höchste Grad an Maskulinität. Schweden hingegen kann als feminine Kultur interpretiert werden, da kaum maskuline Werte ermittelt werden konnten.[410]

Mit der *Hofstede*-Studie konnte somit nachgewiesen werden, dass Unterschiede in kulturellen Werten existieren, die sowohl in vielen gesellschaftlichen Bereichen als auch innerhalb von Unternehmungen durch unterschiedliche kulturell bedingte Verhaltensweisen der Unternehmungsmitglieder erkennbar werden. Kultur führt nach *Hofstede* zwangsläufig zu „impliziten Organisationsmodellen“, d. h. zu bestimmten Denkmustern, die eine Problemlösung in

---

[407] Die Benennung dieser Dimension erfolgte anhand der Lehre des Konfuzius aus der die für die jeweilige Ausprägung der Dimension zutreffenden Werte entstammen (vgl. hierzu Hofstede (1997), S. 231 f.).

[408] Vgl. Kammel/Teichelmann (1994), S. 46.

[409] Hierbei bezeichnet der Rang 1 den jeweils höchsten und Rang 53 den niedrigsten (bei der Langfristorientierung ist der Rang 23 der niedrigste) (vgl. Hofstede (1995), S. 155).

[410] Für die diversen Ergebnisse hinsichtlich der anderen Länder und verschiedener Clusterbildungen und Aufteilungen in Ländergruppen soll hier auf Hofstede (1980a), (1991), (1997) verwiesen werden.

Unternehmungen in ihrer Art und Weise determinieren.[411] So beeinflusst bspw. die jeweilige Ausprägung der Dimension „Machtdistanz“ etwa den Grad der Zentralisierung, der Dimension „Unsicherheitsvermeidung“ den Grad der Formalisierung in Unternehmungen, wohingegen die Ausprägungen bei der Dimension „Individualismus“ bzw. „Maskulinität“ vielmehr die Denk- und Verhaltensweisen der Unternehmungsmitglieder beeinflussen.[412]

	Machtdistanz		***Individualismus***		***Maskulinität***		***Unsicherheits-vermeidung***		***Langfrist-orientierung***	
	Index	Rang	Index	Rang	Index	Rang	Index	Rang	Index	Rang
Brasilien	69	14	38	26-27	49	27	76	21-22	65	6
Deutschland	35	42-44	67	15	66	9-10	65	29	31	14-15
Frankreich	68	15-16	71	10-11	43	35-36	86	10-15	keine Daten	
Großbritannien	35	42-44	89	3	66	9-10	35	47-48	25	18-19
Indien	77	10-11	48	21	56	20-21	40	45	61	7
Japan	54	33	46	22-23	95	1	92	7	80	4
Niederlande	38	40	80	4-5	14	51	53	35	44	10
Schweden	31	47-48	71	10-11	5	53	29	49-50	33	12
Thailand	64	21-23	20	39-41	34	44	64	30	56	8
USA	40	38	91	1	62	15	46	43	29	17

Tab. 2: Indexausprägungen von 10 Ländern in 5 Kulturdimensionen (Quelle: In Anlehnung an Hofstede (1995), S. 155)

Für eine Bewertung der Studie von *Hofstede* sollen zunächst kritische Aspekte erörtert werden. Neben dem Einwand, dass die Untersuchung nicht a priori auf einem theoretischen Konzept beruht,[413] bezieht sich der größte Teil der in der Literatur vorgebrachten Kritikpunkte auf die Methodik der Studie.

Ein in der Literatur aufgeführter Kritikpunkt ist, dass statt der Abgrenzung von Kulturen eine Länderdifferenzierung verwendet wurde, die nicht immer eine einheitliche Kultur gewährleistet.[414] Nach *Hofstede* ist allerdings die von ihm verwendete Staatsangehörigkeit als

[411] Vgl. Hofstede (1997), S. 197.

[412] Vgl. Hofstede (1980b), Sp. 1178, Hofstede (1993), S. 162 ff., Hofstede (1997), S. 196 f.

[413] Vgl. dazu auch Punnett/Withane (1990), S. 70 f.

[414] Vgl. Jaeger (1986), S. 180, der auf die landeskulturelle Vielfalt innerhalb eines Landes – etwa die Kanadas, Belgiens oder der Schweiz – hinweist. Weber/Festing/Dowling/Schuler (2001), S. 57 führen in diesem Zusammenhang das Beispiel Jugoslawiens an, das mit seiner Vielfalt an ethnischen Gruppen in der *Hofstede*-Studie als Land keine einheitliche Kultur aufweisen kann.

Abgrenzungskriterium als eine „Sache der Zweckmäßigkeit" zu betrachten.[415] *Hofstede* ist sich also durchaus der Abgrenzungsproblematik von Kultur bewusst: Weil er für die Durchführung einer solchen Studie allerdings eine Abgrenzung finden muss, verwendet – er durchaus pragmatisch – aus diesem Grund eine Länder(Staaten)abgrenzung.

Ein weiterer kritischer Aspekt stellt sich dar durch die Erhebung der Daten in nur einer multinationalen Unternehmung. *Hofstede* selbst deklariert dies als positiv, da so die auftretenden Unterschiede vollständig auf kulturelle Unterschiede zurückzuführen sind. Allerdings liegt in der Verwendung nur einer Unternehmung die Gefahr der Verzerrung:[416] Es ist davon auszugehen, dass diese Unternehmung weltweit ähnliche Anforderungsprofile bei der Rekrutierung ihrer Mitarbeiter verwendet, was andere Ergebnisse bei der Hinzunahme weiterer Unternehmungen ergeben könnte.

Nicht unerheblich sind die kritischen Äußerungen bezüglich der Operationalisierbarkeit der Kulturdimensionen. Diese ergeben sich sowohl bezüglich der Bezeichnung der Dimensionen als auch hinsichtlich des Inhaltes verschiedener Dimensionen.[417] So konnte *Hofstede* etwa die Dimension „Unsicherheitsvermeidung" in einer späteren Untersuchung, in der sich die fünfte Dimension „Konfuzianische Dynamik" ergab, nicht erneut nachweisen.[418] Im Zusammenhang mit der fünften Dimension wird zudem die Frage aufgeworfen, warum diese Dimension der Zeitorientierung erst durch eine spätere Untersuchung eingeführt wurde, was die Glaubwürdigkeit im Sinne der Zuverlässigkeit der ursprünglichen Untersuchung zweifelhaft macht.[419] Dies gilt auch vor dem Hintergrund, dass in früheren Untersuchungen anderer Autoren die Zeitorientierung, aber auch andere – von *Hofstede* nicht angeführte – Dimensionen herausgefiltert wurden, die ebenfalls relevant für eine empirisch-basierte Differenzierung von Kultur sein können.[420] Schließlich liegen Durchführung und Auswertung der Studie bereits mehr als zwanzig Jahre zurück, was die Frage nach der aktuellen Gültigkeit aufwirft.[421]

---

[415] Vgl. Hofstede (1997), S. 15.

[416] Vgl. z. B. Goodstein (1981), S. 51, Jaeger (1986), S. 180 oder Weber/Festing/Dowling/Schuler (2001). *Hofstede* selbst argumentiert mit einer Vergleichsstudie in einem international besetzten Managementtraining, die keine erheblich abweichenden Ergebnisse feststellte (vgl. z. B. Hofstede (1980a), S. 40).

[417] Vgl. Dorfman/Howell (1988), S. 129 f. und Schmid (1996), S. 262 f.

[418] Vgl. Hofstede (1997), S. 230.

[419] Vgl. Schmid (1996), S. 261.

[420] Ebd. Zu weiteren Dimensionen vgl. die Ausführungen der anderen Kulturkonzepte innerhalb dieser Arbeit.

[421] Ebd. Bspw. existieren einige Länder in ihrer damals vorliegenden Form nicht mehr (z. B. Jugoslawien, UdSSR) und sind in andere – oftmals sehr unterschiedliche ethnische oder kulturelle – Gruppen aufgeteilt. *Hofstede* argumentiert hier, dass spätere Folgeuntersuchungen ähnliche Ergebnisse hervorgebracht hätten, so dass auch aktuell von einem Unterschied zwischen den kulturellen Ausprägungen der einzelnen Dimensionen in verschiedenen Kulturen ausgegangen werden kann (vgl. Hofstede (1997), S. 370),

Trotz der angeführten Kritikpunkte muss der Studie von *Hofstede* zweifelsohne eine wichtige Bedeutung innerhalb der kulturvergleichenden Managementstudien zugesprochen werden. Einerseits stellt sie die in ihrer Datenbasis umfangreichste empirische Studie dar. Andererseits lassen die Ergebnisse der Studie Aussagen über Unterschiede von Kulturen zu und eröffnen neue Aspekte hinsichtlich der Verhaltensanalyse von Individuen.[422] Zudem ist positiv anzuführen, dass *Hofstede* seine Analyse sowohl auf gesellschaftliche als auch auf betriebswirtschaftlich relevante Aspekte ausgerichtet hat.[423] Denn es zeigen sich bedeutende Unterschiede in den Werten und Verhaltensweisen unterschiedlicher Kulturen, die ohne Zweifel auch für Abläufe in einer Unternehmung beeinflussend wirken. So ist durch die Resultate der Studie davon auszugehen, dass durch dominierende kulturelle Einflüsse Managementtechniken vor unterschiedlichen kulturellen Hintergründen unterschiedliche Wirkungen zeigen und demnach nicht universell einsetzbar sind.[424] Das bekräftigt den empirischen Gehalt der „Culture-bound"-These.

(2) Studie von Trompenaars

Eine – im Gegensatz zu *Hofstedes* Studie – aktuellere Studie ist die von *Trompenaars*.[425] *Trompenaars* verfolgte mit seiner Arbeit das Ziel, die These, dass es „einen besten Wege des Managements" gebe, zu falsifizieren; zudem sollten als Resultate der Studie Lösungshilfen für die im Zuge eines internationalen Managements auftretenden Probleme geboten werden.[426]

Trompenaars legt seiner Studie folgendes Kulturverständnis zugrunde: „Culture is not what is visible in the surface. It is the shared ways groups of people understand and interpret the world."[427] Auf dieser Basis entwickelte *Trompenaars*, ähnlich der Studie von *Hofstede*, unterschiedliche Kulturdimensionen, anhand derer Kulturen in ihren Gemeinsamkeiten und Unterschieden zu charakterisieren sind.[428] *Trompenaars* geht davon aus, dass sich Kulturen in der Auseinandersetzung mit drei Grundproblemen manifestieren: der Einstellung zur Na-

---

[422] Vgl. Weber/Festing/Dowling/Schuler (2001), S. 57.

[423] Vgl. Wolf (1994), S. 489.

[424] Vgl. Kammel/Teichelmann (1994), S. 48.

[425] Vgl. Trompenaars (1993a), (1993b) und Trompenaars/Hampden-Turner (2001). *Trompenaars* führte seine Untersuchung unter Führungskräften (75% der Befragten) und Angestellten (25% der Befragten) von 30 Unternehmungen in 47 Ländern durch und erhielt eine ca. 15.000 beantwortete Fragebögen umfassende Datenbasis (vgl. Trompenaars/Hampden-Turner (2001), S. 1f. und 245). Damit bleibt *Trompenaars* in der Anzahl der seiner Studie zugrundeliegenden Antworten weit hinter der Studie von *Hofstede* zurück. Im Unterschied zur *Hofstede*-Studie ergab sich aber eine deutlich „managementlastigere" Population innerhalb der Befragten, da *Trompenaars* lediglich Führungskräfte befragte, die von ihm durchgeführte Kurse zum interkulturellen Training besuchten.

[426] Vgl. Trompenaars (1993b), S. 12 und Trompenaars/Hampden-Turner (2001), S. 11.

[427] Trompenaars/Hampden-Turner (2001), S. 3.

[428] Vgl. Schmid (1996), S. 264.

tur (Umwelt), zur Zeit und zu den Mitmenschen. Die von ihm identifizierten ersten fünf – der sieben – Kulturdimensionen beziehen sich auf das Grundproblem des interpersonellen Umgangs:[429]

Universalismus vs. Partikularismus[430]

In dieser Kulturdimension können Kulturen danach differenziert werden, wie deren Individuen das Verhalten anderer Individuen betrachten. In universalistischen Kulturen wird das Verhalten anderer Individuen danach beurteilt, inwieweit es den in der Kultur existenten Regeln und Normen entspricht. In partikulär geprägten Kulturen wird das Verhalten anderer Individuen hingegen eher aufgrund jeweils bestehender Umstände und verpflichtender menschlicher Beziehungen (Freundschaft, Familie etc.) gewertet.

Individualismus vs. Kollektivismus[431]

Diese Dimension beinhaltet die Frage danach, ob Individuen einer Kultur sich primär als Individuum sehen oder primär als Teil der Gruppe, in der sie leben. Individualismus kann als eine grundsätzliche Ausrichtung auf das „Selbst" verstanden werden; Kollektivismus drückt sich im Vergleich durch eine grundsätzliche Ausrichtung auf gemeinschaftliche Ziele und Objekte aus.

Neutralität vs. Affektivität[432]

Die Unterscheidung von Kulturen hinsichtlich Neutralität vs. Affektivität bezieht sich darauf, inwieweit die Individuen in der Kultur Gefühle zeigen oder nicht. In Kulturen mit einem hohen Grad an Affektivität bringen die Individuen ihre Emotionen nach außen (bspw. durch Lachen, Mimik und Gestik) zum Ausdruck. In neutralen Kulturen existieren natürlich auch Emotionen, die aber nicht nach außen transparent gemacht werden

.Spezifität vs. Diffusität[433]

Innerhalb dieser Kulturdimension geht es darum, in welchem Grad Individuen einer Kultur andere Individuen in das eigene Leben involvieren. In spezifischen Kulturen werden Individuen in spezifische Bereiche des Lebens und einzelne persönliche Bereiche einbezogen. In diffusen Kulturen erfolgt die Einbeziehung in unterschiedlichste Lebensbereiche und verschiedene persönliche Bereiche in gleicher Weise.

---

[429] Vgl. die folgenden Ausführungen in Trompenaars (1993a), (1993b) und Hampden-Turner (2001). Anzumerken ist, dass fünf dieser Kulturdimensionen denen von *Parson* ähneln und zwei weitere an die Wertorientierungen von *Kluckhohn/Strodtbeck* angelehnt sind (vgl. hierzu Trompenaars/Hampden-Turner (2001), S. 8 und S. 26).

[430] Vgl. Trompenaars (1993a), S. 31 ff., (1993b), S. 49 ff., Trompenaars/Hampden-Turner (2001), S. 29 ff.

[431] Vgl. Trompenaars (1993a), S. 47 ff., (1993b), S. 73 ff. und Trompenaars/Hampden-Turner (2001), S. 50 ff.

[432] Vgl. Trompenaars (1993a), S. 63 ff., (1993b), S. 95 ff. und Trompenaars/Hampden-Turner (2001), S. 69 ff.

[433] Vgl. Trompenaars (1993a), S. 73 ff., (1993b), S. 109 ff. und Trompenaars/Hampden-Turner (2001), S. 81 ff.

Unterschiede zwischen universalistischen vs. partikularistischen Kulturen			
UNIVERSALISMUS		PARTIKULARISMUS	
1.	Regeln sind wichtiger als Beziehungen	1.	Beziehungen sind wichtiger als Regeln
2.	Verträge müssen eingehalten werden	2.	Verträge müssen modifizierbar sein
3.	Geschäft ist Geschäft	3.	Beziehungen entwickeln sich weiter
Unterschiede zwischen individualistischen und kollektivistischen Kulturen			
INDIVIDUALISMUS		KOLLEKTIVSIMUS	
1.	„Ich"-Form wird häufiger verwendet	1.	„Wir"-Form wird häufiger verwendet
2.	Entscheidungen werden sofort getroffen	2.	Entscheidungen werden erst nach Rücksprache getroffen
3.	Ferien werden alleine oder mit Partner verbracht	3.	Ferien werden in organisierten Gruppen oder in der Großfamilie verbracht
Unterschiede zwischen neutralen und affektiven Kulturen			
NEUTRALITÄT		AFFEKTIVITÄT	
1.	Keine Offenlegung der Gefühle	1.	Offenlegung der Gefühle
2.	Bewunderung für kühles, selbstbeherrschtes Verhalten	2.	Bewunderung für temperamentvolles, ausdrucksvolles Verhalten
3.	Gestik, Mimik, Körperkontakt sind unerwünscht	3.	Gestik, Mimik, Körperkontakt sind normal
Unterschiede zwischen spezifischen und diffusen Kulturen			
SPEZIFITÄT		DIFFUSITÄT	
1.	Direkt, zur Sache, absichtsvolle Beziehung	1.	Indirekt, umkreisend, anscheinend „zwecklose" Form der Beziehung
2.	Genau, unverblümt, eindeutig und transparent	2.	Ausweichend, taktvoll, unklar, bisweilen undurchsichtig
3.	Prinzipien, Moralvorstellung sind Werte an sich, unabhängig vom Betroffenen	3.	Situationsbezogenes moralisches Urteil, abhängig von Situation und Betroffenem
Unterschiede zwischen leistungsorientierten und askriptiven Kulturen			
LEISTUNGSORIENTIERUNG		ASKRIPTION	
1.	Titel werden nur benutzt, wenn sie Kompetenz für die Aufgabe bedeuten	1.	Extensiver Gebrauch von Titeln, insb. für die Statusklärung in der Organisation
2.	Hierarchisch Vorgesetzte werden wegen ihrer Erfolge und Kenntnisse geachtet	2.	Achtung hierarchisch Vorgesetzter ist Maßstab für den Einsatz in der Organisation und für ihre Ziele
3.	Seniormanager sind i.d.R. diversen Alters und Geschlechts sowie aufgrund ihrer Fähigkeiten qualifiziert	3.	Seniormanager sind i.d.R. mittleren Alters, männlich und durch ihren „Hintergrund" qualifiziert

Tab. 3: Beispiele für unterschiedliche Ausprägungen von fünf Kulturdimensionen nach Trompenaars (Quelle: Trompenaars (1993b))

Leistung vs. Askription[434]

Kulturen können nach *Trompenaars* weiter danach differenziert werden, auf welcher Grundlage der Status eines Individuums in der Gesellschaft entsteht. Einerseits existieren Kulturen, in denen der Status vom Individuum durch eigene Leistung erreicht wird. Andererseits gibt es Kulturen, in denen Individuen der Status zugeschrieben wird („ascribed status"). Dies

---

[434] Vgl. Trompenaars (1993a), S. 92 ff., (1993b), S. 135 ff. und Trompenaars/Hampden-Turner (2001), S. 102 ff.

erfolgt z. B. aufgrund von Herkunft, Alter, Geschlecht, sozialen Kontakten in „höheren Kreisen“, Bildungsniveau oder Beruf.

Die unterschiedlichen Ausprägungen der o. a. Dimensionen nach *Trompenaars* werden für unterschiedliche Kulturen aus Tab. 3 ersichtlich. Hieraus wird klar, dass zunächst für die ersten fünf Kulturdimensionen erhebliche kulturbedingte Variationen zu konstatieren sind.

Zeitorientierung der Individuen einer Kultur[435]

Als eine sechste Dimension zur Beschreibung von Kulturunterschieden führt *Trompenaars* den Umgang einer Kultur mit der Zeit an. Bedeutsam erscheint hierbei, welche Bedeutung Kulturen der Vergangenheit, der Gegenwart und der Zukunft geben. Entscheidend innerhalb dieser Dimension ist so die unterschiedliche Zeitorientierung: differenziert wird danach, ob sie eher als sequentiell (Vergangenheit, Gegenwart und Zukunft folgen linear nacheinander ab) oder synchron (Vergangenheit, Gegenwart und Zukunft stehen in Beziehung zueinander und deren Interdependenzen wird Bedeutung beigemessen) gesehen wird.

Einstellung des Menschen zur Natur[436]

Innerhalb dieser Dimension lassen sich Kulturen dadurch unterscheiden, dass sie entweder der Überzeugung sind, sie können und müssten die Natur kontrollieren oder aber die Auffassung vertreten, der Mensch sei ein Teil der Natur und müsse sich nur mit den Naturgesetzen arrangieren. Die erstgenannte Auffassung bezeichnet *Trompenaars* als nach innen gerichtete Orientierung, die zweite als nach außen gerichtete.

Die Studie von *Trompenaars* gilt als eine häufig – auch in der Praxis – zur Verdeutlichung von Kulturunterschieden herangezogene Studie.[437] Sie weist jedoch auch problematische Aspekte auf. So ist bspw. fraglich, ob mit dem Kreis der Befragten tatsächlich ein für kulturelle Unterschiede repräsentatives Ergebnis ermittelt werden kann.[438] Schließlich handelt es sich dabei um an interkulturellen Trainingsseminaren teilnehmende Mitglieder von Unternehmungen, und zwar um solche, die Trainingsseminare des Wissenschaftlers selbst oder seiner Mitarbeiter besuchen. Möglich ist zum einen, dass Unternehmungen lediglich einen ausgewählten Kreis an Mitarbeitern an solchen Seminaren teilnehmen lassen, etwa solche, die bereits „Vorwissen“ hinsichtlich interkultureller Aspekte besitzen. Es kann sich zum anderen aber gerade auch um Mitarbeiter handeln, die bis dato keinerlei interkulturelle Vorbil-

---

[435] Vgl. Trompenaars (1993a), S. 107 ff., (1993b), S. 157 ff. und Trompenaars/Hampden-Turner (2001), S. 120 ff.

[436] Vgl. Trompenaars (1993a), S. 125 ff., (1993b), S. 181 ff. und Trompenaars/Hampden-Turner (2001), S. 141 ff.

[437] Vgl. Scholz (1998), S. 188.

[438] Vgl. Schmid (1996), S. 268.

dung haben und daher ein solches Seminar dringend benötigen. *Trompenaars* gibt zu den Befragten keine weiteren Angaben.

Andere Kritikpunkte,[439] vor allem methodischer Art, liegen bspw. in der Frage, wie *Trompenaars* zu den angeführten Dimensionen gelangte.[440] Denn die Einteilung in die verschiedenen Dimensionen erscheint eher willkürlich.[441] Bestätigt wird dies auch durch eine spätere Arbeit von *Hampden-Turner und Trompenaars*, in der – aufbauend auf der Forschungsarbeit von *Trompenaars* – sechs Dimensionen als Zeichen der kulturellen Vielfalt angeführt werden und die Dimension „Neutralität vs. Affektivität“ nicht mehr betrachtet wird.[442] Trotz der Kritik kann die Studie von *Trompenaars* als weiteres empirisch bestätigtes Kultur-Konzept gesehen werden, das zeigt, dass unterschiedliche Kulturen anhand spezifischer Dimensionen voneinander abgegrenzt werden können.

Im Anschluss an diese Darstellung von Perspektiven der Kulturberücksichtigung im internationalen Management erfolgt zunächst eine Darstellung der ausgewählten Perspektiven hinsichtlich der Umweltberücksichtigung. Erst dann werden in einem integrierend betrachtenden Abschnitt Schlussfolgerungen bezüglich möglicher zu extrahierender Einflussfaktoren auf ASF in multinationalen Unternehmungen gezogen.

3. Perspektiven der Umweltberücksichtigung im internationalen Management

3.1 Unternehmung vs. Unternehmungsumwelt

Sollen die besonderen Einflussfaktoren multinationaler Unternehmungen herausgearbeitet werden, ist eine ganzheitliche Analyse dieses Typs von Unternehmung nötig, um alle relevanten Einflussfaktoren und deren Interdependenzen berücksichtigen zu können. Mit der in bekannten Ansätzen zur Managementlehre verwendeten systemtheoretischen Sichtweise einer Unternehmung als offenem soziotechnischen System ist einer solchen Analyse gerecht zu werden.[443] Hierbei wird davon ausgegangen, dass die Unternehmung als System der jeweiligen Umweltstruktur entsprechend Subsysteme bildet, die in Interaktion miteinander und mit der Umwelt stehen.[444] Anhand der systemtheoretischen Auffassung kann die Unternehmung von der Umwelt abgegrenzt werden.[445] Grundlegend ist dabei die Annahme, die

---

[439] Insbesondere von *Hofstede* wurde *Trompenaars* aufgrund der methodischen und konzeptionellen Schwächen der Studie kritisiert (vgl. Hofstede (1996)).

[440] Vgl. Schmid (1996), S. 265.

[441] Ebd.

[442] Vgl. Hampden-Turner/Trompenaars (2000).

[443] Vgl. Kammel/Teichelmann (1994), S. 3.

[444] Vgl. Staehle (1999), S. 416.

[445] Vgl. Luhmann (1984).

Umwelt sei komplexer als jedes System innerhalb der Umwelt. Soll eine Grenze zwischen Unternehmung und Umwelt gezogen werden, entsteht so ein Komplexitätsgefälle von außen nach innen. Eine zu weit gefasste Grenzziehung zwischen Unternehmung und Umwelt führt zu einer Überforderung der Systemelemente durch einen zu hohen Komplexitätsgrad; eine zu enge Grenze hingegen birgt die Gefahr der zu starken Vereinfachung der entsprechenden Umweltverhältnisse.[446]

Geht man von einem derartigen Verständnis der Unternehmung aus, wird deutlich, dass Austauschprozesse der Unternehmung mit der natürlichen und sozialen Umwelt überlebensnotwendig sind und eine zentrale Bedeutung bei der Betrachtung der Unternehmung besitzen müssen.[447] Diese Bedeutung liegt mindestens in dem einen Aspekt, dass die Umwelt der Unternehmung die Rahmenbedingungen für deren unternehmerisches Handeln bietet.[448] Sollen Umweltelemente analysiert werden, ergibt sich das Problem der immensen Menge dieser Elemente; für die Analyse – auch im Rahmen der vorliegenden Arbeit – erscheint daher eine Reduktion der so gegebenen Komplexität unabdingbar.[449] Hierzu wurden in der Literatur eine Reihe theoretischer Ansätze zur Umweltberücksichtigung entwickelt. Sie versuchen, relevante Zusammenhänge zwischen der Unternehmung und der Unternehmungsumwelt abzubilden und zu erklären.[450]

Eine darstellende Übersicht unterschiedlicher theoretischer Ansätze zur Umweltberücksichtigung findet sich bspw. bei *Dülfer.*[451] Hiernach kann zwischen nominalen, systemtheoretischen, empirisch-situativen oder interaktionstheoretischen Ansätzen unterschieden werden. Viele dieser Ansätze müssen kritisch betrachtet werden.[452] Ein Ansatz, der auf Basis einer methodischen Auseinandersetzung mit den o. a. Ansätzen versucht, einen konzeptionellen Rahmen für die Umweltberücksichtigung zu schaffen, ist das Umweltschichtenmodell von *Dülfer*. Da dieses Konzept auf Ergebnissen der o. a. Ansätze aufbaut und deren Probleme umgehen will, soll es im Folgenden Abschnitt als Konzept zur Umweltberücksichtigung im internationalen Management vorgestellt werden.

---

[446] Zur Thematik der Grenzziehung zwischen Unternehmung und Umwelt vgl. bspw. Eulgem (1993), S. 21 ff. oder auch Dülfer (2001), S. 224 ff.

[447] Vgl. Staehle (1999), S. 624.

[448] Ebd.

[449] Vgl. Dülfer (2001), S. 228.

[450] Vgl. Schreyögg (1993), Sp. 424 ff.

[451] Vgl. Dülfer (2001), S. 228 ff.

[452] Ebd.

3.2 Umweltschichtenmodell nach Dülfer

Das Umweltschichtenmodell von *Dülfer* ist als konzeptioneller Rahmen für eine Umweltberücksichtigung im internationalen Management entwickelt worden, um die Umwelteinflüsse, denen sich international tätige Führungskräfte ausgesetzt sehen, aufzuzeigen, zu analysieren und schließlich in einem Modell übereinanderliegender Schichten darzustellen.[453]

Auf der Grundlage einer methodischen Auseinandersetzung mit in der Literatur diskutierten Ansätzen hat *Dülfer* sein Modell entwickelt. Das Ergebnis dieser methodischen Auseinandersetzung sei wie folgt zusammengefasst:[454]

- Nominale Ansätze besitzen keinen signifikanten Erklärungsgehalt für eine Umweltdifferenzierung. Begründbar ist dies damit, dass die vorgenommene nominale Umweltklassifikation suggeriert, eine komplexe Umwelt ist in eindeutig separierte Umweltteile aufzuspalten. Die so eher willkürlichen Differenzierungen[455] vernachlässigen die realen Interdependenzen zwischen den einzelnen Bereichen.
- Systemtheoretische Ansätze liefern lediglich Anhaltspunkte für eine Umweltdifferenzierung. Sie nutzen zwar den Systembegriff und bejahen dem entsprechend Interdependenzen zwischen verschiedenen Umwelteinflüssen. Sie besitzen jedoch einen hohen Abstraktionsgrad und bleiben deshalb unkonkret in ihren Aussagen hinsichtlich spezifischer Elemente der einzelnen Umweltteilsysteme, deren Ausprägungen und Beziehungen.
- Im Gegensatz zu den anderen Ansätzen betonen der (empirisch) situative Ansatz und der interaktionstheoretische Ansatz, dass Unternehmung und Umwelt in wechselseitiger Beziehung zu einander stehen, sei es situationsbezogen oder auch in Interaktionsbeziehungen. Die Umwelteinflüsse werden nun nicht mehr nur als Restriktionen für das unternehmerische Handeln gesehen. Allerdings können auch diese Ansätze keinen ausreichenden Beitrag für ein Konzept der Umweltdifferenzierung liefern, weil sie zu allgemein bleiben.

Klar wird hieraus, dass eine Notwendigkeit zur eindeutigen Abgrenzung von Unternehmung und Umwelt besteht, um eine aussagekräftige Grundlage für eine Umweltdifferenzierung zu erlangen.

---

[453] Vgl. – auch zu den weiteren Ausführungen – Dülfer (1982), S. 56 ff., (1985), S. 505, (1992a), Sp. 1883 ff., (1992b), Sp. 1202 ff., (1999), S. 378 ff., (2001), S. 248 ff.

[454] Vgl. Dülfer (2001), S. 248 und die Ausführungen zu den einzelnen Ansätzen S. 228 ff.

[455] Vgl. z. B. den Ansatz von Richman/Copen (1972), deren nominale Einteilung in die Bereiche „educational environment", „sociological/cultural environment", „political/legal environment" und „international environment" erfolgt.

Der auf diesen Erkenntnissen basierende konzeptionelle Rahmen zur Umweltberücksichtigung soll anhand einer zweidimensionalen Analyse entwickelt werden.[456] Der erste Teil der Analyse dient der Identifikation sozio-technischer Systeme, die in Interaktion mit der Unternehmung stehen bzw. in Zukunft potentiell stehen werden. Hierfür wird der interaktionstheoretische Ansatz zugrundegelegt. Die Gesamtheit der hiermit gelieferten Beziehungen werden von *Dülfer* als Aufgabenumwelt bezeichnet und mit Hilfe einer Strukturanalyse analysiert. Im zweiten Teil der Analyse werden die auf die Interaktionspartner wirkende und damit verhaltensbeeinflussende natürliche und kulturelle Umwelteinflüsse identifiziert. Dieser Analyseteil wird als Analyse der verhaltensbeeinflussenden globalen Umwelt bezeichnet.

Die Strukturanalyse der Aufgabenumwelt liefert im Ergebnis die Interaktionspartner einer Unternehmung.[457] *Dülfer* differenziert hierbei zwischen internen und externen Interaktionsbeziehungen, da die Festsetzung der Unternehmungsziele lediglich durch eine spezifische Personengruppe der Unternehmung erfolgt.[458] Als interne Interaktionspartner werden somit die Unternehmungsleiter (Führungskräfte), die Unternehmungseigner und weitere Mitarbeiter der Unternehmung identifiziert. Bei der Betrachtung der externen Interaktionsbeziehungen werden bspw. Kunden, Lieferanten, Wettbewerber und Behörden angeführt, die im Rahmen der Aufgabenumwelt einer Unternehmung einzubeziehen sind.[459]

Innerhalb des zweiten Schrittes der Analyse konkretisiert *Dülfer* die globale Umwelt, die einerseits auf die Unternehmung wirkt, andererseits aber auch die Interaktionen (zwischen der Unternehmung und den Interaktionspartnern, sowie zwischen den einzelnen Interaktionspartnern), die innerhalb der Aufgabenumwelt identifiziert werden konnten, beeinflusst. Die Einflussfaktoren der globalen Umwelt beschreibt *Dülfer* wie folgt:[460]

- *natürliche Einflussfaktoren*: hierzu gehören z. B. die klimatischen Bedingungen, topografische Bedingungen, die Verfügbarkeit lebenswichtiger Ressourcen,
- *Stand der Realitätserkenntnis und Technologie*: dieser gibt erkenntnistheoretische Erklärungsmuster (bspw. naturwissenschaftliche Ursache/Wirkungs-Erkenntnis, mythologisch-magische Realitätserklärung) wieder und den dadurch erreichten und bedingten Stand der Verfahrenstechnik,

[456] Vgl. Dülfer (2001), S. 248.

[457] Diese Ausführungen zur Aufgabenumwelt stellen an dieser Stelle lediglich auf die explizit im Umweltschichtenmodell dargestellten Ergebnisse der Analyse der Aufgabenumwelt ab. Für weitere implizite Ergebnisse siehe auch die später folgenden Ausführungen zur Aufgabenumwelt.

[458] Ebd., S. 249.

[459] Für weitere Interaktionspartner und einer schematischen Darstellung interner und externer Interaktionspartner vgl. Dülfer (2001), S. 249 ff.

[460] Ebd., S. 257 ff. und eine ausführliche Auseinandersetzung mit den einzelnen Einflussfaktoren im Kapitel 6 seiner Arbeit.

- *kulturell bedingte Wertvorstellungen*: dies sind z. B. Werte, Einstellungen, Verhaltensnormen,
- *soziale Beziehungen und Bindungen*: sie beziehen sich auf die Bedeutung unterschiedlicher Gruppen (Großfamilien, Kasten etc.) und sozialer Stellungen (z. B. die Stellung der Frau in der Gesellschaft),
- *rechtlich-politische Normen*: beinhalten die rechtlichen und politischen Regelungen (insbesondere die für eine Unternehmungstätigkeit wichtigen wirtschaftlichen Rechte),

Die Ergebnisse der zweidimensionalen Analyse lassen sich mit *Dülfer* in einer Grafik übereinander liegender Schichten zusammenfassen (vgl. Abb. 11).

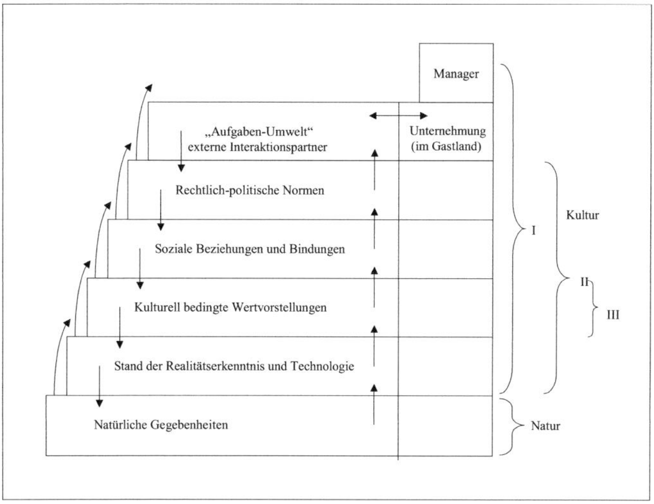

Abb. 11: Vertikalschnitt des Schichtenmodells der Umweltberücksichtigung (Quelle: Dülfer (2001, S. 261)

Anhand dieser Grafik werden insbesondere die unterschiedlichen Wirkungsweisen der identifizierten Einflussfaktoren deutlich.[461] Wie aus der Grafik ersichtlich, steht der Manager so-

[461] Zudem verdeutlicht *Dülfer*, die bereits in Abschnitt III.B.1 angesprochenen unterschiedlichen Kulturverständnisse: Werden Natur und Kultur dichotom gegenübergestellt, können die Aufgaben-Umwelt und die vier Schichten der globalen Umwelt – die nicht zu den natürlichen Gegebenheiten zählen – als Kultur verstanden werden (= Kultur I). Dieses Kulturverständnis legt *Dülfer* seiner Arbeit zugrunde. (Vgl. die Auseinandersetzung mit der Abgrenzung des Begriffes „kulturell“, Dülfer (2001), S. 231 f.) Im Sinne einer anthropologischen Kulturdefinition – eine solche Definition liegt dem Abschnitt der Perspektiven der Kulturberücksichtigung innerhalb diesen Kapitels zugrunde – würden sämtliche Schichten der globalen Umwelt dem Begriff „Kultur“ entsprechen (= Kultur II). In der engsten Begriffsfassung von Kultur würden hingegen lediglich die kulturell bedingten Wertvorstellungen enthalten sein (= Kultur III).

wohl als unternehmungsinterner als auch unternehmungsexterner Interaktionspartner im Mittelpunkt. Den jeweiligen situativen Bedingungen entsprechend sieht er sich den Faktoren der verschiedenen Schichten in unterschiedlicher Intensität gegenüber. Anhand der Grafik wird auch deutlich, dass nicht nur die jeweiligen Interaktionspartner den Umwelteinflüssen ausgesetzt sind, sondern auch die Unternehmung selbst und die in der Unternehmung tätigen Personen.

Zudem wird klar, dass die einzelnen Schichten der globalen Umwelt nicht nur untereinander und letztlich als Gesamtheit auf die Interaktionspartner und deren Verhalten wirken, sondern auch jede Schicht einzeln direkt den Entscheidungsträger betrifft. Dies ist daran zu erkennen, dass die jeweilige untere Schicht die darüber liegende stets überragt und somit die nach oben gerichteten Pfeile auch einen unmittelbaren Einfluss auf die oberste Ebene der Grafik, den Entscheidungsträger, besitzt.

Wird das Umweltschichtenmodell in seiner grafischen Darstellung hinsichtlich der in der Literatur vielfach genannten „wirtschaftlichen Einflussfaktoren“ (etwa Marktbedingungen oder wirtschaftliche Institutionen) betrachtet, fällt auf, dass diese nicht explizit vorhanden sind. Diese sind jedoch in *Dülfers* Analyse nicht vernachlässigt. Wie bereits in der Darstellung der Strukturanalyse der Aufgabenumwelt angeführt wurde, handelt es sich dort nicht nur um die identifizierten Interaktionspartner, sondern insbesondere auch um deren Interaktionsbeziehungen. Diese betreffen nicht nur die Aufgabenumwelt, sondern auch die globale Umwelt. Nach *Dülfer* sind damit sämtliche die „wirtschaftliche Umwelt“ betreffende Einflussgrößen impliziert, denn alle in dem Modell vorhandenen Interaktionen können als wirtschaftlich relevant angesehen werden.[462] So ergeben sich bspw. unterschiedliche Marktstrukturen oder –situationen aus den verschiedenen Beziehungen der Interaktionspartner (z. B. zu Kunden, Wettbewerbern) und sind in der Aufgabenumwelt erfasst; darüber hinaus resultieren jene auch aufgrund von rechtlichen Grundlagen (z. B. Steuergesetze, Kapitalmarktrichtlinien) und wirtschaftspolitischen Entscheidungen (etwa Steuervergünstigungen), die innerhalb der globalen Umwelt auftreten und in den rechtlichen und politischen Normen erfasst sind.[463] Selbst „rein wirtschaftliche“ Institutionen, wie etwa die Notenbank, sind innerhalb des Modells erfasst, weil sich die entsprechend dahinter befindlichen Normen in die Schicht der rechtlichen und politischen Normen einordnen lassen und die dazugehörigen Interaktionen wiederum nur durch die jeweiligen Interaktionspartner durchgeführt werden.[464]

Dülfer hat mit seinem konzeptionellen Rahmen der Umweltberücksichtigung – dem Umweltschichtenmodell – einen wichtigen Beitrag für Erkenntnisse über komplexe internatio-

---

[462] Vgl. Dülfer (2001), S. 254.

[463] Ebd., S. 255.

[464] Ebd., S. 256.

nale Umweltbeziehungen geleistet, der für Analysezwecke dieser Arbeit – die Durchdringung des Objektes „multinationale Unternehmung" – bedeutsam ist. Sein Beitrag liegt darin, die vielfältigen Interdependenzen zwischen den extrahierten unterschiedlichen Umweltbedingungen und den Interaktionspartnern innerhalb des internationalen Managements identifiziert, abgebildet und transparent gemacht zu haben.[465]

4. Katalog möglicher Einflussfaktoren

Nachdem ausgewählte Perspektiven des internationalen Managements dargestellt wurden, ist ersichtlich, dass verschiedene Einflüsse existieren, denen eine multinationale Unternehmung ausgesetzt ist. Es stellt sich nun für die weitere themenspezifische Bearbeitung die Frage, inwieweit diese Einflussfaktoren auch auf den Einsatz von ASF in multinationalen Unternehmungen wirken. Um die Beantwortung dieser Frage soll es in den nächsten Abschnitten der Arbeit gehen. Eine unspezifizierte Übertragung der bisherigen Erkenntnisse auf die Thematik der ASF in multinationalen Unternehmungen kann dabei im Sinne der themenspezifischen Erkenntnisgewinnung nicht zielführend sein. Vielmehr sollen die gewonnenen Erkenntnisse als Ansatzpunkte für die Analyse von ASF in multinationalen Unternehmungen dienen. Deshalb werden in diesem Abschnitt zunächst die bisher gewonnenen Erkenntnisse systematisiert, um sie anschließend einer hinreichend strukturierten themenspezifischen Analyse zuführen zu können.

Bei Betrachtung der Ausführungen zur Kulturberücksichtigung im internationalen Management ergeben sich unterschiedliche Kategorien möglicher kultureller Einflüsse. Zum einen kann aus den vorgestellten Kultur-Konzepten – sowohl den theoretischen als auch den empirisch-basierten – die Erkenntnis gewonnen werden, dass verschiedene (Landes- oder Gesellschafts-)Kulturen existieren, die sich durch unterschiedliche Ausprägungen verschiedener Dimensionen von Kultur auszeichnen. Diese Kulturen sind in Individuen „mental programmiert"[466] und äußern sich in deren Einstellungen, Werten und Verhaltensweisen.[467] Die Zugehörigkeit zu einer Landeskultur impliziert damit ein bestimmtes Verhalten in einer spezifischen Situation. Dies beeinflusst dementsprechend auch das Verhalten von Individuen innerhalb von Unternehmungen.[468]

---

[465] Vgl. Meissner (1994), S. 46.

[466] Vgl. Hofstede (1997), S. 5.

[467] Vgl. die Ausführungen zu den Kultur-Konzepten und deren zugrunde liegende Kulturverständnisse in den Abschnitten III.2.2 und III.2.3.

[468] Die Einteilung in die Kategorie der „Landeskultur" kann allerdings nicht immer zutreffen. Gründe liegen darin, dass bspw. Individuen in unterschiedlichen Ländern gleiche oder ähnliche kulturelle Merkmale besitzen oder in einem Land aufgrund unterschiedlicher ethnischer Gruppen auch unterschiedliche Kulturen vorzufinden sind. In der Literatur werden daher auch Ländergruppen gebildet, deren jeweils zu einer Gruppe gehörende Länder sich durch ähnliche kulturelle Grundhaltungen beschreiben lassen (siehe hierzu auch die Kritik an der Studie von *Hofstede* in Abschnitt III.A.2.2).

Ein weiterer möglicher Aspekt der Kulturbeeinflussung von ASF in multinationalen Unternehmungen ergibt sich aus der im Kultur-Konzept von *Schein* angeführten Unternehmungskultur. Unternehmungskultur entwickelt sich aus dem, was die Unternehmung als soziales System im Laufe ihrer Entwicklung gelernt hat.[469] Mit der Unternehmungskultur entstehen in der Unternehmung Vorstellungen darüber, welche Grundannahmen, Werte und Artefakte für die Mitglieder der Unternehmung und der Existenz der Unternehmung von Bedeutung sind.[470] Die Unternehmungskultur einer Unternehmung kann als gemeinsames Bezugssystem verstanden werden, das innerhalb einer Unternehmung Wahrnehmungen filtert, Erwartungen beeinflusst, spezifische Interpretationen von Situationen und Handlungen impliziert und Handlungen lenkt.[471] Dies geschieht aufgrund der normativen Steuerung, die von einer Unternehmungskultur ausgeht, d. h. durch die innere, meist unbewusste Verpflichtung von Unternehmungsmitgliedern auf gemeinsame Überzeugungen innerhalb der Unternehmung.[472] Kulturelle Einflüsse, die von einer in einer Unternehmung vorherrschenden Unternehmungskultur ausgehen, werden dementsprechend auch beeinflussend auf das Verhalten der Führungskräfte wirken.[473]

Diese beiden eben angesprochenen Arten des kulturellen Einflusses beziehen sich ausschließlich auf Landes- oder Unternehmungskultur bedingte Denk- und Verhaltensweisen von Individuen. Als „kulturbedingte individuelle Wertvorstellungen“ werden sie das Verhalten der Führungskräfte in Unternehmungen zu einem großen Teil determinieren. Ein Einfluss bezüglich der Akzeptanz des den Führungskräften gebotenen Anreizsystems – somit der Funktionsfähigkeit von ASF – ist deshalb zu vermuten und wird im nächsten Abschnitt daher als möglicher eigenständiger Einflussfaktor untersucht.

Werden zusätzlich zur Literatur der Kulturberücksichtigung auch die Erkenntnisse aus der Literaturanalyse zur Umweltberücksichtigung im internationalen Unternehmungsumfeld herangezogen, können neben möglichen Einflüssen aufgrund der kulturbedingten individuellen Wertvorstellungen zusätzliche Kontextfaktoren extrahiert werden, welche die Funktionsfähigkeit und Einsatzmöglichkeiten von ASF beeinflussen könnten. Sie ergeben sich aus der Strukturanalyse der Aufgabenumwelt und der Analyse der verhaltensbeeinflussenden globalen Umwelt wie folgt:[474]

---

[469] Vgl. Kammel/Teichelmann (1994), S. 43.

[470] Vgl. die Ausführungen zum Kultur-Konzept von *Schein* in Abschnitt III.A.2.2.

[471] Vgl. Kammel/Teichelmann (1994), S. 43.

[472] Vgl. Schreyögg (1991), S. 22.

[473] Ebd. S. 24.

[474] Vgl. dazu auch die Ausführungen in Abschnitt III.A.3. Die Unternehmung wird hierbei stets als offenes sozio-technisches System verstanden, das mit anderen sozio-technischen Systemen in Interaktion steht (vgl. Dülfer (2001), S. 249). Dabei ist nicht zu vergessen, dass die kulturbedingten individuellen Wertestrukturen einen Teil des Konzeptes der Umweltberücksichtigung ausmachen und sie viele der anderen

Innerhalb der Analyse der Aufgabenumwelt konnten interne und externe Interaktionspartner identifiziert werden, die aufgrund ihrer Interaktionsbeziehungen die „wirtschaftliche Umwelt i.e.S."[475] bilden. Für eine multinationale Unternehmung ergeben sich hieraus sämtliche wirtschaftliche Beziehungen. Doch erst die Einflüsse der globalen Umwelt bewirken die tatsächlichen „multinationalen" Einflüsse – im Gegensatz zur nationalen Unternehmung – für die multinationale Unternehmung.[476] Denn die globale Umwelt wirkt auf die Aufgabenumwelt, indem sie Interaktionspartner und deren Interaktionsbeziehungen und entsprechend deren Verhalten beeinflusst.[477] Für eine multinationale Unternehmung existieren aufgrund ihrer Unternehmungstätigkeit in mehreren Ländern so auch verschiedene globale Umwelten, die mit ihren Einflüssen auf die Unternehmung wirken. Deren Einflüsse konnten in den *„natürlichen Gegebenheiten"*, dem *„Stand der Realitätserkenntnis und Technologie"*, den *„sozialen Beziehungen und Bindungen"* und den *„rechtlich-politischen Normen"* ausgemacht werden. Sie werden innerhalb der Analyse hinsichtlich eines Einflusses auf ASF untersucht und als „kontextuale Faktoren" bezeichnet.[478]

Die aus der durchgeführten perspektivischen Literaturanalyse zum internationalen Management gewonnenen Einflussfaktoren können demnach in die Hauptgruppen „kulturbedingte individuelle Wertvorstellungen der Führungskräfte" und „kontextuale Faktoren" differenziert werden, die in Abb. 12 zusammengefasst werden. Innerhalb dieser Abbildung werden die möglichen Einflussfaktoren aufgezeigt und in eine sich aus der Literaturanalyse ergebende Grundordnung gebracht, die aber nicht als eine hierarchische Anordnung bzw. endgültige Ordnung zu verstehen ist. Dabei stellen die kulturbedingten individuellen Wertestrukturen einen eigenständigen relevanten Einflussfaktor dar, weil sie das Verhalten der Führungskräfte determinieren und somit entscheidend für das Verständnis der Beitragsleistung der Führungskräfte sein können.[479]

Die „kontextualen Faktoren" stellen mögliche Einflussfaktoren für ASF dar, die durch ihre Wirkung auf die multinationale Unternehmung entweder das Verhalten der Führungskräfte

---

Umwelteinflussgrößen determinieren bzw. mit ihnen in wechselseitigem Zusammenhang stehen. Die kulturbedingten individuellen Wertestrukturen wurden jedoch aufgrund ihrer besonderen Bedeutung für Zwecke dieser Arbeit als separate Einflussgröße extrahiert (vgl. Abschnitt III.A.1).

[475] Vgl. Dülfer (2001), S. 256.

[476] Bei einer alleinigen Betrachtung der Aufgabenumwelt kann – bis auf wenige Ausnahmen unter den Interaktionspartnern (bspw. die angeführten „ethnischen Nobilitäten" und „religiösen Autoritäten"), die nicht in jedem Land gegeben sind – auch eine nicht international tätige Unternehmung vorliegen.

[477] Vgl. z. B.in Dülfer (1999), S. 381 die Grafik der „Zeitbezogenen Einwirkung der „Globalen Umwelt", in der deutlich wird, dass die Einflüsse der globalen Umwelt auf die Aufgabenumwelt wirken.

[478] Die kulturell bedingten individuellen Wertvorstellungen werden hier nicht erneut miteinbezogen, weil ihr möglicher Einfluss bereits innerhalb einer eigenständigen Analyse untersucht wird.

[479] Die kulturbedingten individuellen Wertestrukturen könnten natürlich auch im Rahmen der Einflussfaktoren der globalen Umwelt diskutiert werden, da *Dülfer* sie zu eben dieser zählt. Aufgrund ihrer Bedeutung in der Literatur und für Zwecke dieser Arbeit wird dieser Vorgehensweise jedoch nicht gefolgt.

beeinflussen können oder Prozesse sowie Strukturen innerhalb der multinationalen Unternehmung betreffen. Von ihnen kann somit entweder die Beitragsleistung der Führungskräfte beeinflusst werden oder die Anreizgewährung seitens der Unternehmung.

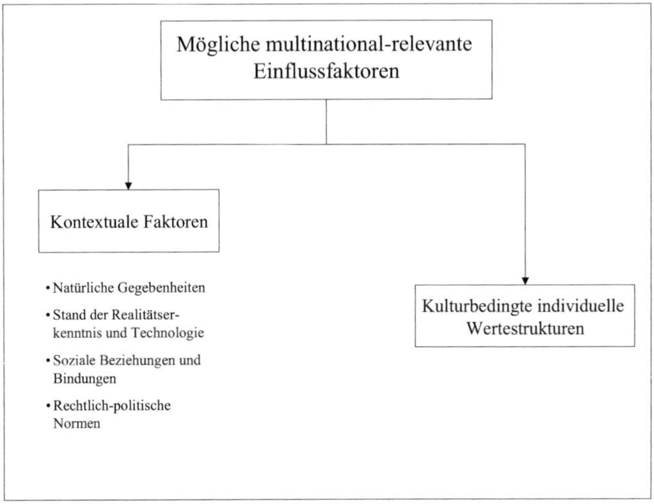

Abb. 12: Katalog möglicher Einflussfaktoren für den Einsatz und die Funktionsfähigkeit von ASF in multinationalen Unternehmungen

Im folgenden Teil der Arbeit sollen diese extrahierten möglichen Einflussgrößen hinsichtlich ihres tatsächlichen Einflusses auf den Einsatz und die Funktionsfähigkeit von ASF in multinationalen Unternehmungen untersucht werden. Hierzu werden beide Einflussfaktoren auf allgemeine Weise dahingehend analysiert, inwieweit sie die Funktionserfüllung und Anforderungserfüllung von ASF beeinflussen. Alternativ könnte man schon hier eine detaillierte Einflussdiskussion auf Gestaltungselemente von ASF beginnen; diesem Vorgehen sei allerdings hier nicht gefolgt. Denn Gegenstand des ersten Teilerkenntnisziels dieser Arbeit ist es, spezifische multinational relevante Einflussfaktoren auf ASF zu extrahieren. Aus systematischen Gründen ist es deshalb wichtig, zunächst eine *grundlegende* Analyse vor einer *Detail*analyse, deren Ergebnisse dann zur Erreichung des zweiten Teilerkenntnisziels dienen, durchzuführen. Die „grundlegende Analyse“ dient dazu, beurteilen zu können, ob den potentiellen Einflussfaktoren überhaupt spezifische Relevanz als Einflussfaktoren auf ASF zukommt. Sollte dies nämlich nicht der Fall sein, würde sich eine aufwendige weitere Analyse hinsichtlich des Einflusses auf spezifische Gestaltungselemente eines ASF erübrigen; dann wären prinzipiell die Erkenntnisse aus der bisherigen Literatur zu ASF – ohne eine explizite Berücksichtigung multinational-relevanter Einflussfaktoren – für die Implementierung und Gestaltung von ASF in multinationalen Unternehmungen ausreichend.

Bei der Durchführung einer solchen Analyse ergeben sich zunächst allgemeine Abgrenzungsaspekte dahingehend – etwa bei den kulturbedingten individuellen Wertestrukturen – inwieweit die identifizierten Kulturdimensionen grundsätzlich in der Lage sind, das unternehmungsspezifische Verhalten von Führungskräften abzubilden. Zudem stellt sich die Frage, wie kulturbedingte individuelle Wertestrukturen der Führungskräfte Einfluss auf deren unternehmungsspezifisches Verhalten besitzen können. Daran anschließend erfolgt die Analyse bezüglich der Anforderungen an ASF. Die Analyse hinsichtlich der Anforderungen an ASF erfolgt deshalb erst – obwohl sie sich hinsichtlich der Funktionen in einer vorgelagerten Ebene befinden – im Anschluss an die funktionsspezifische Analyse, da sich eine Analyse erübrigen würde, wenn die Faktoren keinen Einfluss auf die Funktionserfüllung besäßen (vgl. auch die Ausführungen in Abschnitt II.B).

Die gleiche Vorgehensweise wird dann verwendet, um die möglichen Einflüsse der „kontextualen Faktoren" extrahieren zu können. Dabei werden zunächst die möglichen kontextualen Faktoren daraufhin untersucht, inwieweit sie für die spezifische Themenstellung relevant sein können, um im Anschluss daran, die jeweiligen Faktoren hinsichtlich ihrer Funktions- und Anforderungserfüllung zu analysieren.

B. Erweiterung von Anreizsystemen für Führungskräfte aus anreiz-beitrags-theoretischer Sicht um multinational-relevante Einflussfaktoren

1. Einfluss kulturbedingter individueller Wertestrukturen

1.1 Kulturelle Wertestrukturen als Grundlage individuellen Verhaltens von Führungskräften

Durch die Analyse der Literatur zur Kulturberücksichtigung im Forschungsbereich des „Internationalen Managements" konnten die „kulturbedingten individuellen Wertestrukturen" der Führungskräfte als möglicher Einflussfaktor für den Einsatz und die Funktionsfähigkeit von ASF in multinationalen Unternehmungen herausgefiltert werden. Die Kultur von Individuen wird durch ihre Werte ausgedrückt. Kulturbedingte Werte spiegeln sich in den Verhaltensweisen der einer Kultur angehörenden Individuen wider.[480] Hinsichtlich individueller kulturbedingter Einflüsse auf ASF in multinationalen Unternehmungen ergibt sich entsprechend ein möglicher Einfluss aufgrund unterschiedlicher Verhaltensweisen der Führungskräfte.

Man könnte an dieser Stelle fragen, warum individuelle Faktoren nicht generell auch in einer „nur nationalen" Unternehmung berücksichtigt werden müssten. Denn unstrittig ist, dass es

---

[480] Vgl. dazu die in Abschnitt III.A.2. vorgestellten Kulturkonzepte.

auch innerhalb derselben nationalen Kultur sehr unterschiedliche Individuen gibt. Eine solche individuenspezifische Analyse wäre aber aus Komplexitätsgründen nicht zu bewerkstelligen. Zweckmäßiger erscheint es, auf Erkenntnisse zurück zu greifen, die nicht auf der Individualebene ansetzen, sondern auf einer „weniger komplexen" Gruppenebene, wenn gleichzeitig Rückschlüsse auf individuelle Ausprägungen von Wertestrukturen möglich sind. Eine solche Gruppe mit spezifischen Ausprägungen kultureller Wertestrukturen ist im Schrifttum bisher ausschließlich durch die Zugehörigkeit von Individuen zu ihren kulturellen Gruppe geliefert.

Darüber hinaus treten Besonderheiten individueller Wertestrukturen sowohl in nationalen als auch in multinationalen Unternehmungen auf. Sie konstituieren daher kein Unterscheidungsmerkmal zwischen den beiden Typen von Unternehmungen. Ein Unterscheidungsmerkmal ist erst durch das Auftreten kultureller Unterschiede in Wertestrukturen gegeben. Diese seien daher im folgenden weiter analysiert.

Ziel dieses Abschnittes soll es sein herauszufinden, inwieweit die kulturellen Wertestrukturen von Führungskräften einen tatsächlichen Einfluss auf deren Verhalten sowie auf die Wirkungsweise von ASF besitzen. Bevor auf die explizite Untersuchung hinsichtlich des Einflusses auf Funktionen und Anforderungen von ASF in multinationalen Unternehmungen eingegangen wird, erscheint es sinnvoll, zunächst die kulturbedingten „individuellen Wertestrukturen" der Führungskräfte weiter zu präzisieren.

Die vorgestellten Kulturkonzepte – sowohl die theoretisch als auch die empirisch basierten – hatten sogenannte Kulturdimensionen zur Identifikation von Kulturunterschieden als Ergebnis ihrer Analysen. Auf diese Kulturdimensionen soll im Folgenden zurückgegriffen werden, um die Heterogenität individueller Wertestrukturen darlegen zu können. Dazu ist es zunächst notwendig, eine Einordnung der verschiedenen Kulturdimensionen vorzunehmen, um die für die Themenstellung relevanten Dimensionen extrahieren zu können.

Hilfreich hierfür erscheint es – mangels vorliegender Erkenntnisse im Schrifttum – eine eigene themenspezifische Systematisierung vorzunehmen. Bei einem solchen systematischen Überblick über die in den vorgestellten Kultur-Konzepten von *Adler*, *Schein*, *Hofstede* und *Trompenaars* auftretenden Dimensionen ergeben sich einige Überschneidungen.[481] Es fällt auf, dass – auch bei unterschiedlicher Benennung – vielfach ähnliche Inhalte existieren. Die angeführten Kultur-Konzepte lassen sich alle in spezifische inhaltliche Kategorien einordnen, die folgendermaßen von der Autorin vorgeschlagen werden (vgl. dazu Tab. 4): Menschenbild, Zwischenmenschliches Verhalten, Verhältnis von Mensch und Umwelt, Wesen von Handlungen, Einstellung zur Zeit und Einstellung zum Raum. Zu erkennen ist, dass

[481] Zu den expliziten Inhalten vgl. die Ausführungen zu den Kultur-Konzepten in Abschnitt III.A.2 der Arbeit.

diesen sechs Inhaltskategorien jeweils mehrere originäre Dimensionen der unterschiedlichen Kultur-Konzepte zugeordnet werden können.

Dies gilt insbesondere für die Kulturdimensionen von *Trompenaars*, die sich schon auf den ersten Blick durch auffallend andere Benennungen der einzelnen Dimensionen von denen anderer Konzepte abgrenzen. Sie können bei einer Betrachtung des Inhaltes der Dimensionen eindeutig den sechs Inhaltskategorien zugeordnet werden. Bspw. beinhaltet die originäre Dimension Universalismus vs. Partikularismus die Frage nach der Art der Beurteilung anderer aufgrund ihres Verhaltens. Es geht demnach um das Verhalten von Menschen im Umgang mit anderen. Ähnlich verhält es sich mit der Dimension Spezifität vs. Diffusität: Das Ausmaß, in dem Angehörige einer Kultur andere an ihrem Leben teilhaben lassen, kann ebenfalls unter der Inhaltskategorie „Zwischenmenschliches Verhalten" behandelt werden. Tab. 4 zeigt, dass bis auf zwei Dimensionen alle anderen Dimensionen von *Trompenaars* ebenfalls in diese Inhaltskategorie eingeordnet werden können. *Trompenaars* hat sich in der Beschreibung von Kulturen durch Dimensionen demnach in erster Linie auf das sichtbare Verhalten der Menschen konzentriert.

Kultur-Konzepte / **Inhaltskategorie**	***Adler* *(2002)***	***Schein* *(1995)***	***Hofstede* *(1980a, 1993, 1997)***	***Trompenaars* *(1993a, 1993b)***
Menschenbild	Positives vs. negatives Menschenbild	Positives vs. negatives Menschenbild Wirklichkeitsebene Kontextgrad		
Zwischenmenschliches Verhalten	Individualismus vs. Kollektivismus	Individualismus vs. Kollektivismus Grad der Beteiligung	Individualismus vs. Kollektivismus Machtdistanz Maskulinität vs. Femininität Unsicherheitsvermeidung	Universalismus vs. Partikularismus Individualismus vs. Kollektivismus Neutralität vs. Affektivität Spezifität vs. Diffusität Leistung vs. Askription
Verhältnis Mensch und Umwelt	Über-, Unter- oder Gleichordnung der Natur			Über-, Unter- oder Gleichordnung der Natur
Wesen von Handlungen	Handlungs- vs. Seinorientierung	Handlungs-, Seinorientierung und Entwicklungsstand		
Einstellung zur Zeit	Vergangenheits-, Gegenwarts- oder Zukunftsorientierung	Vergangenheits-, Gegenwarts- oder Zukunftsorientierung Mono- vs. Polychronismus Planungs- vs. Entwicklungszeitraum Zeitdauer von Abläufen	Konfuzianische Dynamik (Langfrist- vs. Kurzfristorientierung)	Vergangenheits-, Gegenwarts- oder Zukunftsorientierung, Sequentiell vs. Synchron
Einstellung zum Raum	Private vs. öffentliche Orientierung	Privater vs. öffentlicher Abstand Symbolkraft des Raumes Körpersprache		

Tab. 4: Systematische Zuordnung verschiedener Kulturdimensionen zu spezifischen Inhaltskategorien

Ähnlich verhält es sich mit den Kulturdimensionen von *Hofstede*. Auch sie lassen sich vorrangig in die zweite Inhaltskategorie, das zwischenmenschliche Verhalten betreffend, einordnen: So beschreiben die Dimensionen Individualismus vs. Kollektivismus, Maskulinität vs. Femininität, Machtdistanz und Unsicherheitsvermeidung jeweils unterschiedliche Arten sozialen Verhaltens.[482] Wenn diese sich auch aufgrund ihrer Spezifität von den in anderen Kultur-Konzepten vorkommenden Dimensionen abgrenzen, so können sie dennoch innerhalb einer solchen Kategorie erörtert werden. Die fünfte Dimension *Hofstedes*, die konfuzianische Dynamik, kann in die Inhaltskategorie „Einstellung zur Zeit“ eingeordnet werden.

Im Kultur-Konzept von *Schein* finden sich allerdings zwei Dimensionen, die sich nicht in diese Kategorisierung einfügen lassen. Die ersten beiden von *Schein* angeführten Kulturdimensionen beschäftigen sich mit dem Entstehungs- und Entwicklungsprozess von Gruppen.[483] Diese beiden Dimensionen versteht *Schein* als grundlegend für die Bildung kultureller Prämissen.[484] Sie unterscheiden sich daher von den angeführten Kulturdimensionen dadurch, dass sie bereits auf einer vorgelagerten Stufe als der einer Identifikation von Kulturunterschieden einzuordnen sind. Deshalb eignen sich diese Dimensionen nur in dem Maße zur Verdeutlichung der unterschiedlichen Wertestrukturen von Führungskräften, in dem anzunehmen ist, dass sich in unterschiedlichen Gruppen verschiedene Werte herausbilden. Die „Sichtbarkeit“ dieser Werte, die sich in unterschiedlichen Verhaltensweisen ausdrückt – wie es durch die anderen Dimensionen möglich ist – ist hier allerdings nicht gegeben. Aufgrund dessen werden diese Dimensionen von *Schein* hier ausgeklammert.

Auffällig bei der integrierenden Einordnung der Kulturdimensionen der verschiedenen Kultur-Konzepte ist, dass zwei inhaltliche Kategorien von allen Konzepten bedient werden (vgl. dazu auch Tab. 4). Kulturunterschiede werden demnach speziell im „Zwischenmenschlichen Verhalten“ und in der „Einstellung zur Zeit“ sichtbar. Dies lässt den Schluss zu, dass die Erkenntnisse aus den unterschiedlichen Kultur-Konzepten zumindest für diese beiden Inhaltskategorien eine gewisse stabile Aussagefähigkeit besitzen und Menschen in unterschiedlichen Kulturen unterschiedliche Verhaltensmuster aufweisen, die sich in der Einordnung in solche Kulturdimensionen darstellen lassen.

Für eine themenspezifische Identifikation werden diese beiden Inhaltskategorien deshalb im Folgenden herangezogen. Sie bieten einen Ausgangspunkt für eine weitere Spezifizierung relevanter Kulturdimensionen. Werden die nun noch verbleibenden Kulturdimensionen betrachtet, ergibt sich, dass die Dimension Individualismus vs. Kollektivismus in allen Kultur-Konzepten vorhanden ist. Hinsichtlich dieser Kulturdimension kann zudem von einem Einfluss auf das Verhalten von Führungskräften in einer multinationalen Unternehmung ausgegangen werden. Denn abhängig davon, ob eine Führungskraft eher individualistisch bzw.

---

[482] Vgl. Hofstede/Bond (1988), S. 11 und die Darstellung dieser Kulturdimensionen in Abschnitt III.A.2.3.

[483] Siehe auch die Ausführungen in Abschnitt III.A.2.2.

[484] Vgl. Schein (1995), S. 61.

kollektivistisch geprägt ist, gestaltet sich ihre Zusammenarbeit mit anderen Führungskräften und Mitarbeitern in einer Unternehmung.

Der „Grad der Beteiligung" als eine Ausprägung der vierten Kulturdimension von *Schein* ist ebenfalls als relevant für die themenspezifische Betrachtung anzusehen: Die Ansicht über den Grad der Beteiligung einer Führungskraft in der Unternehmung determiniert ihr Verhalten vor allem im Umgang mit anderen Führungskräften, die ihr über-, unter- oder gleichgeordnet sein können. Zudem kann der kulturelle Wert einer Führungskraft hinsichtlich ihres Beteiligungsgrades in der Unternehmung aus anreiz-beitrags- und motivationsspezifischer Sicht entscheidend dafür sein, inwieweit die Führungskraft mit möglichen Unterschieden in einem ASF verschiedener Führungskräfte umgehen kann. Allerdings sind aus der Aneinanderreihung unterschiedlicher Typologien in der Arbeit von *Schein* keine spezifischen Implikationen für Führungskräfte in multinationalen Unternehmungen zu identifizieren. Anders verhält es sich bei der mit dem „Grad der Beteiligung" vergleichbaren Dimension von *Hofstede*, der „Machtdistanz". Hier sind explizit die Akzeptanz und die Erwartung von Machtunterschieden in der Unternehmung formuliert. Aus diesem Grund wird für die Analyse dieser Arbeit die Kulturdimension der Machtdistanz herangezogen.

Die verbleibenden Kulturdimensionen innerhalb der Inhaltskategorie „Zwischenmenschliches Verhalten" sind die von *Hofstede* und *Trompenaars*. Bezüglich sämtlicher verbleibenden Kulturdimensionen von *Trompenaars* ist anzuführen, dass diese sich primär auf die Einstellung zu anderen Menschen beziehen.[485] Ableitungen von spezifischen Verhaltensweisen von Führungskräften in einer multinationalen Unternehmung könnten hier einen sehr spekulativen Charakter besitzen und sind deshalb für eine Analyse hinsichtlich des Einflusses kultureller Wertestrukturen der Führungskräfte auf ein ASF als ungeeignet anzusehen. Anders verhält es sich mit den verbleibenden Kulturdimensionen von *Hofstede*, Maskulinität vs. Femininität und Unsicherheitsvermeidung. Sie werden – wie bereits die Dimension Individualismus vs. Kollektivismus und Machtdistanz – direkt auf das Verhalten in der Unternehmung bezogen.[486] Diese Kulturdimensionen können dementsprechend zur weiteren Analyse herangezogen werden.

Wird schließlich die Inhaltskategorie der „Einstellung zur Zeit" betrachtet, lässt sich extrahieren, dass in der Kulturdimension „Konfuzianische Dynamik" von *Hofstede* verschiedene Dimensionen der anderen Kultur-Konzepte enthalten sind: so ist etwa die Vergangenheits-, Gegenwarts- und Zukunftsorientierung insbesondere im unternehmungsspezifischen Verständnis integriert. Des Weiteren beinhaltet sie auch die Annahmen einer Kultur über die Zeitdauer von Abläufen. Zudem wird von *Hofstede* auch in dieser Kulturdimension ein di-

[485] Vgl. die Ausführungen in Abschnitt III.A.2.3. zu den Inhalten der verschiedenen Dimensionen.

[486] Ebd.

rekter Zusammenhang zur Unternehmung hergestellt, der für diese Arbeit – etwa das Verhalten von Führungskräften bei Investitionstätigkeiten – als relevant erachtet wird. Sie ist deshalb als zeitbezogene Kulturdimension für eine themenspezifische Analyse verwendbar.

Zusammenfassend ist hinsichtlich der themenspezifischen Eignung der dargestellten Kulturdimensionen anzuführen, dass die Dimensionen Individualismus vs. Kollektivismus, Machtdistanz, Maskulinität vs. Feminintät, Unsicherheitsvermeidung und „Kurzfrist – vs. Langfristorientierung" („Konfuzianische Dynamik") als relevant hinsichtlich einer Beeinflussungsmöglichkeit des Führungskräfteverhaltens in einer multinationalen Unternehmung anzusehen sind. Auffällig dabei ist, dass diese Dimensionen das Ergebnis einer integrierenden Betrachtung verschiedener Kultur-Konzepte darstellen, es sich allerdings gleichzeitig um die o.a. Kulturdimensionen von *Hofstede* handelt. Begründen lässt sich dies möglicherweise damit, dass die Kulturdimensionen von *Hofstede* durch eine empirische Studie innerhalb einer multinationalen Unternehmung ermittelt wurden und ihnen daher empirischer Gehalt im Kontext der vorliegenden Arbeit zukommt.

Darüber hinaus bieten die Dimensionen von *Hofstede* aufgrund ihrer empirischen Grundlage einen wichtigen Vorteil: Relevante Ausprägungen von Kulturdimensionen lassen sich danach – in Abhängigkeit von der nationalen Kulturzugehörigkeit von Führungskräften – auf gewisse Weise prognostizieren. Das erleichtert die Einschätzung der individuellen Wertestrukturen von Führungskräften aus Sicht der Unternehmung auf bedeutende Weise; so bedarf es bspw. für die allgemeine „Wertestruktur"-Kategorisierung einer US-amerikanischen, deutschen oder japanischen Führungskraft dann keines individuellen Interviews bzw. keiner individuellen Befragung mehr. *Hofstedes* Resultate liefern so – wenn auch drei Jahrzehnte alt – „stabile" Informationen über Grundmuster national-kultureller Wertausprägungen, die für die Erklärung und Prognose von individuellem Führungskräfteverhalten in Unternehmungen nützlich sein können. Für die weitere Analyse werden daher diese auch themenspezifisch extrahierten Kulturdimensionen herangezogen.

Neben der Erkenntnis, dass spezifische Besonderheiten von Kulturen sich durch die jeweilige Ausprägung von Kulturdimensionen feststellen lassen, konnte eine weitere Erkenntnis aus allen Kultur-Konzepten entnommen werden: Die nicht sichtbaren Einstellungen und Werte, die den unterschiedlichen Verhaltenswiesen zugrunde liegen, spiegeln sich in diesen Verhaltensweisen wider. Es ist demnach davon auszugehen, dass andere Verhaltensweisen von Individuen unterschiedlicher Kulturzugehörigkeit auf deren verschiedenartiges Wert- und Einstellungsgefüge zurückzuführen sind.

Wird auch in diesem Zusammenhang die Thematik der vorliegenden Arbeit näher betrachtet, interessieren die in einer multinationalen Unternehmung tätigen Führungskräfte und deren Werte und Einstellungen. In einer multinationalen Unternehmung sind i. d. R. Führungskräfte unterschiedlicher kultureller Herkunft tätig.[487] Aufgrund der o. a. Erkenntnisse liegt die Vermutung nahe, dass sie sich in gleichen unternehmungsspezifischen Situationen entsprechend ihres kulturellen Hintergrundes unterschiedlich verhalten.

Die Frage danach, ob und – wenn ja – wie unterschiedliche Werte das Verhalten von Führungskräften beeinflussen, ist Gegenstand verschiedener Forschungsarbeiten.[488] Danach ist davon auszugehen, dass eigene Werte das Verhalten von Führungskräften in unterschiedlicher Weise beeinflussen. *Hughes/Ginnett/Curphy* führen etwa sechs Bereiche an, in denen die individuellen Werte von Führungskräften ihr Verhalten in der Unternehmung beeinflussen:[489] Als erstes wirken Werte auf die Situations- und Problemwahrnehmung der Führungskraft. Des Weiteren werden durch Werte Entscheidungen und generierte Problemlösungen beeinflusst. Darüber hinaus spielen Werte eine wichtige Rolle in zwischenmenschlichen Beziehungen, insbesondere in der Wahrnehmung der Führungskräfte hinsichtlich ihrer Zugehörigkeit zu verschiedenen Individuen und Gruppen. Als vierte Einflussmöglichkeit von Werten der Führungskräfte wird die Wahrnehmung individueller und organisatorischer Erfolge angeführt sowie die Art, wie diese Erfolge erreicht werden. Zudem gelten Werte als die Basis, um zu entscheiden, was „wahr" und „falsch" ist bzw. als Basis, um zwischen ethischem und unethischem Verhalten zu differenzieren. Und als sechstes beeinflussen nach *Hughes/ Ginnett/Curphy* die individuellen Werte der Führungskräfte auch das Ausmaß, inwieweit Führungskräfte organisatorische Ziele akzeptieren oder zurückweisen.

Ähnlich formulieren es auch *Finkelstein/Hambrick,* die sich in ihren Ausführungen explizit mit dem Einfluss der individuellen Werte der Führungskräfte auf strategische Entscheidungen beziehen:[490] Hier beeinflussen die individuellen Werte der Führungskräfte bereits ihr Blickfeld. Bspw. wird eine Führungskraft, die einer Kultur mit einer geringen Machtdistanz entstammt, eher auch die Mitarbeiter in den hierarchisch untergeordneten Stufen nach erwünschten Informationen befragen als eine Führungskraft, die aus einer Kultur mit einer hohen Machtdistanz kommt. Weiterhin können die Werte der Führungskräfte bei strategischen Entscheidungen zu einer selektiven Wahrnehmung von Informationen führen. Wird das Beispiel weiter verfolgt, bedeutet dies, dass die o. a. Führungskraft, deren Werte sich in einer geringen Machtdistanz ausdrücken, mehr von den Informationen der hierarchisch untergeordneten Mitarbeiter berücksichtigen wird als eine Führungskraft mit anderen Werten. Zudem wird durch die Werte auch die Interpretation im Sinne der Wertschätzung der ge-

---

[487] Aufgrund der Unternehmungstätigkeit in verschiedenen internationalen Märkten ist davon auszugehen, dass nicht nur Führungskräfte eines Landes in sämtlichen Unternehmungsbereichen eingesetzt werden (vgl. auch die Ausführungen zur themenbezogenen Definition von multinationalen Unternehmungen).

[488] Vgl. Finkelstein/Hambrick (1996), S. 51 und die dort angeführte Literatur.

[489] Vgl. Hughes/Ginnett/Curphy (1996), S. 202 f. und die dort angeführten Beispiele zu den einzelnen Beeinflussungsmöglichkeiten.

[490] Vgl. Finkelstein/Hambrick (1996), S. 54 und die dort angeführten Beispiele.

wonnenen Informationen beeinflusst: Die o. a. Führungskraft hält die von den hierarchisch untergeordneten Mitarbeitern erhaltenen Informationen für wichtiger als eine Führungskraft ohne diese Werte. Nicht zuletzt wird die eigentliche Entscheidung der Führungskraft ebenso durch ihre Werte determiniert.

Aus den unterschiedlichen (kulturbedingten) Wertestrukturen der Führungskräfte in multinationalen Unternehmungen resultieren den beschriebenen Ausführungen zur Folge unterschiedliche Verhaltensweisen der Führungskräfte in spezifischen Unternehmungssituationen. Werte besitzen demzufolge auch einen Einfluss auf die Tätigkeit der Führungskraft in der Unternehmung. Sie sind deshalb mitverantwortlich dafür, ob eine Führungskraft einen für die Unternehmung zufriedenstellenden Beitrag leistet oder nicht.

Dass die kulturbedingten individuellen Wertestrukturen der Führungskräfte einen Einfluss auf das Verhalten der Führungskräfte im Rahmen ihrer Tätigkeit in der multinationalen Unternehmung besitzen, erscheint plausibel. Es gibt allerdings zwei Fragen, die in diesem Zusammenhang aufgeworfen werden können. So stellt sich einerseits die Frage: Wenn die individuelle Wertestruktur der Führungskraft sich sowohl aufgrund von Landeskultur als auch aufgrund von Unternehmungskultur entwickelt, inwieweit beeinflussen sich diese beiden Werteentwicklungen dann gegenseitig bzw. welche der beiden Entwicklungen ist stärker? Die zweite Frage, die sich im Zuge der aktuellen Diskussion um Globalisierung ergibt, stellt darauf ab, ob Werte unveränderlich manifestiert sind und stets beeinflussend auf das Verhalten wirken oder ob sie sich im Zeitablauf an einheitliche Muster annähern bzw. aufgrund der Kommunikation und Interaktion zwischen unterschiedlichen Kulturen allmählich „verwässern“. Eine Beschäftigung mit diesen beiden Fragen steht im Mittelpunkt der nachstehenden Ausführungen, weil ihre Antworten entscheidende Bedeutung für die spätere Analyse kultureller Faktoren im Rahmen von ASF haben.

Wenn das Verhalten von Führungskräften sowohl durch landeskulturelle Werte als auch durch unternehmungskulturelle Werte beeinflusst werden kann, ergibt sich die Frage, welcher kulturelle Einfluss stärker ist. *Schreyögg* stellt diesbezüglich bspw. in einer Gegenüberstellung der Einflüsse von Landeskultur und Unternehmungskultur fest, dass beide kulturellen Einflüsse „(a) gänzlich unterschiedliche Geltungsbereiche haben, also auf ganz unterschiedlichen Ebenen basieren und (b) keineswegs parallel in dem Sinne verlaufen, dass sie füreinander neutral wären.“[491] In empirischen Studien, die Einflüsse von Landes- und Unternehmungskulturen untersuchen, zeigen sich Ergebnisse, die einen tendenziell stärkeren Einfluss der Landeskultur auf das Verhalten der Unternehmungsmitglieder im Vergleich zum

[491] Schreyögg (1991), S. 24. Allerdings beschäftigt sich *Schreyögg* in seiner Auseinandersetzung nur am Rande mit der Wertebeeinflussung der Führungskräfte. Sein Fokus liegt vielmehr auf der Problematik der Bewältigung von landes- und unternehmungskulturellen Einflüsse in der Entwicklung von Auslandsgesellschaften.

unternehmungskulturellen Einfluss nachweisen.[492] Zudem kann als Ergebnis der in der Literatur kontrovers diskutierten Frage nach dem dominierenden Kultureinfluss nach *Steiner* festgehalten werden, dass die Landeskultur einen wesentlichen Einfluss auf die konstitutiven Elemente (Werte, Normengefüge, Verhaltensweisen der Mitarbeiter) einer Unternehmungskultur ausübt.[493] Doch selbst wenn davon ausgegangen wird, dass die Unternehmungskultur als abhängige Variable der Landeskultur gilt, können sich unterschiedliche Unternehmungskulturen innerhalb einer Landeskultur durch Handlungsspielräume für die Gestaltbarkeit und Ausdifferenzierung innerhalb gewisser Grenzen herausbilden.[494] Festzuhalten bleibt deshalb, dass sowohl die Landeskultur als auch die Unternehmungskultur Einflüsse auf das Verhalten der Führungskräfte in einer multinationalen Unternehmung besitzen kann, der Einfluss der Landeskultur aber tendenziell als stärker zu werten ist.

Die zweite angesprochene Frage behandelt die Problematik, ob die Auseinandersetzung mit kulturellen Einflüssen möglicherweise überflüssig ist, da sich aufgrund des aktuellen Globalisierungstrends kulturelle Unterschiede allmählich aufheben bzw. nicht mehr zu identifizieren sind. In diesem Zusammenhang ist der Begriff des „Globalen Managers“ in die Diskussion eingegangen. Dieser Begriff erweckt den Eindruck, dass es nicht mehr um Unterschiede zwischen Kulturen geht, sondern um eine Angleichung hin zu einer einheitlichen globalen Verhaltens- und Denkausrichtung von international tätigen Führungskräften: Führungskräfte, die sich auf internationalem Terrain bewegen, sollen unabhängig von ihrer Herkunft, überall einsetzbar und leistungsfähig sein.

Tatsächlich wurde bereits in den sechziger und siebziger Jahren von einigen Forschern der Versuch unternommen, für Führungskräfte globale und universell gültige Werthaltungen zu ermitteln, so dass sie unabhängig von der Kulturumgebung, in der sie tätig sind, erfolgreich für die jeweilige Unternehmung arbeiten können.[495] Dieser Gedanke folgt der gleichen Richtung wie die Forderung nach einem globalen Personalmanagement.[496] Es geht hierbei um die weltweite Standardisierung von Personalmaßnahmen.[497] Speziell diejenigen Aufgaben innerhalb des Personalmanagements, die sich auf Führungspositionen beziehen, sind durch einen hohen Zentralisierungsgrad gekennzeichnet.[498] Diese globale Personalmanagementstrategie geht aber neben dem Verlust von lokalen Effizienzprozessen auch mit der

[492] Vgl. Lichtenberger (1992), S. 47 f. und die dort zu findenden Ausführungen über verschiedene empirische Untersuchungen.

[493] Vgl. Steiner (1995), S. 54 f.

[494] Vgl. Schreyögg (1993), S. 153.

[495] Vgl. Thomas (1996), S. 41.

[496] Vgl. zu Inhalten des globalen Personalmanagements z. B. Kumar (1998), S. 6.

[497] Ebd.

[498] Vgl. Schöllhammer (1992), Sp. 1866 und Wolf (1994), S. 560.

Gefahr einer „Überhomogenisierung“[499] und der „mentalen Vereinheitlichung“[500] der Mitarbeiter einher, was für die multinationale Unternehmung eine Einschränkung ihrer Vielseitigkeit und ihrer Problemlösungsfähigkeit bedeutet.

I. d. R. wird der Begriff des „globalen Managers“ jedoch in der Literatur nicht in solcher Weise verstanden. Es geht vielmehr – im Sinne eines transnationalen Personalmanagements[501] – um Fähigkeiten einer Führungskraft: der interkulturellen Sensibilität, der Adaption und Interaktion.[502] Dies bestätigten auch die Ergebnisse einer empirischen Studie von *Ali/Camp.*[503] In einer Untersuchung zu den notwendigen Fähigkeiten einer globalen Führungskraft konnten sie ermitteln, dass der sensible Umgang mit kulturellen Besonderheiten in unterschiedlichen Ländern und der verschiedenen kulturellen Hintergründe der in einer Unternehmung tätigen Mitarbeiter für eine erfolgreiche internationale Unternehmungstätigkeit mitentscheidend ist: „This does not mean that today's manager must know in detail the cultural and historical backgrounds of other nations. Rather, it means that global managers need to think and act with an open mind and in socially responsive ways to events at home and abroad. ... Global managers do not integrate foreign thought in their mental programming. Rather, they seek to process, integrate and co-ordinate thoughts to generate synergy and a responsive system that enhances global understanding and interaction."[504]

Die Forderung nach Führungskräften, die global orientiert sind, bedeutet demnach nicht die Angleichung der kulturellen Werte hin zu einer einheitlichen kulturunabhängigen „globalen Führungspersönlichkeit“. Die Bedeutung der individuellen Wertestrukturen wird nicht negiert. Vielmehr erhält sie durch diese Diskussion eine noch stärkere Bedeutung. Die Sensibilisierung für die Tragweite kulturbedingter individueller Wertestrukturen der Führungskräfte erscheint damit nicht nur legitim, sondern notwendig.

Trotz dieser wichtigen Berücksichtigung verschiedener kultureller Wertebasen konnte in einigen Untersuchungen nachgewiesen werden, dass sich innerhalb einer Kultur Werte wandeln und weiterentwickeln.[505] So können auch die Ausprägungen der Kulturdimensionen einen Wandel erfahren.[506] Innerhalb der Kulturen kann solch ein Wandel ablaufen (vgl. Abb.

---

[499] Kumar (1992), S. 328.

[500] Schneider (1996), S. 140.

[501] Vgl. z. B. Kumar (1998), S. 6.

[502] Vgl. Adler/Ghadar (1990), S. 252 ff., die auch von einer "global-nationalen" Strategie im Zusammenhang von Internationalisierung und Personalmanagement sprechen.

[503] Vgl. Ali/Camp (1996), S. 5 ff.

[504] Ali/Camp (1996), S. 14.

[505] Vgl. Weinert (1992), Sp. 124. Vgl. auch die bereits sehr frühen Untersuchungen von Inglehardt (1979), Klages (1984) und (1987).

[506] Vgl. Kumar (1991), S. 133.

13 zum kulturellen Wandel innerhalb einer Kultur am Beispiel der *Hofstede'schen* Kulturdimension Machtdistanz in Abhängigkeit von der zeitlichen Entwicklung).[507]

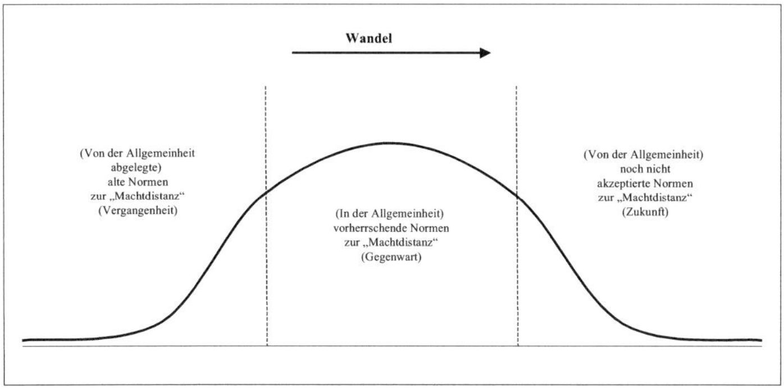

Abb. 13: Schematische Darstellung des kulturellen Wandels am Beispiel der Kulturdimension „Machtdistanz" (Quelle: Kumar (1991), S. 133)

Allerdings bedeutet dies nicht, dass sich die unterschiedlichen Kulturen aneinander angleichen und hin zu einer „universellen Kultur" entwickeln. Zwischen unterschiedlichen Kulturen bestehen immer noch und wohl auch dauerhaft erhebliche Unterschiede in ihren Werten.[508] Bspw. unterscheiden sich Deutsche und Amerikaner, die auf den ersten Blick aus heutiger Sicht als „kulturell ähnlich" beurteilt werden könnten, nach wie vor voneinander: Obwohl in der Vergangenheit eine „Amerikanisierung" deutscher Kultur durch die Übernahme verschiedener amerikanischer Symbole (z B. Jeans, Fast Food) oder auch durch eine nachkriegsbedingte Amerikasympathie der Deutschen (Stichwort: Amerika als „Befreiernation") zu verzeichnen war, existieren noch immer drastische Unterschiede – teilweise sogar gegensätzliche Ausprägungen – in den Werten beider Kulturen.[509] Ähnliches gilt auch – natürlich in noch stärkerem Maße – für die Unterschiede zwischen der deutschen und der japanischen Kultur.[510] Eine differenzierte Beachtung der kulturbedingten individuellen Wertvorstellungen von Führungskräften unterschiedlicher Kulturzugehörigkeit wird dementsprechend auch zukünftig notwendig sein.[511]

Inwieweit diese kulturellen Faktoren die Erfüllung von Funktionen und Anforderungen für ASF in multinationalen Unternehmungen beeinflussen, soll in den beiden folgenden Ab-

---

[507] Zu einer ausführlichen Darstellung von Theorien und Ansätzen des Kulturellen Wandels siehe z. B. Weinand (2000).

[508] Vgl. Hofstede (1993), S. 268, Weinand (2000), S. 336.

[509] Vgl. Weinand (2000), S. 336 und die dort angeführten Unterschiede.

[510] Ebd.

[511] *Steinmann/Scherer* gehen sogar davon aus, dass sich das Problempotential durch die Heterogenität kultureller Wertvorstellungen in Unternehmungen immer weiter erhöht (vgl. Steinmann/Scherer (1996), S. 49).

schnitten analysiert werden. Denn nur so kann im Rahmen der o.a. „grundlegenden Analyse" extrahiert werden, ob die kulturbedingten individuellen Wertestrukturen der Führungskräfte als Einflussfaktoren für die Gestaltung und Implementierung von ASF überhaupt in Frage kommen. Es geht zunächst um einen möglichen Einfluss auf die Funktionserfüllung von ASF, um daran anschließend – die eine Funktionserfüllung unterstützenden – Anforderungen an ASF hinsichtlich ihrer Beeinflussbarkeit durch kulturbedingte individuelle Wertestrukturen der Führungskräfte in einer multinationalen Unternehmung näher zu betrachten. Für die Argumentation werden wiederum primär die zuvor identifizierten Kulturdimensionen herangezogen. Dabei muss beachtet werden, dass eine solche Argumentation lediglich Tendenzaussagen für die Berücksichtigung kulturbedingter individueller Wertestrukturen der Führungskräfte bei der Gestaltung von ASF in multinationalen Unternehmungen liefern kann. Solche Tendenzaussagen sind jedoch dazu geeignet, die Bedeutung eines sensiblen Umgangs mit kulturspezifischen Besonderheiten in den Wertestrukturen der Führungskräfte im Zusammenhang mit ASF in multinationalen Unternehmungen zu verdeutlichen.[512]

1.2 Implikationen für die Funktionserfüllung

In diesem Abschnitt geht es in einer synthesischen Betrachtung der bisherigen Ergebnisse darum festzustellen, inwieweit die kulturbedingten individuellen Wertestrukturen der Führungskräfte Einfluss auf die Erfüllung der Funktionen von ASF haben können. Dabei geht es zunächst um den Einfluss von kulturbedingten individuellen Wertestrukturen auf die Erfüllung der Motivationsfunktion, um dann die Argumentation für Einflüsse auf die Erfüllung der Personalselektions- und der Koordinationsfunktion fortzuführen.

Motivationsfunktion:

In den Ausführungen zur Motivationsfunktion im Rahmen dieser Arbeit ergab sich ein Konzept der Synthese, das versucht, einen integrierenden Ansatz hinsichtlich wichtiger Aspekte, welche die menschliche Motivation beeinflussen, zu liefern.[513] Dabei sind sowohl die Leistungsbereitschaft als auch Faktoren wie die Arbeitskenntnis, die Arbeitsbedingungen und die persönliche Eignung entscheidend dafür, ob ein bestimmtes Leistungsverhalten realisiert wird. Die individuellen Wertestrukturen der Führungskräfte betreffen Faktoren, die in der „Wollen-Komponente" innerhalb des Leistungsdeterminantenkonzepts zu finden sind.[514] Die Motivation ist hiernach u. a. von der Motivstruktur, von den Einstellungen, von Persönlichkeitsfaktoren und individuellen Normen und Valenzen, Erfahrungen und Wahrnehmungen abhängig. Gerade diese Faktoren sind es, die durch die individuelle Wertestruktur beeinflusst

---

[512] Hierbei muss jedoch stets beachtet werden, dass bspw. nicht-kulturbedingte individuelle Unterschiede außer acht gelassen werden (vgl. dazu auch Schanz/Klein/Wunderlich (1991), S. 167).

[513] Vgl. die Ausführungen innerhalb der Auseinandersetzung mit der Motivationsfunktion in Abschnitt II.B.2.

[514] Ebd.

werden bzw. sich aufgrund dieser ergeben. Infolgedessen muss die in den vorherigen Abschnitten festgestellte Unterschiedlichkeit der kulturbedingten individuellen Wertestrukturen – die sich in eben diesen individuellen Faktoren niederschlagen – die Motivation beeinflussen.

Wie die Beeinflussung der Motivation – und damit die Erfüllung der Motivationsfunktion von ASF – aufgrund unterschiedlicher kulturbedingter individueller Wertestrukturen aussehen kann, soll im Folgenden erörtert werden. Dies geschieht anhand der im vorangegangenen Abschnitt extrahierten Kulturdimensionen „Individualismus vs. Kollektivismus“, „Machtdistanz“, „Maskulinität vs. Feminität“, „Unsicherheitsvermeidung“ und „Konfuzianische Dynamik“.

Individualismus vs. Kollektivismus

Abhängig davon, ob eine Führungskraft einer individualistischen oder einer kollektivistischen Kultur entstammt, wird sie durch unterschiedliche Anreize zu einer Beitragsleistung für die Unternehmung zu motivieren sein. Innerhalb einer kollektivistischen Grundhaltung besitzen soziale Bedürfnisse und Wertschätzungsbedürfnisse innerhalb einer Gruppe eine wesentlich höhere Bedeutung als das Bedürfnis nach Selbstverwirklichung.[515] Eine Arbeit in Arbeitsgruppen hat dort einen entsprechend höheren Stellenwert. Eine Führungskraft mit einer kollektivistischen Grundorientierung wird demnach nicht durch die Gewährung eines individuellen Leistungsanreizes zu einer ausreichenden Beitragsleistung motiviert, sondern eher durch eine Erhöhung der Wertschätzung in der Gruppe.[516] Der Anreiz, bei entsprechender Leistungserbringung in einer angesehenen Gruppe von Führungskräften in der Unternehmung mitarbeiten zu können, wirkt bei einer kollektivistisch orientierten Führungskraft mehr motivierend als ein materieller individueller Leistungsanreiz.[517] Im Gegensatz dazu wird eine Führungskraft mit individualistischer kultureller Grundorientierung nur dann zu einer zielgerichteten Beitragserbringung motiviert werden können, wenn die von der Unternehmung gewährten Anreize ihrer eigenen Leistung zuzuordnen sind bzw. mit Verbesserungen der individuellen Situation verbunden sind.[518] Beispielsweise wird daher eine asiatische Führungskraft, die als einer kollektivistischen Kultur zugehörig gilt, weniger durch einen an die individuelle Leistungserbringung gekoppelten Anreiz zur Leistungserbringung motiviert als eine amerikanische Führungskraft, die sich durch einen hohen Wert an Individualismus

[515] Vgl. z. B. Dülfer (1992a), Sp. 1886.

[516] Vgl. Kumar (1991), S. 13.

[517] Vgl. Mead (1994), S. 208.

[518] Vgl. Welge/Holtbrügge (1998), S. 188.

kennzeichnen lässt.[519] Die Argumentation verdeutlicht den Einfluss eines individualistisch bzw. kollektivistischen kulturellen Wertes auf die Motivation zur Leistungserbringung.

Machtdistanz

Bei Betrachtung der „Machtdistanz" als weitere, das zwischenmenschliche Verhalten beschreibende Kulturdimension kann ebenfalls ein direkter Zusammenhang zwischen der kulturellen individuellen Grundorientierung und der Motivation gezeichnet werden: Führungskräfte, die aus einer Kultur stammen, die durch eine geringe Machtdistanz gekennzeichnet ist, können durch den Anreiz einer Partizipation an wichtigen Entscheidungen zur Leistungserbringung motiviert werden.[520] Auch in diesem Fall können die unterschiedlichen kulturellen Werte unterschiedliche Motivationsprozesse auslösen.

Maskulinität vs. Feminität

Diese Kulturdimension liefert ebenfalls ein Indiz dafür, dass kulturelle Grundwerte die Motivation von Führungskräften beeinflussen. Hier ergibt sich für Anreizsysteme eine explizite Bedeutung: Ist eine Führungskraft durch eher maskuline Werte geprägt, kann sie dann zu der für die Unternehmung notwendigen Beitragserbringung motiviert werden, wenn durch die von der Unternehmung gewährten Anreize eben solche Werte angesprochen werden. Dies sind z. B. Leistungslöhne oder betriebliche Statussymbole (wie Dienstwagen, ein großes und gut ausgestattetes Büro). Im Gegensatz dazu ist eine Führungskraft, die einer eher femininen Kultur entstammt, durch ihr gewährte Anreize wie Sozialleistungen, flexible Arbeitszeiten oder einen interessanten Arbeitsinhalt zur Beitragserbringung zu motivieren.[521]

Unsicherheitsvermeidung

Die Kulturdimension „Unsicherheitsvermeidung" hat – wenn auch in ihrer geringeren Bedeutung als Kulturdimension[522] – als kultureller Grundwert einer Führungskraft ebenso Einfluss auf die Funktionserfüllung eines ASF. Eine Führungskraft mit einem hohen Grad an Unsicherheitsvermeidung ist eher durch solche Anreize zu motivieren, die eine starke Strukturierung aufweisen.[523] Zu vermuten ist, dass mit einer solchen starken Strukturierung für die Führungskraft gewährleistet ist, mögliche Änderungen aufgrund unvorhergesehener

---

[519] Zu der Zuordnung verschiedener Länder zu unterschiedlichen Individualismuswerten vgl. z. B. Hofstede (1993), S. 69.

[520] Vgl. Schanz/Klein/Wunderlich (1991), S. 161, Hodgetts/Luthans (1993), S. 43. *Newman/Nollen* konnten diese Aussage mittels der Ergebnisse einer empirischen Studie bestätigen: Innerhalb von Kulturen mit einer niedrigen Machtdistanz konnte eine verbesserte Leistungserbringung nachgewiesen werden, wenn eine verstärkte Entscheidungspartizipation ermöglicht wurde. (Vgl. Newman/Nollen (1996), S. 766.)

[521] Vgl. Scherm (1999a), S. 282 ff.

[522] Vgl. die Ausführungen zur Dimension und zur Kritik an *Hofstedes* Kulturdimensionen Abschnitt III.A.2.3.

[523] Vgl. Hodgetts/Luthans (1993), S. 45.

Ereignisse möglichst schnell einordnen und bewerten zu können.[524] Zudem sind für eine unsicherheitsvermeidende Führungskraft solche Anreize eher motivierend, deren belohnende Wirkung bereits a priori sicher ist; das sind i. A. solche, die einen hohen Anteil an fixen Anreizkomponenten aufweisen.[525]

Konfuzianische Dynamik

Wird die „Konfuzianischen Dynamik" betrachtet, ist auch hier ein Einfluss auf die Motivation einer Führungskraft zu identifizieren. Eine Führungskraft, die aufgrund ihrer kulturellen Herkunft in ihrem Denken und Handeln eher langfristig ausgerichtet ist, wird demzufolge durch ein kurzfristig ausgerichtetes ASF weniger zu motivieren sein als durch ein auf die langfristige Unternehmungsentwicklung ausgerichtetes ASF.[526]

In der Literatur werden neben der Interpretation der „reinen" Kulturdimensionen auch verschiedene ihrer Kombinationen bezüglich einer unterschiedlichen Motivationswirkung erörtert.[527] Davon wird hier abgesehen, weil die angeführten Argumentationen bereits in ausreichendem Maße deutlich machen, dass die individuellen Werte von Führungskräften, die kulturell begründet sind, Einfluss auf die Motivation besitzen.

Bezüglich des Zusammenhangs von kulturellen Werten und Motivation sei an dieser Stelle ein kurzer Exkurs gestattet, der die Auswahl der Anreiz-Beitrags-Theorie als theoretisches Fundament der vorliegenden Arbeit im Gegensatz zur Prinzipal-Agenten-Theorie nochmals unterstreicht: Die Prinzipal-Agenten-Theorie unterstellt danach eigentlich – aus Sicht der aus der Analyse unterschiedlicher Kulturen gewonnenen Erkenntnisse – eine Führungskraft mit einem hohen Individualismuswert und eher maskuliner Orientierung. D. h. es wird von der Annahme ausgegangen, dass eine Führungskraft stets ausschließlich an der Maximierung ihres Einkommens interessiert ist.[528] Dieses Interesse ist nicht notwendigerweise mit dem Interesse der Erreichung der Unternehmungsziele verbunden. Gerade das bringt den sogenannten Prinzipal-Agenten-Konflikt hervor. Zur Abmilderung des Konflikts müssen dementsprechend Anreize gefunden werden, die eine „individualistische" und „maskuline" Neigung der Führungskraft bedienen und gleichzeitig eine Kopplung an die Unternehmungszielerreichung enthalten. Für amerikanische Führungskräfte kann diese ökonomische Argumentationslinie aufgrund ihrer Einordnung in eine individualistische und eher maskuline Kultur Gültigkeit haben. Wie verhält es sich aber für kollektivistische und eher feminin orientierte

[524] Vgl. die Ausführungen zur Kulturdimension der Unsicherheitsvermeidung bei Hofstede.

[525] Vgl. Hodgetts/Luthans (1993), S. 45.

[526] Vgl. Welge/Holtbrügge (1998), S. 188.

[527] Vgl. z. B. Schanz/Klein/Wunderlich (1991), S. 165 ff., Apfelthaler (1999), S. 128 f.

[528] Siehe die Ausführungen in Abschnitt II.A.2 zu den Inhalten der Prinzipal-Agenten-Theorie.

Führungskräfte? Diese Aspekte kann die Prinzipal-Agenten-Theorie nicht erklären, weil sie keine Erklärung über verhaltensspezifische Aspekte der Führungskräfte treffen kann.[529]

In diesem Abschnitt konnte anhand der Interpretation der Kulturdimensionen nachgewiesen werden, dass die Motivationsfunktion von Anreizsystemen für Führungskräfte durch deren individuelle kulturelle Wertesysteme beeinflusst wird. Unterschiedliche Werte führen zu unterschiedlichem Motivationsverhalten.

Personalselektions- und Koordinationsfunktion:

Die noch zu erörternden Funktionen, die Personalselektions- sowie die Koordinationsfunktion, konnten in dieser Arbeit als Teilfunktionen der Motivationsfunktion identifiziert werden.[530] Die Aussagen für die Motivationsfunktion besitzen dementsprechend auch für diese beiden Funktionen Gültigkeit. Insbesondere für die Koordinationsfunktion von ASF, deren Erfüllung Führungskräfte zu einem im Interesse der Unternehmung ausgerichteten kooperativen Verhalten motivieren soll, können die Aussagen bezüglich der Motivationsfunktion übertragen werden.

Die Erfüllung der Personalselektionsfunktion eines ASF, die Motivation einer geeigneten Führungskraft zum Eintritt in die Unternehmung, ist ebenfalls von der kulturbedingten, individuellen Wertestruktur der Führungskraft abhängig. Denn selbst eine hinsichtlich ihrer Qualifikation geeignete Führungskraft für eine ausgeschriebene Stelle wird sich bei der Unternehmung nicht bewerben bzw. wird einem Vertragsangebot der Unternehmung nicht nachkommen, wenn aufgrund der kulturbedingten individuellen Wertvorstellungen der Führungskraft die gegebenen Eintrittsanreize nicht als Anreize wahrgenommen werden bzw. für die Führungskraft keinen Eintrittsanreiz darstellen.[531] Die für die Selektionsfunktion geforderten leistungsorientierten Anreizsysteme[532] entsprechen daher lediglich geeigneten Anreizen für Führungskräfte mit einem hohen Maskulinitäts- bzw. Individualismusgrad.[533]

Für eine Funktionsfähigkeit der Personalselektion durch ASF im Hinblick auf die Berücksichtigung kultureller Unterschiede muss deshalb bereits vor der Implementierung des ASF seitens der Unternehmung die Attraktivität der Unternehmung auf dem internationalen Arbeitsmarkt für Führungskräfte gesichert bzw. gesteigert werden.[534] In einem weiteren Schritt muss ein der zu besetzenden Stelle entsprechendes Anforderungsprofil entwickelt

---

[529] So verwundert es auch nicht, dass die Prinzipal-Agenten-Theorie (nur) von Wissenschaftlern US-amerikanischer Herkunft entwickelt werden konnte, die – kulturbedingt – eher keine Probleme mit den Basisannahmen der Prinzipal-Agenten-Theorie besitzen.

[530] Vgl. die Ausführungen in Abschnitt II.B.2.

[531] Vgl. Weinand (2000), S. 60.

[532] Vgl. die Ausführungen in Abschnitt II.B.2.2.

[533] Vgl. Steers/Sanchez-Runde (2002), S. 204.

[534] Vgl. Guthof (1995), S. 34.

werden.[535] Bereits hier müsste dann auf mögliche ungeeignete kulturbedingte individuelle Wertvorstellungen geachtet werden, sowohl aus Unternehmungssicht als auch aus Sicht der Führungskraft. Dies sei an einem Beispiel verdeutlicht: Eine Unternehmung, die etwa aufgrund ihrer Unternehmungskultur sehr viel Bedeutung den sozialen Beziehungen beimisst, sollte innerhalb des Anforderungsprofils dies bereits festhalten. Eine individualistisch und/oder maskulin orientierte Führungskraft würde sich in diese Unternehmungskultur weniger gut einfügen können, so dass deren notwendige Beitragsleistung nicht gewährleistet wäre und die Unternehmung ein Beitragsdefizit durch Ausscheiden der Führungskraft und Neueinstellung einer anderen Führungskraft erhalten könnte.

Die kulturbedingten individuellen Wertestrukturen besitzen entsprechend der oben durchgeführten Analyse einen Einfluss auf die Funktionserfüllung der ASF. Sie können somit als Einflussfaktor identifiziert werden. Dies gilt sowohl für die Motivationsfunktion als auch für die Personalselektions- und die Koordinationsfunktion. Um die Erfüllung der Funktionen gewährleisten zu können, müssen deshalb diese kulturbedingten individuellen Wertestrukturen in den Anreizsystemen berücksichtigt werden.

1.3 Implikationen für die Anforderungserfüllung

Weshalb ist es hier notwendig, zusätzlich zur Funktionserfüllung auch die Implikationen für die Anforderungserfüllung eines ASF zu untersuchen? Wenn die Anforderungen eines ASF der Erfüllung der Funktionen dienen, könnte die Untersuchung eines Einflusses auf die Anforderungen entfallen, da angenommen werden kann, dass diese durch den Einfluss auf die Funktionserfüllung auch auf die Anforderungen wirken.

Eine Untersuchung des Einflusses auf die Anforderungserfüllung ist aber dennoch nötig, da es sich hierbei um eine Identifizierung möglicher Einflüsse auf ein ASF auf einer anderen, spezifischeren Ebene handelt als bei der Funktionserfüllung. Es ist jeweils ein stärkerer oder auch ein schwächerer Einfluss der kulturbedingten Wertestrukturen auf die einzelnen Anforderungen möglich, so dass im Ergebnis der Analyse eine Aussage darüber möglich ist, welche Anforderungen durch die kulturbedingten Wertestrukturen besonders beeinflusst werden. Eine derartige Aussage hebt dann die Bedeutung der einzelnen Anforderungen explizit hervor.

Zudem ergibt sich für die Analyse der Implikationen der kulturbedingten Wertestrukturen der Führungskräfte eine spezifischere Aussagemöglichkeit über die Wirkung eines solchen Einflusses auf ein ASF, da die Analyse auf einer weniger abstrakten Ebene erfolgt als die hinsichtlich der Funktionserfüllung. Inwieweit die verschiedenen Anforderungen durch un-

[535] Vgl. z. B. Scholz (1998), S. 196.

terschiedliche individuelle Wertestrukturen der Führungskräfte beeinflusst werden, soll im Folgenden analysiert werden.

Die kulturbedingten individuellen Wertestrukturen beziehen sich auf das Verhalten und die Motivation der Führungskräfte. Demnach ist es hier sinnvoll, primär diejenigen Anforderungen zu untersuchen, deren Erfüllung durch das Verhalten der Führungskräfte beeinflusst werden kann. In Abschnitt II.B.3 wurden die Anforderungen „Akzeptanz", „Gerechtigkeit", „Leistungsorientierung" und „Transparenz" als solche identifiziert. Deshalb werden diese hier zur Analyse herangezogen.

Akzeptanz: Die Anforderung der Akzeptanz impliziert das Einverständnis der Führungskraft mit dem Anreizsystem, das ihr von der Unternehmung gewährt wird. Es kann davon ausgegangen werden, dass die Akzeptanz eines Anreizsystems durch unterschiedliche Wertebasen verschiedener Führungskräfte beeinflusst wird: Führungskräfte können bspw. je nach individueller Risikoneigung unterschiedliche Anreizsysteme präferieren.[536] Eine Führungskraft, die einer Kultur mit einem hohen Wert an Unsicherheitsvermeidung entstammt, legt bspw. viel mehr Wert auf die Sicherheit ihres Arbeitsplatzes als eine Führungskraft, die einer Kultur mit einem geringen Wert an Unsicherheitsvermeidung angehört.[537] Die Akzeptanz für ein Anreizsystem seitens der Führungskraft kann auch von ihrer Auffassung über ihre Abhängigkeit von anderen Menschen bestimmt sein: Eine individualistisch orientierte Führungskraft wird ein Anreizsystem dann vorzugsweise akzeptieren, wenn es nach ihren individualistischen Interessen ausgerichtet ist. Die Anforderung der Akzeptanz ist somit durch kulturbedingte individuelle Wertestrukturen der Führungskräfte beeinflussbar.

Gerechtigkeit: Die Anforderung der Gerechtigkeit konnte in zwei Gerechtigkeitsaspekte differenziert werden, die Leistungsgerechtigkeit und die Marktgerechtigkeit. Zunächst wird erörtert, inwieweit die Leistungsgerechtigkeit durch unterschiedliche individuelle Wertestrukturen beeinflusst werden kann.

Leistungsgerechtigkeit bezieht sich darauf, dass eine Führungskraft gleichwertige Anreize für ihre geleisteten Beiträge erhalten soll. Da die Wahrnehmung der Führungskraft hierbei ausschlaggebend für das Gerechtigkeitsempfinden ist und diese Wahrnehmung – wie innerhalb der kulturtheoretischen Ansätze nachgewiesen – kulturabhängig ist, kann auch hier von einem Einfluss der kulturbedingten individuellen Wertestrukturen der Führungskräfte auf die Anforderungserfüllung der Gerechtigkeit ausgegangen werden.

Beispielhaft kann dies an der unterschiedlichen Ausprägung der Kulturdimension „Machtdistanz" verdeutlicht werden. Führungskräfte, die eine hohe Ausprägung von Machtdistanz besitzen, empfinden dann ein Anreizsystem als gerecht, wenn auch hier eine gewisse Hierar-

[536] Vgl. Becker (1988), S. 84.

[537] Vgl. Scherm (1999a), S. 283.

chie eingehalten wird.[538] So werden etwa Japaner mit einer hohen Machtdistanz ein Anreizsystem u. a. dann als gerecht betrachten, wenn Vorgesetzte bei gleicher Leistung ein höheres Entgelt erhalten. US-Amerikaner hingegen – als Kultur mit einer geringen Machtdistanz – würden dies eher als ungerecht beurteilen.[539]

Die Marktgerechtigkeit als ein weiterer Aspekt der Gerechtigkeitsanforderung beinhaltet die Forderung nach einer Gleichwertigkeit der in der Unternehmung den Führungskräften gewährten Anreize und den am Markt üblichen Anreizen. Bei der Art und Höhe der Anreize handelt es sich um objektive Größen, die von einer Unternehmung durch empirische Erhebungen ermittelt werden können. Ein Einfluss unterschiedlicher Gerechtigkeitsempfindungen sollte dementsprechend nicht vorliegen.

Allerdings steht die Forderung der Marktgerechtigkeit im engen Zusammenhang mit der Forderung nach Leistungsgerechtigkeit. Die Erfüllung der Forderung nach Marktgerechtigkeit kann dann von kulturbedingten, individuellen Wertestrukturen der Führungskräfte abhängen, wenn diese sich mit „falschen" Gruppen von Führungskräften, etwa denen die relativ höher zu bewertende Anreize erhalten, vergleichen. Dann werden die eigenen Anreize im Gegensatz zu denen einer Vergleichsgruppe nicht immer richtig eingeschätzt.[540] Aufgrund der individuell unterschiedlichen Wahrnehmungen und einer kulturbedingten individuellen Einschätzung dieser Wahrnehmung kann dies zu einem Gefühl der Ungerechtigkeit hinsichtlich der individuellen Leistungsgerechtigkeit eines ASF führen.

Auch die Anforderung der Gerechtigkeit kann somit als abhängig von den kulturbedingten individuellen Wertestrukturen der Führungskräfte verstanden werden. Dies betrifft primär den Aspekt der Gerechtigkeitsanforderung, der in der Leistungsgerechtigkeit liegt.

Leistungsorientierung: Innerhalb dieser Anforderung geht es um eine angemessene differenzierte Honorierung von Leistungsunterschieden. Problematisch für eine Anforderungserfüllung der Leistungsorientierung, die vorrangig für die Erfüllung der Motivationsfunktion gefordert wird, ist eine mögliche unterschiedliche Auffassung von Führungskräften verschiedener Kulturzugehörigkeiten über die Wichtigkeit einer solchen Leistungsorientierung. Führungskräfte mit tendenziell eher maskulinen Werten befürworten leistungsgerechte Anreizsysteme, während feminin orientierte Führungskräfte im Gegensatz dazu eher Sozialleistungen oder auch flexible Arbeitszeiten als Anreize präferieren.[541]

---

[538] Vgl Hodgetts/Luthans (1993), S. 43.

[539] In verschiedenen empirischen Untersuchungen konnte nachgewiesen werden, dass die relativen Einkommensunterschiede zwischen einzelnen hierarchischen Ebenen in unterschiedlichen Ländern auf Unterschiede in der Machtdistanz zurückzuführen sind (vgl. Welge/Holtbrügge (1998), S. 188 und die dort angegebenen Quellen).

[540] Vgl. Winter (1996a), S. 51.

[541] Vgl. Scherm (1999a), S. 283 und Schanz/Klein/Wunderlich (1991), S. 165.

Andererseits ist in der Anforderung „Leistungsorientierung" auch impliziert, dass nicht nur das Leistungsergebnis, sondern auch Leistungsverhalten und Leistungsbedingungen berücksichtigt werden müssen.[542] Hierin sind bereits mögliche Unterschiede aufgrund kulturbedingter individueller Wertestrukturen von Führungskräften impliziert. So wird in Kulturen mit einem hohen Grad an Kollektivismus Leistung nicht nur am objektiv erzielten Leistungsergebnis beurteilt, sondern vor allem am Prozess des Zustandekommens im Team, d. h. an den Anstrengungen, die zusammen für die Erreichung des Ergebnisses unternommen wurden.[543] Die Honorierung positiven Leistungsverhaltens ist hier motivierend. Führungskräfte mit individualistischen Werten definieren Leistung hingegen im Regelfall lediglich am erbrachten Leistungsergebnis.[544] Motivierend wirkt in diesem Fall nun die Honorierung der Erreichung eines individuellen Leistungsergebnisses.

Allerdings ist bei einer Erfüllung der Leistungsorientierungsanforderung wiederum entscheidend, wie die Wahrnehmung der jeweiligen Führungskraft hinsichtlich der Beurteilung ihrer Leistungserbringung ist.[545] Dies zeigt den Zusammenhang zur Anforderung der Gerechtigkeit: Empfindet eine Führungskraft sich aufgrund eines bestimmten kulturbedingten individuellen Verständnisses mit den ihr gebotenen Anreizen als nicht gerecht behandelt, kann es zu keiner ausreichenden Motivation zur Leistungserbringung bzw. potentiell zu einem Austritt aus der Unternehmung kommen.

Die Anforderung der Leistungsorientierung kann in dem Maße als abhängig von kulturbedingten individuellen Wertestrukturen der Führungskräfte gesehen werden, in dem Unterschiede im Verständnis von Leistungsorientierung bestehen bzw. unterschiedliche Aspekte im Leistungsprozess kulturspezifisch differenziert bewertet werden.

Transparenz: Die Anforderung der Transparenz an ein ASF als Forderung nach einem individuell transparenten, d. h. nachvollziehbaren und durchschaubaren ASF kann in ihrer grundlegenden Form als unabhängig von den kulturbedingten individuellen Wertestrukturen einer Führungskraft gesehen werden. Die Transparenzanforderung wurde als Grundlage für die Erfüllung der Motivationsfunktion gesehen, da ein Anreiz lediglich dann motivierend wirken kann, wenn für die Führungskraft ein Zusammenhang zwischen ihrer Beitragsleistung und dem ihr gewährten Anreiz erkennbar ist.[546] Diese grundlegende Anforderung gilt für alle Führungskräfte, unabhängig von ihrer kulturellen Herkunft.

---

542 Vgl. die darstellenden Ausführungen zur Anforderung „Leistungsorientierung" in Abschnitt II.B.3.

543 Vgl. Kumar (1991), S. 137.

544 Ebd.

545 Vgl. Winter (1996a), S. 51.

546 Vgl. auch die Ausführungen zur Transparenzanforderung in Abschnitt II.B.3.

Allerdings kann die Anforderung der Transparenz dann kulturabhängig sein, wenn es um die Ausgestaltung dieser Anforderung geht, d. h. etwa um die Struktur der Offenlegung des ASF. So konnte für Kulturen, die sich durch einen hohen Grad an Unsicherheitsvermeidung auszeichnen, festgestellt werden, dass deren Gesellschaften sich durch eine starke Strukturierung in Form zahlreicher formeller Gesetze und informeller Regelungen charakterisieren lassen.[547] Dies lässt den Schluss zu, dass eine Führungskraft mit einer hohen Unsicherheitsvermeidung eine Offenlegung des ASF erst dann als transparent ansieht, wenn sie durch eine starke Strukturierung sämtliche wichtigen Aspekte und Zusammenhänge erkennen kann.[548]

Neben diesen verhaltensbezogenen Anforderungen, die alle durch kulturbedingte Werte der Führungskräfte beeinflussbar sind, muss zudem die Anforderung der Risikoreduktion angeführt werden, da ihr – obwohl sie nicht zu den verhaltensbezogenen Anforderungen zählt[549] – auch eine Beeinflussungsmöglichkeit durch kulturbedingte individuelle Wertestrukturen der Führungskräfte zugesprochen werden kann.

Risikoreduktion: Innerhalb dieser Anforderung geht es um eine Reduzierung des individuellen Einkommensrisikos. Aufgabe der Unternehmung ist es hier, die das Leistungsergebnis beeinflussenden Faktoren durch ein geeignetes Anreizsystem extrahieren zu können und so ein objektives Leistungsergebnis der Führungskräfte zu erhalten.

Diese Anforderung ist ursprünglich lediglich im Sinne der Prinzipal-Agenten-Theorie zu verstehen. Diese Risikoreduktion wird notwendig, da der Führungskraft (Agent) stets Risikoaversion und dem Unternehmungseigner (Prinzipal) Risikoneutralität unterstellt wird.[550] Die Anforderung der Risikoreduktion hat hier jedoch eine wesentlich weitreichendere Bedeutung, wenn der Einfluss kulturbedingter individueller Wertestrukturen der Führungskräfte herangezogen wird: Verschiedene Führungskräfte, die aufgrund ihrer kulturellen Herkunft unterschiedliche Ausprägungen in der Stärke der Unsicherheitsvermeidung aufweisen, besitzen unterschiedliche Präferenzen hinsichtlich des Ausmaßes der Risikoreduktion innerhalb des ASF.[551]

Die Forderung der Risikoreduktion ist zwar grundsätzlich für alle Führungskräfte gegeben, gilt aber für Führungskräfte, die durch eine kulturbedingt hohe Unsicherheitsvermeidung geprägt sind, in verstärktem Maß, während sie für Führungskräfte, die kulturbedingt eher grö-

---

[547] Vgl. etwa Hofstede (1993), S. 141.

[548] Siehe dazu auch die Ausführungen von *Hofstede* zur Unsicherheitsvermeidung am Arbeitsplatz (z. B. Hofstede (1993), S. 141 ff.)

[549] Vgl. Abschnitt II.B.3.

[550] Vgl. Winter (1996a), S. 91.

[551] Demnach zeigt sich auch hier wiederum, dass die Prinzipal-Agenten-Theorie als Fundament dieser Arbeit zu restriktiv wäre, da mit ihr – aufgrund der ihr zugrunde gelegten Annahmen – solche differierenden Ausprägungen nicht erfassbar wären.

ßere Risiken – im Sinne von Unsicherheiten[552] – eingehen, in einem geringeren Maß relevant ist.

Für Führungskräfte, die in hohem Maße als unsicherheitsvermeidend zu betrachten sind, ist es umso wichtiger, dass durch die Unternehmung Einflüsse isoliert werden, die u. U. die Höhe der belohnenden Anreize reduzieren könnten. Die o. a. starke Strukturierung eines ASF – aus Transparenzgründen – kombiniert mit einer Dominanz fixer Anreizkomponenten dient hier einer auf Sicherheit bedachten Führungskraft als Risikoreduktion.

Wie in diesem Abschnitt deutlich gemacht wurde, haben die kulturbedingten individuellen Wertestrukturen der Führungskräfte nicht nur Einfluss auf die Funktionserfüllung von ASF, sondern auch auf die – eine Funktionserfüllung unterstützenden – Anforderungen an ASF. Eine Berücksichtigung der kulturbedingten individuellen Wertestrukturen bei der Ausgestaltung und Implementierung eines ASF in einer multinationalen Unternehmung ist dementsprechend geboten.

2. Einfluss kontextualer Faktoren

2.1 Betrachtungsrelevante kontextuale Faktoren

Als weitere Einflussfaktoren für den Einsatz von ASF in multinationalen Unternehmungen konnten in den Ausführungen zur Umweltberücksichtigung neben den kulturbedingten individuellen Wertestrukturen der Führungskräfte auch kontextuale Faktoren identifiziert werden. In den folgenden Abschnitten soll es darum gehen zu analysieren, inwieweit diese Faktoren tatsächlich den Einsatz und die Funktionsfähigkeit von ASF beeinflussen können. Dazu wird, analog der vorangegangenen Analyse, differenziert zwischen Implikationen für die Funktionserfüllung und den Implikationen für die Anforderungserfüllung von ASF. Zuvor scheint jedoch eine nähere Auseinandersetzung mit den im Folgenden zu analysierenden Kontextfaktoren sinnvoll, um – ähnlich den kulturbedingten individuellen Wertestrukturen – eine themenspezifische Vorstrukturierung der kontextualen Faktoren zu erreichen..

Die im Rahmen der Arbeit bisher extrahierten Kontextfaktoren sind die „natürlichen Gegebenheiten“, der „Stand der Realitätserkenntnis und Technologie“, „soziale Beziehungen und Bindungen“ sowie „rechtlich-politische Normen“.[553]

---

[552] *Hofstede* weist explizit darauf hin, dass die Kulturdimension der Unsicherheitsvermeidung nicht mit einer allgemeinen Risikoreduktion gleichzusetzen ist, da sich Unsicherheit im Gegensatz zu Risiko nicht auf ein bestimmtes Objekt bezieht (vgl. Hofstede (1997), S. 161). Allerdings entspricht hier die Unsicherheitsvermeidung der Risikoreduktion, da sich die Vermeidung von Risiko auf nicht vorhersagbare zukünftige Ereignisse (welcher Art auch immer) – also unsicherer Ereignisse – die sich negativ auf das Einkommen der Führungskraft auswirken können, bezieht.

[553] Vgl. die Ausführungen im Abschnitt III.A.4.

Die „natürlichen Gegebenheiten“ beziehen sich auf Aspekte wie Topographie, Bodenschätze und weitere lebenswichtige Ressourcen und klimatische Bedingungen.[554] Solche Faktoren haben im Rahmen der internationalen Unternehmungstätigkeit einen Einfluss auf Standort- und Arbeitgeberimage, aber auch auf das Arbeits- und Führungsverhalten – so abwegig das auf den ersten Blick auch erscheinen mag.[555] Deshalb ist diese Einflussgröße auch hinsichtlich ihres Einflusses auf die Funktions- und Anforderungserfüllung von ASF zu untersuchen.

Die Größe „Stand der Realitätserkenntnis und Technologie“ ist von den „natürlichen Gegebenheiten“ insofern abzugrenzen, als es sich hierbei bereits um einen Teilbereich der kulturellen Umwelt einer Unternehmung handelt.[556] Grundlegend für die Entwicklung einer Kultur ist einerseits die Fähigkeit der Individuen innerhalb eines Kulturkreises (i. S. einer Landes- bzw. Regionenkultur), die Beschaffenheit, Struktur und Funktionsweise der natürlichen Systeme zu erkennen und andererseits einen verfahrenstechnischen Stand hervorzubringen, der es ermöglicht, die Realitätserkenntnisse in zielorientiertes Handeln umzusetzen.[557] *Dülfer* führt in diesem Zusammenhang insbesondere die Sprache und den daran anknüpfenden Stand der Ausbildung und Erziehung einer Kultur an. Auf Basis eines bestimmten Standes der Realitätserkenntnis und Technologie können sich dann die einer Kultur impliziten individuellen Wertvorstellungen herausbilden.[558] Die Einflussgröße „Stand der Realitätserkenntnis und Technologie“ kann somit als unterste und tragende Schicht der kulturellen Umwelt gesehen werden.[559]

Bei der Übertragung auf ASF können die möglichen Einflussfaktoren Bildungsstand und Sprache bereits hier ausgeschlossen werden: Wird dieser unternehmungsspezifische Kontextfaktor herangezogen, ist natürlich davon auszugehen, dass innerhalb der Gruppe der Führungskräfte ein ähnliches Niveau im Bildungsstand und der sprachlichen Kommunikationsfähigkeit vorhanden ist, unabhängig davon, welcher Kultur die Führungskräfte entstammen. Dies gilt allein schon deshalb, weil eine Führungskraft bestimmte Anforderungen erfüllen muss, um die „technische“ Fähigkeit zur Erfüllung ihrer Aufgaben zu besitzen.[560] Auch der Bildungsstand innerhalb der Länder, in denen die multinationale Unternehmung ihre Unternehmungstätigkeit ausübt, kann auf die ASF keinen Einfluss besitzen, da das An-

---

[554] Vgl. Dülfer (2001), S. 277.

[555] Ebd.

[556] Im Gegensatz zur natürlichen Umwelt. Vgl. Dülfer (2001), S. 258.

[557] Ebd.

[558] Ebd.

[559] Ebd.

[560] Vgl. Schieffer (1998), S. 105 ff. und die dort angeführten Ansätze zur Bestimmung der Anforderungen und Erfolgsfaktoren von Führungskräften.

reizsystem ein unternehmungsinternes Instrument darstellt und unabhängig von der Bevölkerung eines Landes besteht.[561]

Ähnlich verhält es sich mit dem Stand der Technologie. Wird zunächst die unternehmungsspezifische Perspektive betrachtet, kann aufgrund des hier vorliegenden Verständnisses einer multinationalen Unternehmung[562] davon ausgegangen werden, dass die relevanten Unternehmungen einen jeweils ähnlichen Entwicklungsstand – auch aufgrund des angenommenen ähnlichen Realitätserkenntnisstandes – aufweisen bzw. eine Unternehmung sich diesen ggf. selbst aneignen kann. Dieser Faktor hat deshalb keinen Einfluss auf die ASF. Wird eine unternehmungsumfeldspezifische Perspektive angelegt, ergibt sich wiederum ein ähnliches Argumentationsmuster wie für den Bildungsstand des Landes, in dem die Unternehmung tätig ist. Die Technologie im jeweiligen Gastland kann zwar als Einflussfaktor für die Unternehmungstätigkeit der multinationalen Unternehmung, etwa im Sinn von fehlenden Entwicklungsniveaus des Gastlandes vorliegen,[563] dies kann jedoch keinen direkten Einfluss auf ASF und deren Ausgestaltung besitzen. Der Kontextfaktor „Stand der Realitätserkenntnis und Technologie“ als potentieller Einflussfaktor für ASF in multinationalen Unternehmungen wird dementsprechend bereits hier von einer weiteren Analyse ausgeschlossen.

Bei Betrachtung des nächsten möglichen Einflussfaktors für ASF, den „sozialen Beziehungen und Bindungen“, fällt auf, dass dieser nicht isoliert von den „kulturellen individuellen Wertvorstellungen“ gesehen werden kann. Soziale Beziehungen und Bindungen entwickeln und verändern sich nämlich auf der Basis der in einer Kultur vorherrschenden Wertvorstellungen.[564] Die „kulturbedingten individuellen Wertestrukturen“ wurden aus weiter oben angeführten Gründen als eigenständiger potentieller Einflussfaktor identifiziert und analysiert.[565] Die „sozialen Beziehungen und Bindungen“ sind in dieser Analyse bereits integriert, denn die dort verwendeten Kulturdimensionen haben – wie klar gezeigt werden konnte – vielfach die Beschreibung des zwischenmenschlichen Verhaltens in unterschiedlichen Kulturen zum Inhalt. Die „sozialen Beziehungen und Bindungen“ müssen demnach in dem vorliegenden Zusammenhang hier nicht weiter analysiert werden.

---

[561] Ein Einfluss ist lediglich dann denkbar, wenn Anreizsysteme zukünftig „öffentlich“ gemacht werden und dementsprechend auch von der nicht zur Unternehmung gehörenden Bevölkerung beurteilt werden können. Der Bildungsstand einer Kultur kann dann zu einer unterschiedlichen Bewertung des ASF führen, was wiederum das Ansehen der Unternehmung innerhalb eines Landes positiv oder negativ beeinflussen kann und sich auf Kundenbeziehungen u. a. auswirken kann. Dies stellt jedoch eine sehr hypothetische Überlegung dar und wird deshalb nicht weiter betrachtet.

[562] Allein aufgrund der vorgenommenen Begriffsexplikation erübrigt sich eine solche Analyse, da hierdurch lediglich eine Art der multinationalen Unternehmung definiert ist, die sich u. a. durch einen ähnlichen Wissens- und Technologiestand auszeichnet. Vgl. auch die Ausführungen zur Begriffsexplikation in Abschnitt I.B.1.

[563] Vgl. Dülfer (2001), S. 315 ff.

[564] Ebd., S. 360.

[565] Vgl. die Ausführungen in Abschnitt III.A.4.

Als weitere potentielle Einflussgröße für ASF konnten die rechtlich-politischen Normen festgestellt werden. Inhaltlich handelt es sich nach *Dülfer* hierbei zum einen um die rechtlichen Normen und zum anderen um politische Postulate.[566] Da politische Ideologien die Rechtsordnung eines Landes in starkem Maß beeinflussen können, sind diese beiden Größen nicht eindeutig voneinander zu trennen und nicht unabhängig zu betrachten.[567]

Rechtliche Regelungen unterliegen meist graduellen Änderungen, allerdings können auch grundlegende Änderungen auftreten, wenn etwa in einem Land ein fundamentaler Politikwechsel erfolgt.[568] Rechtliche Regelungen können von Land zu Land unterschiedlich sein und sind zudem mit den entsprechenden kulturellen Werten verknüpft, da sie letztlich als Ausdruck der jeweiligen Landeskultur gesehen werden können.[569]

Für eine multinationale Unternehmung, die in verschiedenen Ländern ihre Unternehmungstätigkeit ausübt, stellen insbesondere die Rechtsordnungen dieser Länder – zumindest kurzfristig – unbeeinflussbare Rahmenbedingungen dar. Sie beinhalten die rechtlichen Regelungen für die Abwicklung des wirtschaftlichen Verkehrs und der einzelnen Geschäftsarten:[570] Das sind insbesondere Regelungen im Handels-, Wirtschafts-, Gesellschafts-, Unternehmens-, Arbeits-, Sozial-, Wettbewerbs- und im Steuerrecht.

Allerdings ist eine themenspezifische Erweiterung zu den von *Dülfer* angeführten rechtlichen und politischen Normen vorzunehmen und zwar dahingehend, dass rechtliche und politische Regelungen eines Landes die nationale Ausgestaltung institutioneller Faktoren determinieren können. Dies erscheint grundlegend für eine vollständigere Analyse der rechtlich-politischen Normen als mögliche Einflussgröße für ASF. So ist etwa die Funktionsweise der Institution „Kapitalmarkt" nur dann gesichert, wenn sowohl rechtliche als auch politische Normen eines Landes die Transformationsfunktion eines Kapitalmarkts überhaupt unterstützen.[571] Dies ist im allgemeinen nur dann der Fall, wenn das politische und rechtliche System eines Landes liberal demokratisch und marktwirtschaftlich – und etwa nicht egalitär autoritär und planwirtschaftlich – orientiert ist.[572] Einige Autoren gehen sogar so weit, bei der Diskus-

---

[566] Vgl. Dülfer (2001), S. 388.

[567] So ist z. B. die Mitbestimmung in Unternehmungen sowohl eine rechtliche Größe, da sie im Rechtssystem eines Landes festgelegt sind, aber auch eine politische Größe, da die Mitbestimmung im Interesse verschiedener politischer Interessengruppen – etwa Gewerkschaften vs. Arbeitgeberverbände – liegt.

[568] Vgl. z. B. Hibbert (1997), S. 66.

[569] Vgl. Wälchli (1995), S. 176. Dies begründet auch, dass die rechtlich-politischen Normen im Umweltschichtenmodell von *Dülfer* als oberste Schicht der globalen Umwelt in das Modell eingehen (vgl. auch die Ausführungen in Abschnitt III.A.3.2).

[570] Vgl. Dülfer (2001), S. 395.

[571] Vgl. z. B. Schmidt (1998), S. 23 ff. zur Transformationsfunktion eines Kapitalmarkts oder auch Copeland/Weston (1988), S. 330 ff.

[572] Vgl. Robert/Weetman/Gordon (1998), S. 10 ff.

sion liberal demokratischer und marktwirtschaftlich ausgerichteter Länder zwei idealtypische Ausprägungen solcher Systeme voneinander zu unterscheiden.[573] So weisen Länder mit rein marktwirtschaftlicher, shareholder-value-orientierter Prägung – wie es für angelsächsische Länder (USA, Großbritannien) eher typisch ist – in der Regel folgende institutionellen Elemente auf: überragende Bedeutung der Finanzierung über den Kapitalmarkt, geringer Einfluss von Banken bei der Finanzierung von Unternehmungen, marktbasiertes Alterssicherungssystem oder auch hoher Streubesitzanteil von Aktien; Länder mit sozial-marktwirtschaftlicher Prägung hingegen – wie etwa das deutsche stakeholder-orientierte System – sind durch anders ausgerichtete institutionelle Elemente bestimmt, wie etwa eine größere Rolle der Banken bei der externen Unternehmensfinanzierung als die des Kapitalmarkts, eine relativ enge Eigentümerstruktur bei Aktien, eher dauerhafte Arbeitsbeziehungen sowie eine große Bedeutung der Mitbestimmung.[574]

Wichtig erscheint bei der Gesamtbetrachtung eines Landes, dass die Elemente eines Landessystems in rechtlich-politischer sowie ökonomisch-institutioneller Dimension zueinander passen.[575] So hängt die effiziente Funktionsweise der nationalen Institution „Kapitalmarkt" nicht nur von der politischen Akzeptanz des Kapitalmarkts in der Öffentlichkeit eines Landes ab, sondern auch davon, inwieweit Investoren durch die rechtlichen Regelungen eines Landes (etwa Rechnungslegungsrecht, Offenlegungspflichten von Unternehmungen) durch umfassende und zeitnahe Veröffentlichung finanzieller Informationen „geschützt" werden.[576] Andererseits hat auch der Kapitalmarkt eines Landes wiederum Einfluss auf rechtliche Regelungen, wie zum Beispiel die der Rechnungslegung.[577]

Ähnliches gilt auch für die nationale Institution „Arbeitsmarkt". Durch rechtliche Regelungen (etwa das Kündigungsrecht) wird das Angebot an Führungskräften auf dem nationalen Arbeitsmarkt mitbeeinflusst. Darüber hinaus können auch politische Faktoren die Verfügbarkeit geeigneter Führungskräfte auf dem Arbeitsmarkt eines Landes beeinflussen. So ist bspw. die spezifische Ausbildung einer Führungskraft auch von der nationalen Bildungspolitik abhängig. Oder auch die Möglichkeit, berufliche Tätigkeit und Familie (insbesondere für weibliche Führungskräfte) vereinbaren zu können, ist durch rechtliche und politische Regelungen und Normen beeinflussbar.

Bestimmte rechtlich-politische Normen eines Landes beeinflussen demnach die Ausgestaltung von nationalen Institutionen; institutionelle Ausgestaltungen determinieren wiederum

[573] Vgl. Schmidt/Hackethal/Tyrell (2002), S. 15ff.

[574] Vgl. Radebaugh/Gray (2002), S. 20 ff., Roberts/Weetman/Gordon (1998), S. 18 ff. sowie Schmidt/Hackethal/ Tyrell (2002), S. 15 ff. bzw. auch Schmidt (2000), S. 39.

[575] Vgl. ebd. sowie Schmidt (1998), S. 23 ff.

[576] Vgl. Roberts/Weetman/Gordon (1998), S. 17 ff.

[577] Vgl. Pellens (1999), S. 27 f.

rechtliche und politische Regelungen eines Landes. Aus Präzisionsgründen erscheint es daher sinnvoll und geboten, die Einflussgröße „rechtlich-politische Normen" um die Dimension implizierter „institutioneller Ausgestaltungen" zu erweitern. Dies soll deshalb innerhalb der Analyse bezüglich der Einflüsse rechtlich-politischer Normen auf die Funktions- (und später auch die Anforderungs-)erfüllung erfolgen. In der folgenden Analyse sind somit – um eine „vollständige" (mögliche) Einflussgröße analysieren zu können – neben den rechtlichen und politischen Faktoren auch institutionelle Faktoren mit einzubeziehen.

Bedingt durch unterschiedliche Ausprägungen gesetzlicher Regelungen, politischer Kodizes sowie institutioneller Ausgestaltungen in verschiedenen Ländern ist auf der einen Seite ein differenzierter, auf der anderen Seite ein beschränkter Einsatz bestimmter Anreizsysteme in Unternehmungen denkbar. Für die Einflussgröße „rechtlich-politisch-institutionelle Faktoren" ergibt sich demnach eine eigenständige Analyse als eigenständiger potentieller Einflussfaktor für ASF in multinationalen Unternehmungen.

Als verbleibende potentielle Einflussfaktoren für ASF in multinationalen Unternehmungen ergeben sich somit die „natürlichen Gegebenheiten" und die „rechtlich-politisch-institutionellen Faktoren". Diese werden im Folgenden hinsichtlich ihrer determinierenden Wirkung auf die Funktions- und Anforderungserfüllung von ASF untersucht, wobei in Analogie zum Vorgehen bei den kulturbedingten individuellen Wertestrukturen zunächst die Funktionserfüllung und im Anschluss daran die Anforderungserfüllung näher betrachtet wird.

2.2 Implikationen für die Funktionserfüllung

Da hier zwei unterschiedliche Einflussgrößen innerhalb der Gruppe der kontextualen Faktoren zu betrachten sind, wird zuerst in einem Unterpunkt a) der Kontextfaktor „natürliche Gegebenheiten" herangezogen und danach, in b), werden die „rechtlich-politisch-institutionellen Faktoren" näher analysiert. Dazu wird auch hier zunächst die Möglichkeit eines Einflusses bezüglich der Erfüllung der Motivationsfunktion untersucht und daran anschließend jene bezüglich der Personalselektions- und der Koordinationsfunktion.

a) „natürliche Gegebenheiten"

Zu den „natürlichen Gegebenheiten" zählen die topographischen Bedingungen (Gewässer, Gebirge, Wüsten etc.), die lebenswichtigen Ressourcen (Trinkwasser, unverschmutzte Atmosphäre etc.) und auch die klimatischen Bedingungen (Temperatur, Luftfeuchtigkeit etc.).[578]

---

[578] Vgl. Dülfer (2001), S. 277. *Dülfer* diskutiert auch, ob Bodenschätze und Monokulturen dazu zu zählen sind, allerdings nicht als Umwelteinflüsse, sondern als Standortfaktoren. Diese werden hier nicht berücksichtigt. *Dülfer* spricht ihnen zwar einen grundsätzlichen Einfluss auf die jeweilige Region zu, da Bodenschätze bzw. Monokulturen sich als besondere Standortbedingungen für die Ansiedlung von Industrie und Landwirtschaft anbieten und somit den kulturellen Entwicklungsstand beeinflussen. (Ebd., S. 278) Da aber zuvor bereits der Entwicklungsstand einer Kultur als möglicher Einflussfaktor für ASF ausgeschlossen wurde, erscheint eine Aufnahme dieses Aspektes auch hier nicht angebracht.

Soll ein Einfluss dieser Umwelteinflüsse auf die Funktionserfüllung von ASF herausgefunden werden, muss analysiert werden, inwieweit diese Einflüsse die Motivation von Führungskräften beeinflussen können. In der Literatur werden in diesem Zusammenhang die klimatischen Umweltbedingungen als die Leistungsfähigkeit von Mitarbeitern einer Unternehmung determinierende Einflüsse innerhalb der natürlichen Gegebenheiten angeführt.[579] Zunächst seien die Resultate der Literatur dargestellt, im Anschluss erfolgt dann eine zunehmend kritischer betrachtende Analyse des Einflusses der natürlichen Gegebenheiten auf die Funktionserfüllung.

Bei Führungskräften im hier verstandenen Sinn[580] interessiert vor allem der Einfluss des Klimas auf die geistige Arbeit.[581] In den Studien ergab sich ein Einfluss der Temperatur auf die Arbeitsfähigkeit bei geistiger Arbeit so, dass ab einer Temperatur von 27°C ein Leistungsabfall auftreten kann. Hierbei spielte aber die Arbeitsgeschwindigkeit eine entscheidende Rolle: Bei geringer Arbeitsgeschwindigkeit konnten Grenzwerte von mehr als 32°C erreicht werden.[582] Die Leistungsfähigkeit einer Führungskraft kann dementsprechend davon abhängig sein, in welchem klimatischen Gebiet die Führungskraft ihre Tätigkeit ausübt.

Soll geklärt werden, ob klimatische Bedingungen einen Einfluss auf die Motivation von Führungskräften besitzen, ist zunächst noch einmal das Konzept der Synthese hinsichtlich der Motivation heranzuziehen.[583] Hierbei ergab sich, dass sowohl die Leistungsbereitschaft als auch Faktoren, wie die Arbeitskenntnis, die Arbeitsbedingungen und die persönliche Eignung entscheidend dafür sind, ob ein bestimmtes Leistungsverhalten realisiert wird. Der Einfluss klimatischer Bedingungen betrifft entsprechend die Arbeitsbedingungen. Es kann zwar davon ausgegangen werden, dass Führungskräfte, die in multinationalen Unternehmungen tätig sind, ein ausreichendes Bereitschaftsniveau besitzen, auch unter besonderen klimatischen Bedingungen zu arbeiten;[584] ein Beeinflussungsfaktor „klimatische Bedingungen" bezüglich der Motivation der Führungskräfte kann jedoch nicht ausgeschlossen werden.

Ist eine Führungskraft in einer Umgebung tätig, die aufgrund ihrer klimatischen Bedingungen erschwerte Arbeitsbedingungen bedeutet,[585] kann dies laut Synthesemodell der Motiva-

---

[579] Vgl. z. B. Linke (1996), S. 35, Kammel/Teichelmann (1994), S. 76, Pawlik (2000), S. 56.

[580] Vgl. die Ausführungen zur Begriffsexplikation in Abschnitt I.B.2.

[581] Dies steht im Gegensatz zu Einflüssen der klimatischen Umweltbedingungen auf die Leistungsfähigkeit bei körperlicher Arbeit. Das bedeutet nicht, dass Führungskräfte keine körperliche Arbeit verrichten bzw. auch nicht den Umkehrschluss, dass lediglich Führungskräfte geistige Arbeit verrichten.

[582] Vgl. Wenzel/Piekarski (1984), S. 155.

[583] Vgl. Abschnitt II.B.2.1.

[584] Vgl. Schieffer (1998), S. 127 und die Übersicht der empirischen Studien von Kotter (1982), Levinson/Rosentahl (1984) u. a. (ebd., S. 125.)

[585] Bspw. die Tätigkeit in einem Land, in dem Temperaturen von bis zu 45°C vorkommen und zudem einen hohe Luftfeuchtigkeit herrscht.

tion Auswirkungen auf die Motivation der Führungskraft haben, und zwar dann, wenn die erschwerten Arbeitsbedingungen von der Führungskraft als solche empfunden werden.[586] Die wahrgenommene Situation einer erschwerten Leistungserbringung wird wiederum zu einer anderen Erwartung (sowohl Anstrengungs- als auch Konsequenzerwartung) der Führungskraft hinsichtlich der ihr gewährten Anreize führen. Das empfundene Ungleichgewicht zwischen Anreizen und Leistungsbeitrag muss dann von der Unternehmung durch eine Änderung der Anreize ausgeglichen werden, um die Motivation der Führungskraft zur Beitragsleistung im Sinn der Unternehmung zu erreichen. Einen Einfluss der klimatischen Bedingungen – als „natürliche Gegebenheit" – auf die Erfüllung der Motivationsfunktion ist dementsprechend möglich.

Es muss allerdings die Einschränkung gemacht werden, dass dies vorrangig lediglich dann gelten wird, wenn es um die Tätigkeit einer Führungskraft in einer multinationalen Unternehmung geht, die ihren Sitz bzw. den Sitz einer Tochtergesellschaft in Ländern mit extremen klimatischen Bedingungen für die Führungskräfte, etwa bestimmten Entwicklungsländern, hat.[587] Und selbst hier muss beachtet werden, dass in solchen Ländern die Arbeits- und Wohnräume zum größten Teil mit Klimaanlagen ausgerüstet sind, so dass extreme Klimabedingungen in dem Tätigkeitsland der Führungskraft dann doch keine Einflüsse auf die Leistung haben und dementsprechend zu keinem Leistungsabfall führen müssen.[588]

Hinsichtlich der Erfüllung der Personalselektionsfunktion – der Motivation geeigneter Führungskräfte zum Eintritt in die Unternehmung – ist das o. a. Argument hier anzuführen, dass international tätige Führungskräfte i. d. R. ein ausreichendes Bereitschaftsniveau besitzen, in Gebieten mit extremen klimatischen Bedingungen zu arbeiten. Die Berücksichtigung solcher Bedingungen innerhalb des Anreizsystems als selektives Auswahlinstrument ist demnach nicht notwendig. Lediglich die in der Literatur immer wieder angeführte Anforderung der besonderen physischen Belastbarkeit für eine Tätigkeit in Ländern mit extremen klimatischen Bedingungen sollte innerhalb des Personalauswahlprozesses berücksichtigt werden.[589] Dies kann jedoch nicht Aufgabe des Anreizsystems sein, da physische Aspekte innerhalb eines Anreizsystems für Führungskräfte schwer zu erfassen sind.[590] Zudem kann die Erträg-

---

[586] Vgl. die Ausführungen zum Leistungsdeterminantenkonzept als Synthesemodell zur Motivation in Abschnitt II.B.2.1.

[587] Vgl. Dülfer (2001), S. 281.

[588] Im Rahmen dieser Argumentation wurde auf die grundsätzliche Verwendung von Klimaanlagen bereits 1975 verwiesen (vgl. Spring (1975), S. 93), so dass davon auszugehen ist, dass dies heute eine Grundvoraussetzung darstellt. Auch wenn *Dülfer* feststellt, dass dies auch manchmal nicht so sein muss bzw. die Klimaanlagen gerade in Entwicklungsländern gelegentlich außer Betrieb sind (vgl. Dülfer (2001), S. 286), kann man dennoch davon ausgehen, dass Klimaanlagen i. d. R. zum „normalen" Standard gehören.

[589] Vgl. Linke (1996), S. 35.

[590] Bei der Berücksichtigung der physischen Eignung der Führungskraft für den Einsatz in besonderen klimatischen Gebieten bieten sich eher medizinische Eignungstests an.

lichkeit extremer klimatischer Bedingungen aufgrund individuell unterschiedlicher physischer und psychischer Komponenten erheblich differieren.[591] Es geht demnach vielmehr um die individuelle physische Eignung der jeweiligen Führungskraft für eine solche Tätigkeit. Ein primärer Einfluss auf die Erfüllung der Motivations- oder Personalselektionsfunktion besteht nicht.

Ebenso verhält es sich mit einem Einfluss der „natürlichen Gegebenheiten“ auf die Koordinationsfunktion. Dieser Einfluss ist ebenfalls nicht zu erwarten bzw. nur in dem Maß, in dem die Koordinationsfunktion als Teilfunktion der Motivationsfunktion, also die Motivation zur Beitragserbringung, geschmälert wird. Wenn allerdings eine Führungskraft auch unter extremen klimatischen Bedingungen motiviert ist ihren Beitrag für die Unternehmung zu erreichen, ist es unabhängig von diesen klimatischen Bedingungen, ob sie diese Beitragsleistung auch in eine geeignete Ausrichtung, im Sinne der Erreichung der Unternehmungsziele durch kooperatives und koordiniertes Verhalten, umsetzt.

Die „natürlichen Gegebenheiten“ könnten entsprechend der Ausführungen einen Einfluss auf die Funktionserfüllung besitzen. Allerdings kann dieser aufgrund der angeführten Gegenargumente lediglich von untergeordneter Bedeutung sein und erscheint daher hier vernachlässigbar. Um einen negativen Einfluss auf die Leistungsmotivation der Führungskräfte aufgrund des Einflusses natürlicher Gegebenheiten aber in jedem Fall auszuschließen, kann eine Unternehmung zusätzliche Anreize gewähren, die für die möglichen empfundenen schwierigeren Arbeitsbedingungen bzw. einer empfundenen ungerechten Beurteilung aufgrund anderer Leistungserbringungsmöglichkeiten – etwa durch extreme klimatische Bedingungen – die Führungskraft entschädigen und ihre ursprüngliche oder künftige Leistungsbereitschaft wieder herstellen.[592]

b) rechtlich-politisch-institutionelle Faktoren

Inwieweit müssen die rechtlich-politisch-institutionellen Faktoren als Einflussfaktoren auf ASF in multinationalen Unternehmungen berücksichtigt werden? Zur Beantwortung wird auch hier zunächst eine Beeinflussungsmöglichkeit der Funktionserfüllung analysiert. Da eine geschlossene Betrachtung sämtlich möglicher rechtlich-politisch-institutioneller Einflussfaktoren und deren interdependenten Zusammenhänge eine sehr umfangreiche Argu-

---

[591] Vgl. Dülfer (2001), S. 294.

[592] So wird bei Entsendungen von sog. Expatriates i. d. R. zusätzlich zur eigentlichen Entlohnung von der Unternehmung auch eine sog. Auslandszulage gezahlt, die sich aus einer Mobilitätszulage und einer Erschwerniszulage zusammensetzt. Die Erschwerniszulage beinhaltet dabei auch eine geldliche Entschädigung für landesspezifische Belastungen durch Umweltbedingungen, wie erschwerte klimatische Bedingungen, infrastrukturelle Mängel (vgl. z. B. Weber/Festing/Dowling/Schuler (2001), S. 236 f.). Allerdings handelt es sich hierbei um die Vergütungszusammensetzung von ins Ausland entsandten Mitarbeitern einer Unternehmung, die per se nicht notwendigerweise der Gruppe der Führungskräfte angehören. Bei den hier betrachteten Führungskräften sollten die natürlichen Gegebenheiten analog den o. a. Argumenten keinen großen Einfluss auf ihre Motivation zur Leistungserbringung besitzen.

mentation hinsichtlich des Einflusses auf die Funktionserfüllung von ASF bedeuten würde, wird hier davon Abstand genommen. Stattdessen erfolgt jeweils eine separate Argumentation rechtlicher, politischer und institutioneller Einflussfaktoren und deren Implikationen für die Funktionserfüllung eines ASF, auf eine Weise, die ein beispielhaftes Heranziehen wichtiger Aspekte für ein ASF ermöglicht.[593]

(b1) rechtliche Faktoren

Bei einer isolierten Betrachtung der rechtlichen Einflussgrößen stellt sich vorab die Frage, welche der rechtlichen Regelungen für die Funktionserfüllung eines ASF relevant sein können. Da in unterschiedlichen Ländern die einzelnen Gesetzgebungen zum Teil verschiedene Inhalte besitzen, erscheint es sinnvoll, sich in der Analyse der Abhängigkeit der Funktionserfüllung eines ASF von rechtlichen Regelungen lediglich auf die allgemeinen Inhalte – nicht aber auf die entsprechenden Gesetzestypen – zu konzentrieren. Ein umfassender Überblick über die speziellen Einflussmöglichkeiten rechtlicher Regelungen in den verschiedenen Ländern, in denen eine multinationale Unternehmung tätig ist, bedürfte eines vollständigen Vergleichs sämtlicher international existierender Rechtsordnungen. Selbst innerhalb des rechtswissenschaftlichen Forschungsbereichs ist dies in geeigneter Weise kaum möglich.[594] Es sollte hier deshalb zunächst darum gehen, die für die Darstellung der Zusammenhänge zwischen den Gestaltungsfaktoren eines ASF in einer multinationalen Unternehmung relevanten Arten rechtlicher Regelungen zu identifizieren, um diese dann hinsichtlich ihrer Beeinflussungsmöglichkeit auf die Funktionserfüllung zu untersuchen.

Für die Betrachtung der Beeinflussungsmöglichkeiten rechtlicher Regelungen auf die Funktionserfüllung eines ASF in multinationalen Unternehmungen kommen primär diejenigen Regelungen in Frage, die in direktem Zusammenhang mit der Unternehmungstätigkeit stehen. Auf diese soll hier das Interesse gerichtet werden. Hierzu gehören als erstes die Rechtsregelungen, welche die Rechtsform einer Unternehmung betreffen. Für bestimmte Rechtsformen, etwa Aktiengesellschaften die an einer Börse notiert sind, sind darüber hinaus die rechtlichen Regelungen, die den Kapitalmarkt des jeweiligen Landes betreffen, verpflichtend. Ebenfalls mit der Art der Rechtsform einer Unternehmung sind häufig die Rechtsvorschriften verbunden, welche die Art und Weise der Bilanzierung – die etwa rechtsform- oder unternehmungsgrößenabhängig sein können – der jeweiligen Unternehmung regeln. Auch die Rechtsvorschriften zur Regelung der Mitbestimmung innerhalb der Unternehmung haben direkte Wirkung auf die Durchführung der Unternehmungstätigkeit einer Unternehmung. Für alle Unternehmungen eines Landes, unabhängig von ihrer Rechtsform,

[593] Dabei darf jedoch nicht aus den Augen verloren werden, dass diese Separierung lediglich aus Gründen der theoretischen Erfassung erfolgt und in der Realität interdependente Beziehungen zwischen den drei Faktoren bestehen, die einer eindeutigen Trennung entgegen stehen.

[594] Vgl. Wolf (1994), S. 503.

gelten zudem steuerrechtliche Regelungen. Diese angeführten rechtlichen Regelungen sollen im Folgenden für die Analyse hinsichtlich eines möglichen Einflussfaktors „rechtliche Regelungen" auf die Funktionserfüllung eines ASF verwendet werden.[595] Dabei ist stets zu beachten, dass auch diese rechtlichen Regelungen sich untereinander beeinflussen können.[596]

Die Wahl der Rechtsform einer Unternehmung kann beeinflussend auf die Motivation einer Führungskraft wirken. Dies gilt dann, wenn die durch sie determinierten Möglichkeiten in der Ausgestaltung eines ASF die Auslösung eines Motivationsprozesses – also die mögliche Befriedigung eines Motivs einer Führungskraft – verhindern.[597] Eine Führungskraft könnte bspw. – aufgrund ihrer kulturellen oder anderer individuellen Werte – das Motiv einer möglichst hohen Vergütung ihrer Tätigkeit haben. Die Motivation der Führungskraft kann dann nicht erreicht werden, wenn die Unternehmung aufgrund rechtlicher Vorschriften keine Rechtsform annehmen kann, die Anreizarten zulässt, die eine solche höchstmögliche Vergütung ermöglichen würden. Ein Beispiel hierfür wären Vergütungen auf der Grundlage von Aktienoptionen: In den Erhebungen zur Vergütung von Führungskräften konnten in den letzten Jahren Aktienoptionen eindeutig als diejenige Vergütungskomponente identifiziert werden, die gegenüber anderen Formen die höchstmögliche Vergütung einer Führungskraft zuließen – auch wenn dies fraglos mit der Hausse an den weltweiten Börsen im letzten Jahrzehnt des vergangenen Jahrhunderts zusammenhängt.[598] Es kann demnach entscheidend für die Motivation einer Führungskraft sein, ob die rechtlichen Regelungen eines Landes bestimmte Arten von Rechtsformen von Unternehmungen etwa an einem organisierten Kapitalmarkt gelistete Aktiengesellschaften, zulassen.[599]

---

[595] Natürlich existieren weitere rechtliche Regelungen innerhalb eines Landes, denen ein Einfluss auf die Unternehmungstätigkeit zugesprochen werden kann, etwa das Wettbewerbsrecht. Die hier angeführten Rechtsregelungen erscheinen aber – wie noch zu zeigen ist – einerseits als wichtig im Hinblick auf einen möglichen Einfluss auf die Gestaltung eines ASF in einer multinationalen Unternehmung. Zudem sollten sie ausreichend sein, um bewerten zu können, ob die rechtlichen Regelungen einen Einfluss ausüben können.

[596] So sind etwa die handelsrechtlichen und die steuerrechtlichen Regelungen in verschiedenen Ländern eng miteinander verbunden und zwar dadurch, dass ein handelsrechtlicher Jahresabschluss der Rechnungslegung „maßgeblich" für die Erstellung der Steuerbilanz ist (tax book conformity). Siehe dazu etwa die Verknüpfung von Rechnungslegungsrecht und Besteuerung in Deutschland (vgl. Baetge/Kirsch/Thiele (2002), S. 146 ff.) oder auch in Europa (vgl. Joos/Lang (1994), S. 144 ff.).

[597] Motive bezeichnen in diesem Zusammenhang diejenigen Wertdispositionen, deren Befriedigung Voraussetzung für eine positive Leistungsbereitschaft ist (vgl. Berthel (2000), S. 36 und die Ausführungen in Abschnitt II.B.2.1).

[598] Vgl. dazu etwa die bei Balsam (2002), S. 50 f. dargestellten Übersichten über die durchschnittliche Höhe einzelner Vergütungskomponenten der CEO in den Jahren 1992-2000 in den USA, bei denen die Aktienoptionen seit 1995 regelmäßig die höchste Vergütungskomponente lieferten.

[599] Die Argumentation hinsichtlich der rechtlich möglichen Rechtsformwahl einer Unternehmung kann heute allerdings als nahezu irrelevant bezeichnet werden. So existiert etwa in sämtlichen Ländern der Europäischen Union die Rechtsform der Aktiengesellschaft (vgl. Dülfer (2001), S. 397). Allerdings wäre noch vor zehn Jahren innerhalb der osteuropäischen Länder die Aktiengesellschaft als Unternehmungsrechtsform undenkbar gewesen. *Holtbrügge* führte 1995 zu der Entwicklung notwendiger rechtlicher Regelungen, die das Wirtschaftssystem der osteuropäischen Länder betreffe aus, dass etwa in Weißrussland sämtliche alte Struktu-

Eng mit der Art der Rechtsform hängen die kapitalmarktrechtlichen Regelungen eines Landes zusammen. Zur Verdeutlichung des Einflusses auf die Erfüllung der Motivationsfunktion kann das gerade angeführte Beispiel weitergeführt werden. Die Motivation einer Führungskraft, die durch die Vergütung mittels Aktienoptionen erreicht werden könnte, ist dann nicht möglich, wenn aufgrund kapitalmarktrechtlicher Regelungen eines Landes eine solche Vergütungsmöglichkeit ausgeschlossen wird. Auch unterschiedliche kapitalmarktrechtliche Regelungen können demnach Einfluss auf die Erfüllung der Motivationsfunktion eines ASF in einer multinationalen Unternehmung besitzen.

Darüber hinaus gestalten sich auch Rechnungslegung determinierende bzw. sogenannte handelsrechtliche Vorschriften in verschiedenen Ländern unterschiedlich. Auch diese können Einfluss auf die Motivation der Führungskräfte besitzen. Dies wird dann der Fall sein, wenn eine Führungskraft aufgrund der durch das Handelsrecht geregelten Art der Ergebnis- bzw. Erfolgsermittlung, die gleichzeitig Anreizgrundlagen darstellen, geringere Anreize erhält als sie erwartet. Fällt nun das Unternehmungsergebnis aufgrund einer handelsrechtlich vorgeschriebenen Art geringer aus als erwartet und damit ebenso die gewährten Anreize, führt dies – in Schlussfolgerung des Leistungsdeterminantenkonzepts – zu einer Verminderung der Motivation. Der beschriebene Fall kann etwa dann eintreten, wenn eine amerikanische Führungskraft in eine deutsche Unternehmung kommt, deren Unternehmungsbilanzierung nach dem deutschen HGB erfolgt, das als sehr konservatives Rechnungslegungssystem bezeichnet wird und dementsprechend im Regelfall eher ein geringeres Unternehmungsergebnis zur Folge hat als eine Bilanzierung nach US-GAAP.[600]

Hinsichtlich der verschiedenen Rechnungslegungsarten ist auch ein Einfluss auf die Personalselektionsfunktion denkbar. Die Argumentation soll auch hier wiederum anhand des Beispiels der Führungskraft durchgeführt werden, die ihre Vergütung maximieren möchte. Unter der Annahme, dass in verschiedenen Unternehmungen – bzw. auch verschiedenen Tochtergesellschaften einer Unternehmung, die aber in unterschiedlichen Ländern ihre Unternehmungstätigkeit ausüben – gleiche Anreizsysteme, die gleichen Arbeitsbedingungen und zudem die gleiche Anforderung an die Beitragsleistung der Führungskraft gestellt werden, tritt eine solche Führungskraft in diejenige Unternehmung ein, von der sie die höchste Vergütung erwartet. Vielfach werden Ergebnisgrößen der Unternehmung als Basis für die Anreize der Führungskräfte verwendet, die aber in Abhängigkeit von der jeweiligen Art der

---

ren – auch in der Wirtschaft – noch weitgehend vorhanden sind (vgl. Holtbrügge (1995), S 82). Dies mag sich in den letzten sieben Jahren zwar geändert haben, es zeigt aber dennoch, dass in einem solchen Land die Rechtsform einer Aktiengesellschaft nicht möglich gewesen wäre. Die rechtlichen Regelungen über die Rechtsform einer Unternehmung müssen dementsprechend – wenn auch zum jetzigen Betrachtungszeitpunkt nur als „theoretische" – Einflussgröße berücksichtigt werden.

[600] Vgl. Pellens (1999), S. 516 oder auch auf differenziertere Weise Ballwieser (2000), S. 450 ff.

verwendeten Rechnungslegung unterschiedlich in ihrer Höhe ausfallen können.[601] In diejenige Unternehmung, die aufgrund ihrer rechtlichen Verpflichtung zur Wahl einer bestimmten Rechnungslegungsart das höchste Erfolgsmaß ermittelt, wird die Führungskraft eintreten, da hier ihre Opportunitätskosten hinsichtlich entgangener Anreize alternativer Unternehmungseintritte am niedrigsten ausfallen. Andere Unternehmungen mit einem „rechnungslegungsartbedingten“ geringeren Ausweis der entsprechenden Erfolgsgröße werden die Führungskraft nicht zu einem Eintritt in die Unternehmung motivieren können.

Ein Einfluss der rechtlichen Regelungen zur Mitbestimmung in Unternehmungen ist dann denkbar, wenn eine Form von Mitbestimmung in einer oder mehreren Gruppen von Entscheidungsträgern geregelt ist. Der Entscheidungsprozess, etwa über das Hinzufügen eines neuen, von einer Führungskraft erwünschten Anreizes in ein in der Unternehmung bestehendes ASF, kann sich dann aufgrund der verschiedenen Interessengruppen langwierig und komplex gestalten.[602] Eine negative Auswirkung auf die Motivation der Führungskraft ist denkbar. Allerdings sollte der Einfluss solcher rechtlicher Mitbestimmungsregelungen auf die Erfüllung der Motivationsfunktion eher gering angesehen werden.

Ein nicht zu vernachlässigender Einfluss rechtlicher Regelungen geht von den steuerrechtlichen Regelungen aus. Durch die steuerrechtlichen Regelungen eines Landes werden die Anreize, die eine multinationale Unternehmung ihren Führungskräften gewährt, häufig determiniert. Zum einen bezieht sich dieser Einfluss auf die Unternehmung selbst: Durch die jeweiligen landesspezifischen Steuerregelungen wird etwa bestimmt, in welchem Ausmaß die Unternehmung, Teil des erwirtschafteten Unternehmungsergebnisses an die Führungskräfte in Form von Anreizen gewähren kann, d. h. welches Unternehmungsergebnis nach Abzug der Steuern erhalten bleibt.[603] Zum anderen sind die Führungskräfte direkt betroffen, wenn die Anreize, die sie eigentlich von der Unternehmung in Aussicht gestellt bekommen haben, durch einkommenssteuerrechtliche Regelungen derart reduziert werden, dass die Konsequenzerwartung der Führungskräfte abnimmt (bzw. gegen Null läuft) und so deren Motivation reduziert.[604] Die Bedeutung der steuerrechtlichen Regelungen für die Motivation der Führungskräfte ist deshalb so relevant, weil sie in unterschiedlichen Tochtergesellschaften, die in verschiedenen Ländern tätig sind, sehr unterschiedlich ausfallen kann. Ein gleiches Anreizsystem für alle Führungskräfte ohne die Berücksichtigung der jeweilig landesspezifisch anfallenden Steuern wirkt dann für diejenigen Führungskräfte demotivierend, die

[601] Vgl. z. B. die Ausführungen – mit einer Beispielrechnung für die unterschiedlichen Rechnungslegungssysteme – bei Pellens (1999), S. 515 ff.

[602] Siehe etwa die unterschiedlichen Mitbestimmungsregelungen in Deutschland und anderen Ländern. In Deutschland haben auch die Arbeitnehmer ein Mitbestimmungsrecht (vgl. zur übersichtsartigen Darstellung der Mitbestimmungsregelungen in Deutschland z. B. Bühner (1996), S. 219 ff.).

[603] Vgl. Schnabel (1998), S. 63.

[604] Vgl. die Ausführungen in Abschnitt II.B.2.1.

in einem Land tätig sind, in dem ihre Anreize mit sehr hohen Steuern belegt werden. Die steuerrechtlichen Regelungen besitzen deshalb einen Einfluss auf die Erfüllung der Motivationsfunktion eines ASF.

Neben diesem Einfluss kann aber auch von einem Einfluss der steuerrechtlichen Regelungen auf die Erfüllung der Personalselektionsfunktion ausgegangen werden. Die unterschiedlichen Steuersysteme in verschiedenen Ländern können auch hier einen Einfluss auf die Erfüllung der Personalselektionsfunktion besitzen, wenn als Grundlage für die Anreizgewährung Größen herangezogen werden, die an den „Unternehmungserfolg nach Steuern" angelehnt sind.

Für die Erfüllung der Koordinationsfunktion gelten ähnliche Argumente wie die bereits für die Motivations- und die Personalselektionsfunktion angeführten. Im allgemeinen werden in Unternehmungen Gesamtunternehmungsgrößen als Basis für Anreize verwendet, die der Motivation zur koordinativen Verhaltensausrichtung dienen sollen.[605] Wie bereits gezeigt, können diese Unternehmungsgrößen sowohl durch unterschiedliche Rechnungslegungssysteme als auch durch steuerliche Aspekte beeinflusst werden. Die Motivation zu koordinativem Verhalten kann dementsprechend auch durch solche rechtlichen Aspekte beeinflusst werden.

Es konnte bisher gezeigt werden, dass rechtliche Größen einen Einfluss auf die Erfüllung aller Funktionen eines ASF besitzen können. Inwieweit auch politische Faktoren einen Einfluss haben können, soll im Folgenden näher analysiert werden.

(b2) politische Faktoren

Zunächst ist anzumerken, dass es sich bei den hier zu diskutierenden politischen Faktoren um diejenigen handelt, die durch politische Maßnahmen der bestimmenden Interessengruppen eines Landes bedingt sind, allerdings nicht um solche, wie sie bspw. bei *Finkelstein/ Hambrick*, *Gomez-Meija* oder auch *Winter* zu finden sind:[606] Dort werden die politischen Faktoren im Rahmen des Gestaltungsprozesses des ASF als diejenigen angesehen, die sich dadurch ergeben, dass es in einer Unternehmung verschiedene Interessengruppen gibt, die ihre jeweiligen Interessen bei der Gestaltung eines ASF durchsetzen möchten.

Werden die hier intendierten politischen Faktoren herangezogen, ist lediglich eine beispielhafte Argumentation hinsichtlich des Einflusses der politischen Faktoren auf die Funktionserfüllung eines ASF möglich. Eine vollständige Erfassung politischer Faktoren, die einen – auch indirekten – Einfluss auf die Funktionserfüllung besitzen können, ist aufgrund der Vielfalt, die sich aus den unterschiedlichen politischen Richtungen in den Ländern der Erde ergeben, nicht möglich. Zudem ergeben sich aus den o. a. Gründen viele Überschneidungen

[605] Vgl. Winter (1996a), S. 185.

[606] Vgl. Finkelstein/Hambrick (1988), S. 549 f., Gomez-Meija (1994), S. 185 f. und Winter (1996a), S. 27 ff.

zu den rechtlichen Einflussfaktoren. Deshalb sollen hier nur solche politischen Faktoren für die Analyse verwendet werden, die innerhalb der Diskussion rechtlicher Aspekte bisher nicht herangezogen wurden und zudem einen direkten Einfluss auf die Funktionserfüllung von ASF besitzen.

Als ein erster politischer Faktor kann bspw. die Inflationsrate eines Landes als beeinflussende Größe hinsichtlich der Funktionserfüllung herangezogen werden.[607] Ist aufgrund politischer Bedingungen oder Maßnahmen – bspw. bei Staatsausgabenfinanzierung durch Ausdehnung des Geldangebotes – in einem Land die Inflationsrate sehr hoch, hat dies Einfluss auf die Motivation der Führungskräfte, wenn dieser Aspekt nicht im ASF berücksichtigt wird.[608] Ebenso gilt dies in Ländern, in denen aufgrund fehlender marktwirtschaftlicher Preisbildungsmechanismen Geld als Zahlungsmittel nur noch begrenzt genutzt werden kann und sich andere Verteilungsmechanismen knapper Güter (etwa realer Gütertausch) herausgebildet haben.[609] In einem solchen Fall ist eine Führungskraft durch ein Anreizsystem zu motivieren, das die politischen Gegebenheiten berücksichtigt. Nur so kann aus Sicht der Führungskraft ein adäquater Ausgleich zu ihrer Beitragsleistung erreicht werden.

Aus motivationstheoretischen Aspekten betrifft dies die Anstrengungserwartung:[610] Die Führungskraft erkennt etwa, dass ihre Beitragsleistung aufgrund externer Faktoren nicht zum gewünschten Ergebnis führt. Demzufolge wird sich ihre Anstrengungserwartung reduzieren (u. U. bis zu einem Wert von Null), was wiederum aufgrund der multiplikativen Verknüpfung der Komponenten der Einsatzintensität zu einer verminderten bzw. gar keiner Leistungsbereitschaft führen kann.

Auch für die Personalselektionsfunktion ist ein Einfluss erkennbar. Soll in einem Land, in dem Geld seine Zahlungsfunktion eingebüßt hat, eine einheimische Führungskraft für eine Führungsposition in einer Tochtergesellschaft einer Unternehmung gewonnen werden, kann diese – bei Vergütung in Fremdlandwährung – nicht mit demselben Anreiz zum Eintritt in die Unternehmung bewogen werden, wie etwa in dem Stammland der Unternehmung, in dem Geld das Hauptzahlungsmittel darstellt. Dies lässt sich natürlich dadurch ausschließen, dass die Führungskraft – wo immer sie auch tätig ist – in einer stabilen Währung (etwa Euro oder US-Dollar) entlohnt wird.

---

[607] Auch bei diesem politischen Faktor ist wiederum eine Verbindung zum Rechtssystem eines Landes möglich: In Ländern, die das Nominalgeld als Zahlungsmittel verwenden wird das Geldangebot durch den Staat kontrolliert (politischer Faktor). Diese Kontrolle wird dadurch gewährleistet, dass durch Gesetze dem Staat das alleinige Recht, Geldscheine zu drucken, zugesprochen wird (rechtlicher Faktor) (vgl. z. B. Mankiw (1993), S. 195).

[608] Vgl. Welge/Holtbrügge (1998), S. 189.

[609] Dies gilt bspw. für die osteuropäischen Länder, in denen das Geld seine Funktion aufgrund einer hohen Kassenhaltungsinflation eingebüßt hat (vgl. Holtbrügge (1995), S. 93).

[610] Vgl. die Ausführungen in Abschnitt II.B.2.

Für die Erfüllung der Koordinationsfunktion gelten die gleichen Argumente wie innerhalb der Motivationsfunktion. Nur mit einem geeigneten Anreiz kann die Führungskraft zu koordinativem Verhalten motiviert werden. Dies würde im angeführten Fall natürlich kein monetärer Anreiz erfüllen können.

Eine weitere politische Größe, die im engen Zusammenhang mit den ASF steht, betrifft den unterschiedlichen Eingriff des Staates in verschiedenen Ländern in soziale Regelungen.[611] So wird etwa in skandinavischen Ländern, i. a. europäischen Ländern, ein relativ hohes Niveau im Sozialschutz per Gesetz erreicht.[612] Im Gegensatz dazu muss eine Führungskraft, die in einer US-amerikanischen Unternehmung tätig ist, einen hohen Teil ihrer Vergütung in die Gewährleistung solcher sozialen Dienste (etwa der medizinischen Versorgung) investieren.[613] Die Auswirkungen auf die Motivation der jeweiligen Führungskraft beziehen sich hierbei auf die Befriedigung ihrer Motive. So wird eine Führungskraft durch die Gewährung von Anreizen, die sich auf die soziale Absicherung beziehen, nur dann zur Beitragserbringung zu motivieren sein, wenn sie diese nicht ohnehin aufgrund der rechtlich-politischen Regelungen innerhalb des Landes, in dem sie tätig ist, erhält. Anderenfalls läge nämlich kein Motiv nach sozialer Absicherung und Versorgung vor, das zu befriedigen wäre. Gleiches gilt auch für die Motivation zum Eintritt in die Unternehmung, also die Erfüllung der Personalselektionsfunktion sowie die Motivation zur kooperativen Verhaltensausrichtung, der Erfüllung der Koordinationsfunktion.

Wie zu Beginn der Analyse hinsichtlich des Einflusses rechtlich-politischer Faktoren bereits angeführt wurde, sind diese stets in Verbindung mit institutionellen Faktoren zu sehen. Im Folgenden soll deshalb ein möglicher Einfluss institutioneller Größen auf die Funktionserfüllung eines ASF näher untersucht werden.

(b3) institutionelle Faktoren

Betrachtet man institutionelle Faktoren, ergeben sich Interdependenzen mit rechtlichen und politischen Faktoren. Um diese möglichst klein zu halten, werden hier institutionelle Faktoren betrachtet, die im Rahmen der anderen beiden Faktoren bisher noch nicht angesprochen wurden.

Wird zunächst die Institution „Kapitalmarkt" herangezogen, kann auch hier wieder das bereits angeführte Beispiel für die Argumentation verwendet werden. Es sei eine Führungskraft gegeben, die aufgrund ihrer Motive die Vergütung, die sie innerhalb eines ASF erhalten kann, maximieren möchte und hierzu die Vergütung mittels Aktienoptionen als geeignetes

---

[611] Die Interdependenz zu den rechtlichen Faktoren wird auch hier wieder deutlich, denn die sozialen Regelungen sind i. d. R. auch durch rechtliche Maßnahmen geschützt.

[612] Vgl. Wälchli (1995), S. 176.

[613] Vgl. Hyer (1993), S. 53.

Mittel ansieht; die Führungskraft wird nur dann durch diesen Anreiz auch zur Leistungserbringung motiviert werden können, wenn sie mittels der Aktienoptionen eine entsprechende Vergütung erzielen kann. Wenn allerdings der Kapitalmarkt eines Landes, an dem die Aktien der Unternehmung gehandelt werden, tendenziell unterentwickelt ist, kann es sein, dass die Preise von Aktien bzw. auch von Aktienoptionen eher zufällig zustande kommen und so die tatsächlichen Beitragsleistungen von Führungskräften überhaupt nicht – zumindest auf keine angemessene Weise – widerspiegeln.[614] Dann werden auch die größten Bestrebungen der o. a. Führungskraft nicht zu einer maximalen Vergütung mittels Aktienoptionen führen können.

Das bedeutet, dass auch mittels Aktienoptionen in diesem Land die erwünschte Vergütung – wie sie etwa in einem Land mit einem hochentwickelten Kapitalmarkt möglich wäre – nicht erreicht werden kann. Die Führungskraft wird in einer solchen Situation durch Aktienoptionen weder zur Beitragsleistung im Sinne der Erreichung der Unternehmungsziele noch zum Eintritt in die Unternehmung und auch nicht zur Verhaltensausrichtung hinsichtlich einer kooperativen Zusammenarbeit unterschiedlicher Unternehmungsbereiche motiviert werden können.

Als weitere institutionelle Größe soll der Arbeitsmarkt angeführt werden. Der Arbeitsmarkt kann die Funktionserfüllung eines ASF insoweit beeinflussen, wie durch den Arbeitsmarkt determiniert wird, welches Mindestmaß an gewährten Anreizen ein ASF enthalten sollte.[615] Für eine Unternehmung bedeutet dies, dass sie ihrer Führungskraft mindestens die am Markt üblichen Anreize bieten sollte.[616] Im Hinblick auf die Motivation der Führungskraft (sei es zur Beitragsleistung im Sinn der Motivationsfunktion, zum Eintritt in die Unternehmung im Sinn der Personalselektionsfunktion oder auch zur kooperativen Verhaltensaurichtung im Sinn der Koordinationsfunktion) kann sich dies für eine multinationale Unternehmung schwierig gestalten. Zum einen ergibt sich die Problematik der Auswahl des richtigen Referenzmarktes.[617] Nutzt die Unternehmung als Basis für ihre Gestaltungsüberlegungen Referenzwerte aus einem anderen Arbeitsmarkt (etwa aus einem branchenbezogenen Arbeitsmarkt) als die Führungskraft (etwa aus dem nationalen Arbeitsmarkt ihres Heimatlandes) und fallen diese Anreize dann geringer aus als von der Führungskraft erwartet, wird die Führungskraft nicht ausreichend zu motivieren sein.

---

[614] Unterentwickelte Kapitalmärkte zeichnen sich i. d. R. durch eine geringe Anzahl börsennotierter Unternehmungen sowie einen wenig wettbewerblichen Preisbildungsprozess mit einer eher geringen Zahl von Marktteilnehmern aus (vgl. Loehr (1993), S. 180 ff.).

[615] So gehen etwa *Ciscel/Caroll* davon aus, dass durch den Arbeitsmarkt bereits das minimale Vergütungslevel, insbesondere innerhalb des fixen Teils eines ASF, bestimmt wird (vgl. Ciscel/Caroll (1989, S. 13).

[616] Vgl. Winter (1996a), S. 22.

[617] Ebd.

Gleiches gilt für unterschiedliche Arbeitsmärkte in verschiedenen Ländern, in denen differierende Anreizpraktiken vorherrschen. Eine Führungskraft, die etwa aus dem Gebiet der russischen Föderation stammt, ist möglicherweise durch in ihrem Wert wesentlich geringere finanzielle Anreize ausreichend zu motivieren als eine US-amerikanische Führungskraft.[618] Die Ausführungen gelten, wie o. a. hinsichtlich der Erfüllung aller drei Funktionen eines ASF, so dass festgehalten werden kann, dass auch der Arbeitsmarkt als institutionelle Größe einen Einfluss auf die Funktionserfüllung besitzen kann.

Zusammenfassend können die Ausführungen dieses Abschnittes derart interpretiert werden, dass die kontextualen Faktoren „natürliche Gegebenheiten“ und „rechtlich-politisch-institutionelle Faktoren“ unterschiedliche Einflüsse auf die Funktionserfüllung von ASF ausüben können. Den „natürlichen Gegebenheiten“ ist dabei ein eher geringer Einfluss zuzusprechen. Lediglich als zusätzlicher Anreiz, der von der Unternehmung als „Bonus“ für eine Tätigkeit unter ungewohnten natürlichen Gegebenheiten gewährt wird, kann eine Berücksichtigung der natürlichen Gegebenheiten innerhalb eines ASF notwendig und sinnvoll sein. Ein expliziter Einfluss auf die Funktionserfüllung des ASF ist jedoch nicht zu identifizieren, so dass auch eine weitere Analyse hinsichtlich der Anforderungen entfallen kann.

Anders verhält es sich mit den rechtlich-politischen-institutionellen Faktoren als Einflussfaktor. Diese besitzen in verschiedenen Bereichen einen beeinflussenden Charakter auf die Funktionserfüllung von ASF. Inwieweit dies auch für die Anforderungserfüllung zutrifft, soll im Folgenden Abschnitt thematisiert werden.

2.3 Implikationen für die Anforderungserfüllung

Auch für die kontextualen Faktoren – speziell die rechtlich-politisch-institutionellen Faktoren – soll eine Überprüfung des Einflusses auf die Anforderungserfüllung eines ASF durchgeführt werden. Die Notwendigkeit zur separaten Analyse des Einflusses der unterschiedlichen kontextualen Faktoren auf die Anforderungserfüllung ergibt sich auch hier wieder aus den möglichen Unterschieden im Einfluss aufgrund differierender Auswirkungen auf die Anforderungen, die im Hinblick auf die Anforderungserfüllung zu erwarten sind.[619] Im Gegensatz zur Betrachtung der kulturbedingten individuellen Wertestrukturen müssen hier alle Anforderungen in die Analyse einbezogen werden, denn es muss davon ausgegangen

[618] Denn werden von den Führungskräften jeweils die nationalen Arbeitsmärkte und deren Anreizniveaus als Referenzmärkte verwendet, ergibt sich für den Arbeitsmarkt innerhalb der russischen Föderation ein relativ niedriges Niveau (vgl. Susa (1996), S. 36 ff.). Dies kann natürlich nur gelten, wenn die Führungskraft aus der russischen Föderation bisher nicht in einer multinationalen Unternehmung und in einem anderen Land mit einem höheren Anreizniveau tätig war.

[619] Hier trifft die gleiche Begründung wie innerhalb der Diskussion der kulturbedingten individuellen Wertestrukturen zu, warum die Analyse hinsichtlich des Einflusses auf die Anforderungserfüllung zusätzlich zur Analyse des Einflusses auf die Funktionserfüllung notwendig ist (vgl. dazu die Ausführungen in Abschnitt III.B.1.3).

werden, dass sowohl verhaltensbezogene Aspekte der Führungskräfte als auch Aspekte, die die Anreizbereitstellung seitens der Unternehmung betreffen, durch diese kontextualen Faktoren beeinflusst werden. Zumindest ist eine andere Auffassung im Vorhinein nicht begründbar.

Im Folgenden soll es darum gehen, rechtlich-politisch-institutionelle Ausgestaltungen eines Landes – als eine nachgewiesene entscheidende Einflussgröße auf die Funktionserfüllung von ASF – hinsichtlich ihres Einflusses auf die Anforderungserfüllung zu untersuchen. Aufgrund der Vielfalt der möglichen rechtlichen, politischen und institutionellen Faktoren erfolgt auch hier die Analyse anhand ausgewählter Beispiele, denen eine explizite Bedeutung zugesprochen wird und die zudem jeweils die Beeinflussbarkeit der Anforderung in ausreichendem Maß verdeutlichen. Allerdings wird gegenüber der Analyse des Einflusses auf die Funktionserfüllung auf eine getrennte Argumentation der einzelnen Faktoren verzichtet, da dies bei einer Betrachtung jeder Anforderung zu einem unverhältnismäßigen Umfang der Argumentation führen würde, der zudem durch einen stark abnehmenden Grenznutzen zusätzlicher Erkenntnisse gekennzeichnet wäre.

Akzeptanz: Die Anforderung der Akzeptanz eines ASF in multinationalen Unternehmungen durch die Führungskräfte ist durch rechtlich-politisch-institutionelle Faktoren beeinflussbar. Im Folgenden soll beispielhaft derjenige Einfluss auf die Anforderungserfüllung der Akzeptanz eines ASF veranschaulicht werden, der von der Wahl unterschiedlicher Rechnungslegungssysteme sowie von der Existenz eines eher unterentwickelten Kapitalmarkts im Einflussbereich der Unternehmung ausgehen kann.

Wie bereits innerhalb der Funktionsanalyse dargestellt, können unterschiedliche Rechnungslegungssysteme im Ergebnis zu unterschiedlichen Erfolgsgrößen führen, durch die die Höhe der von der Unternehmung gewährten Anreize determiniert wird.[620] *Pellens* veranschaulicht die Akzeptanzproblematik mit folgendem Beispiel: Führungskräfte, die in einer US-amerikanischen Tochtergesellschaft mit Sitz in Deutschland tätig sind, werden ein ASF, dessen Grundlage ausschließlich nach deutschem HGB ermittelte Erfolgsgrößen darstellen, nicht bzw. nur schwer akzeptieren.[621] Die Gründe hierfür liegen in dem von *Pellens* implizit unterstellten niedrigeren Erfolgsausweis nach deutschem HGB gegenüber dem Erfolgsausweis nach der US-amerikanischen Rechnungslegung.[622] Diese Führungskräfte erhal-

---

[620] Vgl. dazu die Ausführungen im vorherigen Abschnitt III.B.2.2.

[621] Vgl. Pellens (1999), S. 516.

[622] Die Vermutung eines höheren Erfolgsausweises nach US-amerikanischen Rechnungslegungsvorschriften als bei einer Bilanzierung nach deutschem Handelsrecht erwächst zum einen schon aus der besonderen Anlegerorientierung US-amerikanischer Rechnungslegung und dem damit verbundenen Druck auf die Unternehmungen, kurzfristig Erfolge auszuweisen. Zum anderen ermöglichen die US-amerikanischen Rechnungslegungsregeln auf vielerlei Arten Erfolge früher und damit für aktuelle Perioden höher als nach HGB zu ermitteln: Gründe hierfür sind das nach deutschem HGB dominierende Vorsichtsprinzip sowie nach US-amerikanischer Rechnungslegung etwa die fehlenden rein steuerlichen Abschreibungen, die schärferen

ten dann, lediglich aufgrund der Unterschiede in der Ausgestaltung des Rechnungslegungssystems, eine niedrigere Belohnung für ihre Beitragsleistung als Führungskräfte, die in der gleichen multinationalen Unternehmung, aber in einer anderen – nach US-amerikanischer Rechnungslegung bilanzierenden – Tochtergesellschaft tätig sind.[623]

Geht man davon aus, dass Führungskräfte Anreize auf der Grundlage von Kapitalmarktwerten erhalten, dann spielt der Entwicklungsstand der Institution „Kapitalmarkt" eine entscheidende Bedeutung für die Akzeptanz der Führungskraft. Es ist nicht davon auszugehen, dass Führungskräfte kapitalmarktorientierte Anreize innerhalb ihres ASF akzeptieren, wenn von einem unterentwickelten und so wenig effizienten Preisbildungsprozess am Kapitalmarkt auszugehen ist. Dies ist bspw. dann der Fall, wenn solche Wertpapiere, die als Anreizgrundlage dienen, nicht einem der fünf „Hauptkapitalmärkte" (USA, Japan, Großbritannien, Frankreich, Deutschland) entstammen, sondern an neuen Kapitalmärkten – im Sinne von „emerging markets" – (etwa China, Indien, Mexiko, die Märkte Osteuropas, die Märkte der Entwicklungsländer in Afrika) gehandelt werden.[624]

Anreizkompatibilität: Die Anreizkompatibilität bezieht sich auf die Zielbezogenheit des ASF. Ein ASF darf nur dann eine belohnende Wirkung besitzen, wenn die Führungskraft ihre Anstrengungen auf die Erreichung der Unternehmungsziele ausrichtet. Kann die Zielbezogenheit eines ASF durch rechtliche, politische oder institutionelle Faktoren beeinflusst werden? Für die Beantwortung dieser Frage ist eine differenzierte temporäre Betrachtung notwendig. Zunächst ist der Zeitpunkt der Implementierung des ASF für die Anforderungserfüllung der Anreizkompatibilität wichtig. Die Ausrichtung auf eine Größe, die durch die Führungskraft zu erreichen ist, determiniert bereits in diesem ersten Zeitpunkt eine mögliche Erfüllung der Anforderung ohne dass diese durch rechtliche, politische oder institutionelle Faktoren zu beeinflussen ist. Hier sind solche Größen zu verwenden, die nicht durch einen Einfluss externer Faktoren zu verzerren sind.[625] In einer solchen Phase können rechtlich-politisch-institutionelle Faktoren noch keinen Einfluss auf die Erfüllung der Anreizkompatibilitätsanforderung besitzen.

Der zweite zu betrachtende Zeitpunkt ist derjenige nach der Implementierung. Wurde nicht bereits vor Einsatz des ASF darauf geachtet, dass die für eine Sicherung der Anreizkompati-

---

Kriterien für die Rückstellungsbildung oder auch die Pflicht, Marktwertsteigerungen von Wertpapieren, die zum Handel bestimmt sind, erfolgswirksam zu berücksichtigen (vgl. z. B. Ballwieser (2000), S. 450 ff.).

[623] Auch hier wird deutlich, dass die Anforderungen von ASF nicht überschneidungsfrei sind. (vgl. die Ausführungen in Abschnitt II.B.3). Denn die fehlende Akzeptanz der Führungskräfte mit einem wie dem dargelegten ASF ist unmittelbar mit dem Gerechtigkeitsempfinden der Führungskräfte verbunden und betrifft somit die Erfüllung der Gerechtigkeitsanforderung.

[624] Zu Angaben über die „Hauptkapitalmärkte" und andere (etwa auf Basis der Marktkapitalisierung) vgl. z. B. Radebaugh/Gray (2002), S. 24 f. und Roberts/Weetman/Gordon (1998), S. 18 f.

[625] Vgl. Winter (1996a), S. 91.

bilität richtigen Größen verwendet werden, können rechtliche, politische und institutionelle Faktoren einen erheblichen Einfluss auf die Anforderungserfüllung ausüben. *Winter* führt in diesem Zusammenhang die absoluten marktwertbasierten Größen an, die sehr stark durch wirtschaftspolitische Faktoren (etwa eine schlechte oder auch eine besonders gute Konjunkturlage) zu beeinflussen sind.[626] Führungskräfte könnten dann für gute Leistungen nicht belohnt werden oder auch für schlechte Leistungen nicht „bestraft" werden, was für die gerichtete Motivation der Führungskräfte nicht vorteilhaft wäre und was der Erfüllung der Anforderung der Anreizkompatibilität entgegenwirken würde.[627]

<u>Flexibilität:</u>[628] Die Anforderung der Flexibilität von ASF beinhaltet zum einen die Forderung nach einer Anpassung an sich ständig ändernde Unternehmungsumweltbedingungen und zum anderen die Möglichkeit der Flexibilität hinsichtlich des betreffenden Personenkreises.

Eine unterschiedlich flexible Anpassung an dynamische Umweltbedingungen sind im Rahmen der rechtlichen, politischen und institutionellen Größen gegeben, z. B. in unterschiedlichen rechtlichen Mitbestimmungsregelungen. Der die Flexibilitätsanforderung betreffende Aspekt der Mitbestimmung wurde bereits innerhalb der Analyse zum Funktionserfüllungseinfluss der rechtlichen Faktoren angesprochen: Durch gesetzliche Festlegungen darüber, wer die Leitung und Kontrolle einer Unternehmung übernimmt, kommt es in unterschiedlichen Ländern zu verschiedenen Gruppen, die diese Tätigkeiten ausüben. Als Beispiel für eine besondere Mitbestimmungsregelung wird in der Literatur immer wieder das Mitbestimmungsrecht in Deutschland angeführt.[629] Im Gegensatz zu anderen Ländern, bspw. den USA, haben hier auch die Arbeitnehmer ein Mitbestimmungsrecht innerhalb der Willensbildung in einer Unternehmung.[630] Je mehr Gruppen an diesen Entscheidungsprozessen beteiligt sind, desto länger und komplizierter kann eine Entscheidung über eine Anpassung von ASF an veränderte Umfeldbedingungen dauern.

<u>Gerechtigkeit:</u> Bei der Beschäftigung mit der Gerechtigkeitsanforderung von ASF konnten zwei unterschiedliche Arten von Gerechtigkeit identifiziert werden, die Marktgerechtigkeit

---

[626] Ebd.

[627] Ebd., S. 119.

[628] Hier wird nur die Flexibilität eines ASF hinsichtlich der Anpassung an Umfeldbedingungen untersucht, denn bei Betrachtung der Flexibilität eines ASF hinsichtlich des betreffenden Personenkreises sollte keine Beeinflussungsmöglichkeit durch rechtliche, politische oder institutionelle Faktoren nachzuweisen sein. Schließlich handelt es sich jeweils um unternehmungsspezifische Entscheidungen, inwieweit eine unterschiedliche Anzahl an Führungskräften durch ein ASF motiviert werden soll.

[629] Vgl. z. B. Jürgens/Rupp/Vitols (2000), S. 8 ff.

[630] Vgl. zum Einfluss der Arbeitnehmer- und Gewerkschaftsvertreter im Aufsichtsrat einer deutschen Unternehmung z. B. Ring (1995), S. 281 ff. Zu einer Auseinandersetzung mit grundlegenden Faktoren der deutschen Corporate Governance, vgl. z. B. Schmidt (2001). Grundlegend zur Darstellung der rechtlichen Unternehmensverfassung in Deutschland, vgl. z. B. Kübler (1998), zu einer Darstellung verschiedener Mitbestimmungsregelungen in Deutschland vgl. Bühner (1996), S. 219 ff.

und die Leistungsgerechtigkeit. Zur Feststellung, ob politische, rechtliche oder auch institutionelle Einflüsse bei der Anforderungserfüllung der Gerechtigkeit zu berücksichtigen sind, wird zunächst die Marktgerechtigkeit betrachtet.

Die Marktgerechtigkeit impliziert die Offenlegung von am Markt üblichen Anreizstrukturen für die Führungskräfte, um eine Vergleichsbasis für ein marktgerechtes ASF zu erhalten. Dies bedeutet, dass Informationen darüber, wie verschiedene ASF in unterschiedlichen Unternehmungen aussehen, auch als „öffentliche" Information beschaffbar sein müssen. Nur dann kann eine reelle Vergleichsbasis erreicht werden. In Hinblick auf die Veröffentlichung derartiger Informationen über die ASF durch Unternehmungen bestehen allerdings internationale Unterschiede, die auch in rechtlich-politisch-institutionellen Unterschieden begründet liegen.

Zur beispielhaften Verdeutlichung können hier wiederum Unterschiede zwischen den USA und Deutschland herangezogen werden. Diese Unterschiede beziehen sich auf die Informationspolitik bezüglich der Offenlegung der Anreizsystemelemente der Führungskräfte. So besteht in den USA im Rahmen der freizugänglichen Berichterstattung an die US-amerikanische Börsenaufsichtsbehörde SEC (Securities and Exchange Commission) nach Regulation S-K (Item 402) die Verpflichtung für alle börsennotierten US-amerikanischen Unternehmungen, die individuellen und detaillierten Vergütungskomponenten für den CEO (Chief Executive Officer) und die nächsten vier höchstbezahlten Führungskräfte einer Unternehmung für die letzten drei Jahre offen zu legen.[631] Hierzu zählen u. a. die detaillierte Ausweisung von Grundgehalt, Boni, anderen jährlichen Vergütungen und sämtlichen weiteren der jeweiligen Führungskraft gewährten Anreizsystemkomponenten.[632] Im Gegensatz dazu müssen in Deutschland nach HGB § 285 Abs. 9 lediglich die innerhalb eines Geschäftsjahres den Führungskräften gewährten Gesamtbezüge im handelsrechtlichen Jahresabschluss ausgewiesen werden. In deutschen Unternehmungen ist dies auch aus Gründen des Schutzbedürfnisses der Führungskräfte bisher so erfolgt.[633] Eine Information über die detaillierte Anreizsystemstruktur und die Höhe der einzelnen Anreizsystemelemente muss nicht erfolgen. Die für die Marktgerechtigkeit nötige Information über die Anreizsysteme der Führungskräfte ist dementsprechend in Deutschland nicht frei zugänglich und erschwert die Festsetzung von marktgerechten Anreizen.[634]

---

[631] Vgl. Balsam (2002), S. 10.

[632] Ebd. und für eine ausführliche Darlegung der Regelungen des Items 402 der SEC Regulation S-K vgl. Balsam (2002), S. 11-34.

[633] Vgl. Enzweiler (2002), S. 3.

[634] Auch wenn in Deutschland derzeit – im Zuge der sogenannten Corporate-Governance-Diskussion – die ersten Bestrebungen zu verzeichnen sind, die Anreizsystemelemente analog der Informationspolitik der USA per Detail offen zulegen (etwa die Offenlegung der Vorstandsbezüge bei ThyssenKrupp; vgl. Enzweiler (2002), S. 3), so existieren dennoch Unterschiede in der Zugänglichkeit und dem Umfang der Informationen.

Wird die Leistungsgerechtigkeit als Anforderung an ASF herangezogen, sind hier vor allem die unterschiedlichen internationalen Steuersysteme zu nennen. Bei einer effektiv gleichen Beitragsleistung zweier Führungskräfte erhält diejenige, die in einer Unternehmung tätig ist, deren Sitz in einem Land mit einer für die Führungskraft vorteilhaften Besteuerung der Anreize ist, bei gleicher Anreizstruktur und gleichen Anreizsystemelementen eine höhere Belohung als die Führungskraft, die in einer Unternehmung in einem „Hochsteuerland"(etwa den skandinavischen Ländern)[635] tätig ist.[636] Eine Führungskraft, die derartige Unterschiede in den Anreizen wahrnimmt, wird diese nicht als gerecht empfinden. Die Anforderung der Leistungsgerechtigkeit von ASF ist dann nicht mehr erfüllt.

Leistungsorientierung: Die Leistungsorientierungsanforderung an ASF konnte als Ausrichtung auf das Leistungsergebnis einer Führungskraft identifiziert werden. Bei der Betrachtung des Leistungsergebnisses müssen aber auch das Leistungsverhalten sowie die Leistungsbedingungen berücksichtigt werden.[637] Das Leistungsergebnis ist dann durch rechtliche, politische oder institutionelle Faktoren beeinflusst, wenn hierfür Größen verwendet werden, die diesen Faktoren ausgesetzt sind: etwa, wenn eine Unternehmungserfolgsgröße als Leistungsergebnis herangezogen wird. Wie oben angeführt, ergeben sich durch unterschiedliche Rechnungslegungssysteme (US-GAAP, IAS oder HGB) im Regelfall aufgrund der unterschiedlichen Regelungen zur Ermittlung des Leistungsergebnisses bei gleicher Führungskraftleistung unterschiedliche Leistungsergebnisse.[638]

Neben dem Leistungsergebnis sind insbesondere die Leistungsbedingungen durch rechtliche, politische oder institutionelle Faktoren beeinflusst. Werden als Leistungsergebnisse z. B. Cash-Flow-Größen genutzt, können diese etwa durch die Inflationsrate innerhalb eines Landes – ohne Einwirken der Führungskraft – positiv oder auch negativ beeinflusst werden. Zudem kann aufgrund unterschiedlicher wirtschaftspolitischer Gegebenheiten und Einflussgrößen die gleiche Betragsausprägung einer Erfolgsgröße gänzlich unterschiedliche Bedeutung besitzen.[639]

Risikoreduktion: Unter der Anforderung der Risikoreduktion an ein ASF wurde die Reduzierung des individuellen Einkommensrisikos der Führungskräfte verstanden. Die Vermeidung

---

[635] Vgl. Wälchli (1995), S. 176.

[636] Argumentative Beispiele für die Auswirkungen unterschiedlicher Besteuerungen bei wertorientierten Anreizsystemelementen finden sich z. B. bei Schnabel (1998), S. 62 ff.

[637] Vgl. die Ausführungen in Abschnitt II.B.3. zu den Inhalten von Leistungsergebnis, Leistungsbedingungen und Leistungsverhalten.

[638] Vgl. z. B. für die unterschiedlichen Rechnungslegungssysteme und deren Auswirkungen Pellens (1999) als deutschen Autor und Radebaugh/Gray (2002) als US-amerikanische Autoren.

[639] So ist z. B. ein Return-on-Investment von fünf Prozent in den USA und China völlig unterschiedlich zu beurteilen: In den USA als angemessen, in China hingegen – aufgrund eines deutlich höheren Investitionsrisikos und des höheren Marktwachstums – als unbefriedigend (vgl. Welge/Holtbrügge (1998), S. 231).

von Zufallseinflüssen ist in dieser Anforderung impliziert. Der Einfluss rechtlich-politisch-institutioneller Faktoren auf die Leistungsbedingungen gilt auch hier, allerdings mit der Einschränkung, dass die Risikoreduktion lediglich die Größen betrifft, die einen negativen Einfluss auf das ASF für die Führungskräfte bedeuten.

Transparenz: Die Anforderung der Transparenz war äquivalent mit der Forderung nach einem nachvollziehbaren, durchschaubaren und überschaubaren ASF. Wird davon ausgegangen, dass sich diese Anforderung auf strukturelle Eigenschaften des ASF bezieht, kann sie als unabhängig von rechtlichen, politischen und institutionellen Faktoren verstanden werden. Denn es handelt sich um ein unternehmungsspezifisches Instrument und den Führungskräften kann eine solche unternehmungsspezifische Zusammensetzung verschiedener Anreizelemente durch eine nachvollziehbare Weise transparent gemacht werden.

Beim Verständnis der Transparenzanforderung im Sinne einer Über- und Durchschaubarkeit der Mechanismen der Anreizhöhenermittlung hingegen, können rechtlich-politisch-institutionelle Faktoren eine Rolle spielen: etwa komplizierte Verfahren aufgrund des Steuersystems in einem Land, die sich dadurch begründen lassen, dass verschiedene Elemente innerhalb des Anreizsystems unterschiedlich versteuert werden müssen. Derartige Ermittlungsverfahren beeinflussen dann die Transparenz negativ.

Wirtschaftlichkeit: Die Anforderung der Wirtschaftlichkeit eines Anreizsystems ist dadurch gekennzeichnet, dass zur Analyse des Nutzens eines ASF die individuelle Leistung der Führungskraft extrahiert werden muss. Ein Einfluss rechtlicher, politischer oder auch institutioneller Faktoren ist dann auf eine solche Weise denkbar, wie es im Rahmen der Argumentation bezüglich der Leistungsbedingungen erfolgte.[640] Denn die exogenen Leistungsbedingungen müssen berücksichtigt werden, um eine aussagefähige Kosten-Nutzen-Analyse durchführen zu können.

In diesem Abschnitt konnte gezeigt werden, dass die kontextualen Faktoren „rechtlich-politisch-institutionelle Faktoren“ einen erheblichen Einfluss auf die Anforderungserfüllung von ASF ausüben können. Sie müssen deshalb in einer Konzeption, die auf die Anreizsystemgestaltung von ASF in multinationalen Unternehmungen ausgerichtet ist, berücksichtigt werden.

3. Stellenwert multinational-relevanter Einflussfaktoren auf Anreizsysteme für Führungskräfte in multinationalen Unternehmungen

In den vorherigen Abschnitten konnten zunächst potentielle Einflussfaktoren von ASF in multinationalen Unternehmungen identifiziert werden. Hierbei handelte es sich um die kulturbedingten individuellen Wertestrukturen der Führungskräfte, die natürlichen Gegebenhei-

[640] Vgl. die o. a. Ausführungen.

ten und rechtlich-politisch-institutionelle Faktoren. Sowohl den kulturbedingten individuellen Wertestrukturen der Führungskräfte als auch den rechtlich-politisch-institutionellen Faktoren konnte durch eine Analyse bezüglich ihres Einflusses auf die Funktions- und Anforderungserfüllung von ASF eine Bedeutung beigemessen werden.

Die natürlichen Gegebenheiten erlangten hierbei nicht die gleiche Bedeutung wie die beiden anderen Faktoren und werden deshalb nicht als maßgebende Einflussfaktoren verstanden. Es konnte aber herausgearbeitet werden, dass eine multinationale Unternehmung, die eine Führungskraft mit einer Führungsaufgabe unter schwierigen natürlichen Bedingungen beauftragt, immer eine spezifische Sensibilität besitzen sollte: etwa dann, wenn von einem möglichen – wenn auch geringen – Einfluss von extremen natürlichen Gegebenheiten auf die Motivation der Führungskraft hinsichtlich ihrer Beitragsleistung für die Unternehmung auszugehen ist.

Bei den hier identifizierten Einflussfaktoren, den kulturbedingten individuellen Wertestrukturen der Führungskräfte und den rechtlich-politisch-institutionellen Faktoren, handelt es sich um zusätzliche multinational-relevante Einflussfaktoren, die bei einer Betrachtung von ASF in multinationalen Unternehmungen zu berücksichtigen sind. „Zusätzlich" ist hier als Abgrenzungskriterium zu einer Betrachtung von ASF in nationalen Unternehmungen zu sehen und bezieht sich darauf, dass diese identifizierten Einflussfaktoren neben solchen in nationalen Unternehmungen bei der Gestaltung und Implementierung von ASF zu berücksichtigen sind. Sie sind als Ergänzung zu den in der Literatur zu ASF angeführten Einflussfaktoren aufzufassen, weil im Schrifttum bisher kein expliziter Fokus auf solche multinational-relevanten Einflussfaktoren gelegt wurde.

In diesem Zusammenhang kann der Einwand erhoben werden, dass es sich bei diesen identifizierten Einflussfaktoren um solche handelt, die auch innerhalb einer nationalen Unternehmung relevant sein können: Kulturbedingte individuelle Wertestrukturen sind auch in einer nationalen Unternehmung als Einflussfaktor denkbar, z. B. dann, wenn durch Einwanderung eine Führungskraft einer anderen Kultur in die nationale Unternehmung eintritt oder aufgrund der Zugehörigkeit einzelner Führungskräfte zu verschiedenen ethnischen Gruppen, die auch innerhalb eines Landes existieren können. Ebenso verhält es sich mit den rechtlich-politisch-institutionellen Einflussfaktoren. Auch bei der Betrachtung von ASF in nationalen Unternehmungen müssen diese berücksichtigt werden.[641]

Das „Zusätzliche" der hier identifizierten Einflussfaktoren für ASF in multinationalen Unternehmungen konnte zunächst durch die explizit themenspezifische Literaturanalyse von ausgewählten Bereichen des Forschungsgebietes des „Internationalen Managements" und dann durch die Analyse hinsichtlich der Funktions- und Anforderungserfüllung an ASF her-

[641] Vgl. z. B. verschiedene Arbeiten zu Themengebieten innerhalb der ASF, etwa Schnabel (1998).

ausgearbeitet werden. Ihr besonderer Stellenwert besteht in der potentiellen *Heterogenität dieser Einflussfaktoren* in multinationalen Unternehmungen. Die Besonderheit in den extrahierten zusätzlichen Einflussfaktoren von ASF in multinationalen Unternehmungen liegt gerade in der Vielfalt der zu berücksichtigenden kulturbedingten individuellen Wertestrukturen der Führungskräfte und der unterschiedlichen rechtlichen, politischen und institutionellen Faktoren, denen sich eine multinationale Unternehmung ausgesetzt sieht.

Im Gegensatz zur nationalen Unternehmung muss eine multinationale Unternehmung gerade diese Heterogenität der Einflussfaktoren bei der Gestaltung und Implementierung eines ASF berücksichtigen, um die Motivationswirkung des ASF für eine Ausrichtung der Beitragsleistung der Führungskräfte auf die Unternehmungszielerreichung gewährleisten zu können. Wie gezeigt, führen die in verschiedenen Ländern auftretenden unterschiedlichen kulturbedingten individuellen Wertestrukturen zu unterschiedlichen Motivationswirkungen. Aufgrund der Unternehmungstätigkeit in verschiedenen Ländern muss sich eine multinationale Unternehmung mit mehreren unterschiedlichen rechtlich-politisch-institutionellen Systemen auseinandersetzen, deren notwendige Berücksichtigungen ebenfalls – wie gezeigt – Auswirkungen auf die Motivationswirkung besitzen.

Die bisherigen Ausführungen der Arbeit dienten dem Zweck, das erste Erkenntnisziel der Arbeit zu erreichen: Die Extrahierung von zusätzlichen multinational-relevanten Faktoren, die einen Einfluss auf den Einsatz von ASF in multinationalen Unternehmungen im Vergleich zu nationalen Unternehmungen besitzen.[642] Die bisherige Vorgehensweise hatte demnach die Frage zum Inhalt, *ob* spezifische multinationale Faktoren einen Einfluss auf ein ASF in einer multinationalen Unternehmung besitzen können. Hätte sich dies nicht herausgestellt, könnte eine weitere Analyse unterbleiben. Da sich allerdings Einflusswirkungen zeigten, muss es in einem weiteren Schritt darum gehen, diese identifizierten zusätzlichen Einflussfaktoren in eine Konzeptualisierung von ASF mit einzubeziehen; hier ist zu untersuchen, *auf welche Weise* diese Faktoren einzelne Gestaltungsaspekte von ASF in multinationalen Unternehmungen beeinflussen. Nur so kann das zweite Erkenntnisziel – die geeignete zweckgerichtete Strukturierung des Phänomens ASF in multinationalen Unternehmungen – erreicht werden. Hierzu dient der nun anschließende vierte Teil dieser Arbeit.

[642] Vgl. die Ausführungen in Abschnitt I.A.2.

TEIL IV. EINE KONZEPTUALISIERUNG VON ANREIZSYSTEMEN FÜR FÜHRUNGSKRÄFTE IN MULTINATIONALEN UNTERNEHMUNGEN

A. KONZEPTUALISIERUNG: ZIEL UND INHALTE

Der Teil IV der Arbeit beschäftigt sich mit der Konzeptualisierung von ASF in multinationalen Unternehmungen. Die bisherigen Ausführungen lassen auf eine Vielschichtigkeit der Problematik im Sinne einer geeigneten Ausgestaltung solcher Anreizsysteme schließen: Verschiedene Einflussfaktoren sind herausgearbeitet worden, die eine Ausgestaltung von ASF in multinationalen Unternehmungen beeinflussen können. Wird darauf abgezielt, die komplexen Ausgestaltungsdimensionen von ASF aufzuzeigen, kann es jedoch nicht genügen, den Fokus lediglich auf den multinationalen Kontext zu beschränken: verfügen doch multinationale Unternehmungen auch über die Basischarakteristika herkömmlicher (nationaler) Unternehmungen. Zudem sind umfangreiche Aspekte zu berücksichtigen, die sich aus einer theoretischen Betrachtung der Gestaltungselemente von ASF ergeben. Deshalb erfolgt in der Konzeptualisierung sowohl eine Zusammenführung der bisherigen, innerhalb dieser Arbeit gewonnenen Erkenntnisse als auch eine Integration weiterer Aspekte, die bereits im Kontext von ASF in nationalen Unternehmungen relevant sind. Dies betrifft sowohl unternehmungsspezifische als auch gestaltungstheoretische Aspekte. Dabei ist davon auszugehen, dass zwischen den insgesamt relevanten Faktoren Zusammenhänge bestehen, zum Teil sogar Wechselbeziehungen zwischen einzelnen (oder mehreren) „nationalen" und „multinationalen" Einflussfaktoren zu berücksichtigen sind.

Eine Systematisierung und Strukturierung dieser Faktoren erscheint notwendig. Mit Hilfe einer eigenständigen Konzeptualisierung soll eine solche Strukturierung und Systematisierung der ASF in multinationalen Unternehmungen erreicht werden. Hierzu sollen die für eine Unternehmung relevanten Gestaltungsfaktoren und die dabei zu berücksichtigenden Restriktionen transparenter in ihrer Struktur gemacht werden, um die komplexen Wirkungszusammenhänge angemessener erfassen zu können.

Es kann sich bei dieser Konzeptualisierung allerdings immer nur um eine Darstellung einer von der Wirklichkeit abstrahierenden Struktur handeln, die lediglich einen grundlegenden Charakter besitzt und zukünftig entweder erst durch ihre praktische Anwendung oder durch weitere wissenschaftliche Forschung konkretisiert werden kann. Denn es sind lediglich die wichtigsten zu betrachtenden Einflussfaktoren darstellbar. Nur so lässt sich mit Hilfe der Konzeptualisierung die Komplexität des Phänomens ASF in multinationalen Unternehmungen in diesem ersten grundlegenden Schritt reduzieren. Der fehlende konkrete Bezug zu gestaltungsrelevanten Indikationen der Praxis verweigert zwar eine Formulierung kausaler Hypothesen. Gleichzeitig bedeutet dies jedoch die Möglichkeit von grundlegenden Aussagen, die in der Literatur bisher fehlen und entsprechend des Ziels dieser Arbeit erwünscht sind.

Im Folgenden sollen die einzelnen Konzeptualisierungselemente bezüglich ihrer Ausrichtung und Inhalte zwecks der dann folgenden Konzeptualisierung präzisiert werden. Ein Überblick über die in dieser Arbeit vorgeschlagenen Elemente und deren Interdependenzbeziehungen findet sich in Abb. 14.

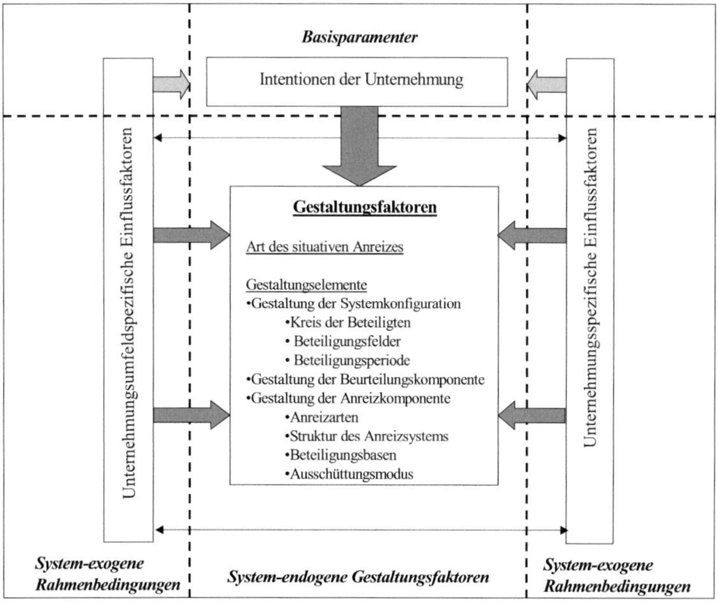

Abb. 14: Konzeptualisierung von ASF in multinationalen Unternehmungen

Ausgangspunkt der Konzeptualisierung bieten die Intentionen der Unternehmung als Basisparameter. Von ihnen werden die relevanten Gestaltungsbedingungen entscheidend determiniert. Im Rahmen einer spezifischen Analyse der Intentionen einer Unternehmung ergeben sich hinsichtlich der Entwicklung und Implementierung eines ASF differenzierte Auswahlmöglichkeiten von Gestaltungselementen eines ASF.

Die Gestaltungsfaktoren unterliegen wiederum den Rahmenbedingungen, die für deren Funktionsfähigkeit berücksichtigt werden müssen. Als zweites Element der Konzeptualisierung sind daher die system-exogenen Rahmenbedingungen anzuführen. Die Begriffswahl „system-exogen" knüpft an den Systemcharakter von ASF an, der entscheidende Bedeutung für die Gestaltung von Anreizsystemen für Führungskräfte hat. Es handelt sich um exogene Faktoren, also um solche, die von außen auf das Anreizsystem wirken und dieses beeinflussen. System-exogene Faktoren können weiter differenziert werden in „unternehmungsumfeldspezifische" und „unternehmungsspezifische" Faktoren. Die unternehmungsumfeldspezifischen Einflussfaktoren bezeichnen dabei diejenigen Einflussfaktoren, die durch die Analyse der Besonderheiten der multinationalen Unternehmung im Teil III der Arbeit identifiziert werden konnten: die kulturellen Einflussfaktoren und die kontextualen Einflussfaktoren. Die kulturellen Einflussfaktoren beziehen sich dabei auf die als Einflussfaktor identifizierten kulturbedingten individuellen Wertestrukturen der Führungskräfte.[643] Die kontextualen Faktoren werden analog dem Analyseergebnis des Teil III weiter in rechtliche, politische und institutionelle Einflussfaktoren differenziert.

Die Gruppe der system-exogenen Rahmenbedingungen beinhaltet zudem unternehmungsspezifische Einflussfaktoren, die in der Literatur bereits als Einflussgrößen von ASF, jedoch ohne einen Bezug zu multinationalen Unternehmungen, identifiziert wurden:[644] die Unternehmungskultur, die Organisationsstruktur sowie weitere unternehmungsspezifische Größen (Unternehmungsgröße, Rechtsform und Branchenzugehörigkeit). Dabei handelt es sich um solche Einflussfaktoren, deren Bedeutsamkeit hinsichtlich der Entwicklung und Implementierung von ASF sich aus deren vielfachen Erwähnung innerhalb der Literatur zur ASF ergibt. Berücksichtigt werden allein diejenigen unternehmungsspezifischen Einflussfaktoren, die sich im „Querschnitt" der Literatur als stabil erweisen konnten. Die über diese Einflussfaktoren hinausgehenden weiteren Faktoren, die lediglich vereinzelt in der Literatur Verwendung finden, werden im Rahmen dieser Arbeit vernachlässigt, da sie die Komplexität unnötig erhöhen und somit das Ziel der Konzeptualisierung – die Komplexitätsreduzierung auf wichtige Aspekte – konterkarieren würden. Im Ergebnis sollte die Konzeptualisierung daher so gestaltet sein, dass darin alle tendenziell unwichtigen Aspekte des Phänomens „ASF in multinationalen Unternehmungen" unbeachtet bleiben.

Aufgrund der Relevanz der soeben erwähnten Einflussgrößen hinsichtlich der ASF in nationalen Unternehmungen ist davon auszugehen, dass diese bei einem Bezug zur multinationalen Unternehmung ebenfalls eine wichtige Bedeutung besitzen. Sie beschreiben deshalb auch innerhalb der Konzeptualisierung von ASF in multinationalen Unternehmungen nicht zu vernachlässigende Einflussfaktoren. Allerdings sind sie – dem Kontext der Arbeit folgend – auf

643 Die kulturbedingten individuellen Wertestrukturen der Führungskräfte könnten natürlich auch als unternehmungsspezifische Rahmenbedingungen aufgefasst werden, da die Führungskräfte (oftmals bereits) in der Unternehmung tätig sind und dementsprechend die Unternehmungskultur durch ihren jeweiligen kulturellen Einfluss mitgestaltet haben. Von einer solchen Zuordnung wird hier Abstand genommen, da die kulturbedingten individuellen Wertestrukturen der Führungskräfte unabhängig davon existieren, in welcher Unternehmung sie tätig sind. Zudem wird auch die Perspektive des Eintritts einer Führungskraft in die Unternehmung betrachtet, so dass eine bloße Zuordnung zu unternehmungsspezifischen Rahmenbedingungen zu kurz greifen würde. Dem besonderen Einfluss der Kultur innerhalb der Unternehmung wird dennoch durch die Berücksichtigung der Unternehmungskultur innerhalb der Gruppe der unternehmungsspezifischen Einflussgrößen Rechnung getragen.

644 Vgl. z. B. Finkelstein/Hambrick (1988), Gomez-Meija/Welbourne (1989), Baumgartner (1992), Wälchli (1995), Winter (1996a).

die multinationale Unternehmung anzuwenden, d. h. die besonderen Spezifika dieser Größen, die sich aus der multinationalen Perspektive ergeben, sind hier explizit zu berücksichtigen.

Als drittes Element der Konzeptualisierung ergeben sich die „system-endogenen" Gestaltungsfaktoren. Diese bezeichnen diejenigen Faktoren, mit Hilfe derer ein ASF entwickelt und gestaltet werden kann. Innerhalb dieses Abschnittes der Konzeptualisierung werden somit die relevanten Gestaltungsfaktoren für ASF in multinationalen Unternehmungen dargestellt; ihre interdependenten Beziehungen untereinander sowie auch die potentielle Wirkung der system-exogenen Rahmenbedingungen auf diese Gestaltungsfaktoren werden aufgezeigt.

In diesem Teil der Konzeptualisierung ist – analog der theoretischen Grundlage dieser Arbeit – zunächst hinsichtlich der Arten des situativen Anreizes zu differenzieren: Es ist denkbar, dass sich Unterschiede in der Ausgestaltung der ASF ergeben, wenn entweder eine Führungskraft erst für eine Unternehmung gewonnen werden soll – d. h. wenn Eintrittsanreize für die Führungskraft zu schaffen sind – oder für den Fall, dass die Führungskraft bereits in der Unternehmung tätig ist und das ASF darauf ausgerichtet werden soll, die Führungskraft zur Beitragsleistung hinsichtlich einer Unternehmungszielerreichung auszurichten. In Abhängigkeit von den strategischen Intentionen der Unternehmung, den system-exogenen Rahmenbedingungen und der Art des situativen Anreizes ergeben sich dann unterschiedliche Gestaltungsmöglichkeiten eines ASF, die aus einer differenzierten Auswahl einzelner Komponenten der Gestaltungselemente eines ASF resultieren. Als Gestaltungselemente eines ASF können dabei folgende gesehen werden:[645] Kreis der Beteiligten, Beteiligungsfelder, Beteiligungsperiode, Leistungsbeurteilung, Anreizarten, Struktur des Anreizsystems, Beteiligungsbasen und Ausschüttungsmodus.

Die soeben skizzierten Elemente der Konzeptualisierung sind offensichtlich durch verschiedene komplexe Interdependenzbeziehungen miteinander verbunden. In ihrer Wirkung können sie daher nicht unabhängig voneinander betrachtet werden. Um das o. a. Ziel der Konzeptualisierung, die Komplexitätsreduktion, erreichen zu können, ist daher eine Analyse jeweils einzelner Komponenten durchzuführen, die zugleich wesentliche Beziehungen zu anderen Komponenten berücksichtigt. Dazu werden zunächst die strategischen Intentionen der Unternehmung als Basisparameter näher betrachtet. Daran anschließend wird eine Analyse der system-exogenen Rahmenbedingungen durchgeführt, die bei der Gestaltung von ASF in multinationalen Unternehmungen zu berücksichtigen sind. Hierbei erfolgt einerseits eine Darstellung dieser Rahmenbedingungen. Zum anderen werden diejenigen Gestaltungsfaktoren eines ASF identifiziert, auf die der jeweilige Einflussfaktor wirken kann. Aufbauend auf

[645] Vgl. z. B. Becker (1990), S. 117 und Hungenberg (1995), S. 387 ff.

dieser Analyse wird dann im nächsten Teil der Konzeptualisierung eine Analyse der Gestaltungsfaktoren eines ASF durchgeführt, die unter Berücksichtigung der entsprechenden Einflussfaktoren erfolgt. Erst durch eine solche Konzeptualisierung gelingt es, dem Systemcharakter des ASF im multinationalen Kontext Rechnung zu tragen. Im abschließenden Abschnitt erfolgt eine solche darstellende Analyse der einzelnen Elemente der Konzeptualisierung.

B. INTENTIONEN DER UNTERNEHMUNG ALS BASISPARAMETER

1. Unternehmungsspezifische Intentionen

Die Zielerreichung einer Unternehmung ist von dem Verhalten der Führungskräfte der Unternehmung abhängig. Nur wenn ein intendiertes und angemessenes Leistungsverhalten der Führungskräfte in der Unternehmung vorhanden ist, kann dies zur gewünschten Zielerreichung für die Unternehmung führen.[646] Im Zusammenhang mit der Betrachtung von ASF ist neben der Erfüllung der operativen Ziele vor allem die Erreichung der strategischen Unternehmungsziele von zentraler Bedeutung. Denn hierbei ist grundlegend darauf zu achten, dass die Entwicklung, Gestaltung und Implementierung des ASF nur in Einklang mit der Strategieformulierung und -implementierung der Unternehmung erfolgen darf. Dies bedeutet, dass sämtliche im Zusammenhang mit der Entwicklung eines ASF zu entscheidende Aspekte an den Ansprüchen der Strategieformulierung und -implementierung zu orientieren sind.[647] Ein ASF muss demnach stets in das Strategiesystem der Unternehmung eingepasst werden, um der Zielerreichung für die Unternehmung zu dienen.[648]

Dass dieser erwünschte Zusammenhang zwischen der strategischen Ausrichtung und der Ausrichtung des ASF in einer Unternehmung auch in der Praxis eine wichtige Rolle spielt sowie Verhalten in Unternehmungen erklären kann, belegen verschiedene empirische Untersuchungen.[649] Diese beziehen sich in der Regel darauf, dass bestehende Vergütungssysteme und die strategische Ausrichtung der Unternehmung untersucht werden. So kommen bspw. *Rajagopalan* sowie *Gomez-Meija* in ihren Untersuchungen zum Ergebnis, dass das Unternehmungsergebnis entscheidend positiv davon beeinflusst wird, ob das Vergütungssystem und die Strategie der jeweiligen Unternehmungen zusammenpassen.[650] Diese Unter-

[646] Vgl. auch die Ausführungen in Abschnitt I.B.3 zur Definition der ASF.

[647] Vgl. Manstein (1991), S. 792.

[648] Zu näheren und überblicksartigen Ausführungen hinsichtlich des Strategiesystems einer Unternehmung, das sich aus mehreren Strategieebenen zusammensetzt, vgl. z. B. Kirsch (1997), S. 312 ff. oder Becker/Fallgatter (2002), S. 109 ff.

[649] Vgl. dazu den Überblick über Untersuchungsgegenstand und Ergebnisse solche Studien bei Boyd/Salamin (2001), S. 778 ff.

[650] Vgl. Rajagopalan (1997), Gomez-Meija (1992).

suchungen bestätigen so die o. a. normative Festlegung, dass ASF und die Gesamtunternehmungsstrategie einer Unternehmung aufeinander abgestimmt werden müssen.

Folglich sind bei der Gestaltung und Implementierung eines ASF in einer Unternehmung relevante unternehmungsspezifische Aspekte zu berücksichtigen. Die Beschäftigung mit solchen Aspekten kann und darf dabei nur vor dem Hintergrund der jeweiligen unternehmungsspezifischen Gegebenheiten erfolgen. Es gibt zwar allgemeingültige Kriterien für die Gestaltung eines ASF, die eine Unternehmung für die Entwicklung eines ASF nutzen sollte, diese dürfen jedoch immer nur in Verbindung mit unternehmungsspezifischen Aspekten angewendet werden. Nur dann kann eine Unternehmung zu einem funktionsfähigen ASF gelangen. Die Ausführungen in diesem Abschnitt gelten sowohl für nationale als auch für multinationale Unternehmungen. Die Besonderheiten der multinationalen Unternehmungen ergeben sich durch die besonderen unternehmungsspezifischen Gegebenheiten, die in diesem Teil angesprochen und später – in Teil C und D der Konzeptualisierung – näher betrachtet werden. Denn die grundlegenden Zusammenhänge zwischen Unternehmungsziel und ASF unterscheiden sich bei der Betrachtung von nationalen vs. multinationalen Unternehmungen erst dann, wenn konkrete unternehmungsspezifische Gegebenheiten betrachtet werden. Bei Ansicht der allgemeinen Beziehung hat diese Unterscheidung hingegen noch keine Relevanz.

Die im Zusammenhang mit der Entwicklung eines ASF stehenden Aspekte betreffen zunächst Entscheidungen, die vor dessen Entwicklung im engeren Sinne zu treffen sind. Die Unternehmung muss dabei festlegen, welchen spezifischen Zwecken das ASF dienen soll, welche Auflagen und Beschränkungen zu berücksichtigen sind und welche Erwartungen an die Implementierung des ASF geknüpft sind.[651] Diese Fragestellungen implizieren die Festlegungen von Anforderungen an ASF.

Hierfür kann auf die Erkenntnisse zurückgegriffen werden, die in Abschnitt II.B.3. – bei der Darstellung der Anforderungen an ein ASF – erarbeitet wurden. Bedeutsam war es, dass durch ein ASF nicht das gesamte Spektrum aller Anforderungen erfüllt werden muss. Bei der Entwicklung eines ASF in einer Unternehmung kann es nur um eine unternehmungsspezifische Identifikation der relevanten Anforderungen durch einen Prioritätensetzungsprozess gehen. Denn nicht alle Anforderungen sind in gleichem Maße realisierbar und eignen sich für die Unternehmungszielerreichung. Daher muss eine – im Sinne der Unternehmungsziele – geeignete und einer zielführenden Gestaltung entsprechende prioritäre Auswahl und Gewichtung von Anforderungen erfolgen, die zur Erfüllung der Funktionen von ASF vor dem Hintergrund der unternehmungsspezifischen Gegebenheiten beiträgt. Für die spezifische Unternehmung ist es wichtig, aus der Gesamtheit der Anforderungen diejenigen herauszufil-

[651] Vgl. Becker (1990), S. 18.

tern, die das Postulat der Wesentlichkeit erfüllen und zusammen genommen den größtmöglichen Nutzen hinsichtlich der Zielerreichung erlangen können.[652]

Die Anforderungsdetermination ist zum einen die Voraussetzung für eine intendierte Entwicklung und spätere Implementierung des ASF. Zum anderen liefert sie Anhaltspunkte für eine spätere Bewertung des ASF hinsichtlich seines Erfolges oder Misserfolges. Denn Erfolg oder Misserfolg eines ASF kann in sinnvoller Weise nur in Abhängigkeit von den mit ihm intendierten Erwartungen bestimmt werden.[653]

Aus den Ausführungen ist ersichtlich, dass ein ASF nur in Konsistenz zu den mit ihm verfolgten und unternehmungsspezifischen Zielen entwickelbar und gestaltbar ist. Solche Ziele sind in einer unternehmungssingulären Betrachtung zu extrahieren und an die unternehmungsspezifische Situation anzupassen. Eine solche Anpassung setzt sich nach der Anforderungsgenerierung in der eigentlichen Entwicklung des ASF fort. Bei der Entwicklung können sich allerdings grundlegende Probleme ergeben, die sich vor allem durch den Zusammenhang zwischen ASF und strategischen Unternehmungszielen ergeben. Im Folgenden soll zunächst auf diese Probleme eingegangen werden, um daran anschließend die sich aus Ansätzen der Problemlösung ergebenden grundlegenden Gestaltungselemente darzustellen. Auch hierbei ist stets zu berücksichtigen, dass es sich zwar um grundlegende Gestaltungsaspekte handelt, diese jedoch stets unternehmungsspezifisch zu analysieren sind.

2. Grundprobleme bei der unternehmungsspezifischen Ausgestaltung von Anreizsystemen für Führungskräfte

Nachdem die mit dem ASF verfolgten Intentionen einer Unternehmung durch die Festlegung der zu erfüllenden Anforderungen bestimmt wurden, schließt sich der Prozess der Entwicklung des ASF im engeren Sinne an. Dabei sind wiederum die strategischen Ziele einer Unternehmung determinierend. Die Anpassung des ASF an die Unternehmungsziele und den damit verbundenen Unternehmungsstrategien gestaltet sich allerdings aufgrund möglicher auftretender Problemfelder schwierig.[654]

---

[652] Vgl. Wälchli (1995), S. 165. So kann bspw. die Anforderung der Marktgerechtigkeit als ein Aspekt der Gerechtigkeitsanforderung in den Hintergrund treten, wenn eine Unternehmung eine neu geschaffene Stelle besetzen und dabei eine bestimmte Führungskraft rekrutieren möchte. Hier tritt dann die Anforderung der Wirtschaftlichkeit in den Vordergrund. Die Unternehmung wird der Führungskraft gegebenenfalls Anreize weit über den marktüblichen Anreizen anbieten, um sie rekrutieren zu können; das Wirtschaftlichkeitskriterium muss dann eine vorrangig zu erfüllende Anforderung sein, da anderenfalls die Existenz der Unternehmung gefährdet werden könnte.

[653] Vgl. Becker (1990), S. 19.

[654] Strategien sind dabei als Grundmuster im Strom unternehmerischer Entscheidungen und Handlungen zu verstehen (vgl. Mintzberg (1978), S. 934 ff. und Mintzberg/McHugh (1985), S. 161). Zu grundlegenden Überlegungen hinsichtlich des Zusammenhanges zwischen Unternehmungszielen und –strategien bzw. zur ausführlichen Auseinandersetzung mit dem Begriff der Unternehmungsstrategie, vgl. Macharzina (1999), Kapitel 4 und 5.

Kritisch ist dabei die strategische Ausrichtung der ASF.[655] Ein Grundproblem bei der strategie-orientierten Gestaltung von ASF besteht durch den zeitlichen Rahmen. Einerseits ergibt sich ein Problem dahingehend, dass die verfolgten strategischen Ziele erst nach mehrjähriger Zeitdauer erreicht werden können und auch erst dann sichere Aussagen über deren Erfüllungsgrad vorliegen.[656] Bei einer konsequenten Verfolgung der Gewährleistung von Anreizen erst im Zeitpunkt der Realisierung der Ziele bzw. Umsetzung der Strategien würde sich für die Führungskraft eine mögliche Belohnung so erst nach mehreren Perioden ergeben. Innerhalb der Überlegungen zur Motivationsfunktion, die ein ASF erfüllen soll, ergab sich aber, dass Anreize nur dann einen signifikanten motivierenden Einfluss ausüben, wenn die Erwartung des Erfolgseintritts und der Erfolgsbelohnung (Konsequenzerwartung) in zeitlicher Nähe zur Beitragsleistung liegen.[657] Aus Motivationsgründen sollte demnach eine Ausschüttung der Anreize laufend erfolgen. Eine tatsächliche Ausrichtung der ASF an langfristigen strategischen Unternehmungszielen erscheint somit dysfunktional für die motivierende Wirkungsweise der ASF.

Aus dieser Problematik ergibt sich noch ein weiteres Problem. Da die Zeitdauer zwischen den strategisch ausgerichteten Handlungen der Führungskräfte und der Wirkung dieser Handlungen – etwa die erfolgreiche Erreichung der strategischen Ziele – i. d. R. sehr lang ist, gestaltet sich eine verursachungsgerechte Zuordnung sehr schwierig.[658] Diese ist ebenso für die Motivationsfunktion des ASF abträglich: kann doch eine eingeschränkt verursachungsgerechte Zuordnung zu Trittbrettfahrerverhalten von Führungskräften führen, die von den früheren Leistungen ihrer Kollegen eigennützig profitieren. Das Dilemma lässt sich auch nicht durch Heranziehen kurzfristiger Erfolgsgrößen (etwa Gewinn, ROI) lösen. Diese stellen keine geeigneten Indikatoren für die periodische Gewährung von Anreizen dar, da sie oftmals gerade in den anfänglichen Perioden einer neu implementierten Strategie negativ für die Führungskräfte ausfallen, selbst bei einer im nachhinein als richtig beurteilten strategischen Handlungsweise der Führungskraft.

Ein weiterer, im Bezug zur zeitlichen Dimension angeführter kritischer Aspekt ist darin zu sehen, dass die Führungskraft, mit der die Erreichung bestimmter strategischer Ziele vereinbart worden ist, zum Zeitpunkt der Zielrealisation u. U. nicht mehr in der Unternehmung tätig ist.[659] Eine verursachungsgerechte Zuordnung von Erfolgen/Misserfolgen ist so nicht möglich. Zum anderen können strategische Zielsetzungen im Zeitablauf Veränderungen – etwa aufgrund von Anpassungen an veränderte Unternehmungsumfeldsituationen – erfahren,

[655] Vgl. im Folgenden Becker (1990), S. 17 f., (1991a), S. 756, Bleicher (1992), S. 17, Wälchli (1995), S. 48 ff.

[656] Vgl. Becker (1993), S. 323.

[657] Vgl. die Ausführungen in Abschnitt II.B.2.1.

[658] Vgl. z. B. Becker (1991a), S. 756.

[659] Vgl. z. B. Bleicher (1992), S. 17.

so dass die einer Realisierung der Anreize zugrundegelegten Zielgrößen nicht mehr bestehen bzw. Änderungen unterliegen.[660]

Bisher wurden Probleme verursachungsgerechter Zuordnung strategischer Erfolge oder Misserfolge hinsichtlich der individuellen Leistung einer Führungskraft angeführt, die zeitlich bedingt waren. Darüber hinaus gibt es Zuordnungsprobleme, die weniger zeitlicher als sachlicher Natur sind. Gerade strategische Erfolge sind i. d. R. nicht eindeutig der Leistung einer einzigen Führungskraft zuzurechnen, da sie auf vielfältigen Ursachen und komplexen Strukturen beruhen.[661] So können Umwelteinflüsse den strategischen Erfolg einer Unternehmung beeinflussen, ohne dass die Führungskräfte hierauf einen Einfluss haben. Zudem kann die Anpassung an veränderte Unternehmungsumfeldbedingungen – aufgrund sich verändernder Verantwortlichkeiten im Laufe einer Strategieumsetzung – die Zurechenbarkeit erschweren.

Im Risiko, das stets mit Strategien und deren Erfüllung verbunden ist, liegt ein weiteres Gestaltungsproblem von ASF. Um vorteilhafte Unternehmungsergebnisse zu erzielen, ist ein effektiver Umgang mit unternehmerischem Risiko nötig und unvermeidlich.[662] Wenn durch ein ASF fehlerhaftes strategisches Verhalten mit starken Anreizeinbußen bestraft wird, sollte man sich bewusst sein, dass sich als Konsequenz ein stark reduziertes Risikoverhalten der Führungskraft ergibt.[663]

Die angeführten Grundprobleme bei der Gestaltung und Implementierung von ASF stellen Problemfelder dar, die sowohl in nationalen als auch in multinationalen Unternehmungen gegeben sind. Allerdings ist davon auszugehen, dass im Kontext multinationaler Unternehmungen die Ausgestaltungen von ASF schwieriger werden können. Der Grund liegt in den zusätzlichen Komplexitätsdimensionen multinationaler Unternehmungen. So kann die weltweite Streuung der Unternehmungseinheiten multinationaler Unternehmungen und die jeweiligen unterschiedlichen Unternehmungsumfeldbedingungen, unter denen die verschiedenen Führungskräfte einer multinationalen Unternehmung tätig sind, die gesamtunternehmungszielkonforme Ausrichtung des Verhaltens der Führungskräfte erschweren.[664] Wie bereits durch die Extrahierung der Einflussfaktoren auf ASF in multinationalen Unternehmungen herausgearbeitet wurde, sind relevante Unternehmungsumfeldfaktoren durch viele verschiedene Ausprägungen charakterisiert – jeweils entsprechend der Länder, in denen die Unternehmung tätig ist. Diese Heterogenität der beeinflussenden Unternehmungsumfeldfak-

[660] Vgl. z. B. Becker (1991a), S. 756.

[661] Vgl. Wälchli (1995), S. 49.

[662] Vgl. Hungenberg (1995), S. 389.

[663] Vgl. Wächli (1995), S. 51.

[664] Vgl. Welge/Holtbrügge (1998), S. 221.

toren ist in ASF multinationaler Unternehmungen zu berücksichtigen, was die Ausgestaltung zweifellos komplexer macht.

Diese Grundprobleme der Gestaltung eines ASF muss eine multinationale Unternehmung lösen, um die Führungskräfte tatsächlich zu einem intendierten Verhalten motivieren zu können. Dazu bedarf es für die Gestaltung eines ASF einer unternehmungsspezifischen Analyse, in der relevante Faktoren der Unternehmung berücksichtigt werden müssen.[665] Im Folgenden soll angeführt werden, anhand welcher Gestaltungsfaktoren eine multinationale Unternehmung eine solche unternehmungsspezifische Analyse für die Gestaltung leisten kann.

3. Grundlegende Gestaltungselemente für eine unternehmungsspezifische Gestaltung von Anreizsystemen für Führungskräfte

Zu einer angemessenen Handhabung der o. a. Grundprobleme bei der Gestaltung von ASF existieren in der Literatur eine Reihe von allgemeinen Gestaltungsgrundsätzen. Hierbei geht es um die Beantwortung von Fragestellungen zum grundsätzlichen Aufbau des ASF. Es handelt sich dabei um allgemeingültige Fragestellungen, die für jede Unternehmung gelten, die ein ASF neu gestalten und implementieren will.[666] Um jedoch ein für die spezifische Unternehmung geeignetes ASF finden zu können, muss die Unternehmung jeweils die externen und internen Gegebenheiten berücksichtigen.[667]

Die in der Literatur angeführten Aspekte lassen sich in drei Gruppen grundlegender Gestaltungsfaktoren einteilen, die bei der unternehmungsspezifischen Ausgestaltung von ASF zu berücksichtigen sind: *Gestaltung der Systemkonfiguration*, *Gestaltung der Beurteilungskomponente* und *Gestaltung der Anreizkomponente*.[668]

Die Gestaltung der Systemkonfiguration betrifft die grundsätzlichen Intentionen der Unternehmung, die mit dem Einsatz eines ASF verfolgt werden. Hierunter fallen die Festlegung des personellen, sachlichen und zeitlichen Bezugsbereichs des ASF. Zunächst sei auf die *Festlegung des personellen Bezugsbereichs* eingegangen. Hier ist festzustellen, welche Führungskraft/Führungskräfte oder auch Gruppen von Führungskräften durch das ASF Anreize erhalten sollen. Für eine Berücksichtigung der strategischen Zielerreichung durch ASF

---

[665] Vgl. Hungenberg (1995), S. 387.

[666] Ebd.

[667] Ebd.

[668] Vgl. im Folgenden Becker (1991a), S. 736 ff, (1993), S. 324, (1997), S. 8, Bleicher (1992), S. 29 ff, Hungenberg (1995), S. 387 ff. Die angeführte Differenzierung lehnt sich an die Differenzierung von *Hungenberg* an, sie ist aber durch Berücksichtung der anderen Literaturquellen um einige Aspekte erweitert und integriert weitere Differenzierungsmöglichkeiten. So führt auch *Bleicher* eine Differenzierung von Gestaltungsprofilen von ASF an (Reichweite des ASF, Objekte des ASF, Grundlagen der Vergütung in ASF, Art der Vergütung in ASF). Allerdings fehlt hier die Beurteilungskomponente. Daher werden die einzelnen von *Bleicher* angeführten Aspekte in die o. a. Differenzierung integriert. (vgl. Bleicher (1992), S. 29).

sollten alle Führungskräfte berücksichtigt werden, die mit Aufgaben der strategischen Führung der Unternehmung betraut sind. Determiniert wird diese Auswahl vor allem durch die gegebene Organisationsstruktur der Unternehmung.[669]

Durch die Festlegung des *sachlichen Bezugsbereiches* des ASF wird definiert, welche Beteiligungsfelder dem ASF zugrunde gelegt werden. Beteiligungsfelder bezeichnen dabei diejenigen Organisationseinheiten, deren Leistung als Grundlage für die Bewertung der Führungskraftleistung dient.[670] Es existiert eine Vielzahl an möglichen Beteiligungsfeldern. Werden allerdings für ein ASF mehr als drei Beteiligungsfelder zugrunde gelegt, entsteht u. U. durch widerstrebende Beteiligungsfelder ein Anreizproblem bei der entsprechenden Führungskraft.[671] Deshalb wird in der Literatur eine Beschränkung auf drei Beteiligungsfelder vorgenommen:[672] die Unternehmungsebene, den Unternehmungsbereich, dem die Führungskraft angehört und zum anderen die Individualebene, für die Bewertung der individuellen Leistung der Führungskraft.

Ein weiterer Aspekt innerhalb der Gestaltung der Systemkonfiguration ist die Festlegung des *zeitlichen Bezugsbereiches* des ASF. In diesem Zusammenhang geht es darum, das weiter oben angeführte Grundproblem des zeitlichen Rahmens der ASF handhaben zu können. Aus Motivationsgründen sind nicht nur die Endergebnisse als Grundlage für eine Beteiligung der Führungskraft, sondern auch Zwischenergebnisse der Umsetzung der strategischen Ziele festzusetzen.[673] Zum einen kann dies periodisch – etwa im Zusammenhang mit einer regelmäßigen Überprüfung des Ausmaßes der Zielerreichung – geschehen, zum anderen aperiodisch – auf der Grundlage von zuvor vereinbarten Teilzielen und Teilschritten.

Ein zweiter Gestaltungskomplex wurde in der *Gestaltung der Beurteilungskomponente* gesehen. Im Rahmen dieses Gestaltungsaspektes geht es um die Leistungsbewertung der jeweiligen Führungskräfte. Die Beurteilung der Leistung der Führungskräfte kann als ein zentraler Bestandteil des ASF gesehen werden, sie ist vergangenheitsorientiert und direkt auf die Beitragsleistung der Führungskraft bezogen.[674] Die Leistungsbeurteilung kann sich allerdings problematisch gestalten, da gleichzeitig Leistungsergebnis, -verhalten und -bedingungen zu berücksichtigen sind. Darüber hinaus kann der Vergangenheitsbezug der Leistungsbeurteilung zu einer stark an vergangenen Aktivitäten ausgerichteten Tätigkeit führen. Einer sol-

---

[669] Vgl. Bleicher (1992), S. 30, Hungenberg (1995), S. 387 f. Für die unterschiedlichen Einflüsse der Organisationsstruktur auf den Kreis der zu beteiligenden Führungskräfte , vgl. die Ausführungen in Abschnitt IV.C.2.1. dieser Arbeit.

[670] Vgl. Becker (1991a), S. 760.

[671] Vgl. Becker (1990), S. 137.

[672] Vgl. Becker (1990), S. 137 ff., Hungenberg (1995), S. 388.

[673] Vgl. Hungenberg (1995), S. 388, Becker (1993), S. 326.

[674] Vgl. Becker (1991a), S. 761.

chen Tendenz sollte durch eine Motivationsausrichtung auf die Erreichung zukünftiger Erfolge durch eine entsprechende Gestaltung des ASF entgegengewirkt werden.[675]

Zudem ist bei der Leistungsbewertung einer Führungskraft eine Differenzierung hinsichtlich der Strategieformulierung und der Strategieimplementierung notwendig. Während sich die Beurteilung der Leistung innerhalb des Strategieimplementierungsprozesses durch eher objektive Kriterien der Zielerreichung feststellen lässt, ergeben sich bei der Leistungsbeurteilung innerhalb der Strategieformulierung Schwierigkeiten.[676] Denn die Bewertung der „Qualität einer Strategie" ist aufgrund der Unvorhersehbarkeit zukünftiger Entwicklungen der relevanten Determinanten einer Strategie diffizil.[677] Für eine Leistungsbewertung bei der Strategieformulierung ist deshalb zu beurteilen, welche Gründe zur Strategieentscheidung geführt haben, unabhängig davon, ob dies zur Zielerreichung oder Zielverfehlung geführt hat.[678]

Ein letzter Gestaltungsaspekt betrifft die *Gestaltung der Anreizkomponente.* Hiermit wird von der jeweiligen Unternehmung festgelegt, wie Führungskräfte zu strategischem Leistungsverhalten motiviert werden sollen, d. h. mit welchen Komponenten strategisches Leistungsverhalten belohnt (aber auch fehlerhaftes Verhalten sanktioniert) werden soll.[679] Die unterschiedliche unternehmungsspezifische Gestaltung der jeweiligen Anreizsystemkomponenten betrifft die Bestimmung der Anreizarten, der Anreizstruktur, die Gestaltung der Vergütungsfunktion, die Festlegung der Erfolgs- und Leistungskriterien und des Ausschüttungsmodus.

Die Bestimmung der Anreizarten bezieht sich dabei auf die Frage, welche spezifischen Anreizfaktoren für die Motivation der Führungskräfte genutzt werden sollen. Aus der Vielzahl an materiellen und immateriellen Anreizen werden diejenigen ausgewählt, denen in der vorliegenden Situation ein erwarteter positiver Einfluss auf die Leistungserbringung der Führungskräfte zugeschrieben wird. Hierbei sind die individuellen Motivstrukturen einer Führungskraft in die Auswahl mit einzubeziehen.[680]

Die Festlegung der Anreizstruktur betrifft das Verhältnis der fixen und variablen Anteile der Vergütung der Führungskräfte. Um eine stärkere Ausrichtung des Leistungsverhaltens der Führungskräfte auf Unternehmungsziele zu erreichen, sind die variablen Anteile zu erhö-

---

[675] Vgl. Becker (1993), S. 325.

[676] Vgl. Hungenberg (1995), S. 389.

[677] Ebd.

[678] Selbst bei einer unzureichenden Zielerreichung sollten Belohnungen möglich sein, wenn dies nicht auf eindeutig identifizierbares fehlerhaftes Verhalten sondern auf andere Einflüsse zurückzuführen ist (vgl. Becker (1991a), S. 761).

[679] Vgl. Hungenberg (1995), S. 390.

[680] Ebd.

hen.[681] Mit einem zu geringen variablen Anteil kann kein ausreichender Motivationseffekt erzielt werden, insbesondere dann nicht, wenn der variable Anteil noch in verschiedene Anreize aufgeteilt ist, etwa durch Differenzierung der Anreize dadurch, dass unterschiedliche Beteiligungsbasen zugrundegelegt werden.[682]

Des Weiteren ist im Zusammenhang mit der Gestaltung der Anreizkomponente von der Unternehmung festzulegen, welche Erfolgs- und Leistungskriterien als Beteiligungsbasen für das ASF genutzt werden sollen. Hierzu eignen sich primär solche Faktoren, die als wesentlich für die unternehmungsspezifische Zielerreichung gesehen werden.[683] I. d. R. handelt es sich dabei um diejenigen Faktoren, die bereits zuvor, innerhalb des Entscheidungsprozesses hinsichtlich der vereinbarten Ziele, festgelegt wurden.[684] Denkbar ist die Verwendung von einer Ziel- oder Erfolgsgröße oder von einem Bündel mehr oder weniger miteinander verbundener Größen.[685]

Eine letzte festzulegende Größe ist die des Ausschüttungsmodus. So ist der Zeitpunkt, zu dem der Führungskraft die variablen, leistungsabhängigen Anreize zugeteilt werden, von der Unternehmung festzulegen. Drei grundsätzliche Zeitpunkte sind denkbar: die sofortige Ausschüttung, die sukzessive Ausschüttung und die endfällige Ausschüttung.[686] Entsprechend der unternehmungsspezifischen Gegebenheiten ist eine der drei Möglichkeiten oder sind entsprechende Kombinationen zu wählen.

Der Darstellung der unterschiedlichen Gestaltungsaspekte von ASF ist zu entnehmen, dass jede Unternehmung entsprechend der unternehmungsspezifischen Zielsetzungen und der zu berücksichtigenden Gegebenheiten umfangreiche Entscheidungen bezüglich der Ausgestaltung des ASF zu treffen hat. Vor dem Hintergrund der Unternehmungsziele ist eine spezifische Determination jedes Gestaltungsaspektes von ASF erforderlich. Dies macht deutlich, das jedes zu gestaltende und zu implementierende ASF in seinen separaten Gestaltungsaspekten unternehmungssingulär modelliert werden muss. Unerlässlich ist daher die Ausrichtung an der grundlegenden Unternehmungsintention. Dies gilt gleichermaßen für nationale wie für multinationale Unternehmungen. In multinationalen Unternehmungen erhöht sich jedoch die Komplexität der zu berücksichtigenden Faktoren bei der Ausgestaltung der einzelnen Komponenten eines ASF aufgrund der identifizierten zusätzlichen Einflussfaktoren.

---

[681] Vgl. Bleicher (1992), S. 32.

[682] Vgl. Becker (1991a), S. 760.

[683] Vgl. Becker (1997), S. 8.

[684] Vgl. Becker (1993), S. 325.

[685] Vgl. Bleicher (1992), S. 33.

[686] Vgl. Hungenberg (1995), S. 391.

Deutlich geworden ist bei der Darstellung, dass die einzelnen Gestaltungsfaktoren nicht immer isoliert voneinander betrachtet werden können. Für Zwecke der Konzeptualisierung und deren implizierte Komplexitätsreduktion erscheint es aber sinnvoll, eine solche abgrenzende Betrachtung vorzunehmen – auch auf die Gefahr von Überschneidungen zwischen einzelnen Gestaltungsaspekten hin. In den folgenden Abschnitten der Konzeptualisierung soll deshalb dargestellt werden, inwieweit die einzelnen Gestaltungsaspekte eines ASF innerhalb der Betrachtung der multinationalen Unternehmung unterschiedlich ausgestaltbar sind. Die hierbei zu berücksichtigenden externen Rahmenbedingungen werden zuvor kurz dargestellt und ihre Verbindung zum ASF aufgezeigt, um daran anschließend die Analyse der Beeinflussung der einzelnen Gestaltungsaspekte vornehmen zu können.

C. System-exogene Rahmenbedingungen

1. Unternehmungsumfeldspezifische Einflussfaktoren

1.1 Kulturelle Faktoren

Die kulturbedingten individuellen Wertestrukturen der Führungskräfte wurden in Teil III als relevante Einflussfaktoren identifiziert. Sie stellen in der vorliegenden Konzeptualisierung die kulturellen Einflussfaktoren dar, die als systemexogene Rahmenbedingung die Gestaltung und Implementierung eines ASF in einer multinationalen Unternehmung beeinflussen. Im Folgenden soll näher untersucht werden, auf welche Art und Weise – das „wie" – diese kulturellen Einflussfaktoren der Führungskräfte die Gestaltungsfaktoren eines ASF beeinflussen können. Dazu wird u. a. auf die bereits erzielten Erkenntnisse aus dem dritten Teil dieser Arbeit zurückgegriffen.

Um die für die Konzeptualisierung nötige Komplexitätsreduzierung gewährleisten zu können, werden die identifizierten Kulturdimensionen aus Teil III argumentativ verwendet. Dies geschieht in dem Bewusstsein, dass diese Kulturdimensionen allenfalls polarisierte Erkenntnisse über die Wirkung unterschiedlicher kultureller Wertestrukturen zulassen.[687] Dennoch bieten die Kulturdimensionen in ihrer Kategorisierung ausreichende Anhaltspunkte, die für die Aufdeckung von Zusammenhängen zwischen den kulturbedingten individuellen Werte-

---

[687] Zum einen existieren in den unterschiedlichen Kulturen jeweils für unterschiedliche Kulturdimensionen spezifische Ausprägungen. Zum anderen können sich Kulturen selbst bei gleicher Ausprägung einer Kulturdimension dennoch unterscheiden. So werden bspw. Großbritannien und die USA als stark individualistische Kulturen eingestuft, in der individuelle Leistungen hoch bewertet werden. Dennoch existiert zwischen beiden Ländern ein Unterschied bezüglich des Leistungsstrebens. Während in den USA lediglich die Ausrichtung der Leistung auf langfristige Ziele angestrebt wird und motivierend wirkt, kann in Großbritannien die Ausrichtung der Leistungserbringung auf kurzfristige Ziele durchaus auch als erstrebenswert gelten (vgl. Kumar (1991), S. 140).

Wie bereits in Abschnitt III.B.1.1 angeführt, lässt eine Argumentation mit Hilfe der Kulturdimensionen lediglich Tendenzaussagen zu, die aus Komplexitätsgründen individuelle Unterschiede vernachlässigen (vgl. dazu auch Schanz/Klein/Wunderlich (1991), S. 167).

strukturen, anderen system-exogenen Rahmenbedingungen bzw. den Gestaltungsfaktoren von ASF nutzbar sind und aussagefähige Ergebnisse liefern können.[688]

Wie bereits festgestellt, besitzen die einer Führungskraft eigenen kulturellen Werte einen Einfluss auf ihr Verhalten innerhalb der Unternehmung. Soll dieses Verhalten intentional auf die Unternehmungszielerreichung ausgerichtet werden, müssen diese kulturellen Hintergründe berücksichtigt werden, da andernfalls die intendierte Motivationswirkung beeinträchtigt werden kann.[689] Für die mittels eines ASF angestrebte Verhaltensausrichtung ist es deshalb notwendig, die kulturellen Werte der jeweiligen Führungskraft in der Gestaltung der ASF zu berücksichtigen und einzubinden. Der direkte Zusammenhang zwischen dem kulturellen Einflussfaktor und dem ASF einer multinationalen Unternehmung soll im Folgenden durch Zuhilfenahme der identifizierten Kulturdimensionen sichtbar gemacht werden. Dabei werden ggf. auch Interdependenzen zu weiteren Einflussfaktoren von ASF in multinationalen Unternehmungen thematisiert. In diesem Abschnitt kann es dementsprechend zunächst nur um eine Offenlegung der Zusammenhänge zwischen der kulturellen Einflussgröße und den Gestaltungsfaktoren eines ASF in einer multinationalen Unternehmung gehen. Spezifische Ausgestaltungsmöglichkeiten der einzelnen Gestaltungsfaktoren sind dann Gegenstand des letzten Teils der Konzeptualisierung, im Abschnitt IV.D.

„Individualismus vs. Kollektivismus“

Im Zusammenhang mit Anreizpraktiken charakterisieren *Jackson/Schuler* Kulturen mit einem hohen Individualismusgrad als solche, in denen Anreize, die die individuelle Leistung belohnen, sehr weit verbreitet sind.[690] Daraus ist zu schließen, dass eine stark individualistisch geprägte Führungskraft durch ihre Tendenz zur Betonung der individualistischen Leistung ein ASF bevorzugt, dass dieser Tendenz gerecht wird. Bei einer Gestaltung eines ASF betrifft dies zweifellos zunächst die Wahl der in dem ASF enthaltenen Anreizarten.

Des Weiteren wirkt ein in den kulturellen Werten einer Führungskraft manifestierter hoher Individualismusgrad auch determinierend für die in dem ASF verwendeten Beteiligungsbasen.[691] Folgerichtig sind solche Faktoren als Beteiligungsbasen zu nutzen, die eine individuelle Leistungszurechnung ermöglichen.[692] Da die Wahl der Beteiligungsfelder eines ASF als

[688] Vgl. dazu auch Schmid (1996), S. 269 ff., der etwa die Arbeiten von *Hofstede* und *Trompenaars* als „späte Meilensteine“ in der Kulturforschung bezeichnet und die in Abschnitt III.B.1 angeführte kritische Auseinandersetzung mit den Kulturdimensionen.

[689] Vgl. Wälchli (1995), S. 176.

[690] Vgl. Jackson/Schuler (1995), S. 241.

[691] Die Aussagen bezüglich der Zusammenhänge zwischen kulturellem Einflussfaktor und den Gestaltungsfaktoren eines ASF in einer multinationalen Unternehmung erfolgen hier jeweils aufgrund der Annahme, dass ein ASF aus Gründen der Funktionserfüllung (siehe dazu die Ausführungen in Abschnitt II.B.) gestaltet und implementiert werden soll.

[692] Vgl. z. B. Hofstede (1993), S. 82.

Grundlage für die Wahl der Beteiligungsbasen gesehen werden kann, ist auch ein Einfluss auf die auszuwählenden Beteiligungsfelder möglich. Dies gilt sowohl für die in dem ASF gewählten Beteiligungsbasen als auch für die Leistungsbeurteilung der Führungskraft. Darüber hinaus ist zu erwarten, dass individuell orientierte Führungskräfte besonderen Wert auf eine ihrer individuellen Leistung entsprechende Anreizsystemstruktur legen. Variablen Anreizkomponenten kommt dann eine dominierende Bedeutung gegenüber fixen Anreizkomponenten zu.

„Machtdistanz“

Charakteristisch für Kulturen, die sich durch ein hohes Maß an Machtdistanz kennzeichnen lassen, sind stark hierarchische Unternehmungsstrukturen, die in dem Streben nach eindeutiger Machtkonzentration begründet liegen.[693] Eine Führungskraft einer solchen Kultur wird in einer multinationalen Unternehmung ebenso auf hierarchische Unterschiede achten. Dies hat dann entsprechend Auswirkungen auf deren Motivation. Ist sie in einer stark hierarchischen Unternehmung tätig, werden die hiermit implizierten Anreize bereits den nötigen Gestaltungseffekt auf das ASF besitzen.[694] Ist die Führungskraft allerdings in einer multinationalen Unternehmung mit flachen hierarchischen Strukturen tätig, sollte der dann u. U. fehlenden Motivation durch Anreize entgegengewirkt werden, die sich durch ein ausreichend hohes Maß an hierarchischer Differenzierung bezüglich der Funktionen der verschiedenen Unternehmungsmitglieder auszeichnen.[695]

Im Zusammenhang mit der Gestaltung eines ASF in einer multinationalen Unternehmung wird deshalb hiervon primär die Festlegung des Kreises der am ASF zu beteiligenden Führungskräfte betroffen sein. Denn es ergeben sich die beiden Fragestellungen welche Führungskräfte welcher hierarchischen Ebenen die gleichen Anreize empfangen können bzw. bei welchen Führungskräften differenziert werden muss? Zudem kann die Auswahl der Beteiligungsfelder entscheidend für die mit dem ASF intendierte Motivation der Führungskraft sein, weil die Führungskraft – in Abhängigkeit von den ihr leistungsmäßig zuordenbaren Organisationseinheiten (Unternehmungsebene, Unternehmungsbereich oder Individualebene) – unterschiedliche Motivationsimpulse erhält.

„Maskulinität vs. Feminität“

In Kulturen mit einem hohen Wert an Maskulinität sind die Individuen gekennzeichnet durch Erfolgs- und Wettbewerbsorientierung sowie durch Karrierestreben und Ansehen in der Ge-

---

[693] Ebd., S. 50.

[694] Siehe die Ausführungen in Abschnitt IV.C.2 zur Organisationsstruktur als unternehmungsspezifische Einflussgröße eines ASF, in denen deterministische Zusammenhänge zwischen dem ASF und der Organisationsstruktur aufgezeigt werden.

[695] Vgl. Hodgetts/Luthans (1993), S. 43.

sellschaft.[696] Hinsichtlich der Motivationswirkung von Anreizen kann daraus die Schlussfolgerung gezogen werden, dass eher maskulin orientierten Führungskräften aus Motivationsgründen Anreize geboten werden sollten, die auf Leistungsgrößen und Wettbewerbsgrößen beruhen.[697] Führungskräften, deren kulturelle Werte eher feminin geprägt sind, sollten im Gegensatz dazu vor allem Anreize gewährt werden, die auf soziale Faktoren abzielen.[698] Den unterschiedlichen Ausprägungen der Kulturdimension Maskulinität vs. Feminität ist dementsprechend vor allem mit einer differenzierten Auswahl der Anreizarten zu begegnen.[699]

„Unsicherheitsvermeidung"

Meidet eine Führungskraft aufgrund ihrer zugrundliegenden kulturellen Wertestruktur sehr stark jede Unsicherheitssituation, wirkt sich auch dies auf Gestaltungsaspekte eines möglichen ASF aus. Führungskräfte, die einer Kultur mit einem hohen Grad an Unsicherheitsvermeidung angehören, versuchen stets Situationen starker Unsicherheit zu vermeiden; so auch Unsicherheiten hinsichtlich der ihr von der Unternehmung gewährten Anreize.

Dies ist bei der Gestaltung eines ASF in einer multinationalen Unternehmung derart zu berücksichtigen, dass die Anreizstruktur eines ASF tendenziell risikoarm gestaltet wird. Darüber hinaus sollten die gewählten Anreizarten frei von risikoreichen Größen sein.[700] Was die Struktur des Anreizsystems angeht, werden unsicherheitsvermeidende Führungskräfte fixe Anreizkomponenten den – von zum Teil unsicheren Leistungsergebnis abhängigen – variablen Komponenten vorziehen. Zudem sollten keine Beteiligungsbasen genutzt werden, die durch dynamische Bewegungen im Unternehmungsumfeld allzu stark beeinflusst werden können bzw. auch nicht solche Beteiligungsbasen, die an sich bereits für die Führungskraft risikoreiche Größen darstellen. Des Weiteren ist auch ein Einfluss des Grades der Unsicherheitsvermeidung auf zeitbezogene Größen eines ASF denkbar. Je nach Ausprägungsgrad werden Führungskräfte dem Einfluss unsicherer zukünftiger Unternehmungs- und Unternehmungsumfeldentwicklungen auf die Anreizgewährung unterschiedlich gegenüberstehen. Dies bezieht sich dann auf die zeitbezogenen Größen Beteiligungsperiode und Ausschüttungsmodus eines ASF.

„Konfuzianische Dynamik"

Unterschiedliche Einstellungen zur Zeit innerhalb einer Kultur beeinflussen hinsichtlich der Gestaltung eines ASF gerade die Gestaltungsfaktoren, die eine zeitliche Problematik zum Inhalt haben. Von unterschiedlichen kulturellen Ausprägungen sind deshalb primär die

[696] Vgl. z. B. Hofstede (1993), S. 110 ff.

[697] Vgl. Hodgetts/Luthans (1993), S. 44.

[698] Ebd.

[699] Vgl. Scherm (1999a), S. 283.

[700] Ebd., S. 45.

Gestaltungsfaktoren der Beteiligungsperiode und der Ausschüttungsmodus betroffen, innerhalb derer die zeitliche Dauer eines Anreizes festgelegt wird.

Der durchgeführte erste Schritt einer Synthese von verschiedenen Kulturdimensionen mit den Gestaltungselementen eines ASF hat verdeutlicht, dass unterschiedliche Ausprägungen kultureller Merkmale zu einer differenzierten Gestaltung der einzelnen Komponenten eines ASF führen sollten, damit die Motivationsfunktion des ASF aufrechterhalten werden kann. Dabei wurden bei Betrachtung der Kulturdimensionen letztlich alle Gestaltungselemente als beeinflusst identifiziert (vgl. zu einer Übersicht der relevanten Zusammenhänge auch die folgende Tab. 5). Aus Gründen der Komplexitätsreduzierung wurde hier darauf verzichtet, verschiedene Kombinationen der unterschiedlichen Kulturdimensionen und deren Zusammenhänge zu den Gestaltungselementen eines ASF darzustellen. Es ist davon auszugehen, dass hierdurch eine weitere Verstärkung angeführter Zusammenhänge festzustellen wäre.

	Individualismus vs. Kollektivismus	*Machtdistanz*	*Maskulinität vs. Feminität*	*Unsicherheits-vermeidung*	*Konfuzianische Dynamik*
Kreis der Beteiligten		X			
Beteiligungsfelder	X	X			
Beteiligungsperiode				X	X
Leistungsbeurteilung	X				
Anreizarten	X		X	X	
Anreizsystemstruktur	X			X	
Beteiligungsbasen	X			X	
Ausschüttungsmodus				X	X

Tab. 5: Von den Kulturdimensionen beeinflusste Gestaltungselemente eines ASF

In diesem Abschnitt wurde zudem deutlich, dass die kulturellen Werte als unternehmungsumweltspezifische Einflussgröße eines ASF auch in interdependentem Zusammenhang mit anderen Einflussfaktoren, etwa der Organisationsstruktur als unternehmungsspezifischer Einflussgröße, stehen können.

Neben den kulturellen Einflussfaktoren existieren weitere unternehmungsumfeldspezifische Einflussfaktoren, die sogenannten kontextualen Einflussfaktoren, die bei der Gestaltung und Implementierung eines ASF in einer multinationalen Unternehmung zu berücksichtigen sind. Auf sie soll im Folgenden näher eingegangen werden.

1.2 Kontextuale Faktoren

Die kontextualen Faktoren stellen, ebenso wie die kulturellen Einflussfaktoren, unternehmungsumfeldspezifische Rahmenbedingungen dar, die als relevante Einflussfaktoren für ein ASF in einer multinationalen Unternehmung identifiziert werden konnten. Nachdem im vorherigen Abschnitt die interdependenten Zusammenhänge zwischen den kulturellen Einflussfaktoren und den Gestaltungsfaktoren eines ASF dargestellt wurden, soll nun ein Zusammenhang zu den kontextualen Faktoren hergestellt werden.

Innerhalb der bisherigen Analyse in dieser Arbeit, ergab sich im Rahmen der Diskussion kontextualer Einflussfaktoren eine Spezifizierung der rechtlich-politisch-institutionellen Faktoren.[701] Dies soll hier wiederum aufgenommen werden. Eine eindeutige Trennung dieser drei kontextualen Einflussfaktoren hinsichtlich ihrer Wirkungsweise erscheint aufgrund der bereits angeführten Interdependenzen untereinander in praxi nicht möglich; schließlich haben bspw. politische Entscheidungen von Regierungen oft rechtliche sowie institutionelle Konsequenzen. Dennoch erfolgt hier – wie bereits in Abschnitt III.B.2 – eine Differenzierung in rechtliche, politische und institutionelle Einflussfaktoren, um eine zweckdienliche Komplexitätsreduktion erreichen zu können. Dabei ist nicht auszuschließen, dass in den verschiedenen Argumentationen zu den separaten Einflussfaktoren Überschneidungen auftreten können, die gerade auf diese angesprochenen Interdependenzen zwischen den rechtlichen, politischen und institutionellen Einflussfaktoren zurückzuführen sind.

Im Folgenden werden zunächst die rechtlichen, dann politische und schließlich die institutionellen Einflussfaktoren hinsichtlich ihrer Beziehung zu den Gestaltungsfaktoren eines ASF in einer multinationalen Unternehmung bzw. zu weiteren Einflussfaktoren näher betrachtet.

(a) rechtliche Faktoren

Bei der Analyse rechtlicher Faktoren sollte zunächst darauf hingewiesen werden, dass sie nicht nur in Zusammenhang mit politischen und institutionellen Faktoren zu sehen sind, sondern auch Interdependenzen zu den eben diskutierten kulturellen Hintergründen eines Landes haben; diese spiegeln sich in vielfacher Hinsicht in dessen rechtlichen Regelungen wider.[702] Beispielhaft kann dies etwa an verschiedenen handelsrechtlichen Rechnungslegungsregelungen verdeutlicht werden, die ihren Niederschlag in unterschiedlichen Rechnungslegungssystemen finden. Hinsichtlich des kulturellen Einflusses auf die Rechnungslegung leitete *Gray* anhand der eine Kultur beschreibenden Kulturdimensionen von *Hofstede* vier Rechnungslegungsdimensionen (accounting values) her.[703] Für die Gestaltung eines ASF in

---

[701] Vgl. dazu Abschnitt III.B.2.2.

[702] Vgl. Dülfer (2001), S. 388.

[703] Vgl. dazu Gray (1988). Zu einer ausführlichen Darstellung und Kritik des Konzeptes der Rechnungslegungsdimensionen von *Gray* vgl. d'Arcy (1999), S. 35 ff.

einer multinationalen Unternehmung bedeutet dies, dass in den verschiedenen Ländern, in denen die Unternehmung tätig ist, eine Reihe unterschiedlicher handelsrechtlicher Regelungen und Rechnungslegungspraktiken zu berücksichtigen sind.[704]

Ein identifizierter rechtlicher Einflussfaktor liegt in der Rechtsform einer multinationalen Unternehmung.[705] Es kann an dieser Stelle nicht sinnvoll sein, näher auf die in verschiedenen Ländern existenten und in ihren spezifischen Ausgestaltungen differenzierten Rechtsformen einer Unternehmung einzugehen. Vielmehr sind grundlegende Ausführungen zu verschiedenen allgemeinen Rechtsformen, wie sie in vielen Ländern existieren, heranzuziehen.[706] Diese sind dann in ihren potentiellen Zusammenhängen zu den Gestaltungsfaktoren eines ASF zu würdigen.

Der Einfluss der Rechtsform auf die Gestaltungsfaktoren eines ASF in einer multinationalen Unternehmung richtet sich auf die Anreizart und die Beteiligungsbasen. Durch die gewählte Rechtsform einer Unternehmung wird u. a. determiniert, welche Anreizarten und Beteiligungsbasen überhaupt verwendet werden können.[707] So können z. B. Kapitalbeteiligungen lediglich in Kapitalgesellschaften als Bestandteil eines ASF genutzt werden. Darüber hinaus können nur in Aktiengesellschaften Beteiligungsbasen verwendet werden, die auf sinnvollen Kapitalmarktgrößen beruhen. Ebenso wie die Rechtsform einer Unternehmung bedingen auch die eng damit verbundenen kapitalmarktrechtlichen Regelungen eines Landes die Anreizart als Gestaltungsfaktor eines ASF. Wie bereits in Abschnitt III.B.2 angeführt, können kapitalmarktrechtliche Regelungen dafür verantwortlich sein, dass bestimmte Anreizarten innerhalb eines ASF genutzt werden können oder nicht.[708]

Als weitere rechtliche Einflussgröße wurden die handelsrechtlichen Regelungen angeführt. Diesen kann ein unmittelbarer Einfluss auf die Beteiligungsbasen zugeschrieben werden. Je nach Art des verwendeten Rechnungslegungssystems ergeben sich im Regelfalle für eine Unternehmung spezifische Werte der Unternehmungserfolgsgrößen oder des Eigenkapitalwachstums – also unterschiedliche Ausprägungen vorgegebener Beteiligungsbasen, die innerhalb eines ASF als Bewertungskriterien für die erbrachte Leistung einer Führungskraft dienen können.

---

[704] Dabei ist natürlich zu berücksichtigen, dass eine multinationale Unternehmung in unterschiedlichen Unternehmungsbereichen nicht immer den rechtlichen Regelungen des Gastlandes unterlegen ist. Häufig gelten auch hier die rechtlichen Regelungen des Stammlandes der Unternehmung.

[705] Vgl. Abschnitt III.B. 2.

[706] So ist etwa die Rechtsform einer Aktiengesellschaft in den Ländern der Europäischen Union und auch in den USA – wenn auch in unterschiedlicher rechtlicher Ausgestaltung – möglich (vgl. dazu Dülfer (2001), S. 397 ff., der die unterschiedlichen Ausgestaltungen näher analysiert.).

[707] Vgl. Winter (1996a), S. 36.

[708] Vgl. die Ausführungen in Abschnitt III.B.2.2.

Eine weitere für die Gestaltung eines ASF in einer multinationalen Unternehmung entscheidende rechtliche Größe kann in den steuerrechtlichen Regelungen gesehen werden. Inwieweit beeinflusst diese steuerrechtliche Größe die Gestaltungsfaktoren eines ASF in einer multinationalen Unternehmung? Zum einen haben steuerrechtliche Größen Einfluss auf die Wahl der Anreizart innerhalb eines ASF. Die Heterogenität der Steuersysteme unterschiedlicher Länder schafft die Situation, dass verschiedene Anreizarten unterschiedlich besteuert werden können. Somit ergibt sich in verschiedenen Ländern potentiell eine differierende Vorteilhaftigkeit von Anreizarten „nach Steuern" für die Führungskräfte. In Ländern mit einem relativ hohen Steuerniveau sind folglich eher geringer besteuerte Anreizarten als Basis der Entlohnung zu verwenden, um der Führungskraft keine motivationsreduzierenden Einbußen nur aufgrund steuerlicher Gegebenheiten bieten zu müssen.[709]

Des Weiteren können steuerrechtliche Einflussfaktoren auf die Anreizsystemstruktur wirken. Dies geschieht dann, wenn das Anreizsystem lediglich einen geringen Anteil an fixem Entgeltbestandteil, aber einen hohen Anteil an variabler monetärer Vergütung enthält. Eine Führungskraft, die aufgrund ihrer Motive, Bedürfnisse oder auch ihrer kulturbedingten Wertestrukturen eher einen hohen variablen Anteil ihres Entgelts bevorzugt, sieht sich in einem Land mit hohen Steuersätzen für den variablen Anteil ihres Anreizsystems in „Nach-Steuer-Betrachtung" einem geringen Nettoanteil ihrer variablen Bezüge gegenüber.[710] Auch der Ausschüttungsmodus – als weiteres Element bei der Gestaltung der Anreizkomponente eines ASF – kann von steuerrechtlichen Regelungen betroffen sein: wenn etwa sofortige Ausschüttungen an Führungskräfte anders besteuert werden als zunächst einbehaltene Gewinne, die erst später (etwa endfällig) ausgeschüttet werden.

(b) politische Faktoren

Unterschiedlichste politische Faktoren können sich auf die Gestaltung von ASF auswirken. Auch diese sind als Teil rechtlich-politisch-institutioneller Faktoren durch kulturelle Werte einer Gesellschaft geprägt. Dies zeigt sich etwa im Umgang eines Landes mit sozialpolitischen Aspekten, wie etwa Arbeitslosenschutz, Krankenschutz, Unfallschutz oder auch Rentenschutz:[711] In einem Land mit einem kulturbedingt hohen Grad an Unsicherheitsvermeidung werden im Regelfall solche Aspekte per Gesetz geregelt sein, während dies in Ländern mit einem niedrigen Wert der Unsicherheitsvermeidung eher in einzelvertraglichen Regelungen beinhaltet ist. Inwieweit wirken politische Faktoren nun auf die Gestaltungsfaktoren eines ASF in einer multinationalen Unternehmung?

[709] Vgl. Hyer (1993), S. 53 und Winter (1996a), S. 36.

[710] Vgl. die Ausführungen bei Schnabel (1998), S. 64).

[711] Vgl. Schanz/Klein/Wunderlich (1991), S. 163.

In Abschnitt III.B.2.2. wurde hierfür auf die durch politische Prozesse zurückzuführende Veränderung der Inflationsrate abgestellt. Insofern hat der politische Faktor einen Einfluss auf die Anreizart. In einem Land mit einer sehr hohen Inflationsrate sind andere als nur reinmonetäre Anreize für die Motivation einer Führungskraft sinnvoll, etwa solche Anreize, die unabhängig von einer potentiellen Geldentwertung sind (z. B. eher immaterielle Werte wie Karrieremöglichkeiten, Mitbestimmung bei Entscheidungen).

Ein weiterer politischer Faktor wurde etwa in den o. a. Sozialregelungen eines Landes gesehen. Auch sie haben natürlich Einfluss auf die Anreizart. In Ländern, in denen bereits ein hoher Standard an sozialen Maßnahmen geregelt ist (etwa durch besondere Arten von Kranken- oder Unfallversicherung), muss kein derartiger Anreiz in das ASF aufgenommen werden. Ist die soziale Absicherung einer Führungskraft allerdings nicht durch staatliche Regelungen gewährleistet, kann es sinnvoll sein, solche Anreize mit in das ASF aufzunehmen. Dies gilt etwa für die USA, wo Krankenversicherung und auch Lebensversicherungen Teile der Vergütung einer Führungskraft darstellen.[712]

(c) institutionelle Faktoren

Als institutionelle Faktoren wurden beispielhaft der Einfluss des Kapital- und des Arbeitsmarktes angeführt. Inwieweit diese die Gestaltungsfaktoren eines ASF in einer multinationalen Unternehmung bedingen, soll im Folgenden geklärt werden.

Wird zunächst der Arbeitsmarkt betrachtet, kann sich ein Einfluss auf die Anreizart ergeben. *Scherm* führt hier ein – allerdings nicht speziell auf die Gruppe der Führungskräfte bezogenes – Beispiel an, dass etwa in einer Situation hoher Arbeitslosigkeit der immaterielle Anreiz „Arbeitsplatzsicherheit“ eine wichtige Bedeutung innerhalb eines von der Führungskraft erwünschten Anreizsystems einnehmen wird.[713] Für die Gruppe der Führungskräfte bezieht sich der Einfluss des Arbeitsmarktes auf die Anreizarten eines ASF auch deshalb, weil durch den Arbeitsmarkt die Vergleichsbasis mit den ASF anderer Führungskräfte in anderen multinationalen Unternehmungen geschaffen wird. Insbesondere für die Erfüllung der Personalselektion ist der Arbeitsmarkt mit seiner Vergütungsstruktur dahingehend beeinflussend, dass für die Gewinnung einer Führungskraft durch die Unternehmung das ASF mindestens die am Arbeitsmarkt üblichen Anreizarten (und selbstverständlich auch die Höhe der Anreize) enthalten muss.[714]

---

[712] Vgl. etwa Balsam (2002), S. 40 f.

[713] Vgl. Scherm (1999a), S. 282. Zur Zeit kann dies allerdings für die Gruppe der Führungskräfte – zumindest in Europa – ausgeschlossen werden, da auf dem europäischen Arbeitsmarkt derzeit und auch zukünftig ein Mangel an international einsetzbaren und geeignet qualifizierten Führungskräften herrscht (vgl. Fritsch, M. (2000), S. 98).

[714] Vgl. Winter (1996a), S. 24.

Die Beeinflussung durch den Kapitalmarkt richtet sich – ähnlich den kapitalmarktrechtlichen Einflussfaktoren – auf die Art der verwendbaren Anreizarten. Ein nicht existenter bzw. ein unterentwickelter Kapitalmarkt macht die Verwendung kapitalmarktbasierter Anreizarten unmöglich bzw. zumindest ökonomisch unsinnig. Das gleiche gilt für die Beteiligungsbasen. Sind sie an Kapitalmarktgrößen angelehnt, ist die Funktionsfähigkeit des Kapitalmarkts und damit auch die Aussagefähigkeit der Erfolgskriterien ausschlaggebend.

Der Entwicklungsstand des Kapitalmarktes eines Landes determiniert zudem, ob ausreichend institutionelle Investoren an den Kapitalmarkttransaktionen beteiligt sind. In einem unterentwickelten Kapitalmarkt ist dies im Regelfall nicht gegeben.[715] Wichtig kann diese Merkmalsausprägung eines Kapitalmarktes für die Gestaltungsfaktoren eines ASF sein; denn in einer empirischen Studie konnte gezeigt werden, dass die Bedeutsamkeit institutioneller Investoren auf dem Kapitalmarkt entscheidenden Einfluss auf die ASF-Gestaltung von Unternehmen besitzt – sowohl auf die Höhe der materiellen Anreize als auch auf die Wahl der Beteiligungsbasen.[716] Dies gilt insbesondere dann, wenn es institutionelle Investoren einer Unternehmung gibt, die keinerlei wirtschaftliche Abhängigkeit von der Unternehmung aufweisen.[717]

Deutlich wurde in diesem Abschnitt, dass einzelne Gestaltungselemente eines ASF in einer multinationalen Unternehmung von verschiedenen rechtlich-politisch-institutionellen Einflussfaktoren in ihrer Ausgestaltung determiniert werden. Dabei handelt es sich um die Gestaltungselemente Anreizart, Anreizsystemstruktur und Beteiligungsbasen. Dem ist abschließend noch die Leistungsbeurteilung als Gestaltungselement eines ASF hinzuzufügen, denn in der Leistungsbeurteilung geht es um die Identifikation der Führungskraftleistung. Dabei sind natürlich die Leistungsbedingungen, die auch in Form der rechtlich-politisch-institutionellen Einflussfaktoren vorliegen, stets zu berücksichtigen.[718]

Die neben den unternehmungsumfeldspezifischen herausgearbeiteten unternehmungsspezifischen Faktoren, die einen Einfluss auf die Gestaltung und Implementierung eines ASF besitzen, werden im Folgenden näher erörtert.

2. Unternehmungsspezifische Einflussfaktoren

2.1 Organisationsstruktur

Die Organisationsstruktur (Unternehmungsstruktur, Organisationssystem) einer Unternehmung gilt in der Literatur zu ASF in nationalen Unternehmungen unter vielen Autoren als

[715] Vgl. z. B. Loehr (1993), S. 179.

[716] Vgl. David/Kochhar/Levitas (1998).

[717] Ebd., S. 205.

[718] Vgl. z. B. Weber/Festing/Dowling/Schuler (2001), S. 191.

bedeutende Einflussgröße.[719] Gründe hierfür seien zunächst in den folgenden Absätzen gegeben, bevor analysiert wird, auf welche Gestaltungsfaktoren von ASF die Organisationsstruktur wirkt. Mit der Organisationsstruktur einer Unternehmung wird dabei das Ergebnis einer bewussten und zielgerechten Gestaltung von Regeln der Zusammenarbeit bezeichnet.[720] Die Organisationsstruktur einer Unternehmung stellt ebenso wie die Unternehmungskultur einer Unternehmung eine unternehmungsspezifische Größe dar. Dies bedeutet, dass eine bestimmte Organisationsstruktur für eine Unternehmung in einer spezifischen Umweltsituation vorteilhaft sein kann, während die gleiche Organisationsstruktur sich für eine andere Unternehmung als ungeeignet herausstellen könnte. Bei dieser Aussage wird ein Zusammenhang zwischen der Organisationsstruktur und der spezifischen Strategie einer Unternehmung unterstellt. Denn eine spezifische Unternehmungsstrategie, die sich aus der besonderen Umweltsituation der Unternehmung ergibt, kann als wesentliche Determinante für die Gestaltung der Organisationsstruktur einer Unternehmung gesehen werden.[721]

Eine bestimmte Unternehmungsstrategie verlangt jedoch nicht nur nach einer spezifischen Organisationsstruktur, sondern auch – wie die Ausführungen zum Basisparameter dieser Konzeptualisierung, den strategischen Unternehmungsintentionen, gezeigt haben – nach einem spezifischen ASF. Hier zeigt sich der Zusammenhang zwischen Unternehmungsstrategie, Organisationsstruktur und ASF: Die Organisationsstruktur einer Unternehmung wird durch deren strategische Unternehmungsintentionen und den daraus entstehenden Strategien determiniert. Die Organisationsstruktur bestimmt dann, als struktureller Rahmen in der Unternehmung, die konzeptionellen Ausgestaltungsmöglichkeiten des ASF.[722] Diese Beeinflussung des ASF durch die Organisationsstruktur setzt auf unterschiedlichen Ebenen an.

Eine erste Einflussbeziehung zwischen Organisationsstruktur und ASF ist darin zu sehen, dass eine Organisationsstruktur aufgrund ihrer spezifischen Regelungen bereits als Instrument zur Verhaltensbeeinflussung aufgefasst werden kann. Sie kann individuelle Verhaltensspielräume definieren sowie begrenzen und dementsprechend positive und negative Anreize ausüben.[723] Das mit einem ASF verfolgte Ziel liegt ebenfalls in der Verhaltenssteuerung. Damit wird wiederum deutlich, dass bei einer Entwicklung und Implementierung eines ASF auch die Organisationsstruktur einer Unternehmung berücksichtigt werden muss. Anderenfalls können die von der Organisationsstruktur ausgehenden Anreize die Wirkung der durch das ASF gesetzten Anreize konterkarieren.

[719] Vgl. z. B. Crystal/Walker (1973), S. 24, Stonich (1984), S. 47, Gomez-Meija/Welbourne (1989), S. 226, Lawler (1991), S. 132, Baumgartner (1992), S. 45, Dörfler (1993), S. 157 ff., Winter (1996a), S. 36.

[720] Vgl. z. B. Bleicher (1991), S. 35.

[721] Für einen Überblick über die wissenschaftliche Forschung hinsichtlich des Zusammenhangs zwischen Unternehmungsstrategie und Organisationsstruktur, vgl. Staehle (1999), S. 459 ff.

[722] Vgl. Balkin/Gomez-Meija (1987), S. 345 f.

Eine weitere Interdependenz zwischen der Organisationsstruktur einer Unternehmung und dem ASF liegt in dem Grad der Strukturierung. So konnte zum einen in empirischen Untersuchungen festgestellt werden, dass die Höhe der Anreize von einer Hierarchiestufe zur nächsten um annähernd den gleichen Prozentsatz steigt.[724] Dies steht im Einklang mit den kulturellen Hintergründen, die einem hohen Wert der Machtdistanz entsprechen und die kulturbedingt eine starke hierarchische Struktur der Unternehmung fördern. [725] Für Führungskräfte – unabhängig von ihrer kulturellen Herkunft – bedeutet dies, dass sie in Unternehmungen, die eine flache Organisationsstruktur aufweisen, weniger Anreize (in ihrer Höhe) erhalten als in Unternehmungen mit vielen Hierarchiestufen.[726]

Zum anderen ergaben sich auch in empirischen Untersuchungen Unterschiede für die Anreizstruktur in Abhängigkeit von der Hierarchiestufe der Führungskraft in einer Unternehmung. So konnte nachgewiesen werden, dass der Anteil der variablen Anreize um so größer wird, je höher die Führungskraft in der Unternehmungshierarchie tätig ist.[727]

Ein dritter und entscheidender Einfluss der Organisationsstruktur auf das ASF liegt in der Art der in der Unternehmung vorliegenden Organisationsstruktur begründet. Zur Aufdeckung des Zusammenhangs ist es zunächst erforderlich, die möglichen Formen der Organisationsstrukturen zu skizzieren, um im Anschluss daran die Interdependenzen zwischen den einzelnen Arten der Organisationsstrukturen und einem ASF aufzeigen zu können.

Die in Unternehmungen auftretenden grundlegenden Organisationsstrukturen können in das Verrichtungsmodell (oft als funktionale Organisationsstruktur bezeichnet), das Objektmodell (oft als divisionale Organisationsstruktur bezeichnet) und das Regionalmodell unterschieden werden.[728] In der Verrichtungsorganisation erfolgt eine Gliederung der Unternehmung anhand der Differenzierung nach ihren Hauptfunktionen (etwa Beschaffung, Fertigung, Verwaltung, Forschung und Entwicklung). Ist eine Unternehmung in einer Objektorganisation strukturiert, liegt eine Differenzierung anhand von Kernprodukten oder Produktgruppen (Objekten) vor. Die Regionalorganisation impliziert eine Strukturierung der Unternehmungsaktivitäten anhand räumlicher Felder (Regionen).[729] Bei den angeführten Formen der Organisationsstruktur handelt es sich um eindimensionale Strukturen. Es existieren aber auch mehrdimensionale Strukturen: die Matrixorganisation, innerhalb derer anhand zweier und die Tensororganisation, anhand derer nach mindestens drei Kriterien differenziert wird.

---

[723] Vgl. Becker (1990), S. 173.

[724] Vgl. Winter (1996a), S. 36 und die dort angegebene Literatur.

[725] Vgl. dazu die Ausführungen in Abschnitt IV.C.1.1 zu den kulturellen Einflussfaktoren.

[726] Ebd.

[727] Vgl. Geil (2000), S. 17 und S. 29.

[728] Vgl. z. B. Bleicher (1991), S. 388 ff.

Für eine funktionsfähige Umsetzung eines ASF ist grundsätzlich eine Objektorganisation geeignet, da durch diese Organisationsstruktur bereits einzelne Ergebniseinheiten gegeben sind.[730] Aber auch bei Vorliegen einer Strukturierung anhand von Objekten können dysfunktionale Wirkungen auftreten, denen durch geeignete Anreize für die Führungskräfte entgegengewirkt werden muss. Denn aufgrund der objektorientierten Organisation einer Unternehmung entstehen verstärkt Interdependenzen zwischen den einzelnen Teilbereichen. Dies ist darauf zurückzuführen, dass entweder die verschiedenen Geschäftsbereiche im Wettbewerb miteinander stehen und somit deren einzelne Aktionen Einfluss auf den Erfolg des anderen Geschäftsbereiches haben können oder eine Zusammenarbeit zwischen verschiedenen Geschäftsbereichen besteht.[731] Diese Interdependenzen dürfen bei der Entwicklung und Implementierung eines ASF nicht vernachlässigt werden, da sie entscheidende Einflüsse auf das der jeweiligen Führungskraft zuzurechnende Ergebnis haben können.[732] Hier sind etwa Einflüsse auf die Motivation der Führungskräfte denkbar. Ein nicht durch die jeweilige Führungskraft verursachtes negatives Ergebnis, das als Grundlage für die Anreize der Führungskraft genutzt wird, wirkt demotivierend. Zum anderen ergibt sich auch bei einer objektbezogenen Strukturierung die Gefahr eines bereichsegoistischen Verhaltens.[733] Dies kann die Erfüllung der Koordinationsfunktion eines ASF gefährden und somit zum Nachteil für die Gesamtunternehmung gereichen. Eine alleinige Orientierung an den Ergebnissen der entsprechenden Divisionen ist demnach nicht geboten, vielmehr muss entweder das Gesamtunternehmungsergebnis mitherangezogen werden; alternativ ist das Ergebnis verschiedener Geschäftsbereiche als Beteiligungsbasis der Führungskräfte heranzuziehen.[734]

Für die Unternehmungsstrukturierung nach Regionen ergeben sich zunächst einmal ähnliche Argumente wie innerhalb der Verrichtungs- und Objektorganisation.[735] Darüber hinaus treten im Regionalmodell noch zusätzliche Autonomietendenzen der einzelnen regionalen Teilbereiche auf, die sich durch die Anpassung an die jeweiligen lokalen Bedingungen ergeben.[736] Auch hier ist dann mit Hilfe eines ASF darauf hinzuwirken, dass regionalspezifische Bereichsziele den Gesamtunternehmungszielen nicht entgegenlaufen.

---

[729] Ebd., S. 551 ff.

[730] Vgl. Hahn/Willers (1999), S. 715.

[731] Vgl. Solomons (1965), S. 10 f.

[732] Vgl. Dörfler (1993), S. 163.

[733] Vgl. Bleicher (1991), S. 536.

[734] Vgl. Baumgartner (1992), S. 55, Dörfler (1993), S. 163.

[735] Vgl. Bleicher (1991), S. 559 f., der davon ausgeht, dass die kritischen Merkmale von Verrichtungs- und Objektorganisation auch bei einer Regionalstruktur anzutreffen sind und lediglich von den spezifischen Merkmalen der Regionalorganisation überlagert werden.

[736] Ebd., S. 560.

In einer mehrdimensionalen Organisationsstruktur, etwa der Matrixorganisation, verstärken sich die Koordinationsprobleme gegenüber den bereits angeführten Strukturierungsformen weiter, da hier sowohl verrichtungsbezogene als auch objektbezogene Strukturen vorhanden sind. Dies wiederum erhöht die Anzahl der auftretenden Interdependenzen zwischen den einzelnen Teilbereichen und die Interaktionen der Führungskräfte der unterschiedlichen Teilbereiche.[737] Für die Gestaltung und Implementation eines ASF bedeutet dies, dass einerseits die verschiedenen auftretenden Interdependenzen berücksichtigt werden müssen und andererseits die differenzierten Zielsetzungen der Führungskräfte der einzelnen Bereiche durch geeignete Anreize auf das Gesamtunternehmungsziel auszurichten sind.[738]

Die Art der Organisationsstruktur hat den Ausführungen zu Folge Einfluss auf die Beteiligungsbasen als Gestaltungselement eines ASF. Grundlage für die Wahl von Beteiligungsbasen sind die Beteiligungsfelder eines ASF, die dementsprechend ebenfalls beeinflusst werden. Nicht zuletzt hat die Art der Organisationsstruktur auch einen Einfluss auf den Kreis der an einem ASF beteiligten Führungskräfte, denn abhängig von der jeweiligen Organisationsstruktur ergibt sich eine unterschiedliche Anzahl an Führungskräften auf der jeweils gleichen Unternehmungsebene. So kann bei einem auf bestimmte Unternehmungsebenen begrenzten ASF der Kreis der beteiligten Führungskräfte in unterschiedlichen Organisationsstrukturarten variieren.

Wird der Fokus nun auf die Organisationsstrukturen multinationaler Unternehmungen gelegt, ist anzuführen, dass sie nach den gleichen Strukturierungsprinzipien wie bei nationalen Unternehmungen funktionieren.[739] Im Unterschied zu rein nationalen Unternehmungen werden die Organisationsstrukturen multinationaler Unternehmungen allerdings durch den Grad der realisierten Integration des Auslandsgeschäfts in die Gesamtunternehmungsstrategie determiniert.[740] Die – aufgrund des der vorliegenden Arbeit zugrundliegenden Verständnisses einer multinationalen Unternehmung – mögliche Gestaltungsalternative liegt mindestens im Rahmen der integrierten Organisationsstruktur, in der keine organisatorische Trennung von In- und Auslandsgeschäft in der Muttergesellschaft vorgenommen wird.[741] In Weiterentwicklung der integrierten Organisationsstruktur ist auch die mehrdimensionale Organisationsstruktur möglich, in der eine Differenzierung nach mindestens zwei unterschiedlichen

[737] Vgl. Dörfler (1993), S. 164.

[738] Ebd.

[739] Vgl. Welge/Holtbrügge (1998), S. 146.

[740] Ebd.

[741] Vgl. Welge/Holtbrügge (1998), S. 146. Eine weitere Gestaltungsalternative ist die differenzierte Struktur. Hier erfolgt eine deutliche Trennung von Inlands- und Auslandsgeschäft, was primär auf eine geringe internationale Unternehmungstätigkeit zurückzuführen ist (vgl. Welge/Holtbrügge (1998), S. 146 ff.). Da eine multinationale Unternehmung im Rahmen dieser Arbeit jedoch verstanden wird als eine, die bereits eine umfangreiche internationale Unternehmungstätigkeit aufweist (vgl. die Ausführungen in Abschnitt I.B.1), fällt diese Form der Unternehmungsstrukturierung hier heraus.

Kriterien (z. B. nach Funktionen und nach Regionen) erfolgt.[742] Da sich keine grundlegende Veränderung innerhalb der Organisationsstruktur von nationalen Unternehmungen und denen der multinationalen Unternehmung ergibt, können so die für die Gestaltung und Implementation eines ASF in einer multinationalen Unternehmung bereits angeführten Argumente übertragen werden.

Obwohl die Einflüsse der Organisationsstruktur auf die Gestaltungselemente eines ASF sich in Analogie zu denen in nationalen Unternehmungen ergeben, sind sie dennoch in der Intensität ihrer Wirkung verstärkt. Die angeführten Organisationsstrukturen stellen Idealtypen dar. In der Praxis befinden sich die einzelnen Teilbereiche einer multinationalen Unternehmung eher in stark differierenden Umwelten, weshalb es nicht sinnvoll sein kann, eine solche Unternehmung nach nur einem Organisationsstrukturtyp zu gliedern.[743] Mit einer solchen unterschiedlichen Unternehmungsstruktur in verschiedenen Unternehmungsteilbereichen wird die Koordination und die Ausrichtung auf Gesamtunternehmungsziele weitaus komplexer und schwieriger. Für die Auswahl des Gestaltungselements eines ASF, den Beteiligungsbasen, bedeutet dies, dass mit ihrer Hilfe einerseits die Verhaltensausrichtung der Führungskräfte auf Gesamtunternehmungsziele und gleichzeitig die Verfolgung regionaler Teilbereichsziele angestrebt werden müssen. Dabei können durchaus – und das stellt das eigentliche Problem dar – sich konterkarierende Zielsetzungen ergeben, die es durch die geeignete Ausrichtung des Verhaltens der Führungskraft zu vereinbaren gilt.[744]

Zusammenfassend ist festzuhalten, dass die Organisationsstruktur einer multinationalen Unternehmung Einfluss auf die Gestaltung und Implementation eines ASF besitzt: sei es aufgrund der Verhaltenswirksamkeit der Organisationsstruktur selbst, dem Grad der Strukturierung oder der Art der Organisationsstruktur. Die beeinflussten Gestaltungselemente eines ASF ergeben sich dabei wie folgt: durch den Grad der Strukturierung ergibt sich ein Einfluss auf die Anreizsystemstruktur als Gestaltungselement eines ASF. Durch die Art der Organisationsstruktur sind die Gestaltungselemente Kreis der Beteiligten, Beteiligungsfelder und Beteiligungsbasen determiniert.

2.2 Unternehmungskultur

Bei der Betrachtung und Analyse von ASF ist es unerlässlich auch die Unternehmungskultur mit einzubeziehen.[745] Die Unternehmungskultur kann hierbei sowohl als abhängige, als

[742] Ebd., S. 151 f.

[743] Vgl. Perlitz (2000), S. 624.

[744] Vgl. z. B. zum konterkarierenden Problem Weber/Festing/Dowling/Schuler (2001), S. 191.

[745] Vgl. die Ausführungen in Abschnitt III.B.1 dieser Arbeit sowie die Ergebnisse von z. B. Baumgartner (1992), S. 106, Winter (1996a), S. 33, Grewe (2000), S. 91. Zum hier zugrundegelegten Verständnis von Unternehmungskultur nach *Schein* siehe Abschnitt III.A.2.2.2.

unabhängige oder auch als intervenierende Variable hinsichtlich der ASF gesehen werden.[746] Abhängige Variable ist die Unternehmungskultur, wenn mittels eines ASF eine Unternehmungskulturveränderung erreicht werden soll.[747] Als unabhängige Variable ist die Unternehmungskultur dann zu sehen, wenn die von ihr ausgehenden Einflüsse und Wirkungen auf das ASF betrachtet werden.[748] Als intervenierende Variable wirkt die Unternehmungskultur in dem Fall, in dem durch sie versucht wird, das Verhalten der Führungskräfte zu verändern.[749] Aufgrund der vorliegenden Einordnung der Unternehmungskultur in die system-exogenen Rahmenbedingungen interessiert hier primär, wie die Unternehmungskultur auf ein ASF wirkt, also die Unternehmungskultur als unabhängige Variable.[750] Im Folgenden soll deshalb die Frage geklärt werden, inwieweit die Unternehmungskultur Einfluss auf das ASF besitzt.

Zum Verständnis des Einflusses der Unternehmungskultur auf das ASF ist zunächst zu betrachten, welche Bedeutung die Unternehmungskultur in der Unternehmung besitzt, d. h. welche Beziehung zwischen der Unternehmungskultur und dem Unternehmungserfolg besteht. In der Literatur wird davon ausgegangen, dass die Unternehmungskultur einen wichtigen Einfluss auf die Unternehmungszielerreichung ausübt. So ordnet bspw. *Hungenberg* die Unternehmungskultur als Verhaltensdimension des normativen Managements ein.[751] Dadurch ist der Unternehmungskultur ein entscheidender Einfluss auf die Strategieentwicklung und -implementation zuzuweisen, weil das normative Management – aufgrund der zugrundeliegenden Werte und Normen – den Handlungsrahmen für das strategische Management vorgibt.[752]

---

[746] Vgl. Becker (1991b), S. 585.

[747] Ebd.

[748] Vgl. Baumgartner (1992), S. 114.

[749] Vgl. Becker (1991b), S. 585.

[750] Die Unternehmungskultur als intervenierende Variable kommt einem Verständnis als Anreizart gleich, die einer Einordnung in die system-endogenen Gestaltungsfaktoren bedeuten würde. Die Unternehmungskultur als abhängige Variable hingegen hätte die Bedeutung, dass das ASF genutzt wird, um eine Unternehmungskultur zu verändern. Die Erörterung dieser Wirkungsbeziehung betrifft eine Themenstellung, die im Anschluss an diese Arbeit denkbar wäre. Hier sei nur soweit erläutert, dass ein ASF lediglich langfristig auf die Unternehmungskultur wirken kann (vgl. Dörfler (1993), S. 87). Dies liegt darin begründet, dass sich eine Unternehmungskultur lediglich in einem langfristigen Prozess durch die Auseinandersetzung mit Problemen hinsichtlich der Bestandssicherung der Unternehmung und der Systementwicklung herausbilden kann (vgl. Schein (1995), S. 21 ff. und Schreyögg (2000), S. 782). Die Möglichkeit der Einwirkung durch ein ASF auf eine Unternehmungskultur besteht jedoch nur insoweit wie ein ASF als ein Instrument der strategischen Führung in Einklang mit anderen entsprechenden Instrumenten ist; isoliert muss ihm im Hinblick auf die Unternehmungskulturgestaltung wohl ein eher geringer Einfluss zugewiesen werden (vgl. Steinle/Eggers/Hell (1992), S. 11).

[751] Vgl. Hungenberg (2001), S. 34.

[752] Ebd., S. 39.

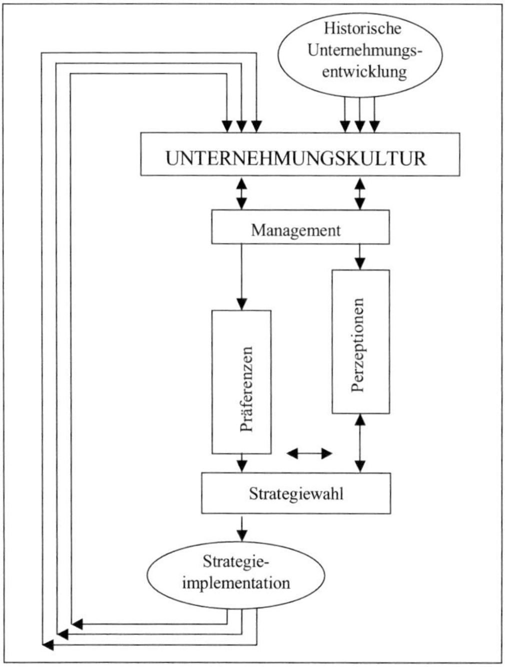

Abb. 15: Beziehungszusammenhang von Strategien und Kulturen (Quelle: Bleicher (1991), S. 783)

Die Unternehmungskultur beeinflusst die Wahl der Strategien durch die Träger der strategischen Unternehmungsführung. Diese entscheiden aufgrund ihrer Perzeptionen und Präferenzen, die wiederum durch den Einfluss der Unternehmungskultur, der die Entscheidungsträger angehören, beeinflusst sind.[753] Die Strategiewahl und -implementation schließlich beeinflusst aber auch die Unternehmungskultur, in dem sie aufgrund ihres Erfolges oder Misserfolges den Charakter geschichtlicher Ereignisse erhält, die sie wiederum zu einem Teil der Unternehmungskultur werden lässt (vgl. zu den Zusammenhängen zwischen Unternehmungskultur und Strategie Abb. 15).[754] Von dem Einfluss der Unternehmungskultur auf die Unternehmungsstrategien ist zu schließen, dass auch ein ASF durch die Unternehmungskultur beeinflusst wird.[755] Das ASF als Teilsystem der strategischen Führung und als Mittel zur Durchsetzung von Strategien ist dementsprechend ebenfalls durch die Unternehmungskultur bestimmt.

[753] Vgl. Bleicher (1999), S. 249.

[754] Vgl. Bleicher (1991), S. 783.

[755] So z. B. auch Baumgartner (1992), S. 116, Dörfler (1993), S. 86 f., Winter (1996a), S. 33 f.

Die Beeinflussung ist dabei auf verschiedene Art und Weise möglich. Zum einen kann sie sich in der Auswahl der Anreizsystemelemente durch die Entscheidungsträger äußern, die aufgrund der in ihnen verankerten Werte lediglich spezifische Anreizsysteme bzw. Elemente als sinnvoll zur Strategiedurchsetzung erachten. In Analogie zu den Ausführungen hinsichtlich des Einflusses der unternehmungsumfeldspezifischen kulturellen Faktoren auf die Gestaltungselemente eines ASF bedeutet dies somit, dass sämtliche Gestaltungselemente eines ASF auch durch die Unternehmungskultur beeinflusst werden können. Ursache dafür ist die begrenzte Perzeptibilität der Entscheidungsträger, die aufgrund ihrer Prägung durch die Unternehmungskultur, die Gesamtkomplexität der Anreizsystemproblematik auf ein angemessenes Maß reduzieren können.[756] Die komplexitätsreduzierende Wirkung der Unternehmungskultur kann dann bei der Entwicklung eines ASF nicht nur die Akzeptanz bei den in der Unternehmung tätigen anreizempfangenden Führungskräften erhöhen, sondern auch eine effektivere und effizientere Handhabung des ASF ermöglichen.[757] Letztlich ist dieser Einfluss der Unternehmungskultur auf die Gestaltungselemente eines ASF allerdings aus den bereits angeführten Gründen auf die Wertestrukturen – auch die kulturellen – der Entscheidungsträger zurückzuführen, so dass sich hier die gleiche Argumentation wie die innerhalb der unternehmungsumfeldspezifischen kulturellen Faktoren ergibt. Dieser Einfluss wird daher an dieser Stelle vernachlässigt.

Es besteht aber zudem eine weitere Einflussmöglichkeit der Unternehmungskultur auf ein ASF. Die Unternehmungskultur kann dahingehend die Entwicklung und Ausgestaltung eines ASF beeinflussen, dass durch sie festgelegt ist, auf welche Art Verhalten belohnt werden soll.[758] So weist *Becker* darauf hin, dass die Unternehmungskultur das Verhältnis von materiellen und immateriellen Belohnungen und deren Wirkung bestimmt.[759] Ist etwa durch eine starke Unternehmungskultur die emotionale Selbstverpflichtung der Mitarbeiter der Unternehmung sehr ausgeprägt, können u. U. viele Anreizarten (z. B. materielle) unwichtig für die Verhaltensausrichtung werden.[760] Es ist daher von entscheidender Bedeutung für die Funktionsfähigkeit eines ASF, dass deren Entwicklung und Implementierung in Einklang mit der Unternehmungskultur erfolgen.[761] Anderenfalls kann die Wirkung des ASF durch

---

[756] Vgl. Bleicher (1999), S. 249 und zur expliziten Wirkung auf ASF: Dörfler (1993), S. 86.

[757] Vgl. Dörfler (1993), S. 86.

[758] Vgl. Winter (1996a), S. 33.

[759] Vgl. Becker (1987), S. 40.

[760] Vgl. Grewe (2000), S. 92.

[761] Sind die Entscheidungsträger Mitglieder der entsprechenden Unternehmungskultur, scheint diese Problematik nicht relevant, da diese ebenfalls Träger der Unternehmungskultur sind. Handelt es sich allerdings um externe Entscheidungsträger (etwa externe Beratungsunternehmungen), die mit der Entwicklung des ASF beauftragt wurden, kann dies entscheidende Problemrelevanz für die Funktionsfähigkeit des ASF besitzen.

eine andersgerichtete Unternehmungskultur konterkariert werden.[762] Den bisherigen Ausführungen ist somit zu entnehmen, dass die Unternehmungskultur als unternehmungsspezifischer Einflussfaktor sowohl die Anreizart als auch die Anreizsystemstruktur beeinflussend determinieren kann.

Den bisherigen Ausführungen zufolge sind durch die Unternehmungskultur Einflussmöglichkeiten auf ein ASF gegeben, die zum einen in der Auswahl der Anreizart (aufgrund der begrenzten Perzeptibilität der Entscheidungsträger) und zum anderen in der Anreizstruktur liegen.

Die bisherige Analyse des Einflusses und der Wirkungen zwischen Unternehmungskultur und ASF gelten sowohl für eine nationale als auch eine multinationale Unternehmung. Der innerhalb der Arbeit interessierende Fokus liegt auf der multinationalen Unternehmung. Deshalb sollen im Folgenden noch explizite Überlegungen hinsichtlich der Unternehmungskultur in multinationalen Unternehmungen angestellt werden.

Multinationale Unternehmungen sind im Zuge eines sich immer mehr verschärfenden globalen Wettbewerbs erheblichen dynamischen und strukturellen Veränderungen ausgesetzt. Sie müssen daher ihr eigenes Profil definieren, weiterentwickeln und vermitteln können.[763] Dafür ist eine starke Unternehmungskultur förderlich und notwendig.[764] Insofern erscheint eine starke Unternehmungskultur innerhalb einer multinationalen Unternehmung noch um einiges wichtiger als in einer nationalen Unternehmung: Multinationale Unternehmungen müssen eine hohe interne und externe Flexibilität besitzen, um auf die vielschichtigen komplexen und heterogenen Umweltbedingungen, etwa auch auf die kulturelle Heterogenität, reagieren zu können.

In der Literatur werden im Rahmen der Beschäftigung mit der Unternehmungskultur vor einem internationalen Hintergrund zwei grundlegende Unternehmungskultur-Typen angeführt:[765] die pluralistische Unternehmungskultur und die universelle Unternehmungskultur.[766] Kennzeichen für eine pluralistische Unternehmungskultur ist, dass die Unterschiedlichkeit der Landeskulturen in verschiedenen Tochtergesellschaften anerkannt wird und sich die Unternehmungskultur auf deren Basis entwickeln kann.[767] Innerhalb der multinationalen

---

[762] Vgl. Wälchli (1995), S. 124, Winter (1996a), S. 33, Grewe (2000), S. 91.

[763] Vgl. Wolf (1994), S. 139.

[764] Ebd., S. 139 f.

[765] Vgl. etwa Steiner (1995), S. 99 ff. Schreyögg (2000), S. 786 f.

[766] Diese Benennung findet sich bei Schreyögg (2000), S. 786 und Steinmann/Schreyögg (2000), S. 647. Zu einem früheren Zeitpunkt verwendet *Schreyögg* noch die Begriffe „polyzentrische“ vs. „globale“ Unternehmungskultur (vgl. Schreyögg (1991)). Bei *Steiner* wird der pluralistische Unternehmungskulturtyp als „fragmentarische Unternehmungskultur“ bezeichnet (vgl. Steiner (1995), S. 99 und 101), inhaltlich stimmen die pluralistische und die fragmentarische Unternehmungskultur überein.

[767] Vgl. z. B. Steinmann/Schreyögg (2000), S. 647.

Unternehmung bedeutet dies, dass viele verschiedene Teilkulturen entstehen, die relativ unabhängig voneinander existieren und lediglich durch eine locker verknüpfende Gesamtunternehmungskultur miteinander verbunden sind.[768]

Die universelle Unternehmungskultur hingegen zeichnet sich dadurch aus, dass eine unternehmungsweit einheitliche kulturelle Orientierung erreicht werden soll, wobei die landeskulturellen Unterschiede in den Hintergrund treten.[769] Die im Ausland ansässigen Tochtergesellschaften werden innerhalb einer universellen Unternehmungskultur darauf verpflichtet, die durch die Muttergesellschaft determinierte Unternehmungskultur trotz unterschiedlicher lokaler Gegebenheiten zu übernehmen.[770]

Bei diesen beiden Unternehmungskulturtypen multinationaler Unternehmungen handelt es sich in der Regel jedoch nicht um real existierende Unternehmungskulturen. Vielmehr stellen diese beiden Idealtypen jeweils die gegensätzlichen Pole des Kontinuums „Unternehmungskultur einer multinationalen Unternehmung" dar. In der Realität auftretende Unternehmungskulturtypen sind eher in Mischformen beider Typen zu sehen.[771] Die Unternehmungskultur einer multinationalen Unternehmung kann aufgrund ihres Grades der realen Ausprägung hinsichtlich eines der beiden Idealtypen demzufolge allenfalls als „universell-orientiert" bzw. „pluralistisch-orientiert" bezeichnet werden.

So kann es etwa eine totale pluralistische Unternehmungskultur nicht geben, da dies einer Auflösung des Unternehmungsverbundes gleich käme. Vielmehr benötigt eine „pluralistisch-orientierte" Unternehmungskultur eine die Einzelkulturen verknüpfende Gesamtunternehmungskultur.[772] Eine „universell-orientierte" Unternehmungskultur ist hingegen auch nicht gleichbedeutend mit einer Unwichtigkeit der kulturellen Faktoren. In einer „universell-orientierten" Unternehmungskultur werden kulturelle Unterschiede lediglich weniger beachtet, um so bspw. eine Komplexitätsreduktion in der internationalen Unternehmungstätigkeit erreichen zu können.[773]

---

[768] Vgl. Schreyögg (2000), S. 786.

[769] Ebd.

[770] Vgl. Steinmann/Schreyögg (2000), S. 648.

[771] Ebd., S. 102.

[772] Vgl. Schreyögg (2000), S. 786.

[773] Vgl. Steiner (1995), S. 105 und die dort angegebenen Quellen. Die Auffassung einer universellen Unternehmungskultur konterkariert natürlich die hier in der Arbeit vertretene Bedeutung kultureller Faktoren. Sie wird hier dennoch in die Diskussion aufgenommen. Einerseits aus Gründen der Vollständigkeit. Eine Ignorierung einer existierenden Unternehmungskulturform wäre allein aus wissenschaftlichen Gründen nicht haltbar. Andererseits wird hier – wie bereits angesprochen – davon ausgegangen, dass eine universelle Unternehmungskultur nicht gleichbedeutend mit einer Irrelevanz kultureller Faktoren ist. Es kann nämlich keinerlei Aussage darüber gemacht werden, inwieweit – auch erfolgreiche – multinationale Unternehmungen, die eine „universell-orientierte" Unternehmungskultur verfolgen bzw. anstreben, bei einer Berücksichtigung kultureller Faktoren auch erfolgreich bzw. noch erfolgreicher wären.

Unabhängig davon, ob sich einer der beiden Unternehmungskultur-Typen als der im Zeitablauf für eine multinationale Unternehmung besser geeignete Unternehmungskultur-Typ herauskristallisiert,[774] gilt: die Wahl des einen oder anderen Typs hat Einfluss auf das zu entwickelnde und zu implementierende ASF in einer multinationalen Unternehmung.[775] Liegt eine pluralistische Unternehmungskultur vor, muss das ASF viele unterschiedliche kulturelle Prägungen berücksichtigen und kann für die Führungskräfte einzelner Tochtergesellschaften und auch der Muttergesellschaft jeweils unterschiedlich ausgestaltet sein, da vielfach verschiedene unternehmungskulturelle Werte und Normen zugrunde liegen, die den Gestaltungsprozess eines ASF auf unterschiedliche Art und Weise (siehe die o. a. Argumentation) beeinflussen.

Handelt es sich allerdings um eine universelle Unternehmungskultur, wird eine einheitliche Entwicklung und Implementierung des ASF angestrebt. Hier sind dann die der vorliegenden Unternehmungskultur zugrundeliegenden Werte und Normen als Grundlage der für das ASF notwendigen Entscheidungen ausschlaggebend. Wobei diese Werte und Normen natürlich auch ähnlich denen sein können, wie sie für Landeskulturen identifiziert wurden.[776]

Für die Gestaltung eines ASF bedeutet dies, dass neben den Gestaltungselementen Anreizart und Anreizsystemstruktur noch – durch die spezifisch multinationale Prägung des Unternehmungskulturtyps – weitere Gestaltungselemente beeinflusst werden können. Der Kreis der an einem ASF zu beteiligenden Führungskräfte kann sich je nach Unternehmungskulturtyp genauso ändern wie die Beteiligungsfelder eines ASF.

In diesem Abschnitt konnte gezeigt werden, dass die Unternehmungskultur einer multinationalen Unternehmung mit einem ASF in interdependenter Beziehung steht. Bei der Entwicklung und Implementation eines ASF ist die in der jeweiligen Unternehmung vorhandene Unternehmungskultur dementsprechend in den Entscheidungsprozess mit einzubeziehen und in den entsprechenden Gestaltungselementen eines ASF zu berücksichtigen.

---

[774] *Schreyögg* plädiert eindeutig für eine universelle Unternehmungskultur (vgl. Schreyögg (2000), S. 787 ff.).

[775] Dabei wird hier ausdrücklich darauf verzichtet, die interdependenten Wirkungen von Landeskultur und Unternehmungskultur mit in die Betrachtung einzubeziehen, da anderenfalls eine explizite Aussage hinsichtlich des Einflusses der Unternehmungskultur auf das ASF einer multinationalen Unternehmung nicht möglich und die Funktion der Konzeptualisierung hier nicht erfüllbar wäre. Es träte bspw. die Frage auf, ob die Unternehmungskultur oder die Landeskultur die entscheidende Kultur für die Verhaltensprägung der Führungskräfte ist. Es wird hier – in Analogie zur Auffassung von *Schreyögg* (vgl. Schreyögg (2000), S. 785) – davon ausgegangen, dass beide Kulturarten gleichberechtigt nebeneinander stehen. Generell sind die interdependenten Beziehungen aber stets zu berücksichtigen.

[776] Vgl. dazu das Kulturkonzept von *Schein,* in dem Kulturdimensionen für die Unternehmungskultur entwickelt wurden (siehe Abschnitt III.B.2.2.2) und die inhaltliche Ähnlichkeit der Kulturdimensionen zu denen von Landeskulturen (vgl. Abschnitt II.B.4).

2.3 Weitere unternehmungsspezifische Größen

In der Literatur finden sich weitere unternehmungsinterne Faktoren, denen ein Einfluss auf die Entwicklung und Implementierung von ASF zugesprochen wird.[777] Es handelt sich dabei um die Unternehmungsgröße und die Branchenzugehörigkeit.[778] Auch die Rechtsform einer Unternehmung wird als unternehmungsspezifischer Einflussfaktor eines ASF in der Literatur angeführt. Da diese innerhalb der Arbeit bereits innerhalb der rechtlich-politisch-institutionellen Faktoren erörtert wurde, wird an dieser Stelle auf weitere Ausführungen verzichtet.[779]

Bei dem angeführten Katalog wird nicht der Anspruch der Vollständigkeit erhoben. Vielmehr handelt um diejenigen Einflussfaktoren, die in der Literatur am häufigsten angeführt werden und denen so eine besondere Bedeutung zugemessen werden kann. Auf die Berücksichtigung weiterer unternehmungsspezifischer Einflussfaktoren wird verzichtet, um die Komplexität der Problemstellung nicht unnötig zu erhöhen und dem Ziel der Konzeptualisierung Rechnung tragen zu können.[780] Im Folgenden werden diese unternehmungsinternen Einflussfaktoren näher dargestellt und ihre Interdependenz mit den ASF aufgezeigt.

(a) Unternehmungsgröße

Die Unternehmungsgröße stellt einen unternehmungsspezifischen Einflussfaktor eines ASF dar, der sich primär auf die materiellen Anreizkomponenten und deren wertmäßige Höhe bezieht. Die Argumentationen für den Einfluss der Unternehmungsgröße auf das ASF haben dabei verschiedene Ansatzpunkte. Zum einen werden die Unterschiede in der Vergütung von Führungskräften in größeren Unternehmungen dadurch begründet, dass die Komplexität der zu bewältigenden Führungsaufgabe mit zunehmender Unternehmungsgröße ansteigt.[781] Zum

---

[777] Auch hier sei wiederum darauf hingewiesen, dass die angesprochene Literatur sich lediglich auf die Problematik der ASF bezieht, jedoch ohne einen Bezug zu einer internationalen Unternehmungstätigkeit wie sie im Fall einer multinationalen Unternehmung vorliegt.

[778] Vgl. etwa Finkelstein/Hambrick (1988), Gomez-Meija/Welbourne (1989), Winter (1996a).

[779] Die Rechtsform einer Unternehmung stellt in der Tat eine Einflussgröße dar, die sowohl als unternehmungsspezifische Größe als auch als unternehmungsumfeldspezifische Größe betrachtet werden kann. Die unternehmungsspezifische Größe Rechtsform bezieht sich immer nur auf eine, d. h. die bei der jeweiligen Unternehmung vorliegende Rechtsform. Als unternehmungsumfeldspezifischer Faktor – als mögliche rechtliche Regelung – ergibt sich jedoch ein Überblick über sämtliche möglichen Rechtsformen, so dass die innerhalb dieser Arbeit vorgenommene Einteilung für eine multinationale Unternehmung sinnvoll erscheint, die sich nicht nur mit der bestehenden Rechtsform der Unternehmung, sondern u. U. auch mit möglichen Rechtsformen von Tochtergesellschaften in anderen Ländern auseinandersetzen muss.

[780] So stellt auch „Unternehmungsperformance" eine Größe dar, die in der Literatur im Zusammenhang mit der Führungskräftevergütung immer wieder im Interesse steht. Diese wird hier jedoch nicht berücksichtigt, da zum einen innerhalb der empirischen Studien kein signifikanter Zusammenhang zwischen Unternehmungsperformance und Führungskräftevergütung nachgewiesen werden konnte (vgl. dazu Schwalbach/Graßhoff (1997) und Schwalbach (1999a). Zum anderen ist festzustellen, dass die „Unternehmungsperformance" lediglich in Abhängigkeit von anderen unternehmungsspezifischen Faktoren einen Einfluss auf ein ASF besitzen kann (vgl. etwa Barkema/Gomez-Meija (1998) und Finkelstein/Boyd (1998)).

[781] Vgl. Gomez-Meija/Welbourne (1989), S. 35, Kappel/Uschatz (1992), S. 60 oder auch Schwalbach/Graßhoff (1997), S. 214.

anderen wird größeren Unternehmungen aufgrund ihrer Finanzkraft die Fähigkeit zugesprochen, höhere materielle Anreize zu gewähren als kleinere Unternehmungen.[782]

In verschiedenen empirischen Untersuchungen wurde der Einfluss der Unternehmungsgröße auf ASF untersucht.[783] Dabei konnte u. a. auch die indirekte Wirkung der Unternehmungsgröße auf ein ASF nachgewiesen werden. So untersuchten bspw. *Veliyath/Ferris/Ramaswamy* die Auswirkungen unterschiedlicher Unternehmungsstrategien auf die Vergütung der Führungskräfte in der Unternehmung unter Berücksichtigung der Unternehmungsgröße, des Unternehmungserfolgs und des Beschäftigungsrisikos.[784] Sie kamen zu dem Ergebnis, dass die Unternehmungsgröße die Strategiewahl beeinflusst. Über die Wahl der Strategie wird das Beschäftigungsrisiko der Führungskräfte determiniert, was wiederum die Höhe der Führungskräftevergütung beeinflusst; je höher das mit der jeweiligen Strategie verbundene Beschäftigungsrisiko, desto höher ist auch die Vergütung der Führungskräfte.[785]

Die Unternehmungsgröße ist demnach als Einflussgröße von ASF relevant. Dies sollte nicht nur für nationale, sondern auch für multinationale Unternehmungen gelten. Hierfür spricht insbesondere die Begründung der höheren Komplexität der Führungsaufgabe, die sich in multinationalen Unternehmungen aufgrund der zusätzlich zu berücksichtigenden externen Umweltfaktoren ergibt.[786]

Das spezifisch beeinflusste Gestaltungselement eines ASF kann hier in der Anreizart gesehen werden. Die Unternehmungsgröße beeinflusst zwar nicht in direkter Weise die Wahl der Anreizart, aber zumindest die Höhe der materiellen Anreize.

(b) Branchenzugehörigkeit

Der Einflussfaktor der Branchenzugehörigkeit bezieht sich darauf, dass innerhalb unterschiedlicher Branchen verschiedene Wettbewerbsintensitäten, Konzentrationen und Markteintrittsbarrieren vorhanden sein können, die jeweils einen Einfluss auf ein ASF besitzen.[787]

---

[782] Vgl. Finkelstein/Hambrick (1988), S. 548. *Finkelstein/Boyd* ermittelten in einer empirischen Untersuchung jeweils signifikante positive Zusammenhänge zwischen den Umsatzerlösen bzw. den Vermögensgütern (Indikatoren für die Unternehmungsgröße) und der Führungskräftevergütung (vgl. die Tab. 1 der statistischen Ergebnisse in Finkelstein/Boyd (1998), S. 188).

[783] Allerdings wurden hier teilweise gegenläufige Erkenntnisse erlangt. So kommen etwa *Lambert/ Larcker/ Weigelt (1991)* zu einem negativen Ergebnis hinsichtlich des Einflusses der Unternehmungsgröße. Anders aber etwa *Murphy (1985)* oder *Schwalbach (1991)*, *Schwalbach/Graßhoff (1997),* die einen Einfluss der Unternehmungsgröße auf die Führungskräftevergütung nachweisen konnten.

[784] Vgl. Veliyath/Ferris/Ramaswamy (1994). Einschränkend ist hier anzumerken, dass sich die Untersuchung auf drei Strategietypen („Prospector", „Defender", „Analyzer") und die pharmazeutische Industrie beschränkt.

[785] Ebd., S. 156.

[786] In einer empirischen Untersuchung der ASF in Italien wurde etwa ermittelt, dass Führungskräfte mit einer höheren internationalen Verantwortung, eine höhere Vergütung erhielten (vgl. Brunello/Graziano/Parigi (2001), S. 153).

[787] Ebd., S. 35.

Im Hinblick auf ASF manifestieren sie sich dann in Einflüssen auf die Anreizstruktur oder auch auf die Höhe der materiellen Anreize. Bezüglich der Anreizstruktur und der Höhe der materiellen Anreize konnten Brancheneinflüsse in verschiedenen empirischen Studien festgestellt werden. So konnte etwa *Geil* für die Wettbewerbsintensität als Einflussgröße nachweisen, dass mit ihrer Steigerung auch eine Erhöhung der variablen Anreize in ASF einhergeht.[788] *Schwalbach/Graßhoff* erhielten als Ergebnis einer empirischen Untersuchung erhebliche Unterschiede zwischen verschiedenen Branchen, die sich auf die Höhe der Führungskräftevergütung beziehen.[789]

Bei *Finkelstein/Boyd* findet sich ebenfalls ein Indiz dafür, dass die Branchenzugehörigkeit Einfluss auf die Höhe der materiellen Anreize besitzen kann. In ihrer Untersuchung über den Einfluss des Entscheidungsspielraumes der Führungskräfte auf die Vergütung wurden auch Größen untersucht, die branchenspezifisch einzuordnen sind:[790] die Branchenstruktur, die Nachfrageinstabilität und auch die Kapitalintensität. Alle diese Größen haben einen Einfluss darauf, wie der Entscheidungsspielraum der Führungskraft gestaltet ist; dementsprechend zeigt sich, dass die Führungskraft über unterschiedliche Fähigkeiten verfügen muss und unterschiedlichen Risiken ausgesetzt ist.[791] Der Entscheidungsspielraum der Führungskraft hat dann einen Einfluss auf die Höhe der materiellen Anreize und auch auf deren Erfolgs- und Leistungskriterien (primär langfristige Kriterien). Über diese Argumentation und durch die Verwendung branchenspezifischen Größen ist auf einen zumindest mittelbaren Einfluss aufgrund der Branchenzugehörigkeit zu schließen.

Ein Einfluss der Branchenzugehörigkeit einer Unternehmung auf die Gestaltungselemente ist zudem dann möglich, wenn die in der Branche üblichen Anreize als „Maßstäbe" für ein marktgerechtes ASF genutzt werden. In diesem Fall können alle Gestaltungselemente eines ASF, die der Anreizkomponente zugeordnet werden, durch die Branche beeinflusst werden.

Es ist deshalb davon auszugehen, dass auch die Branchenzugehörigkeit als unternehmungsspezifischer Einflussfaktor bei der Ausgestaltung und Implementierung eines ASF berücksichtigt werden muss. Da solche branchenunterschiedlichen Wirkungen bereits in empirischen Untersuchungen verschiedener Länder festgestellt wurden, kann auf die Bedeutung der Branchenzugehörigkeit als Einflussfaktor auch für multinationale Unternehmungen geschlossen werden. Im Kontext der vorliegenden Arbeit gelten die o. a. Überlegungen zu Wettbewerbsintensitäten, Konzentration und Markteintrittsbarrieren vermutlich in verstärk-

---

[788] Vgl. Geil (2001), S. 31.

[789] Vgl. Schwalbach/Graßhoff (1997), S. 211.

[790] Vgl. Finkelstein/Boyd (1998), S. 183 f.

[791] Siehe auch die detaillierten Ausführungen bei *Finkelstein/Boyd* über die expliziten Zusammenhänge der einzelnen Größen mit dem Entscheidungsspielraum der Führungskraft.

ter Form, denn für eine Unternehmung, die international tätig ist, ergeben sich denkbar mehr Wettbewerber als auf nationalem Gebiet.

Die durch die Unternehmungsgröße und die Branchenzugehörigkeit beeinflussbaren Gestaltungselemente eines ASF sind den Ausführungen entsprechend vor allem in den Anreizarten und der Anreizstruktur zu sehen, wobei sich die Erkenntnisse – insbesondere die empirischen – hinsichtlich der Anreizarten lediglich auf die Höhe der materiellen Anreize beziehen. Darüber hinaus ist allerdings ein Einfluss der Branchenzugehörigkeit auf alle anderen Elemente der Gestaltung der Anreizkomponente möglich, so z. B. auf die Beteiligungsbasen und die Ausschüttungsmodi.

3. Zusammenfassender Überblick

In den vorherigen Abschnitten wurde aufgezeigt, auf welche Gestaltungselemente eines ASF die jeweiligen system-exogenen Rahmenbedingungen Einfluss ausüben können. Nachfolgend wird auf die einzelnen Ausgestaltungsmöglichkeiten der Gestaltungselemente eines ASF eingegangen, wobei jeweils eine Berücksichtigung der angeführten Einflussfaktoren erfolgen soll.

Bevor im nächsten Abschnitt eine Analyse der Gestaltungsfaktoren eines ASF erfolgt, erscheint es sinnvoll, einen zusammenfassenden Überblick darüber zu liefern, welche Einflussfaktoren welche Gestaltungselemente eines ASF beeinflussen können. Eine überblicksartige Zusammenfassung der die Gestaltungselemente beeinflussenden Rahmenbedingungen findet sich in Tab. 6.

	Kulturelle Faktoren	***Kontextuale Faktoren***	***Organisations-struktur***	***Unternehmungs-kultur***	***Weitere unternehmungsspezifische Größen***
Kreis der Beteiligten	X		X	X	
Beteiligungsfelder	X		X	X	
Beteiligungsperiode	X				
Leistungsbeurteilung	X	X			
Anreizarten	X	X		X	X
Anreizsystemstruktur	X	X	X	X	X
Beteiligungsbasen	X	X	X		X
Ausschüttungsmodus	X	X			X

Tab. 6: Einfluss der system-exogenen Rahmenbedingungen auf die Gestaltungselemente eines ASF

Dabei fällt auf, dass lediglich die kulturellen Faktoren als system-exogene, unternehmungsumfeldspezifische Rahmenbedingung auf sämtliche Gestaltungselemente eines ASF Einfluss ausüben können. Die spezifische Bedeutung, die diesen kulturellen Faktoren in dieser Arbeit zugesprochen wurde, scheint damit berechtigt.

Des Weiteren wird ersichtlich, dass die innerhalb der Arbeit identifizierten zusätzlichen Einflussfaktoren von ASF, die sich aus der Betrachtung einer multinationalen Unternehmung ergeben, mindestens die gleiche Bedeutung wie die „herkömmlichen" unternehmungsspezifischen Einflussfaktoren besitzen.

Vor allem die Elemente der Anreizkomponente (Anreizarten, Anreizsystemstruktur, Beteiligungsbasen, Ausschüttungsmodus) werden von den Einflussfaktoren eines ASF in multinationalen Unternehmungen determiniert. Die Gestaltungselemente des personellen, des sachlichen und des zeitlichen Bezugsbereiches sind dagegen lediglich von den kulturellen Faktoren bzw. der Unternehmungskultur beeinflussbar.

Welche unterschiedlichen Ausgestaltungsmöglichkeiten der einzelnen Gestaltungselemente eines ASF in einer multinationalen Unternehmung unter Berücksichtigung der hier aufgezeigten Einflussmöglichkeiten der system-exogenen Rahmenbedingungen existieren, soll Gegenstand der Analyse im nächsten Teilabschnitt sein.

D. System-endogene Gestaltungsfaktoren von Anreizsystemen für Führungskräfte in multinationalen Unternehmungen

1. Art des situativen Anreizes

Bevor die Ausgestaltung der einzelnen Gestaltungselemente eines ASF unter Berücksichtigung der system-exogenen Rahmenbedingungen durch die multinationale Unternehmung erfolgt, ist zunächst noch der Frage nachzugehen, um welche Art des situativen Anreizes es sich bei dem zu gestaltenden und zu implementierenden ASF handelt und inwieweit eine differenzierte Betrachtung unterschiedlicher situativer Anreize als sinnvoll erachtet werden kann.

Durch die theoretische Fundierung der vorliegenden Arbeit mit Hilfe der Anreiz-Beitrags-Theorie wurde bereits deutlich, dass bei der Entscheidung der Führungskräfte einen Beitrag für die Unternehmung zu leisten, unterschiedliche Entscheidungsarten zu berücksichtigen sind: die Entscheidung zum Eintritt in die Unternehmung und die Entscheidung zur Leistungserbringung.[792]

---

[792] Vgl. die Ausführungen in Abschnitt II und III dieser Arbeit. Der dritte Entscheidungstyp, die Entscheidung zum Austritt aus der Unternehmung kann als Ergebnis der Entscheidung zur Leistungserbringung gesehen werden. Wenn diese negativ ausfällt, führt dies zum Austritt der Führungskraft aus der Unternehmung.

Unabhängig von ihrem Typ haben alle Entscheidungen gemeinsam, dass ihnen jeweils Anreize seitens der Unternehmung gegenüberstehen müssen. Wie diese Anreize aussehen, ist von den verschiedenen identifizierten Einflussfaktoren abhängig. Zudem kann dies auch von der Art der Entscheidungssituation abhängen. Je nach dem ob es sich um einen Eintritts- oder um einen Leistungsanreiz handelt, können für die gleiche Führungskraft in der gleichen Unternehmung mit den gleichen Umfeldbedingungen unterschiedliche Anreize von der Unternehmung gewährt werden.

Explizit zeigt sich dies bei einem Eintrittsanreiz für eine Führungskraft, die eine multinationale Unternehmung rekrutieren will, weil die Unternehmung in ihr die geeignete Führungskraft sieht. Bei *Balsam* finden sich einige Beispiele von Eintrittsanreizen für Führungskräfte in multinationalen Unternehmungen.[793] Deutlich wird aus diesen Beispielen, dass die multinationalen Unternehmungen, die eine ganz bestimmte Führungskraft für ihre Unternehmung gewinnen möchten, der Führungskraft ein Vielfaches dessen an Anreizen (sowohl an fixen als auch an variablen Anreizen) als Eintrittsanreiz anbieten, was die Führungskraft in ihrer bisherigen Unternehmung erhielt. Die Opportunitätskosten, welche der Führungskraft durch einen Wechsel ihrer Tätigkeit entstanden sind, können dabei lediglich einen Bruchteil dieser neuen Anreize ausmachen. Es handelt sich in diesen Fällen zudem sicher nicht um ein „marktgerechtes“ ASF.

Im Regelfall ist davon auszugehen, dass die Unternehmung dieser Führungskraft im Fall eines Leistungsanreizes – d. h. dann, wenn die Führungskraft bereits in der Unternehmung tätig gewesen wäre – einen solchen Anreiz nicht geboten hätte. Diese Überlegungen machen deutlich, dass in der Praxis ein entscheidender Unterschied zwischen den verschiedenen situativen Anreizen bestehen kann. Eine Berücksichtigung der unterschiedlichen situativen Anreize erscheint aus diesen Gründen obligat.

Es handelt sich bei den angeführten Beispielen allerdings stets nur um einige wenige Ausnahmefälle, d. h. nicht bei allen Führungskräften wendet eine Unternehmung derartige Anstrengungen für deren Rekrutierung auf. Da dieser Aspekt des Ausnahmefalls jedoch in der Praxis einen gewissen Stellenwert besitzt, erscheint dessen Berücksichtigung zunächst für die hier durchgeführte Konzeptualisierung wichtig.

Wird die Differenzierung in Eintritt- und Leistungsanreize für Führungskräfte anhand der hier zugrundeliegenden theoretischen Überlegungen analysiert, erscheint die angeführte Relevanz jedoch zweifelhaft. Hierfür existieren unterschiedliche Gründe, die im Folgenden näher dargelegt werden sollen.

Ein ASF für Führungskräfte konnte als solches identifiziert werden, dass unterschiedliche Funktionen erfüllen soll. Um die Funktionserfüllung erreichen zu können, existieren ver-

---

[793] Vgl. Balsam (2002), S. 59 f.

schiedene unterstützende Anforderungen an ASF.[794] Welche dieser Anforderungen primär zu erfüllen sind, lässt sich lediglich unternehmungsspezifisch festlegen.[795] Allerdings lassen sich generalisierte Aussagen hinsichtlich der Erfüllung der Anforderungen „Gerechtigkeit" und „Wirtschaftlichkeit" eines ASF treffen, die einer isolierten Betrachtung von Eintritts- und Leistungsanreizen entgegenstehen.

Dies betrifft zunächst die Erfüllung der Anforderung „Gerechtigkeit". Erhalten einzelne Führungskräfte stark vom Marktniveau abstrahierte, d. h. in ihrem Wert sehr hohe Anreize, steht dies einer Erfüllung der Gerechtigkeitsanforderung entgegen. Bei den in der Unternehmung tätigen Führungskräften kann dies dazu führen, dass sie sich ungerecht behandelt fühlen. Der Vergleich der Anreize der Führungskraft, die in die Unternehmung eintritt und den eigenen Anreizen kann bei einer bereits in der Unternehmung tätigen Führungskraft – laut Leistungsdeterminantenkonzept[796] – zu einer Arbeitsunzufriedenheit führen, die wiederum eine unzureichende Motivation zur Folge hat. Auf das theoretische Fundament der Anreiz-Beitrags-Theorie übertragen, bedeutet dies dann, dass das individuelle Gleichgewicht von Anreizen und Beiträgen gestört ist und die Führungskraft entweder neue Anreize der Unternehmung benötigt oder die Entscheidung zum Austritt aus der Unternehmung trifft. Ein solcher Austritt einer Führungskraft aus der Unternehmung führt wiederum zu einem Ungleichgewicht der Anreize und Beiträge der Unternehmung. Da die Unternehmung jedoch stets bestrebt ist, das Gleichgewicht zwischen Anreizen und Beiträgen zu erhalten, sollte sie diese Situationen der Ungerechtigkeitsempfindungen von Führungskräften vermeiden.

Eine weitere zu berücksichtigende Anforderung ist die der Berücksichtigung der Wirtschaftlichkeit. Im anreiz-beitrags-theoretischen Sinn bedeutet dies, dass die Anreize der Unternehmung die von den Unternehmungsmitgliedern geleisteten Beiträge nicht überschreiten. Da die Bewertung einzelner Eintrittsanreize für einzelne Führungskräfte hier nicht erfolgen kann, kann wiederum lediglich das Marktniveau als Kriterium herangezogen werden. Aus Gründen der Kosteneffizienz kann es i. d. R. für eine Unternehmung nicht sinnvoll sein, deutlich über dem Marktniveau liegende Eintrittsanreize zu bieten.[797] Wird demzufolge davon ausgegangen, dass das Marktniveau als eine Grundlage für die Anreizgewährung genutzt wird, erscheint eine Differenzierung in Eintritts- und Leistungsanreiz unnötig, da auch für den Leistungsanreiz aus Motivationsgründen das Marktniveau als Grundlage genutzt werden sollte.[798]

---

[794] Vgl. die Ausführungen Abschnitt II.B..

[795] Vgl. Abschnitt IV.B.1.

[796] Vgl. Abschnitt II.B.2.1.

[797] Vgl. Winter (1996a). S. 167 und die Ausführungen zur Wirtschaftlichkeitsanforderung in Abschnitt II.B.2.3.

[798] Vgl. die Ausführungen zur Gerechtigkeitsanforderung, insbesondere der Marktgerechtigkeit in Abschnitt II.B.2.3.

Ein weiterer Grund, der für eine zusammengefasste Betrachtung von Eintritts- und Leistungsanreizen spricht, liegt darin, dass es innerhalb der hier vorliegenden Konzeptualisierung nur darum gehen kann, wesentliche Gestaltungsaspekte von ASF aufzuzeigen. Dabei kann es nicht darum gehen, individuelle Anreize für einige wenige Führungskräfte zu analysieren. Einerseits sind solche individuenspezifischen Eintrittsanreize lediglich in Abhängigkeit von der unternehmungsspezifischen Situation zu gestalten. Andererseits kann es bei einer Konzeptualisierung lediglich um eine abstrakte Berücksichtigung der Heterogenität der individuellen Charakteristika der Führungskräfte gehen. Dies geschieht hier im Rahmen der Berücksichtigung eines systematischen Heterogenitätsgrades, der durch die individuellen kulturellen Wertestrukturen der Führungskräfte als identifizierter Einflussfaktor für die Gestaltung von ASF gegeben ist.

Für eine multinationale Unternehmung bedeutet die Berücksichtigung des Gestaltungsfaktors „situativer Anreiz" den Ausführungen entsprechend, dass jeweils in Abstimmung mit den unternehmungsspezifischen Gegebenheiten zu entscheiden ist, inwieweit ein Eintrittsanreiz für eine Führungskraft vom Leistungsanreiz anderer Führungskräfte, die in der Unternehmung tätig sind, abweichen darf. Insbesondere die Berücksichtigung der Gerechtigkeits- und Wirtschaftlichkeitsanforderung ist hierfür ein maßgebendes Kriterium.

Für die hier vorgenommene theoretische Betrachtung entfällt aufgrund der o. a. Aspekte eine isolierte Betrachtung von Eintritts- und Leistungsanreizen, denn aus theoretischer Sicht müssen beide Arten des situativen Anreizes den gleichen Bedingungen genügen. Im Folgenden wird deshalb allgemein von „Anreiz" gesprochen.

2. Gestaltungselemente des Anreizsystems

2.1 Gestaltung der Systemkonfiguration

2.1.1. Kreis der Beteiligten

Bevor die Anreizkomponente eines ASF gestaltet werden kann, sind zunächst die Gestaltungselemente der Systemkonfiguration festzulegen. Hierzu gehört in einem ersten Schritt, dass präzisiert wird, welche Führungskräfte an dem ASF partizipieren und zur Beitragsleistung motiviert werden sollen.

Das grundsätzliche Entscheidungskriterium für die in ein ASF einzubeziehenden Führungskräfte ergibt sich aus der Definition eines ASF. Es handelt sich dabei um diejenigen Führungskräfte, die primär mit Aufgaben betraut sind, die ein unternehmungszielintendiertes Denken und Handeln verlangen, und deren Verhalten durch das ASF diesbezüglich ausgerichtet werden soll.[799] In erster Linie wird dies durch die in der Unternehmung vorliegende Organisationsstruktur determiniert.[800]

Ist eine Unternehmung funktional gegliedert, kann sich das ASF lediglich auf einige wenige Führungskräfte beschränken, da sich eine Vielzahl der strategischen Entscheidungsaufgaben hier konzentrieren.[801] In divisional gegliederten Unternehmungen hingegen, teilen sich die strategischen Führungsaufgaben einer Unternehmung auf eine größere Anzahl an Führungskräften auf, die in den strategischen Entscheidungen der einzelnen Unternehmungsbereiche, etwa verschiedener Tochtergesellschaften, begründet liegen. Hier bietet sich dementsprechend die Möglichkeit der breiten Einbeziehung vieler Führungskräfte in das ASF.

Wie bereits innerhalb der Darstellung des Einflussfaktors „Organisationsstruktur" angeführt, ergeben sich in einer multinationalen Unternehmung oftmals mehrdimensionale Strukturen. Die Frage danach, welches Kriterium dann für die Auswahl der zu beteiligenden Führungskräfte herangezogen wird, impliziert die Berücksichtigung weiterer Einflussfaktoren auf das Gestaltungselement „Kreis der Beteiligten". Im vorherigen Abschnitt wurden neben der Organisationsstruktur die unternehmungsspezifische Unternehmungskultur und die unternehmungsumfeldspezifischen kulturellen Faktoren als solche identifiziert.

Wird die Unternehmungskultur einer multinationalen Unternehmung als Einflussfaktor herangezogen, lässt sich hieraus eine weitere Dimension der Spezifierung des Kreises der am ASF zu beteiligenden Führungskräfte ableiten. Die in einer multinationalen Unternehmung vorliegenden divergierenden Unternehmungskulturtypen wurden in der eher universellen vs. eher pluralistischen Unternehmungskultur gesehen.[802]

Herrscht in einer multinationalen Unternehmung eine eher universelle Unternehmungskultur vor, bedeutet dies ein weitgehend einheitliches ASF für alle entsprechenden Führungskräfte der Unternehmung, unabhängig davon, in welchem Unternehmungsteil diese tätig sind. Bedingt ist dies dadurch, dass alle Unternehmungsteile an die der Mutterunternehmung eigene Unternehmungskultur angepasst werden und der Grundsatz einer einheitlichen Orientierungswelt der gesamten multinationalen Unternehmung besteht.[803]

---

[799] Vgl. Bleicher (1992), S. 30, Wälchli (1995), S. 115 und die Ausführungen im Abschnitt I.B.3. dieser Arbeit.

[800] Vgl. Hungenberg (1995), S. 387.

[801] Vgl. Baumgartner (1992), S. 55, Hungenberg (1995), S. 388.

[802] Vgl. die Ausführungen in Abschnitt IV.C.2.2. Es handelt sich hierbei zwar um idealtypische Ausprägungen der Unternehmungskulturen, die jeweils die Pole eines Kontinuums darstellen; die in der Realität auftretenden Unternehmungskulturtypen sind eher als Mischformen zu sehen (vgl. Steiner (1995), S. 102). Für die Verdeutlichung des Einflusses auf den Kreis der beteiligten Führungskräfte innerhalb dieser Konzeptualisierung erscheint diese theoretische Komplexitätsreduktion jedoch zunächst sinnvoll und geboten.

[803] Vgl. Schreyögg (2000), S. 786 f.

Im Gegensatz dazu steht die pluralistische Unternehmungskultur, für die mehrere regional differenzierte Anreizsysteme sinnvoll erscheinen. Innerhalb einer pluralistischen Unternehmungskultur wird nämlich darauf geachtet, dass den unterschiedlichen landeskulturellen Gegebenheiten, denen die einzelnen Tochtergesellschaften einer multinationalen Unternehmung ausgeliefert sind, Rechnung getragen wird, so dass sich viele verschiedene Teilkulturen ergeben (können).[804] Hieraus ergäbe sich dann, jeweils die Führungskräfte eines einzelnen Unternehmungsteilbereiches zu berücksichtigen, die je nach der in dem entsprechenden Unternehmungsteil vorliegenden Strukturierungsart ausgewählt würden. Allerdings entsteht hierbei die Frage, ob es sich bei solchen Anreizsystemen überhaupt noch um die hier definierten ASF handelt, da vielmehr jeder Unternehmungsteil ein eigenes ASF gestalten und implementieren und somit die Ausrichtung des Führungskräfteverhaltens auf die Gesamtunternehmungsziele[805] unter Umständen vernachlässigt würde. Die Verfolgung eines universell-orientierten ASF erscheint unter diesen Aspekten vorteilhafter, denn selbst in einer pluralistischen Unternehmungskultur muss es stets eine ausreichende „Meta-Kultur" der multinationalen „Mutter"-Unternehmung geben, die eine vollständige Loslösung verschiedener Teilbereichskulturen aus dem Unternehmungsverbund verhindert.[806] Eine universell-orientierte Auswahl des Kreises der am ASF beteiligten Führungskräfte könnte ein Mittel hierfür sein.

In der Synthese der beiden bisher diskutierten Einflussfaktoren ergibt sich, dass ein einheitliches ASF für alle Führungskräfte einer multinationalen Unternehmung zu gestalten ist, die direkt mit strategischen Führungsaufgaben betraut sind. Die direkte Verbindung mit strategischen Führungsentscheidungen ergibt sich dabei aus der jeweiligen Organisationsstruktur, die in den einzelnen Unternehmungsteilen vorliegt.

Allerdings konnte noch ein dritter Einflussfaktor hinsichtlich der Auswahl der in ein ASF einzubeziehenden Führungskräfte identifiziert werden: der kulturelle Faktor. Innerhalb einer idealtypisch universellen Unternehmungskultur dürfte diesem keine Bedeutung beigemessen werden. Da die kulturellen Faktoren in dieser Arbeit jedoch als wichtiger Einflussfaktor herausgearbeitet werden konnten, erscheint der Einbezug aller Führungskräfte einer multinationalen Unternehmung in ein ASF ohne Berücksichtigung kultureller Faktoren als kritisch. Zudem kann auch bei einer universellen Unternehmungskultur nicht ausgeschlossen werden, dass diese durch vielfältige und teilweise sehr verschiedene landeskulturelle Gegebenheiten immer wieder beeinflusst wird.[807]

---

[804] Ebd., S. 786.

[805] Vgl. die innerhalb dieser Arbeit verwendete Definition eines ASF in Abschnitt I.B.3.

[806] Vgl. Schreyögg (2000), S. 786.

[807] Ebd., S. 788.

Der Einfluss der kulturellen Faktoren auf die Auswahl des Kreises der beteiligten Führungskräfte für das ASF bezieht sich dabei primär auf die Berücksichtigung der jeweiligen hierarchischen Stufen in der multinationalen Unternehmung. Entscheidend dafür sind die unterschiedlichen Grade der Machtdistanz in den verschiedenen Kulturen. Führungskräfte mit einem kulturbedingt hohen Machtdistanzwert empfinden eine Differenzierung von an einem ASF beteiligten Führungskräften – nach der hierarchischen Position in der Unternehmung (etwa Gesamtunternehmungsleitung, Teilbereichsleitung) – als legitim und notwendig.[808] Sind in der Unternehmung allerdings viele Führungskräfte mit niedrigem Machtdistanzwert tätig, erscheint es sinnvoll – um mögliche Demotivation zu verhindern – ein gleiches ASF für alle Führungskräfte, ohne hierarchische Differenzierung, zu konzipieren.

Jede multinationale Unternehmung muss bei der Auswahl der an einem ASF zu beteiligenden Führungskräfte auch unternehmungsspezifisch entscheiden, inwieweit kulturbedingte individuelle Wertestrukturen der Führungskräfte berücksichtigt werden. Sind etwa zu gleichen Teilen Führungskräfte mit hohem und Führungskräfte mit niedrigem Machtdistanzwert in der multinationalen Unternehmung tätig, erscheint – unter der Annahme, dass ein universellorientiertes ASF gestaltet werden soll – eine Berücksichtigung dieser kulturellen Faktoren bereits bei dem Gestaltungselement „Kreis der Beteiligten" als wenig sinnvoll. In jedem Fall einer solchen Berücksichtigung könnte die andere Hälfte der Führungskräfte möglicherweise nicht ausreichend motiviert werden.

Zusammenfassend ist festzuhalten, dass bei der Auswahl der an einem ASF zu beteiligenden Führungskräfte zunächst vom Kreis sämtlicher, mit Führungsaufgaben betrauten Führungskräfte auszugehen ist; dabei ist die Organisationsstruktur der Unternehmung entscheidend dafür, inwieweit tatsächlich Führungsaufgaben erfüllt werden. Weiter muss unternehmungsspezifisch entschieden werden, in welchem Ausmaß kulturbedingte individuelle Wertestrukturen der Führungskräfte berücksichtigt werden. Dies kann nur vor dem Hintergrund unternehmungsspezifischer Intentionen und der unternehmungsspezifischen Gegebenheiten (etwa der erwünschten Anzahl der Führungskräfte, die durch bestimmte kulturelle Werte geprägt sind) geschehen. Eine Nichtberücksichtigung kultureller Faktoren bei der Auswahl der an einem ASF beteiligten Führungskräfte bedeutet jedoch nicht, dass zwangsläufig in allen weiteren Gestaltungselementen diese kulturellen Faktoren unberücksichtigt bleiben. Das wird in den folgenden Abschnitten zu den Gestaltungselementen deutlich werden.

2.1.2. Beteiligungsfelder

Das Gestaltungselement „Beteiligungsfelder" begründete sich daraus, dass im Rahmen der Gestaltung und Implementierung eines ASF in einer multinationalen Unternehmung festzulegen ist, welcher organisatorische Unternehmungsbereich und damit welche Unterneh-

---

[808] Vgl. dazu bspw. die Ausführungen bei Hofstede (1993), S. 50.

mungsmitglieder als Grundlage für die Anreizsetzung der jeweiligen Führungskraft in das ASF eingehen.[809]

Grundsätzlich können viele unterschiedliche Beteiligungsfelder in einer Unternehmung existieren, die jeweils durch die organisatorische Strukturierung der Unternehmung determiniert sind.[810] Um eine sinnvolle Handhabung möglicher Beteiligungsfelder einer Unternehmung erreichen zu können, wird die Vielfalt der möglichen Beteiligungsfelder innerhalb einer Unternehmung in der Literatur auf drei Beteiligungsfelder-Alternativen zusammengefasst. Danach bestehen folgende Auswahlmöglichkeiten:[811] ein Beteiligungsfeld (Unternehmung oder Gruppe oder Individuum), zwei Beteiligungsfelder (Unternehmung und Gruppe oder Gruppe und Individuum oder Unternehmung und Individuum) und drei Beteiligungsfelder (Unternehmung und Gruppe und Individuum). Die grundsätzliche Frage, die es im Rahmen der Gestaltung der Beteiligungsfelder eines ASF zu beantworten gilt, ist somit die, ob Anreize vornehmlich an individuellen Leistungen oder anhand der Leistung größerer Organisationseinheiten bis hin zu Gesamtunternehmungsgrößen auszurichten sind.

Innerhalb der system-exogenen Rahmenbedingungen konnten die kulturellen Faktoren, die Organisationsstruktur und die Unternehmungskultur als Einflussfaktoren des Gestaltungselements „Beteiligungsfelder" identifiziert werden. Die Gestaltungsmöglichkeiten hinsichtlich der Beteiligungsfelder unter Berücksichtigung dieser Einflussfaktoren sollen im Folgenden Gegenstand der Betrachtung sein.

Innerhalb der kulturellen Faktoren konnten der Individualismusgrad und der Machtdistanzgrad als primäre Einflussfaktoren für die Gestaltung der Beteiligungsfelder eines ASF herausgestellt werden. Wird zunächst die individualistische vs. kollektivistische Ausprägung der Werte von Führungskräften betrachtet, bezieht sich dies darauf, inwieweit Beteiligungsfelder eines ASF an individuellen Leistungen angelehnt sein sollten.

Für Führungskräfte mit einem hohen Individualismusgrad sind solche Beteiligungsfelder einer Unternehmung zu wählen, bei denen eine Zurechnung der individuellen Leistung der jeweiligen Führungskräfte möglich ist. Ein eindimensionales Beteiligungsfeld „Individualleistung" scheint für diese Führungskräfte ideal. Allerdings gestaltet sich im Tätigkeitsbereich der Führungskräfte die Ermittlung eines Beteiligungsfeldes, das die Ermittlung einer Individualleistung zulässt, als schwierig. Durch eine solche Ermittlung wird in der Regel der unternehmungsinterne Wettbewerb um individuelle Unternehmungsbeiträge verstärkt.[812] Dies kann bspw. dann problematisch werden, wenn zwischen verschiedenen Unterneh-

---

[809] Vgl. z. B. Becker (1995b), S. 196.

[810] Zu Beispielen verschiedener Beteiligungsfelder vgl. Becker (1990), S. 137.

[811] Ebd.

[812] Vgl. Swinford (1987), S. 36.

mungsteilbereichen – die jeweils als Basis der Bestimmung der individuellen Leistung dienen – Verflechtungen (etwa Lieferbeziehungen) bestehen. Auch kann dies zu einem verstärkten ressortegoistischen Verhalten der Führungskräfte führen, was der Erfüllung der Koordinationsfunktion eines ASF und folglich der Ausrichtung des Führungskräfteverhaltens auf die Gesamtunternehmungsziele entgegenläuft. In Konsequenz dessen sollte bei individualistisch orientierten Führungskräften neben dem Beteiligungsfeld „Individualleistung" in jedem Fall ein weiteres Beteiligungsfeld herangezogen werden, welches den Bezug zum Gesamtunternehmungsergebnis beinhaltet. Die hier verwendbare Beteiligungsfeld-Alternative bezieht sich demnach immer auf mindestens zwei Beteiligungsfelder (Individuum und Unternehmung bzw. Individuum und Unternehmung und Gruppe).

Im Gegensatz dazu – und im Gegensatz zu der in der Literatur hervor gehobenen Bedeutung der Individualleistung[813] – ergeben sich für eher kollektivistisch orientierte Führungskräfte, Beteiligungsfelder als geeignet, denen Gruppenleistungen zugrunde liegen. Das erfüllen sowohl Beteiligungsfelder, die das Gesamtunternehmungsergebnis beinhalten, als auch Beteiligungsfelder einzelner Unternehmungsteilbereiche, in deren Bereichsergebnissen sich die Leistung einer Führungskräftegruppe widerspiegelt. Die Beteiligungsfeld-Alternative ist bei kollektivistisch orientierten Führungskräften daher bereits in der Wahl eines Beteiligungsfeldes – Unternehmung oder Gruppe – möglich.

Als weiterer kultureller Wert wurde die Machtdistanz hinsichtlich eines Einflusses auf das Gestaltungselement „Beteiligungsfelder" konstatiert. Die Ausprägung dieses kulturellen Wertes einer Führungskraft bezieht sich darauf, ob und wie eine Differenzierung von Anreizsystemgestaltungen innerhalb der Führungskräfte einer Unternehmung erfolgt. Für Führungskräfte, die aufgrund ihrer kulturellen Wertestrukturen ein hohes Bewusstsein für Machtunterschiede besitzen, ist es hinsichtlich der Motivationswirkung der Anreize wichtig, dass Hierarchieunterschiede in der Unternehmung berücksichtigt werden.[814] Innerhalb des Gestaltungselements „Beteiligungsfelder" ist eine Berücksichtigung von Machtunterschieden bspw. dadurch möglich, dass jeweils der Unternehmungsbereich als Beteiligungsfeld verwendet wird, auf dessen hierarchischer Ebene die Führungskraft tätig ist. So kann etwa als „hierarchisches" Beteiligungsfeld für Führungskräfte der obersten Unternehmungsebene dann gerade diese Unternehmungsebene genutzt werden.[815]

Für Führungskräfte mit einem geringen Machtdistanzgrad hingegen, kann stets die Unternehmungsebene als ein Beteiligungsfeld genutzt werden. Denn hiermit ist gewährleistet, dass

[813] So formuliert bspw. *Winter*, dass die Wahl der Individualebene als Beteilungsfeld „aus motivationalen Gründen eindeutig vorteilhaft ist" (Winter (1996a), S. 146). Dies widerspricht jedoch den Erkenntnissen, die aufgrund des Unterschieds in den kulturellen Wertestrukturen der Führungskräfte erlangt wurden.

[814] Vgl. dazu die Ausführungen zur Bedeutung der Dimension Machtdistanz in Abschnitt III.B.1.

[815] Vgl. Becker (1990), S. 138.

alle Führungskräfte – ohne Unterschiede – anhand desselben Ergebnisses am Erfolg beteiligt werden.

Nach der Auswahl dieses Beteiligungsfeldes aufgrund der Machtdistanz-Dimension ist der kulturbedingte Ausprägungsgrad der Individualismus- bzw. Kollektivismus-Dimension zu berücksichtigen. Unterstützt wird diese zweistufige Berücksichtigung kultureller Wertestrukturen dadurch, dass nachweisbar korrelierte Zusammenhänge zwischen diesen beiden Kulturdimensionen bestehen:[816] Die beobachtete Korrelation zwischen Machtdistanzgrad und Individualismusgrad ist dabei in der Regel negativ signifikant, d. h. ein hoher Machtdistanzgrad in einer Landeskultur geht mit hoher Wahrscheinlichkeit mit einem geringen Individualismusgrad einher und umgekehrt.

Dies bedeutet für die Auswahl der Beteiligungsfelder – unter Berücksichtigung der kulturellen Wertestrukturen der Führungskräfte – die Bestätigung der zweistufigen Vorgehensweise, etwa auf folgende Art: für Führungskräfte mit einem hohen Machtdistanzgrad und einem hohen Kollektivismusgrad kann jeweils das Beteiligungsfeld der zugeordneten hierarchischen Unternehmungsebene als alleiniges Beteiligungsfeld genutzt werden. Damit wird sowohl der Bedeutung der hierarchischen Unterschiedlichkeit Rechnung getragen als auch dem geringen Individualismusgrad, eben durch die Verwendung eines ebenenbezogenen Gruppenanreizes. Im Gegensatz dazu empfiehlt sich für Führungskräfte mit einem niedrigen Machtdistanzgrad und einem hohen Individualismusgrad die Verwendung von zwei unterschiedlichen Beteiligungsfeldern: zum einen – wegen der Negierung von hierarchischen Unterschieden – das Beteiligungsfeld der Unternehmungsebene und zum anderen – aufgrund des hohen Individualismusgrades – ein zweites, auf die individuelle Leistung der Führungskraft bezogenes Beteiligungsfeld.

Neben den kulturellen Faktoren existieren noch weitere Einflussfaktoren, die eine Auswahl der Beteiligungsfelder eines ASF determinieren können, die Organisationsstruktur und die Unternehmungskultur. Da die in einer multinationalen Unternehmung vorliegende Unternehmungskultur entscheidenden Einfluss auf die Organisationsstrukturen besitzen kann, sei zunächst auf sie näher eingegangen.

Liegt in einer multinationalen Unternehmung eine eher „universell-orientierte" Unternehmungskultur vor, ist durch das Ziel der Vereinheitlichung sämtlicher Unternehmungsteilbereiche die Gesamtunternehmungsebene als sachliches Beteiligungsfeld vorgegeben. Ein zweites zu berücksichtigendes Beteiligungsfeld liegt auf der Ebene der Teilbereiche. Denn nur dann, wenn die Leistung eines Teilbereichs, etwa einer ausländischen „Tochtergesellschaft", sachliche Berücksichtigung findet, wird man bspw. einer relativ großen Bedeutung

[816] Vgl. z. B. Hofstede (1997), S. 71.

eines Auslandsgeschäftes gerecht.[817] Den Führungskräften der Teilbereiche wird so signalisiert, dass nicht nur das Gesamtunternehmungsergebnis für eine erfolgreiche Unternehmungstätigkeit wichtig ist. Darüber hinaus wird durch die Verwendung von Teilbereichen als Beteiligungsfeld den zwischen den einzelnen Teilbereichen der Unternehmung bestehenden Interdependenzen Rechnung getragen, die sich aus intensiven internen Liefer- und Leistungsbeziehungen ergeben können.[818] Nur so kann sichergestellt werden, dass Führungskräfte in einzelnen Unternehmungsteilbereichen durch die erfolglose Arbeit von Führungskräften anderer Teilbereiche – die sich auch auf das Gesamtunternehmungsergebnis auswirkt – keine Nachteile erfahren und dadurch möglicherweise demotiviert werden. Die spezifischen Beteiligungsfelder innerhalb der Teilbereiche sollten aber unternehmungsweit einheitlich festgelegt werden, da sich bei einer „universell-orientierten" Unternehmungskultur in der Regel für alle Unternehmungsteilbereiche die gleiche Organisationsstruktur findet.

Im Gegensatz zu einer „universell-orientierten" Unternehmungskultur steht die „pluralistisch-orientierte" Unternehmungskultur. Hier können in Abhängigkeit von der jeweiligen Organisationsstruktur in den einzelnen Unternehmungsteilbereichen (z. B. Tochtergesellschaften) jeweils eigene Beteiligungsfelder gefunden werden.[819] Allerdings ist es für die Erhaltung und Förderung der Leistung des Unternehmungsverbundes wichtig, auch die Gesamtunternehmungsebene als Beteiligungsfeld eines ASF mit einzubeziehen. So kann einer völlig isolierten Unternehmungstätigkeit der einzelnen Teilbereiche entgegengewirkt werden.

Als Ergebnis der Diskussion um die Unternehmungskultur für die Auswahl der Beteiligungsfelder ist festzuhalten, dass sich für beide Unternehmungskulturtypen letztlich die gleichen Empfehlungen mit nur geringfügigen Differenzierungen hinsichtlich der zu verwendenden Beteiligungsfelder ergeben. Wenn auch aufgrund unterschiedlicher Argumentation, so ergibt sich dennoch, dass stets zwei Beteiligungsfelder, die Gesamtunternehmungsebene und die Teilbereichsebene, zu nutzen sind. Eine spezifizierte Aussage darüber, wie diese Teilbereichsebene einzubinden ist – als individuelle Leistung oder als Gruppenleistung – kann aus dem Unternehmungskulturtyp nicht entnommen werden.

Innerhalb des Abschnittes zur Organisationsstruktur als system-exogener Rahmenbedingung eines ASF, wurde bereits festgestellt: die jeweilige Organisationsstruktur einer multinationalen Unternehmung entscheidet über die auftretenden Interdependenzbeziehungen in der Gesamtunternehmung, die u. U. bereichsegoistisches Verhalten der Führungskräfte hervorrufen können. Dies gilt für alle Organisationsstrukturtypen, insbesondere jedoch für die in ei-

---

[817] Vgl. Steiner (1995), S. 104.

[818] Vgl. Steiner (1995), S. 104.

[819] Zu den unterschiedlichen Beteiligungsfeldern, die sich durch verschiedene Organisationsstrukturen ergeben, siehe die weiteren Ausführungen in diesem Abschnitt.

ner multinationalen Unternehmung vielfach vorliegende mehrdimensionale Organisationsstruktur. Um drohende bereichsegoistische Verhaltensweisen reduzieren zu können, ist daher unbedingt eine Ausrichtung des Verhaltens der Führungskräfte an den Gesamtunternehmungszielen als Grundlage für die Leistungsbeurteilung der Führungskräfte nötig.[820] Dies bedeutet, dass ein wichtiges Beteiligungsfeld in der Gesamtunternehmungsebene liegen muss.

Eine Ausrichtung lediglich auf die Gesamtunternehmungsebene würde jedoch bedeuten, dass Führungskräfte, die erfolgreich in ihrem Unternehmungsteilbereich tätig waren, möglicherweise durch weniger erfolgreiche Führungskräfte anderer Teilbereiche benachteiligt würden, etwa dadurch, dass sich so das Gesamtunternehmungsergebnis verschlechtert.[821] Die Hinzunahme eines weiteren Beteiligungsfeldes, das auf die jeweilige Leistung der Führungskraft bzw. die Leistung der entsprechenden Unternehmungseinheit abstellt, ist demnach auch hier geboten.

Für die Organisationsstruktur – als die Auswahl der Beteiligungsfelder beeinflussende Größe – bedeutet dies, dass stets zwei Beteiligungsfelder als Grundlage für die Bewertung der Führungskraftleistung herangezogen werden müssen: zum einen die Gesamtunternehmungsebene und zum anderen die Teilbereichsebene. Ähnlich wie bei der Unternehmungskultur kann jedoch aufgrund der Organisationsstruktur keine Aussage darüber gemacht werden, auf welche Weise der jeweilige Teilbereich als Beteiligungsfeld eingeht, etwa ob die Beteiligung auf individuelle Leistung oder auf Gruppenleistung ausgerichtet ist.

Werden die Resultate der Analyse zusammengefasst, so ergibt sich: aus der Diskussion von Unternehmungskultur und Organisationsstruktur ist abzuleiten, dass stets zwei Beteiligungsfelder (Gesamtunternehmung und Teilbereich) für ein ASF in multinationalen Unternehmungen zu nutzen sind. Inwieweit das Beteiligungsfeld des Teilbereiches weiter spezifiziert werden kann – hinsichtlich der Auswahl der Individualleistung oder einer Gruppenleistung – lässt sich nur durch die Hinzunahme der kulturbedingten Wertestrukturen der Führungskräfte bestimmen. Hieraus kann sich dann ergeben, dass bei einer Führungskraft mit einem hohen Machdistanzgrad und einem geringen Individualismusgrad neben der Gesamtunternehmungsebene sinnvollerweise die Gruppenleistung des Teilbereiches als Beteiligungsfeld zu verwenden ist. Bei einer Führungskraft mit einem geringen Machtdistanzgrad und einem hohen Individualismusgrad ist das Beteiligungsfeld Gesamtunternehmung hingegen durch ein oder zwei weitere Beteiligungsfelder auf Teilbereichsebene zu ergänzen, wobei mindestens ein Beteiligungsfeld an der Individualleistung der jeweiligen Führungskraft anknüpfen sollte.

---

[820] Vgl. Baumgartner (1992), S. 55 oder Dörfler (1993), S. 163.

[821] Vgl. Becker (1990), S. 138.

2.1.3. Beteiligungsperiode

Die Beteiligungsperiode eines ASF bezeichnet den Zeitraum, auf den sich die Leistungsbeurteilung der jeweiligen Führungskräfte beziehen soll.[822] Sie ist damit eng mit anderen Gestaltungselementen eines ASF, etwa der Leistungsbeurteilung, den Beteiligungsfeldern und den Beteiligungsbasen, verbunden. Grundsätzlich ergeben sich unterschiedliche Möglichkeiten, die Beteiligungsperioden zu gestalten.

Definitionsgemäß handelt es sich bei ASF um ein strategisches Führungsinstrument. Es ist somit an strategischen Unternehmungszielen, der strategischen Planung und den damit verbundenen Formulierungs- und Realisierungszeiträumen zu orientieren.[823] Durch diese Fokussierung ergeben sich folgende Varianten zur Gestaltung der Beteiligungsperiode:[824] (1) die letzte (Jahres-)Periode, (2) mehrere, nachfolgende (Jahres-)Perioden, (3) mehrere, sich überlappende (Jahres-)Perioden, (4) aperiodische, strategische Meilensteine und (5) die Verwendung gemischter Verfahren.

Darüber hinaus sind Beteiligungsperioden denkbar, die sich an anderen als strategischen Zielgrößen ausrichten. Solche Beteiligungsperioden könnten etwa bei börsennotierten Kapitalgesellschaften anknüpfen an die von insbesondere institutionellen Anlegern geforderten kurzfristigen, regelmäßigen Berichterstattungen über die Unternehmungsleistung. Allerdings erscheinen solche Beteiligungsperioden gerade innerhalb eines ASF als nicht sinnvoll. Denn die Berücksichtigung von kurzfristigen Betrachtungszeiträumen, die von der Unternehmensstrategie völlig losgelöst sind, könnten u. U. die Ausrichtung des Verhaltens der Führungskräfte auf strategische Ziele – als Ziel des ASF – konterkarieren. Bei einer Orientierung an der z. T. sehr kurzfristigen (z. B. quartalsmäßigen) Berichterstattung könnten Führungskräfte dazu motiviert werden, ihre Beitragsleistungen an den jeweiligen Stichtagen solcher Berichterstattungen auszurichten, weil an denen – insbesondere vom Kapitalmarkt, z. B. von Marktteilnehmern wie Finanzanalysten oder institutionellen Investoren – ihre Leistung bewertet wird.[825] Dies kann dann aber eine Vernachlässigung strategisch relevanter Zielzeiträume bedeuten, die für eine Unternehmung zweifellos wichtigere Orientierungsgrößen darstellen als die von (insbesondere angelsächsischen) Kapitalmarktteilnehmern für immer kürzere Zeiträume geforderten Berichterstattungen.[826] Im Folgenden soll daher diese Art der – von Kapitalmarkteinflüssen abhängigen – Bestimmung der Beteiligungsperiode nicht weiter betrachtet werden.

---

[822] Vgl. Becker (1990), S. 156.

[823] Vgl. Hungenberg (1995), S. 388.

[824] Vgl. Becker (1990), S. 156 f.

[825] Vgl. Collingwood (2001), S. 67 ff.

[826] Ebd. Ähnlich äußerte sich auch *Wiedeking* (vgl. dazu Die Zeit v. 12.07.2001, S. 19).

Für eine Betrachtung eines Einflusses system-exogener Faktoren auf die Wahl der Beteiligungsperiode werden daher nur die o. a. fünf verschiedenen Arten der Bestimmung der Beteiligungsperiode herangezogen. Dabei liegen die Faktoren, denen eine beeinflussende Wirkung hinsichtlich der Beteiligungsperiode zugesprochen wurde, in den kulturellen Faktoren, die sich aus den unterschiedlichen kulturbedingten Wertestrukturen der Führungskräfte ergeben, und zwar in den Ausprägungen der Kulturdimensionen „Konfuzianische Dynamik" und „Unsicherheitsvermeidung".[827] Diese sollen im Folgenden hinsichtlich ihres Einflusses auf die verbleibenden Möglichkeiten der Bestimmung der Beteiligungsperiode eines ASF analysiert werden.

Zunächst wird die erste, tendenziell kurzfristige Variante von einer Beteiligungsperiode von einem Jahr betrachtet. Der Einfluss der kulturellen Faktoren kann hier wie folgt beschrieben werden: Für eine Führungskraft, die einer Kultur mit einer kurzfristigen Zeitorientierung entstammt, wird dieser Zeitraum von einem Jahr als Beteiligungsbasis als motivierend wirken. Begründet liegt dies darin, dass sie durch ihre Kulturprägung eher schnelle Ergebnisse erwartet und dies mit einem Beteiligungshorizont von einem Jahr relativ zeitnah gegeben wäre.

Ähnliches gilt für Führungskräfte, die einen hohen Grad an Unsicherheitsvermeidung aufweisen. Für sie ist es wichtig, dass eingegangene Risiken eher gering gehalten werden. Durch die Verwendung der relativ kurzen Beteiligungsperiode von einem Jahr sind potentielle Risiken zukünftiger unsicherer Unternehmungsumweltentwicklungen zumindest zeitlich begrenzt. Da die Leistungsbeurteilung jeweils rückwirkend nur für die letzte Periode stattfinden würde, könnte die Führungskraft zudem davon ausgehen, dass nicht von ihr zu verantwortende externe Einflüsse (Leistungsbedingungen)[828] noch relativ gut zurück zu verfolgen wären.

Allerdings stehen der Verwendung einer einjährigen Beteiligungsperiode für ein ASF selbst bei Führungskräften mit einer kulturbedingten Kurzfristorientierung bzw. einem hohen Grad an Unsicherheitsvermeidung grundsätzliche Argumente entgegen, welche die Ausrichtung auf strategische Zielsetzungen betreffen. Denn eine so fixierte Beteiligungsperiode wird – entsprechend der o. a. Ausführungen – einem an strategischen Zielzeiträumen ausgerichteten Verhalten der Führungskräfte eher abträglich sein. Zudem müssten für eine solche Beteiligungsperiode sämtliche strategische Erfolgskriterien auf das Periodenende zugeschnitten werden – auch unter der Zuhilfenahme operativer Hilfsindikatoren.[829] Weiter verschärft wird

---

[827] *Bleicher* (1992), S. 31 nennt auch die Branchenzugehörigkeit, den Lebenszyklus der Leistungen und die Technologiepotentiale als Einflussfaktoren für die Beteiligungsperiode, ohne jedoch eine detailliertere Begründung hierfür anzugeben. Diese Größen können hier vernachlässigt werden, weil davon auszugehen ist, dass sie sich bereits in den strategischen Unternehmungszielen widerspiegeln.

[828] Vgl. dazu auch die Ausführungen im nächsten Abschnitt IV.D.2.2 dieser Arbeit.

[829] Vgl. Becker (1990), S. 157.

die der strategischen Ausrichtung tendenziell entgegenlaufende Ausrichtung der Beteiligungsperiode dadurch, dass mit Ablauf einer Jahresperiode oftmals kein strategiegerechter Zeitpunkt vorliegt, an dem eine Bewertung der Leistung sinnvoll wäre.[830]

Für die zweite Variante, mehrere nachfolgende Perioden als Beteiligungsperioden eines ASF zu verwenden, ergeben sich andere Argumente. Vorteil dieser Variante ist, dass sie sowohl für langfristig als auch kurzfristig orientierte wie auch für stark und weniger stark Unsicherheit vermeidende Führungskräfte geeignet sein könnte: Bei einer Festlegung von bspw. fünf Jahren als Beteiligungsperiode könnte man bspw. parallele Anreizpläne vereinbaren, die über diese fünf Jahre gültig sind. Dabei bestünde die Möglichkeit, einen einzelnen Anreizplan auf die für jedes Jahr geplanten Entwicklungen zu beziehen[831] – so wäre den kurzfristig orientierten Führungskräften und den Führungskräften mit einem hohen Grad an Unsicherheitsvermeidung entsprochen. Darüber hinaus könnte die Leistungsbeurteilung auf das Ende der fünfjährigen Periode bezogen werden – dies entspräche dann den eher langfristig orientierten Führungskräften, denen eine große Beharrlichkeit in der Verfolgung von Zielen – somit auch von langfristigeren Zielen – zugesprochen wird.[832] Ebenso gilt die letzte Empfehlung für Führungskräfte mit einem geringen Grad an Unsicherheitsvermeidung, weil ihnen eine jeweils einjährige Erfolgsermittlung „zuviel Regelung" wäre.[833]

Allerdings besteht auch für diese Möglichkeit der Festlegung der Beteiligungsperiode der Einwand, dass sie nicht notwendigerweise strategiegerecht sein muss. Selbst wenn die strategische Zielsetzung auf fünf Jahre ausgerichtet ist sowie Teilschritte zur Erreichung derselben jeweils auf das Periodenende gerichtet sind – somit zumindest eine strategieadäquate Erfolgsermittlung möglich wäre – erscheinen solche mehrjährigen strategischen Pläne für multinationale Unternehmungen eher ungeeignet. Der Grund hierfür liegt in dem stark dynamischen Unternehmungsumfeld, welches ständig Anpassungen der strategischen Pläne im Hinblick auf die Erreichung der strategischen Gesamtunternehmungsziele seitens der Unternehmung bedingen würde. Dies hätte wiederum eine ständige Änderung im ASF zur Folge, um das ASF mit der Gesamtunternehmungsstrategie im Einklang zu halten; andernfalls bliebe es bei „alten" Anreizplänen, die nicht zur strategischen Ausrichtung der Unternehmung passen würden.[834] Eine starre Fixierung der Beteiligungsperiode auf mehrere aufeinanderfolgende (Jahres-)-Perioden kann dementsprechend auch nicht als geeignet für ein ASF in multinationalen Unternehmungen betrachtet werden.

---

830 Ebd.

831 Ebd.

832 Vgl. dazu z. B. Hofstede (1993), S. 193.

833 Ebd., S. 141.

834 Vgl. Becker (1990), S. 157.

Mehrere, sich überlappende (Jahres-)Perioden als Beteiligungsperiode (3) können innerhalb eines ASF in einer multinationalen Unternehmung insbesondere dann sinnvoll sein, wenn eine spezifische Anreizgewährung für unterschiedliche Projekte angestrebt wird.[835] Die Überlappungen kommen dadurch zustande, dass mehrere Projekte innerhalb eines Zeitraums anfallen und jeweils separat gewertet werden. Für die jeweils unterschiedlichen kulturbedingten Werte der Führungskräfte hinsichtlich ihrer Zeit- bzw. Risikopräferenz bedeutet diese Art der Festlegung zumindest einen Ausgleich der von ihnen präferierten und der für sie weniger geeigneten Art der Beteiligungsperiode. Denn durch die jeweils separate Anreizgewährung für unterschiedliche Projekte entstehen zum einen sowohl langfristige als auch kurzfristige Beteiligungsperioden, die gleichzeitig – aufgrund der bereits o. a. Zusammenhänge – unterschiedlich riskant hinsichtlich der zu erwartenden Anreizgewährung sind. Der Vorteil einer solchen Bestimmung der Beteiligungsperiode liegt also darin, dass unterschiedliche Beteiligungsperioden angeboten werden. Allerdings kann diese Flexibilität auch zum Nachteil gereichen. Dies wird dann geschehen, wenn eine Führungskraft, die in unterschiedlichen Projekten mit unterschiedlichen Zeithorizonten tätig ist, aufgrund ihrer kulturellen Prägung jeweils das ihr entsprechende Projekt bevorzugt bearbeitet. So besteht die Gefahr, dass eine Führungskraft, die einer kurzfristig orientierten Kultur entstammt, die langfristig ausgelegten Projekte zugunsten der näherliegenden Anreizgewährung durch kurzfristige Projekte vernachlässigt. Insofern ist bei der Verwendung dieser eher aperiodischen Art der Bestimmung der Beteiligungsperioden darauf zu achten – etwa durch die geeignete Wahl anderer Gestaltungselemente eines ASF – dass die Führungskraft keines der von ihr zu bearbeitenden Projekte vernachlässigt.

Die Festlegung der Beteiligungsperiode anhand aperiodischer strategischer Meilensteine (4) scheint hinsichtlich der strategischen Ausrichtung des Verhaltens der Führungskräfte eine geeignete Variante zu sein. Denn hier dauert eine Beteiligungsperiode jeweils so lange, bis ein strategisches Zwischenziel erreicht ist[836] oder bis eine begründete Änderung eines Ziels vorliegt.[837] Mit dieser Art der Vorgehensweise wird vermieden, nicht-strategische Hilfsindikatoren für die Leistungsbeurteilung zu nutzen. Den unterschiedlichen kulturellen Ausprägungen hinsichtlich der zeitlichen Orientierung der Führungskräfte kann mit solchen Beteiligungsperioden auch entsprochen werden, da durch die Festlegung des strategischen Endziels, aber auch verschiedener Zwischenziele sowohl kurzfristige als auch langfristige Präferenzen bedient werden. Aber auch hier gilt, dass einer möglichen Bevorzugung eines der beiden Zielhorizonte durch geeignete weitere Maßnahmen innerhalb des ASF zu begegnen ist. Des Weiteren sollte versucht werden, solche Zwischenziele zur Leistungsbeurteilung der

[835] Vgl. Winter (1996a), S. 142.

[836] Vgl. Becker (1987), S. 163.

[837] Vgl. Winter (1996a), S. 142.

Führungskräfte zu nutzen, die von möglichst vielen Führungskräften zu erreichen sind. Anderenfalls führt diese Art der Bestimmung der Beteiligungsperiode zu einem erheblichen Mehraufwand innerhalb der Leistungsbeurteilung, da für jede Führungskraft einzelne Ziele zu formulieren und deren Erreichung zu bewerten ist.[838] Problematisch gestaltet sich diese aperiodische Beteiligungsperiode jedoch hinsichtlich der Führungskräfte, die aufgrund ihrer kulturellen Werte eine starke Unsicherheitsvermeidung aufweisen, denn durch die variable Beteiligungsperiode wird der Zeitpunkt und die Höhe der Anreize für die Führungskräfte riskanter.[839]

Aufgrund der angeführten Nachteile der ersten vier Arten der Festlegung der Beteiligungsperiode bietet sich eine weitere Variante, die der gemischten Verfahren (5), an. Innerhalb dieser erfolgt eine Kombination der vier ersten Varianten. Hierdurch können die jeweiligen Nachteile, die bei einer der Varianten auftreten, durch Hinzunahme einer weiteren Variante abgemildert werden. Dies kann dadurch geschehen, dass die Erreichung strategischer (Teil)Ziele die Wahl der Beteiligungsperiode grundlegend determiniert. Darüber hinaus könnten auch die individuellen Wertestrukturen der Führungskräfte hinsichtlich der zeitlichen Präferenz und der Risikoneigung berücksichtigt werden. Dies kann dadurch erreicht werden, dass neben den strategischen Zielen zudem operative Ergebnisse herangezogen werden – etwa für kurzfristig orientierte Führungskräfte bzw. unsicherheitsvermeidende Führungskräfte.

Aus der Diskussion wurde klar, dass neben der geeigneten Wahl der Beteiligungsperiode eines ASF anhand der unternehmungsspezifischen strategischen Zielsetzung auch die kulturbedingten individuellen Wertestrukturen der Führungskräfte zu berücksichtigen sind, um die Motivation der Führungskräfte nicht zu gefährden.

Allerdings kann eine Festlegung der Beteiligungsperiode auch nicht unabhängig von anderen Gestaltungselementen des Anreizsystems erfolgen. So zeigt z. B. *Winter* bei der Diskussion der geeigneten Beteiligungsperiode gleichzeitig deren jeweilige Eignung für die Verwendung gegebener Beteiligungsbasen.[840] Ebenso bedingt die Wahl der Beteiligungsfelder die Wahl der Beteiligungsperioden; denn die jeweiligen Unternehmungsteilbereiche, denen eine Führungskraft zuzuordnen ist, determinieren auch die strategischen bzw. operativen Erfolgsgrößen und damit die strategischen bzw. operativen Zielzeiträume, anhand derer die Leistungsbeurteilung erfolgt.

---

[838] Ebd., S. 143.

[839] Ebd.

[840] Vgl. z. B. die Übersichtstabelle bei Winter (1996a), S. 144.

2.2 Gestaltung der Beurteilungskomponente

Innerhalb der Gestaltung der Beurteilungskomponente eines ASF geht es darum, wie die Leistungsbeurteilung der Führungskräfte[841] durchgeführt werden soll.[842] Die Leistungsbeurteilung der Führungskräfte ist als ein zentraler Bestandteil eines ASF zu verstehen. Denn durch die Art der Leistungsbeurteilung werden die Führungskräfte zur Erbringung desjenigen Leistungsbeitrages bewegt, der innerhalb der Leistungsbeurteilung berücksichtigt wird; in der Leistungsbeurteilung nicht berücksichtigte Bereiche bleiben ohne motivationale Wirkung.[843] Für die Leistungsbeurteilung als Gestaltungselement eines ASF ist bereits durch die Definition des ASF festgelegt, auf welchen Aufgabengebieten und Aufgabenerfüllungsprozessen das Verhalten der Führungskräfte beeinflusst und belohnt werden soll. Diejenigen Aufgabenfelder, die strategische Relevanz besitzen, müssen durch das Leistungsbeurteilungssystem erfasst sein, damit eine – im Sinne der Ausrichtung des Verhaltens auf die Gesamtunternehmungszielerreichung – erwünschte motivationale Wirkung der Führungskräfte erreicht werden kann.[844]

Strategische Relevanz besitzen einerseits Aufgaben, die im Zusammenhang mit der Strategieimplementierung stehen. Darüber hinaus ist bereits die Entwicklung und Auswahl von Strategien für eine mögliche erfolgreiche Strategieimplementierung entscheidend.[845] Führungskräfte sind innerhalb ihrer Unternehmungsteilbereiche sowohl für die Formulierung als auch für die Implementierung von Strategien in ihrem Teilbereich verantwortlich. Bei einer Leistungsbeurteilung innerhalb eines ASF sind dementsprechend sowohl die Strategieformulierung als auch die Implementierung der Strategie durch die jeweilige Führungskraft zu beurteilen.

Um die o. a. motivationale Wirkung hinsichtlich der strategischen Verhaltensausrichtung der Führungskräfte zu erreichen, bedarf es einer für die Führungskräfte erkennbaren Beziehung zwischen Anreiz und (Beitrags)Leistung entsprechend dem anreiz-beitrags-theoretischen

---

841 Leistungsbeurteilung ist hierbei als institutionalisierter Prozess zu verstehen, der zu einer planmäßigen und formalisierten Gewinnung, Verarbeitung und Auswertung von Informationen über den Leistungsbeitrag einer Führungskraft dient, der innerhalb einer festgelegten bestimmten Periode erbracht wurde. Die Leistungsbeurteilung wird von dazu beauftragten Unternehmungsmitgliedern durchgeführt und umfasst verschiedene Schritte (vgl. Becker (1998b), S. 164).

842 Vgl. Becker (1990), S. 118 und Hungenberg (1995), S. 389. Hier ist anzumerken, dass es sich bei der Gestaltung der Beurteilungskomponente tatsächlich um die Leistungsbeurteilung handelt und nicht um die Leistungsbewertung, denn letztgenannte würde zu kurz greifen. Lediglich durch die Leistungsbeurteilung können Leistungsergebnisse, Leistungsbedingungen und Leistungsverhalten erfasst werden, deren Feststellung Voraussetzung für die dann anschließende Leistungsbewertung ist (vgl. dazu die Ausführungen bei Becker (1998b), S. 163 f.). Gerade diese sind aber innerhalb der hier betrachteten Themenstellung relevant, wie im Folgenden gezeigt wird.

843 Vgl. Becker (1995b), S. 197.

844 Vgl. Becker (1990), S. 120 und Hungenberg (1995), S. 389.

845 Ebd.

Kalkül.[846] Um eine derartige Beziehung zwischen diesen beiden Größen herstellen zu können, ist die Beurteilung der Leistung der Führungskräfte seitens der Unternehmung (bzw. durch die von der Unternehmung Beauftragten) notwendig. Die Schwierigkeit, die sich aus der Leistungsbeurteilung ergibt, ist, dass die strategisch-orientierte Leistung der Führungskräfte häufig nicht an quantitativen Maßgrößen festgemacht werden kann. Vielmehr müssen gerade im Leistungsgebiet des strategischen Managements auch qualitative Dimensionen berücksichtigt werden.[847] Diese sind in der Regel nur durch eine ganzheitliche Betrachtung der Führungskraftleistung möglich, d. h. eine Berücksichtigung sowohl von Leistungsergebnis als auch dem Leistungsverhalten einer Führungskraft und den Leistungsbedingungen, denen eine Führungskraft bei der Erstellung ihrer Leistung ausgesetzt ist.[848]

Um eine sorgfältige Ausgestaltung der Leistungsbeurteilung von Führungskräften innerhalb eines ASF zu gewährleisten, sollte diese deshalb, neben der Erfassung des Leistungsergebnisses, folgende Aspekte umfassen:[849]

(1) Berücksichtigung sämtlicher Aspekte des Leistungsverhaltens,
(2) Berücksichtigung der Leistungsbedingungen vor und während der Leistungsperiode,
(3) Akzeptanz des Leistungsbeurteilungssystems durch die Führungskräfte und die Unternehmung.

Vor dem Hintergrund multinationaler Unternehmungen gestalten sich diese zu berücksichtigenden Aspekte als mehrdimensionales Gestaltungsproblem. Das zu berücksichtigende Leistungsverhalten der Führungskräfte (1) bezieht sich – wie bereits angeführt – sowohl auf den Strategieformulierungs- als auch auf den Strategieimplementierungsprozess; es ist dabei als von den kulturellen Faktoren determinierte Größe anzusehen.[850] Die Erreichung des für die Unternehmung wichtigen Leistungsergebnisses ist aber nicht nur vom Leistungsverhalten der Führungskräfte abhängig, sondern auch von den Leistungsbedingungen (2), die während der Leistungsperiode vorliegen. Diese können innerhalb verschiedener Unternehmungsteilbereiche – wenn sie sich in unterschiedlichen Ländern befinden – in Form der kontextualen Faktoren sehr unterschiedlich ausfallen. Soll etwa ein Vergleich der Leistungen von Führungskräften verschiedener ausländischer Tochtergesellschaften erfolgen, kann dies nicht nur anhand des Leistungsergebnisses geschehen, sondern muss auch unter Berücksichtigung der

---

[846] Vgl. die Ausführungen in Abschnitt II.B.2.1.

[847] Vgl. Becker (1990), S. 144.

[848] Zur inhaltlichen Konkretisierung der Begriffe „Leistungsergebnis", „Leistungsverhalten" und „Leistungsbedingungen" vgl. Becker (1998b), S. 270 ff.

[849] Vgl. Becker (1990), S. 143 und Becker (1998b), S. 270 ff.

[850] Das Verhalten eines Individuums ist grundsätzlich durch die ihm zugrundeliegenden kulturellen Werte determiniert (vgl. die Ausführungen in den Abschnitten III.A.2 und III.B.1), so auch das Leistungsverhalten der Führungskräfte.

Leistungsbedingungen durchgeführt werden.[851] Zudem können auch unternehmungsspezifische Größen als Leistungsbedingungen zu berücksichtigen sein. Abschließend sind die kulturellen Faktoren und auch die kontextualen Faktoren dafür entscheidend, ob das Leistungsbeurteilungssystem von Führungskräften und auch den Betreibern akzeptiert (3) wird.

Im Folgenden sollen die gerade angeführten Wirkungen dieser Einflussfaktoren auf die Leistungsbeurteilung innerhalb eines ASF in multinationalen Unternehmungen näher analysiert werden. Dazu erscheint es sinnvoll, den Einfluss der Faktoren jeweils einzeln zu betrachten, um eine komplexitätsreduzierende Wirkung zu erhalten. Zunächst sei der Einfluss der kulturellen Faktoren betrachtet.

Der Einfluss kultureller Faktoren innerhalb der Berücksichtigung sämtlicher Aspekte des Leistungsverhaltens bezieht sich darauf, dass Führungskräfte, die durch unterschiedliche kulturelle Werte geprägt sind, verschiedene Wege zum Erreichen eines vorgegebenen Leistungsziels einschlagen können. Dies ist dann so lange nicht bedeutsam, wie ihr Leistungsverhalten richtig (im Sinn von „objektiv“[852]) beurteilt werden kann. Problematisch wird eine solche Beurteilung des Leistungsverhaltens jedoch, wenn der oder die Beurteilend/e andere kulturelle Werte besitzt als die zu beurteilende Führungskraft.[853] Eine objektive Beurteilung des Leistungsverhalten ist dann nicht mehr möglich, weil bestimmte Verhaltensweisen der jeweiligen Führungskraft durch den Beurteiler falsch gewertet werden können. Den Sachverhalt, dass ein Individuum einer bestimmten Kulturzugehörigkeit durch ein anderes Individuum einer anderen Kulturzugehörigkeit beurteilt wird, könnte als „interkulturelle Beurteilung“ bezeichnet werden. Problematisch erscheint, dass innerhalb einer solchen interkulturellen Beurteilung der Verhaltensweisen jeweils die eigenen kulturellen Werte als Beurteilungsmaßstäbe angesetzt werden.[854] Im Strategieformulierungsprozess ist es so etwa möglich, dass eine Führungskraft, die in ihrer kulturellen Zeitorientierung eher langfristig ausgerichtet ist, eine Strategie entwickelt und formuliert, die auf eine langfristige Erfolgsentwicklung zielt und dabei kurzfristig negative Erfolge – etwa aufgrund hoher Investitionen – in Kauf nimmt. Entstammt die beurteilende Person einer kurzfristig-orientierten Kultur, kann sie dieses Leistungsverhalten nur als fehlerhaft beurteilen, weil die für sie wichtigen kurzfristigen Erfolge innerhalb einer solchen Strategie nicht erreicht werden.

Ein weiteres Beispiel des kulturellen Einflusses kann für das Leistungsverhalten im Strategieimplementierungsprozess angeführt werden: Angenommen, das Leistungsverhalten einer

---

[851] Vgl. z. B. Oechsler (1995), S. 680.

[852] “Objektiv” bezieht sich hierbei lediglich auf die Berücksichtigung der kulturellen Werte des zu Beurteilenden. Grundsätzlich ist eine objektive Beurteilung kaum möglich, da jeweils subjektive Einflüsse bei der Erfassung und Bewertung der Leistung vorhanden sind (vgl. Becker (1998b), S. 151).

[853] Vgl. Harvey (1997), S. 43.

[854] Vgl. Adler (2002), S. 91.

Führungskraft soll für die Leistungsperiode beurteilt werden, nachdem festgestellt wurde, dass das Leistungsziel nicht erreicht werden konnte. Die zu beurteilende Führungskraft sei tendenziell durch feminine Kulturwerte charakterisiert. Für sie stehen dementsprechend Lebensqualität und zwischenmenschliche Beziehungen im Vordergrund ihrer Wertausprägungen.[855] Wird das Leistungsverhalten dieser Führungskraft von einer eher maskulin-orientierten Person beurteilt, wird diese u. U. das fehlende explizite Leistungs- und Erfolgsstreben, das deren kulturellen Werten entspricht, als weiteren negativen Beurteilungsaspekt – neben dem Verfehlen des Leistungsziels – betrachten. Die beurteilte Führungskraft erhält dann, aufgrund ihrer unzureichenden Leistung, geringere Anreize als sie erwartet – schließlich geht sie von einem „richtigen" Leistungsverhalten bei sich aus, was dann zu ihrer Demotivation und möglicherweise auch zu ihrem Ausscheiden aus der Unternehmung führen kann. Problematisch erscheint eine solche Wirkung, weil sie nur aus dem Grund geschieht, dass innerhalb der Beurteilung des Leistungsverhaltens der Führungskraft deren kulturelle Werte nicht berücksichtigt wurden.[856]

Um diesem Problem einer kulturbedingten Fehlbeurteilung entgegenzuwirken, bedürfte es im Idealfall der Zuordnung eines Beurteilenden zu der beurteilten Führungskraft, der die gleichen kulturellen Werte besitzt. Allerdings bedeutet dies gerade in multinationalen Unternehmungen, dass für jede kulturelle Prägung einer Führungskraft ein entsprechender Beurteiler gefunden werden muss. Allein aus Wirtschaftlichkeitsgründen – die Kosten für die Beschäftigung der Vielzahl an Beurteilern würde den Nutzen des ASF weit übersteigen – kann dies nicht sinnvoll sein. Vielmehr ist dem Einfluss dieser kulturellen Faktoren innerhalb der Beurteilung des Leistungsverhaltens derart Rechnung zu tragen, dass Beurteilende von der Unternehmung eingesetzt werden, die eine entsprechende kulturelle Sensibilität besitzen, die gewährleistet, dass sie kulturbedingte Unterschiede im Leistungsverhalten der Führungskräfte erkennen und innerhalb der Beurteilung berücksichtigen können.

Der Einfluss der kulturellen Faktoren auf die Leistungsbeurteilung der Führungskräfte bezieht sich jedoch nicht nur auf die kulturbedingten Unterschiede zwischen Beurteiltem und Beurteilendem, sondern auch auf die Akzeptanz des Leistungsbeurteilungssystems seitens der Führungskräfte und der Betreiber. Hier kann es zu einer geringen Akzeptanz des Leistungsbeurteilungssystems kommen, wenn etwa die ausgewählten Beurteilungskriterien nicht der kulturellen Prägung der Führungskräfte (oder auch der Betreiber) entsprechen.[857] Eine Führungskraft, die aufgrund ihrer Kulturzugehörigkeit individualistisch orientiert ist, akzeptiert eher solche Beurteilungskriterien, bei denen sie davon ausgehen kann, dass durch sie

---

[855] Vgl. die Ausführungen in Abschnitt III.A.2.3 und z. B. Hofstede (1993), S. 115.

[856] Ein weiteres Beispiel für eine mögliche Fehlinterpretation des Leistungsverhaltens findet sich bei *Kumar*. Er führt das unterschiedliche grundsätzliche Leistungsverständnis in verschiedenen Kulturen an, das zu Fehlinterpretationen hinsichtlich der Leistungsbewertung führen kann (vgl. Kumar (1991), S. 137).

[857] Zur inhaltlichen Präzisierung des „Beurteilungskriteriums" vgl. Becker (1998b), S. 167 ff.

ihre individuelle Leistung repräsentiert wird.[858] Zudem wird eine Führungskraft mit eher individualistischen Werten und einer dementsprechend tendenziell geringen Machtdistanz[859] eine höhere Arbeitszufriedenheit aufweisen und damit eher zum intendierten Leistungsverhalten durch das Leistungsbeurteilungssystem motiviert werden, wenn sie die Auswahl der Beurteilungskriterien selbst mitbestimmen kann.[860] Damit steigt selbstverständlich auch die Akzeptanz des Beurteilungssystems.

Eine kollektivistisch orientierte Führungskraft hingegen akzeptiert möglicherweise eher Teambeurteilungsverfahren, welche etwa die Leistung mehrerer Führungskräfte zusammen erfassen und beurteilen, ohne auf individuelle Leistungsbeiträge zu achten. Im Gegensatz zu individualistisch orientierten Führungskräften ergibt die eigene Auswahl des Beurteilungssystems bei Führungskräften mit kollektivistischen Werten und hohen Machtdistanzwerten hingegen in experimentellen Studien keinen Unterschied in der Arbeitszufriedenheit und damit in der Leistungsmotivation – im Vergleich zu einem von der Unternehmung vorgegebenen Beurteilungssystem.[861] Für die Akzeptanz des Leistungsbeurteilungssystems bei Führungskräften dieser kulturellen Prägung bedeuten diese Ergebnisse, dass sie nicht notwendigerweise an der Gestaltung des Leistungsbeurteilungssystems mitwirken müssen.

Um die o. a. Art des kulturellen Einflusses innerhalb der Leistungsbeurteilung zu berücksichtigen und zudem eine motivationale Wirkung der Leistungsbeurteilung erreichen zu können, sind die Beurteilungskriterien auf die kulturellen Werte der Führungskräfte abzustimmen, u. U. sogar derart, dass für jede Führungskraft individuell festgelegt wird, welche Beurteilungskriterien der Leistungsbeurteilung zugrundegelegt werden; zudem könnte es zweckdienlich sein, bestimmte Führungskräfte mit in den Gestaltungsprozess einzubeziehen.[862]

Neben den beiden angeführten Einflussarten der kulturellen Faktoren existiert noch eine dritte Einflussmöglichkeit auf die Leistungsbeurteilung. Eine Führungskraft bedarf neben ihrer eigentlichen Leistungserbringung hinsichtlich der intentionalen Ausrichtung ihrer Aktivitäten auf die Unternehmungsziele nämlich auch kulturübergreifenden zwischenmenschlichen Fähigkeiten, die ein Einfühlungsvermögen in Werte und Einstellungen anderer als der eigenen Kultur voraussetzen.[863] Dies betrifft bspw. den Umgang mit anderen internen oder externen Interaktionspartnern, also z. B. Führungskräften, die anderen Kulturen angehören,

[858] Vgl. die Ausführungen in Abschnitt III.B.1.

[859] Vgl. den negativen Zusammenhang von Individualismus und Machtdistanz bei Hofstede (1993), S. 70 ff.

[860] Vgl. hierzu z. B. die Ergebnisse eines Laborexperiments von Awasthi/Chow/Wu (2001), S. 295 ff. Zum dargelegten Zusammenhang von Arbeitszufriedenheit und Motivation in Abschnitt II.B.2.1 und die Ausführungen bei Berthel (2000), S. 50 ff.

[861] Ebd.

[862] Allerdings ist auch hier wieder zu beachten, dass die Kosten für eine solche individuelle Berücksichtigung den Nutzen des ASF nicht übersteigen sollten.

[863] Vgl. z. B. Oechsler (1995), S. 680.

oder auch Kunden- und Lieferantenbeziehungen.[864] Von einer Führungskraft, die in einem Unternehmungsteilbereich tätig ist, der durch eine große kulturelle Heterogenität der Mitarbeiter charakterisiert ist, fordert dies eine größere Fähigkeit einer solchen „Kultursensibilität", als bei einer Führungskraft, die eher ein kulturhomogener Kreis von Mitarbeitern umgibt. Dieser Aspekt der Führungskraftleistung sollte als (wenn auch im weitesten Sinne) „personelle (unternehmungsendogene) Leistungsbedingung"[865] innerhalb der Leistungsbeurteilung Berücksichtigung finden.

Nach der Betrachtung der kulturellen Faktoren wird nun der Einfluss der kontextualen Faktoren auf die Leistungsbeurteilung von Führungskräften innerhalb eines ASF betrachtet. Dieser Einfluss bezieht sich primär auf die Berücksichtigung der Leistungsbedingungen. Die Leistungsbedingungen determinieren das Leistungsergebnis (auch über das Leistungsverhalten), so dass eine Beurteilung der tatsächlichen Leistung nur durch eine einschließende Betrachtung der Leistungsbedingungen möglich ist.[866] In einer multinationalen Unternehmung sind besonders zu berücksichtigende Leistungsbedingungen in den in verschiedenen Ländern vorliegenden kontextualen Faktoren zu sehen.[867]

Diese kontextualen Faktoren beziehen sich in erster Linie auf wirtschaftspolitische Aspekte wie Inflationsrate, Wechselkursverhältnisse oder auch Zinssätze eines Landes.[868] Bestimmte unternehmungsspezifische Kennzahlen (z. B. finanzielle Größen), die diesen Einflüssen ausgesetzt sind und als Beurteilungskriterien zugrundegelegt werden, können durch solche kontextualen Einflüsse das Leistungsergebnis der Führungskraft schmälern oder auch verbessern, ohne dass dies der Leistung und dem Leistungsverhalten der Führungskraft zuzuschreiben ist. Auch rechtliche Regelungen wie die der handelsrechtlichen Rechnungslegungsvorschriften sind als zu berücksichtigende Leistungsbedingungen denkbar.[869] So können Unterschiede in landesspezifischen Rechnungslegungsvorschriften dafür verantwortlich sein, dass bei der Verwendung von Unternehmungserfolgsgrößen als Beurteilungskriterien – bei faktisch gleichen Leistungen von Führungskräften und nur durch die Art der Rechnungslegung des jeweiligen Unternehmungsteilbereiches – verschiedene Höhen von Unternehmungserfolgen ermittelt werden.

---

[864] Zu den unterschiedlichen Interaktionspartnern einer Unternehmung vgl. die Ausführungen zum Umweltschichtenmodell von *Dülfer* in Abschnitt III.A.3.2.

[865] Vgl. Becker (1998b), S. 280.

[866] Ebd., S. 274.

[867] Vgl. Weber/Festing/Dowling/Schuler (2001), S. 195. Innerhalb der Leistungsbeurteilung werden solche zu berücksichtigenden kontextualen Faktoren auch als „exogene Leistungsbedingungen" bezeichnet (vgl. Becker (1998b), S. 279).

[868] Vgl. Harvey (1997), S. 47.

[869] Vgl. Scherm (1999a), S. 274.

Solche Einflüsse kontextualer Faktoren führen bei einer unzureichenden Berücksichtigung zu erheblichen Defiziten bei der Beurteilung der tatsächlichen Leistung der Führungskraft. Einerseits kann dies zu einer Fehlbeurteilung führen, die eine Führungskraft mit einer eigentlich guten Leistung letztlich schlecht bewertet und so zu geringe Anreize für die Führungskraft bietet, die wiederum im Zeitablauf zum Ausscheiden der Führungskraft aus der Unternehmung führen können.[870] Andererseits kann durch „günstige“ kontextuale Einflüsse eine Führungskraftleistung besser beurteilt werden als sie tatsächlich ist; dies gereicht dann zu Nachteilen für die Unternehmung, weil die folglich gewährten Anreize die tatsächlich geleisteten Leistungsbeiträge der Führungskraft übersteigen. Die jeweiligen – der Leistungsbeurteilung zugrundegelegten – Beurteilungskriterien müssen deshalb um solche zu berücksichtigende Leistungsbedingungen erweitert werden.

Die Nichtberücksichtigung dieser exogenen Leistungsbedingungen könnte zudem eine Inakzeptanz des Leistungsbewertungssystems bei den Führungskräften zur Folge haben. Hätte bspw. die Führungskraft das geforderte Leistungsziel erreicht ohne die – von ihr nicht zu verantwortenden – sich innerhalb der Beurteilungsperiode veränderten Leistungsbedingungen und wird dies innerhalb der Leistungsbeurteilung nicht berücksichtigt, dann führt dies möglicherweise zu einer Inakzeptanz des Beurteilungssystems. Damit verbunden ist dann der Verlust der mit dieser Leistungsbeurteilung intendierten Leistungsmotivation der Führungskraft und letztlich die relativ hohe Wahrscheinlichkeit des Ausscheidens der Führungskraft aus der Unternehmung.

Neben diesen kontextualen Faktoren ist auch aus unternehmungsspezifischer Sicht ein Einfluss auf die Leistungsbeurteilung von Führungskräften zu berücksichtigen. So ist etwa denkbar, dass – in Ausrichtung auf die Gesamtunternehmungszielerreichung – in einer Tochtergesellschaft von der Führungskraft Maßnahmen ergriffen werden, die aus Gesamtunternehmungssicht vorteilhaft sind, für die Tochtergesellschaft aber zunächst negative Ergebnisse (z. B. negative Umsatzerlöse oder negative Erfolgszahlen) ergeben, die ggf. als Beurteilungskriterien in die Leistungsbeurteilung der Führungskraft eingehen.[871] Die Ausrichtung auf die Gesamtunternehmungszielerreichung bedeutet das „richtige“ (im Sinne von „intendierte“) Leistungsverhalten der Führungskraft der Tochtergesellschaft. Anhand von Beurteilungskriterien, die jeweils nur die Leistung der Tochtergesellschaft berücksichtigen, erbringt allerdings die Führungskraft nur eine eher schlechte Leistung. Solche Aspekte des intendierten Leistungsverhaltens sind dementsprechend in der Leistungsbeurteilung der Führungskräfte zu berücksichtigen, um eine Demotivation verhindern zu können.

---

[870] Dies liegt wiederum in den anreiz-beitrags-theoretischen Überlegungen begründet, nach denen die der Führungskraft gewährten Anreize dann nicht mehr ihren geleisteten Beiträgen entsprechen und dies zur Austrittsentscheidung der Führungskraft führt.

[871] Vgl. Scherm (1999a), S 274.

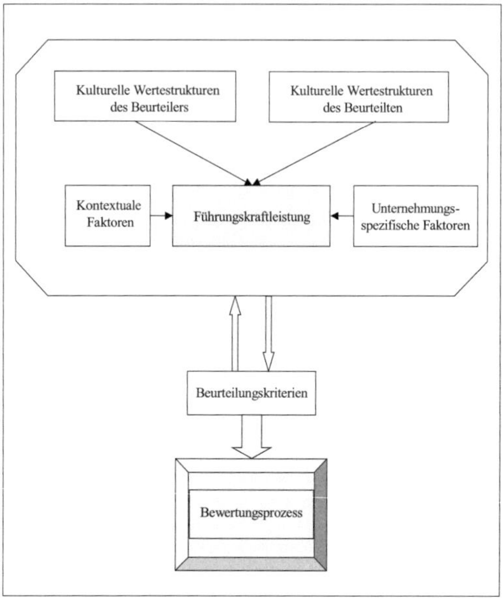

Abb. 16: Zu berücksichtigende Faktoren bei der Leistungsbeurteilung innerhalb eines ASF in multinationalen Unternehmungen

Für eine multinationale Unternehmung müssen somit hinsichtlich der Leistungsbeurteilung der Führungskräfte innerhalb eines ASF eine Reihe unterschiedlicher Aspekte berücksichtigt werden, die notwendig sind, um eine intendierte Verhaltensausrichtung der Führungskräfte erreichen zu können. Übersichtsartig sind die zu berücksichtigenden Faktoren in Abb. 16 dargestellt. Dabei wird deutlich, dass auf die Führungskraftleistung kulturelle, kontextuale und auch unternehmungsspezifische Faktoren wirken; sie stellen jeweils die Leistungsbedingungen dar, denen eine Führungskraft innerhalb einer Leistungsperiode ausgesetzt ist und die ihr Leistungsverhalten beeinflussen. Erst eine umfassende Berücksichtigung dieser Faktoren, gemeinsam mit der Leistung der Führungskraft – dem Leistungsergebnis – kann als Grundlage für die Durchführung des eigentlichen Leistungsbewertungsprozesses verwendet werden. Aus dieser ganzheitlichen Betrachtung von Leistungsergebnis, -verhalten und -bedingungen sind auch die Beurteilungskriterien für die Leistungsbeurteilung der Führungskraft abzuleiten. Eine derartige Ableitung der Beurteilungskriterien kann nur auf Grundlage der vergangenen Leistungsperiode erfolgen, die dann jedoch die realen Ausprägungen des Leistungsverhaltens und der Leistungsbedingungen nicht erfassen kann. Deshalb sind auch bei der Leistungsbeurteilung am Ende einer Leistungsperiode wiederum die zuvor festgelegten Beurteilungskriterien bezüglich der aktuellen Leistungsbedingungen und des Leistungsverhaltens in dieser Periode zu betrachten. (Grafisch ist dieser zirkuläre Zusammenhang durch die zwei entgegengesetzten Pfeile zwischen Beurteilungskriterien und der Führungskraftleistung dargestellt.) Erst wenn diese Überlegungen hinsichtlich der Einflüsse der system-exogenen Rahmenbedingungen durchgeführt und analysiert wurden, kann die Auswahl eines geeigneten Beurteilungsverfahrens und der dann anschließende Bewertungsprozess erfolgen, der sich in Analogie zur Leistungsbeurteilung innerhalb eines ASF in nationalen Unternehmungen ergibt.[872]

2.3 Gestaltung der Anreizkomponente

2.3.1. Anreizarten

Als ein erstes Gestaltungselement der Anreizkomponente sind die Anreizarten, die in ein ASF aufgenommen werden sollen, festzulegen. Es existieren eine Vielzahl von Anreizen, die eine Unternehmung innerhalb eines ASF auswählen kann, um die Führungskräfte zu einem intentionalen Verhalten bewegen zu können.

Hinsichtlich der in einem ASF zu wählenden Anreizarten konnten bisher verschiedene Einflussfaktoren herausgestellt werden, denen eine determinierende Wirkung zugesprochen wurde. Es handelt sich dabei um die kulturellen Faktoren, die kontextualen Faktoren, die Unternehmungskultur und die Branchenzugehörigkeit als weitere unternehmungsspezifische Größe. Im Folgenden soll deren Einfluss auf die Wahl der Anreizarten innerhalb eines ASF in einer multinationalen Unternehmung tiefergehend analysiert werden.

Kulturelle Faktoren

Werden zunächst die kulturellen Faktoren betrachtet, ergab sich ein möglicher Einfluss aufgrund unterschiedlicher Ausprägungen der Individualismus- vs. Kollektivismusgrade, der Maskulinitäts- vs. Femininitätsgrade und der Unsicherheitsvermeidung.[873]

Bei der Betrachtung des Einflusses vom kulturellen Individualismusgrad bzw. Kollektivismusgrad auf die Anreizarten, die innerhalb eines ASF berücksichtigt werden, lassen sich keine eindeutigen Aussagen machen. Die von *Hofstede* vorgenommene Einstufung hinsichtlich individualistischer vs. kollektivistischer Kultur ergab sich aus der Bewertung unterschiedlicher Aussagen bezüglich des Arbeitsziels. Diese können – sowohl die Aussagen der individualistisch als auch der kollektivistisch eingestuften Kulturen – jeweils den immateriellen Anreizen zugeordnet werden.[874] Aussagen über eine mögliche prioritäre Auswahl von materiellen oder immateriellen Anreizen lassen sich hieraus jedoch nicht ableiten. Lediglich aus dem Aspekt, dass Führungskräfte mit einer hohen Individualismusausprägung für ihre

[872] An dieser Stelle sei noch erwähnt, dass die Argumentation hinsichtlich der Einflussfaktoren auf die Leistungsbeurteilung nicht davon ablenken soll, dass die Leistungsbeurteilung grundsätzlich eine wichtige und zugleich schwierige Problematik darstellt, die in der Literatur vielfach diskutiert und analysiert wird.

[873] Vgl. die Ausführungen in Abschnitt IV.C.1.1.

[874] Vgl. dazu z. B. Hofstede (1993), S. 67 f.

individuelle Beitragsleistung individuenspezifische Anreize erhalten möchten, lässt sich eine Präferenz für materielle Anreize ableiten: wobei diese materiellen Anreize solche sein sollten, die eine individuelle Leistungszurechnung möglich machen (etwa bestimmte Erfolgsbeteiligungen).

Die Auswirkung der Ausprägung des Individualismusgrades ist vielmehr in der Art des Auswahlprozesses der zu berücksichtigenden Anreizarten zu sehen. Ähnlich wie innerhalb der Leistungsbeurteilung wird es den eher individualistisch orientierten Führungskräften wichtig sein, selbst am Auswahlprozess teilhaben zu können.[875] Dies erklärt sich daraus, dass diesen Führungskräften ihre persönliche Freiheit besonders wichtig ist.[876] Für die Gestaltung des ASF hinsichtlich der Anreizarten bedeutet dies, dass dem Hang der individualistisch orientierten Führungskräfte zur Teilnahme am Auswahlprozess, etwa durch ein sogenanntes „Cafeteria-System", entsprochen werden könnte.[877] Hier können Führungskräfte die in ihrem ASF enthaltenen Anreizarten selbst auswählen und nach ihren Präferenzen zusammenstellen. Führungskräften mit einem eher kollektivistischen kulturellen Hintergrund ist die Beteiligung am Auswahlprozess hingegen nicht so wichtig. Sie akzeptieren vielmehr die von der Unternehmung vorgegebenen Anreizarten.

Anders als bei den eben angeführten kulturellen Wertausprägungen verhält es sich mit dem kulturellen Einfluss, der auf die Ausprägung von maskulinen vs. femininen Werten zurückzuführen ist. Das Streben nach materiellem Erfolg, das Führungskräfte mit eher maskulinen Werten charakterisiert, lässt zunächst eine Bevorzugung von materiellen Anreizen folgern.[878] Die vorherrschende Leistungsorientierung spricht zudem für materielle Anreize, mit Hilfe derer besonders gute Leistungen honoriert, aber auch schlechte Leistungen bestraft werden können. Allerdings sind einer Führungskraft, die einer Kultur mit einem hohen Maskulinitätsindex entstammt, zudem immaterielle Anreize, wie Karriereanreize, wichtig.[879] Darüber hinaus ist auch der eher intrinsische Anreiz einer hohen Anforderung an die eigene Leistung bei der auszuübenden Tätigkeit von Bedeutung.[880] Demgegenüber steht eine Führungskraft mit eher femininen Werten: Ihr sind zwar ebenfalls materielle Anreize wichtig, diese beziehen sich aber primär auf die Sozialleistungen innerhalb des obligatorischen Anreizsystemelements.[881] Zudem haben bei einer eher feminin orientierten Führungskraft immaterielle

---

[875] Vgl. hierzu die Ausführungen im vorherigen Abschnitt IV.D.2.2.

[876] Vgl. z. B. Hofstede (1993), S. 68.

[877] Zur begrifflichen Präzisierung des Cafeteria-Systems vgl. z. B. Langemeyer (1999), S. 15 ff.

[878] So auch bspw. Hodgetts/Luthans (1993), S. 44.

[879] Vgl. z. B. Hofstede (1997), S. 111.

[880] Ebd.

[881] Vgl. dazu Hodgetts/Luthans (1993), S. 44 und die Ausführungen bei Hofstede (1993), S. 100.

Anreize, wie die Sicherheit des Arbeitsplatzes in der Unternehmung oder die gute Zusammenarbeit mit Kollegen, eine große Bedeutung.[882]

Als dritte Kulturdimension, die einen Einfluss auf die Wahl der Anreizarten innerhalb eines ASF besitzen kann, wurde der Grad der Unsicherheitsvermeidung identifiziert. Die Aussage, die sich bezüglich dieses Einflusses machen lässt, ist: Er lässt sich nicht auf eine Präferenz zwischen materiellen und immateriellen Anreizen beziehen, sondern auf die Art der materiellen Anreize und er ist somit eng mit der präferierten Anreizsystemstruktur verbunden, die im nächstfolgenden Abschnitt näher betrachtet wird.[883] Bezüglich der Bedeutung für die Anreizarten lassen sich aus dem Unsicherheitsvermeidungsgrad einer Führungskraft Aussagen ableiten, welche die Präferenz innerhalb des fakultativen Anreizsystemelements, die variablen Anreize betreffen. Dieser Aspekt betrifft die Unsicherheitsvermeidung hinsichtlich der Einkommenssicherung, die sich aus der Diversifizierungsmöglichkeit des Einkommens ergibt.[884] Denn es ist davon auszugehen, dass eine heute erhaltene, sichere Barzauszahlung eines variablen Anreizes – etwa Bonuszahlungen – die Möglichkeit zur diversifizierten Anlage des Einkommens der Führungskraft bietet, was sie dann lediglich einem „systematischen Risiko“ bezüglich eines möglichen Vermögensverlustes aussetzt.[885] Im Gegensatz dazu bietet etwa die Vergütung mittels Kapitalbeteiligungen diese Diversifizierungsmöglichkeit nicht, da es sich lediglich um die Investitionsmöglichkeit in die eigene Unternehmung handelt und eine heute unsichere Barauszahlung erst zu einem unsicheren zukünftigen Zeitpunkt möglich ist.[886]

Aus den Ausführungen zur Berücksichtigung der kulturbedingten Wertestrukturen der Führungskräfte bezüglich der Anreizarten, die in einem ASF enthalten sein sollten, können Aussagen über die Präferenz bestimmter Anreizarten gemacht werden. Diese Aussagen beziehen sich allerdings lediglich darauf, auf welche Anreizarten nicht verzichtet werden sollte bzw.

[882] Vgl. z. B. Hofstede (1993), S. 100.

[883] Vgl. dazu die Ausführungen im Folgenden Abschnitt IV.D.2.3.2.

[884] Eine mögliche Unsicherheit bezüglich des tatsächlichen Eintretens von variabler Vergütung aufgrund unterschiedlicher Anreizarten des fakultativen Anreizsystemelements kann hier allerdings lediglich eine geringe Rolle spielen. Denn selbst die Vergütung mittels Aktienoptionen, die auf den ersten Blick riskanter wegen der Möglichkeit eines Einkommensverlustes (z. B. weil der Marktpreis zum Ausübungszeitpunkt unter den Basispreis gefallen ist) erscheint als etwa variable Bonuszahlungen, erweist sich als wenig unsicher, weil i. d. R. einer Verlustteilnahme vorgebeugt wird (vgl. dazu etwa Keßler/Kühnberger (2000), S. 632). Die Unsicherheit kann hier allenfalls darin bestehen, dass das variable Entgelt u. U. ausbleibt; dies gilt dann aber für sämtliche Anreizarten innerhalb des fakultativen Anreizsystemelements.

Da selbst in den USA Aktienoptionen zwar als primäres Vergütungsinstrument verwendet werden, i. d. R. aber eine Verlustteilnahme ausschließen, kann hierin weniger die Unsicherheitsvermeidung bezüglich des möglichen Verlustes des Entgeltes als solches als Ursache gelten.

[885] Dies entspricht den Aussagen der Portfoliotheorie (vgl. dazu z. B. Markowitz (1952)). Um Risiken des Vermögensverlustes zu reduzieren, ist es sinnvoll, sein Kapital auf mehrere unterschiedliche („diverse“) Kapitalbeteiligungen aufzuteilen. Dieser Effekt wird als „Diversifikationseffekt“ bezeichnet.

[886] Hierbei handelt es sich dann um ein „unsystematisches Risiko“.

welche Anreizarten Problempotential hinsichtlich einer intendierten Motivationswirkung beinhalten. Sie bedeuten nicht, dass nur diese Anreizarten in einem ASF zu berücksichtigen sind, wenn eine Führungskraft bestimmte kulturelle Werte besitzt.

An dieser Stelle sei nochmals darauf hingewiesen, dass die isolierte Betrachtung einzelner Kulturdimensionen lediglich den Zwecken der Konzeptualisierung entspricht. In der Realität wird eine Führungskraft einer bestimmten kulturellen Herkunft durch die Kombination verschiedener dieser Kulturdimensionen in ihren kulturbedingten Werten zu beschreiben sein. So können bspw. US-amerikanische Individuen bzw. Führungskräfte in der Ausprägung sämtlicher Kulturdimensionen wie folgt beschrieben werden: stark individualistisch, eher maskulin, eine eher geringe Machtdistanz aufweisend sowie eine eher geringe Unsicherheitsvermeidung und eine tendenzielle Kurzfristorientierung. Erst alle diese kulturellen Ausprägungen zusammen ergeben möglicherweise Aufschluss darüber, warum gerade in den USA und dementsprechend unter US-amerikanischen Führungskräften die vieldiskutierte Vergütung durch Aktienoptionen so weit verbreitet ist. Werden hingegen Führungskräfte betrachtet, denen eine hohe Unsicherheitsvermeidung und eher feminine Werte inhärent sind, ergibt sich, dass die Vergütung mittels Aktienoptionen für diese u. U. nicht sinnvoll sein kann. So werden Aktienoptionen auch deshalb von der Unternehmung als Anreizart eingesetzt, um Führungskräfte zur angemessenen Übernahme von Investitionsrisiken zu motivieren.[887] Diese ist bei angestellten Führungskräften nicht immer gegeben, da riskante Investitionen aufgrund des undiversifizierten Risikos des Arbeitseinkommens – bei einer zu riskanten Investition kann ihnen gar ein Arbeitsplatzverlust drohen – eher vermieden werden.[888] Aktienoptionen als Anreizart können eine Motivation zu mehr Risikoübernahme nur bewirken, solange der finanzielle Nutzen der Risikoübernahme das individuelle hierdurch empfundene „Leid“ des Unsicherheitsempfindens übersteigt. Bei den o. a. Führungskräften mit hohen Unsicherheitsvermeidungswerten und eher femininen Werten ist dies wohl eher unwahrscheinlich. Die Wichtigkeit der Sicherheit des Arbeitsplatzes und des gesicherten Arbeitseinkommens wird – trotz der Anreizart der Aktienoptionen – diese Führungskräfte normalerweise nicht zu riskanten Investitionen verleiten können. Im Schluss kann daher das Ziel, das die Unternehmungseigner mit den Aktienoptionen verfolgt haben, nicht erreicht werden, weil diese Anreizart bei bestimmten kulturellen Werten der Führungskräfte tendenziell uninteressant erscheint.

Die kulturellen Wertestrukturen in einer Gesellschaft bedingen auch deren Rechts- und Normensysteme.[889] Diese können dann wiederum die aufgrund der jeweiligen kulturellen Prä-

---

[887] Vgl. Kürsten (2002), S. 177.

[888] Siehe auch die Erkenntnisse der Prinzipal-Agenten-Theorie (vgl. dazu die Ausführungen in Abschnitt II.A.2.1).

[889] Vgl. die Ausführungen in Abschnitt III.A.3 und III.B.2.

gung präferierten Anreizarten, etwa durch rechtliche Regelungen, begünstigen. Deshalb erfolgt nun die Analyse der kontextualen Faktoren hinsichtlich ihres Einflusses auf die Wahl der in einem ASF enthaltenen Anreizarten.

Kontextuale Faktoren

Für die Betrachtung des Einflusses kontextualer Faktoren auf die in einem ASF zu berücksichtigenden Anreizarten wird auch hier in rechtliche, politische und institutionelle Faktoren differenziert. Zunächst werden die rechtlichen Faktoren und deren Einfluss näher betrachtet.

1. rechtliche Faktoren

(a) steuerrechtliche Regelungen

Innerhalb der rechtlichen Einflussfaktoren sind zunächst die steuerrechtlichen Einflüsse als eine primäre Größe anzuführen, die Einfluss auf die Wahl der Anreizarten in einem ASF besitzen kann. In Ländern, in denen eine Führungskraft ihr Einkommen durch relativ geringe Steuersätze zu versteuern hat, ergibt sich die Vorteilhaftigkeit für Anreize monetärer Art.[890] Muss die Führungskraft ihr Einkommen hingegen in einem Land mit einem hohen Steuersatz versteuern, ergeben sich für sie solche Anreize als eher vorteilhaft – im Sinne der Anforderung der Risikoreduktion (der Minimierung der Einflüsse, die belohnende Anreize reduzieren könnten)[891] -, die nicht direkt monetäre Größen betreffen.[892] Dies erklärt bspw. warum in den USA als einem „Niedrigsteuerland" die Führungskräfte i. d. R. eher einen geringeren Anteil an Nebenleistungen, aber einen viel höheren Prozentsatz an variabler Vergütung erhalten als in Ländern mit einer höheren Einkommensbesteuerung.[893]

Präzisiert werden kann dies bspw. anhand der Anreizart der Aktienoptionen.[894] So gestaltet sich etwa in den Niederlanden oder in der Schweiz die Vergütung mittels Aktienoptionen im Gegensatz zu den USA aus steuerlichen Gründen unattraktiver für die Führungskräfte, da in

---

[890] Vgl. Hyer (1993), S. 53. Vorteilhaftigkeit ist hier im Sinne der Anforderung „Risikoreduktion" zu verstehen, nach der solche steuerlichen Einflüsse zu den Leistungsbedingungen zu zählen sind, die nicht durch die Führungskraftleistung verursacht wurden. Eine der Leistung der jeweiligen Führungskraft entsprechende Vergütung ist innerhalb der Betrachtung der Anreizarten durch einen Anreizartenwechsel möglich.

[891] Für Führungskräfte, die einer Kultur mit einer starken Unsicherheitsvermeidung entstammen, ist dies ein besonders wichtiger Aspekt (vgl. dazu auch die Ausführungen in Abschnitt III.B.1.3 zur Anforderung der Risikoreduktion).

[892] Vgl. Hyer (1993), S. 53. Beispiele für solche Anreize liegen etwa in einem Firmenwagen (sofern dieser nicht den gleichen steuerlichen Regelungen wie Grundgehalt oder variablem Gehalt unterliegt) oder auch in der freiverfügbaren privaten Nutzung von „Bonusmeilen", die von Fluggesellschaften vergeben werden und durch Dienstreisen erreicht werden.

[893] Vgl. etwa die Ergebnisse in der Studie der Managementberatung *Towers Perrin* über die Vergütungs- und Versorgungspraktiken von 26 Ländern. (vgl. Towers Perrin (2001). Dabei überrascht es nicht, dass in den USA die Vergabe von Firmenwagen als Anreize eher selten erfolgt (vgl. Towers Perrin (2001), S. 38).

[894] Da diese Anreizart in den letzten Jahren – nicht nur in Deutschland – an Aktualität gewonnen hat und vielfach diskutiert wird, liegen hierfür in der Literatur erheblich mehr Aussagen über Unterschiede in verschiedenen Ländern vor als über andere Anreizarten.

diesen Ländern normalerweise bereits der potentielle Kapitalertrag, der durch die Ausübung der Aktienoptionen erreicht werden kann, im Zeitpunkt der Gewährung der Optionen versteuert werden muss.[895]

Darüber hinaus sind auch die Unterschiede in der Besteuerung unterschiedlicher Anreizarten innerhalb eines Landes dafür maßgebend, welche Anreizarten sich als vorteilhafter für die jeweilige Führungskraft ergeben. So ergeben sich in den USA bspw. noch innerhalb der Anreizart „Aktienoptionen“ für deren verschiedene Ausprägungsformen, etwa den sogenannten Non-qualified Stock Options (NQSO) und den sogenannten Incentive Stock Options (ISO), unterschiedliche Besteuerungen, die für Führungskräfte aus Steuerminimierungssicht eindeutig die ISO als vorteilhaftere Anreizart ergeben.[896]

Bei Anknüpfung an dieses Beispiel kann auch die Wichtigkeit der steuerlichen Behandlung der Anreizarten aus Sicht der Unternehmung verdeutlicht werden. Hinsichtlich der beiden angeführten Beispiele ergibt sich in diesem Kontext für die Unternehmung als Steuersubjekt eine Abzugsfähigkeit für die NQSO, nicht aber für die ISO. Für eine „gut verdienende“ Unternehmung wäre es dann vorteilhafter, den Führungskräften Anreize in Form von NQSO zu gewähren und ihnen dann zusätzlich den aus der Abzugsfähigkeit erlangten Steuervorteil weiterzureichen.[897]

Bei der Wahl der Anreizarten, die in einem ASF enthalten sein sollen, ist dementsprechend darauf zu achten, dass sowohl die Bedürfnisse der Führungskräfte als auch die Interessen der Unternehmung berücksichtigt werden.

(b) Rechtsform und kapitalmarktrechtliche Regelungen

Neben den steuerrechtlichen Faktoren kann auch die Rechtsform der Unternehmung über die Art der verwendbaren Anreizarten entscheiden. Wie bereits in anderen Teilen dieser Arbeit angesprochen, ist die Rechtsform einer Unternehmung ausschlaggebend dafür, welche Anreizarten grundsätzlich bereitgestellt werden können. Dabei geht es primär um die materiellen Anreizarten und hier vorwiegend um den fakultativen Teil. So können z. B. Kapitalbeteiligungen lediglich in Kapitalgesellschaften als Bestandteil eines ASF genutzt werden.[898]

Hinsichtlich eines Einflusses auf die Anreizart konnten auch die kapitalmarktrechtlichen Regelungen angeführt werden.[899] Der Einfluss bezieht sich darauf, inwieweit materielle

---

[895] Vgl. z. B. Heise (1999), S. 31 zur ausführlichen Darstellung der niederländischen Besteuerungsform von Aktienoptionen und Woodruff (2001), S. A18.

[896] Vgl. Schnabel (1998), S. 114 ff. und die Übersichtstabelle S. 121 f. Zur inhaltlichen Präzisierung der unterschiedlichen Formen der Vergütung mittels Aktienoptionen vgl. Becker (1990), S. 36 ff.

[897] Ebd., S. 117.

[898] Vgl. Winter (1996a), S. 36.

[899] Vgl. die Ausführungen in Abschnitt IV.C.1.2.

Anreizarten, die dem fakultativen Entgeltsystem zuzurechnen sind, aufgrund kapitalmarktrechtlicher Regelungen in einem Land überhaupt zugelassen sind. So war bspw. die Ausübung von reinen Aktienoptionen, wie sie in den USA als Anreizart üblich sind, in Deutschland bis zum in Kraft treten des Kontrolle- und Transparenzgesetzes (KonTraG) im Jahr 1998 nicht möglich.[900] Zuvor war diese Art des Anreizes in Deutschland lediglich über den relativ komplizierten Weg der Wandelschuldverschreibungen bzw. Optionsanleihen möglich.[901] Ähnliches war in Japan zu verzeichnen, wo die Vergütung mittels Aktienoptionen lediglich in sehr restriktiver Form erlaubt war und erst neue kapitalmarktrechtliche Regelungen eine sinnvolle Verwendung von Aktienoptionen als Anreizart ermöglichen.[902] Demnach ist es durchaus denkbar, dass bei weltweiter Perspektive die kapitalmarktrechtlichen Regelungen einiger Länder eine Verwendung bestimmter Anreizarten, die mit dem Kapitalmarkt verbunden sind, nicht zulassen.

(c) Handelsrechtliche Regelungen

Handelsrechtliche Regelungen besitzen dann einen Einfluss auf die Wahl der Anreizarten innerhalb eines ASF, wenn sich durch sie eine Vorteilhaftigkeit bestimmter Anreizarten ergibt. Für die Unternehmung ist dies etwa dann der Fall, wenn sich durch spezifische handelsrechtliche Regelungen bestimmte Anreizarten nicht erfolgsmindernd in der Gewinn- und Verlustrechung auswirken würden. Innerhalb der US-GAAP, der IAS und des deutschen HGB ist dies der Fall. Dies betrifft derzeit die Bilanzierung der Kapitalbeteiligungen: Grundsätzlich wird in allen Rechungslegungssystemen zwar die Ansicht vertreten, dass für Kapitalbeteiligungen Ansatzpflicht bestehen müsste, in der Praxis gestaltet sich dies jedoch anders.[903] Innerhalb der US-amerikanischen Rechnungslegung (US-GAAP) besteht derzeit etwa ein Wahlrecht, Aktienoptionen als variablen Vergütungsbestandteil im Personalaufwand erfolgsmindernd zu verbuchen oder nicht;[904] i. d. R. führt dies in der Rechnungslegungspraxis der US-amerikanischen Unternehmungen zu einer Nichtverbuchung der Aktienoptionen.[905] Auch innerhalb des IAS-Rechnungslegungssystems sind derzeit keine Regelun-

---

[900] Vgl. z. B. Seibert (1998), S. 33. Das KonTraG betrifft dabei die §§ 71, 192 und 193 AktG.

[901] Ebd., S. 36.

[902] Demnach durften japanische Unternehmungen maximal drei Prozent ihrer eigenen Aktien halten und dies für maximal 6 Monate, was eine Vergütung durch Aktienoptionen nur bedingt möglich machte. Seit einiger Zeit existiert eine neue Regelung, die erlaubt, zehn Prozent der eigenen Aktien zu besitzen und dies über ein Laufzeit von 10 Jahren – obwohl selbst dies – etwa im Gegensatz zu US-amerikanischen Verhältnissen – eher ein geringer Prozentsatz ist (vgl. hierzu Balsam (2002), S. 280).

[903] Dies betrifft vor allem die Anreizart der Aktienoptionen. Vgl. dazu die umfangreiche Literatur innerhalb der letzten fünf Jahre allein in Deutschland, die sich mit der Thematik der Bilanzierung von Aktienoptionen beschäftigt (z. B. Pellens/Crasselt (1998a) und (1998b), Simons (2001), Oser/Vater (2001) oder bzw. die Arbeit der DSR-Arbeitsgruppe „Stock Options")

[904] Vgl. Wagenhofer (2002), S. 245.

[905] Ebd.

gen über den Ansatz und die Bewertung von Kapitalbeteiligungen enthalten.[906] Für das deutsche HGB werden derzeit Bilanzierungsmöglichkeiten diskutiert, sind aber noch nicht rechtskräftig.[907] Aus Sicht der Unternehmung gestaltet sich damit die Anreizart der Kapitalbeteiligungen im Gegensatz zu anderen Anreizarten (etwa Zusatzleistungen) vorteilhaft, weil diese ihren Gewinn nicht reduzieren. Für Führungskräfte würde dies dann über einen indirekten Zusammenhang zu einer Präferierung dieser Anreize führen: Wenn sie sich nämlich – im Gegensatz zu anderen Anreizarten – nicht erfolgsmindernd auswirken, bedeutet dies, dass mögliche weitere Vergütungsbestanteile, die an bilanziellen Gewinngrößen orientiert sind, höher ausfallen als bei einer anderen bilanziellen Behandlung. Selbst wenn sich in der nächsten Zeit hinsichtlich des angeführten Beispiels Regelungsänderungen in den Rechnungslegungssystemen ergeben, ist den Ausführungen zu entnehmen, dass spezifische handelsrechtliche Regelungen einen Einfluss auf die Wahl der Anreizarten innerhalb eines ASF besitzen können.

2. politische Faktoren

Neben den rechtlichen Regelungen treten auch politische Faktoren hinsichtlich des Einflusses auf die Wahl der Anreizarten auf. Einerseits betrifft dies Faktoren wie die Inflationsrate des Landes, in dem die Führungskraft tätig ist und auch lebt.[908] Andererseits können Regelungen im Sozialsystem eines Landes für die Wahl bestimmter Anreize innerhalb des ASF verantwortlich sein.[909] Bei Betrachtung der Inflationsrate eines Landes in Abhängigkeit von der Anreizartwahl betrifft der Einfluss natürlich primär die Entgeltzahlungen der Führungskraft. Für eine Führungskraft, die in einem Land mit einer sehr hohen Inflationsrate tätig ist, bedeutet dies, dass sie für einen entsprechenden Ausgleich ihrer Beitragsleistungen für die Unternehmung entweder eine in der Höhe angepasste Vergütung erhält oder die Anreize in Form von nicht rein monetären Anreizen, etwa Zusatzleistungen wie Firmenwagen, Wohnung etc. wahrnimmt. Auch hier ist stets zu beachten, dass eine Nichtberücksichtigung solcher Leistungsbedingungen zur Demotivation der Führungskräfte führen könnte.

Für den Einfluss von Sozialregelungen innerhalb unterschiedlicher Länder konnten etwa unterschiedliche Regelungen im Bereich von Krankenversicherung und weiterem Sozialschutz angeführt werden. So sind in Ländern, in denen vielfältige Maßnahmen für die soziale Absicherung bereits geregelt sind, Anreize, die den Sozialschutz beinhalten, nicht zusätzlich nötig. Im Gegensatz dazu stehen Länder, in denen das Individuum selbst für seine soziale Absicherung zuständig ist. In diesen Fällen können Anreizarten, die den Zusatzleistungen zuzurechnen sind, wie etwa die Beitragszahlung von Kranken- oder Unfallversicherungen,

[906] Ebd.

[907] Vgl. z. B. Knauß/Trost (2002), S. 19, Keßler/Kühnberger (2000), S. 635.

[908] Vgl. die Ausführungen in Abschnitt IV.C.1.2.

[909] Ebd.

einen hohen Stellenwert einnehmen. Abhängig davon, inwieweit eine staatliche Absicherung erfolgt, wirken solche Zusatzleistungen unterschiedlich motivierend für die Führungskräfte.

3. institutionelle Faktoren

(a) Arbeitsmarkt

Nicht zuletzt können auch die institutionellen Faktoren einen Einfluss auf die Wahl der Anreizarten besitzen. Wird zunächst der Einfluss der Institution Arbeitsmarkt betrachtet, ergibt sich der Einfluss primär dadurch, dass durch den Arbeitsmarkt für Führungskräfte die mindestens anzubietenden Anreizarten determiniert werden. Aufgrund dieses Aspektes wurde etwa in Deutschland die Diskussion um die Aktienoptionspläne als Anreizart innerhalb eines ASF entfacht. Dadurch, dass in den USA die Aktienoptionen als Hautbestandteil des ASF Bestand hatten und viele deutsche Unternehmungen sich auch auf dem US-amerikanischen Markt etablieren wollten, hatten sie sich diesen „Gepflogenheiten" anzupassen, um gut qualifizierte US-amerikanische Führungskräfte für Tochtergesellschaften gewinnen zu können.[910] Der Grund liegt darin, dass die Opportunitätskosten einer Führungskraft, die vor der Entscheidung zum Eintritt in eine Unternehmung ohne solches Angebot von Anreizarten steht, gegenüber einer anderen Unternehmung, die diese Anreize anbietet, zu hoch sind und die Führungskraft dann nicht in die Unternehmung eintritt.[911] Eine multinationale Unternehmung muss sich deshalb an die am internationalen Arbeitsmarkt für Führungskräfte verwendeten Anreizarten mindestens anpassen.

An diese Überlegungen anknüpfend erscheint es sinnvoll, die Argumentation hinsichtlich des Einflusses der Institution Arbeitsmarkt bereits an dieser Stelle mit dem Einfluss der unternehmungsspezifischen weiteren Einflussgrößen zu kombinieren. Denn die am Arbeitsmarkt üblichen Anreizarten sind auch durch die jeweilige Branche, der die Unternehmung zuzurechnen ist, determiniert. So unterscheiden *Hambrick/Snow* etwa den „fließenden" und den „beschränkten" Arbeitsmarkt für Führungskräfte.[912] Fließende Arbeitsmärkte für Führungskräfte sind dadurch charakterisiert, dass eher ein Mangel an geeignet qualifizierten Führungskräften vorherrscht. Weiter ist dieser Arbeitsmarkt durch eine hohe Mobilität der Führungskräfte gekennzeichnet, die den Wechsel von einer Unternehmung zu einer anderen betreffen. Es handelt sich dabei um Branchen, wie die Computerindustrie, Entertainmentindustrie o. ä., die auch dadurch gekennzeichnet sind, dass die Beziehung zwischen Führungskraftverhalten und dem Ergebnis der Unternehmung nicht eindeutig identifizierbar ist. Für die ASF in Unternehmungen dieser Branchenzugehörigkeit bedeutet dies, dass ein intensiver Konkurrenzkampf um qualifizierte Führungskräfte besteht, die zu einer hohen Diversität in

---

[910] Vgl. hierzu z. B. Smolka (2002), S. 6.

[911] Vgl. die Ausführungen zur Personalselektionsfunktion in Abschnitt II.B.2.2.

[912] Vgl. hierzu auch im Folgenden Hambrick/Snow (1989), S. 361 ff.

den angebotenen und verwendeten Anreizarten führt.[913] Für derartige Unternehmungen hat dies zur Folge, dass sie für die Führungskräfte – um sie möglichst auch langfristig in der Unternehmung halten zu können – eine breite Basis an unterschiedlichen Anreizarten zur Verfügung stellen müssen. Wichtige Anreizarten sind hier bspw. Vergütungsmöglichkeiten mittels Aktienoptionen oder auch der „Deferred Compensation" (aufgeschobene Vergütung) sowie vielfältige Zusatzleistungen.[914]

Im Gegensatz dazu ergibt sich für einen beschränkten Arbeitsmarkt für Führungskräfte eher ein Überhang an geeignet qualifizierten Führungskräften; zudem bestehen eher eindeutige Zusammenhänge zwischen dem Führungskraftverhalten und dem Erfolg der Unternehmung.[915] Darüber hinaus kann die Fluktuation der Führungskräfte als eher gering eingeschätzt werden. Die in einem ASF enthaltenen Anreizarten zeichnen sich daher eher durch eine geringere Vielfalt als beim „fließendenden" Arbeitsmarkt und durch Homogenität innerhalb der Wettbewerber einer Branche aus.[916] Branchen mit beschränktem Arbeitsmarkt sind bspw. die Stahl- oder Ölindustrie. Die hier verwendeten ASF sind eher durch eine „minimalistische" Ausgestaltung charakterisiert. Die genutzten Anreizarten sind auf eine geringe Zahl beschränkt.

Aus diesen Ausführungen hinsichtlich des Einflusses des Arbeitsmarktes auf die in einem ASF enthaltenen Anreizarten ist Folgendes zu entnehmen: Durch den Arbeitsmarkt wird determiniert, welche Anreizarten in einem ASF mindestens enthalten sein sollten, um die Führungskräfte zu gewinnen und entsprechend langfristig zu intendiertem Verhalten motivieren zu können.

(b) Kapitalmarkt

Als weiterer institutioneller Faktor ist der Kapitalmarkt anzuführen. Sein Einfluss bezieht sich primär natürlich auf diejenigen Anreizarten, die in Verbindung zu ihm stehen. Bei einer Diskussion der kapitalmarktabhängigen Anreizarten kann es nicht darum gehen zu analysieren, ob und unter welchen Bedingungen die Verwendung dieser Anreizarten sinnvoll ist – eine solche Analyse bezieht sich eher auf die dem ASF zugrundeliegenden Beteiligungsbasen. Vielmehr ist hier der Frage nachzugehen, durch welche Einflüsse seitens des Kapitalmarktes die Verwendung solcher Anreizarten determiniert wird.

Wie bereits in Abschnitt IV.C.1.2 angeführt, finden sich solche Einflüsse des Kapitalmarktes zunächst darin, ob in einem Land überhaupt ein Kapitalmarkt bzw. entwickelter Kapital-

---

[913] Ebd.

[914] Ebd., S. 362 f.

[915] Ebd., S. 361.

[916] Ebd.

markt vorhanden ist.[917] Ist dies nicht der Fall, werden auch die Führungskräfte durch kapitalmarktabhängige Anreizarten (z. B. Aktienoptionen oder andere Arten der Kapitalbeteiligungen) nicht motiviert werden können, denn ihre Beitragsleistung wird durch den – wenn auch verfügbaren – aktuellen Marktwert dann nicht wiedergegeben. Der Grund liegt darin: Sind auf einem unterentwickelten Kapitalmarkt als Folge geringen Angebots und Nachfrage nur wenige Aktien im Umlauf, spiegeln Aktienkurse nicht vollständig die verfügbaren Informationen über die entsprechende Unternehmung wider. Insbesondere wenn sich in einer solchen Konstellation Großaktionäre von bedeutenden Aktienpaketen einer Unternehmung lösen, kann es zu signifikanten Aktienkursänderungen kommen, die eher zufällig erscheinen und in keinem sinnvollen Zusammenhang zur Leistung von Führungskräften in dem betrachteten Zeitraum stehen. Der nicht erkennbare Zusammenhang zwischen Beitragsleistung und Anreiz für die Führungskraft führt zur Demotivation der Führungskräfte.[918] Auch aus Sicht der Unternehmung kann eine kapitalmarktabhängige Anreizart unter solchen Umständen nicht mehr sinnvoll sein, weil die intendierte Verhaltensausrichtung der Führungskräfte nicht erreichbar erscheint.

Neben dem Aspekt der Funktionsfähigkeit des Kapitalmarktes kann dessen Einfluss auf die Anreizarten innerhalb eines ASF auch durch die Eigentümerstruktur in der jeweiligen Unternehmung determiniert werden. So besitzt etwa ein institutioneller Aktionär, den keine wirtschaftliche Abhängigkeit von der Unternehmung kennzeichnet, in vielen Fällen einen erheblichen Einfluss darauf, dass für die Führungskräfte eher langfristig orientierte Anreizarten innerhalb des ASF verwendet werden.[919] Dieser gerichtete Einfluss ist auf die Interessen des unabhängigen institutionellen Investors zur Maximierung seines Shareholder Values zurückzuführen.[920]

Auch die Gegebenheiten am Kapitalmarkt können so auf die Wahl der Anreizarten innerhalb eines ASF determinierend wirken. Da der branchenspezifische Einfluss bereits im Zusammenhang mit dem Arbeitsmarkt analysiert wurde, verbleibt noch die Betrachtung der Unternehmungskultur als unternehmungsspezifische Einflussgröße hinsichtlich der Anreizarten.

Unternehmungskultur

Durch die Unternehmungskultur einer Unternehmung wird – ähnlich den kulturbedingten Wertestrukturen der Führungskräfte – durch kulturelle Werte vorgegeben, welche Verhaltensweisen der Unternehmungsmitglieder erwünscht sind.[921] Der Einfluss der Unterneh-

---

[917] Vgl. die Ausführungen zu entwickelten bzw. unterentwickelten Kapitalmärkten in Abschnitt III.2.2.

[918] Vgl. die Ausführungen in Abschnitt II.B.2.1.

[919] Vgl. David/Kochhar/Levitas (1998), S. 205.

[920] Ebd.

[921] Dies gilt sowohl für nationale als auch für multinationale Unternehmungen.

mungskultur auf die Anreizarten eines ASF bezieht sich dabei auf zwei unterschiedliche Aspekte.

Zum einen werden durch die Art der Unternehmungskultur die Anreizarten determiniert, die innerhalb eines ASF verwendet werden können. Denn für eine erfolgreiche Unternehmungstätigkeit müssen auch Unternehmungskultur und ASF aufeinander abgestimmt werden.[922] In einer Unternehmungskultur, die primär auf Leistungsorientierung bei den einzelnen Unternehmungsmitgliedern setzt, erscheint eine Beschränkung auf fixe Vergütungsbestandteile ungeeignet. Hier würden Anreizarten, die variabel an die jeweilige Beitragsleistung der Führungskraft gekoppelt sind, die Unternehmungskultur eher widerspiegeln.[923]

Ein weiterer Aspekt des Einflusses der Unternehmungskultur auf die Anreizarten liegt in der Wirkung der Unternehmungskultur selbst. Durch die Unternehmungskultur werden vielfach immaterielle Anreize gesetzt – etwa die kollegiale Zusammenarbeit mit anderen Führungskräften in einer darauf abzielenden Unternehmungskultur – die dann nicht mehr durch ein ASF abgedeckt werden müssen. Diese wirken dann in Ergänzung mit weiteren Anreizarten innerhalb des ASF intendiert auf das Führungskräfteverhalten. Über die Befriedigung von intrinsischen Motiven einer Führungskraft kann die Unternehmungskultur zu einem ausgeglichenen Verhältnis zwischen intrinsischen und extrinsischen Anreizen dienen, so dass die Wichtigkeit beider Seiten berücksichtigt wird und die durch die aktive Gestaltung des ASF geleisteten extrinsischen Anreize nicht überbewertet werden.[924]

Zusammenfassend ist hinsichtlich der Anreizarten festzuhalten, dass ihre Auswahl innerhalb eines ASF von kulturellen, kontextualen und unternehmungsspezifischen Faktoren und deren Zusammenspiel determiniert werden kann. Bei der Entwicklung und Implementierung eines ASF sind diese deshalb auch hinsichtlich der Anreizartenwahl zu berücksichtigen.

2.3.2. Struktur des Anreizsystems

Ein weiteres Gestaltungselement der Anreizkomponente liegt in der Struktur des Anreizsystems. Dabei geht es um zwei unterschiedliche Aspekte der Strukturierung: zum einen um das grundlegende Verhältnis von materiellen zu immateriellen Anreizen in einem ASF, zum anderen um das Verhältnis innerhalb des materiellen Anreizsystemelements (der Vergütung) von variablen zu fixen Anreizen.[925] *Wälchli* wählt für diese Differenzierung die Begriffe „Anreizstruktur i. w. S.“ (Verhältnis von materiellen zu immateriellen Anreizen) und „Anreizstruktur i. e. S.“ (Verhältnis von variablen zu fixen Anreizen).[926]

---

[922] Vgl. die Ausführungen in Abschnitt IV.C.2.2.

[923] Vgl. auch ein weiteres Beispiel bei Wälchli (1995), S. 545 bzw. Schein (1986), S. 29.

[924] Vgl. Wälchli (1995), S. 541.

[925] Vgl. Becker (1990), S. 132.

[926] Vgl. Wälchli (1995), S. 374 bzw. 380 f.

Das Verhältnis von materiellen zu immateriellen Anreizen innerhalb eines ASF ist als abhängig von den individuellen Motivstrukturen der Führungskräfte zu sehen und sollte daher nur in Abhängigkeit von diesen gestaltet werden.[927] Diese entscheiden, welche Anreizarten in welcher Ausprägung im ASF einer multinationalen Unternehmung enthalten sein sollten. Die Motivstrukturen der Führungskräfte werden – wie bereits im Laufe dieser Arbeit gezeigt wurde – sowohl durch die kulturbedingten individuellen Wertestrukturen der Führungskräfte als auch durch die Unternehmungskultur geprägten Wertvorstellungen determiniert. Relevante Überlegungen hierzu ergeben sich demnach in Analogie zu denen hinsichtlich der in einem ASF zu verwendenden Anreizarten, welche sich auch je nach kulturellen Wertestrukturen unterschiedlich gestalten.[928]

Anders verhält es sich mit dem in einem ASF zu berücksichtigenden Verhältnis von variablen zu fixen Anreizen. Bei der Feststellung dieses Verhältnisses sind neben den kulturellen Faktoren auch kontextuale Faktoren, die Organisationsstruktur und weitere unternehmungsspezifische Größen und deren Einflüsse zu berücksichtigen. Auf diese soll im Folgenden näher eingegangen werden.

Kulturelle Faktoren

Innerhalb der kulturellen Wertestrukturen konnten insbesondere die Ausprägungen der Kulturdimensionen „Individualismus vs. Kollektivismus", „Maskulinität vs. Femininität" und „Unsicherheitsvermeidung" als determinierend für die Anreizstruktur i. e. S. identifiziert werden.

In Abhängigkeit vom Individualismusgrad einer Führungskraft kann sich das bevorzugte Verhältnis von variablen und fixen Anreizen ändern. Aufgrund der Wichtigkeit der individuellen Leistungsorientierung bei individualistisch orientierten Führungskräften sollten daher an den individuellen Leistungen orientierte Anreizarten innerhalb des ASF verwendet werden.[929] Solche leistungsabhängigen Anreizarten liegen innerhalb der materiellen Anreize lediglich in den variablen Anreizen. Insofern erscheint es zweckdienlich, diese für individualistisch orientierte Führungskräfte als primäre Anreize zu ihrer Motivation zur Beitragsleistung auszugestalten.[930] Das Verhältnis von variablen zu fixen Anreizen verschiebt sich dann zugunsten der variablen Anreize. Hinsichtlich der eher kollektivistisch orientierten Führungskräfte lassen sich nicht so präzise Aussagen machen. Leistungsabhängige gruppenspezifische Anreize können die Motivation auch erhöhen. Allerdings ist es fraglich, ob diese ei-

[927] Vgl. Becker (1990), S. 135.

[928] Um Redundanzen zu vermeiden, sei auf die erneute Darstellung verzichtet.

[929] Vgl. die Ausführungen in Abschnitt IV.D.2.3.1.

[930] Vgl. Hodgetts/Luthans (1993), S. 44.

ne stärkere Motivation auslösen als fixe Anreize, denn die Gewährung allgemeiner Anreize – ohne die Berücksichtigung individueller Leistungen – wird hier im Regelfall bevorzugt.[931]

Liegt bei der Führungskraft ein hoher Grad an Maskulinität vor, werden durch die Betonung der Leistungsorientierung solche Anreize bevorzugt, die gute Beitragsleistungen honorieren und schlechte Beitragsleistungen bestrafen.[932] Auch dies ist nur durch leistungsabhängige variable Anreize möglich. Bei eher femininen Ausprägungen der Kulturwerte werden tendenziell fixe Anreize wie Sozialleistungen präferiert werden.

Hinsichtlich der Ausprägung des Grades der Unsicherheitsvermeidung lassen sich ebenfalls Implikationen für die Wahl der Anreizsystemstruktur extrahieren. Eine Führungskraft mit einem hohen Unsicherheitsvermeidungsgrad, die viele Reglementierungen und wenig Unsicherheit schätzt, erwartet auch ein ASF, das klar und eindeutig strukturiert ist und an feste Regeln gebunden ist.[933] Dazu gehört auch die Sicherheit des regelmäßigen Einkommens, die durch fixe Anreize eher gegeben ist als durch variable Anreize.[934] Solche Führungskräfte sind demnach möglicherweise eher durch einen größeren Anteil an sicherer fixer Vergütung zu motivieren als durch eine unsichere variable Vergütung, die eine möglichst hohe Vergütung – etwa durch die Vergütung mittels Aktienoptionen – erwarten lassen kann, aber weder sicher vorhersagbar ist noch risikodiversifizierend und damit unsicherheitssenkend ist. Es ist sogar damit zu rechnen, dass unsicherheitsvermeidende Führungskräfte für eine hinreichend sichere fixe Vergütung den Abschlag ihrer Vergütung, der durch den (tendenziellen) Verzicht auf den variablen Vergütungsanteil entsteht, in Kauf nehmen würden.

Allerdings kann ein hoher fixer Entgeltbestandteil aus Unternehmungssicht nicht sinnvoll sein, weil die Führungskraft gerade durch die variable Vergütung an das „Schicksal" der Unternehmung(seigner) geknüpft werden soll und dementsprechend die Anforderung der Anreizkompatibilität zentrales Interesse der Unternehmung ist.[935] Hier sind Anreizarten zu finden, die die Ambivalenz solcher Arten der Kapitalbeteiligungen verhindern können, etwa Bonuszahlungen als variable Vergütungsbestandteile.[936]

Im Gegensatz dazu steht die kulturelle Wertausprägung des geringen Grades der Unsicherheitsvermeidung von Führungskräften. Es erscheint sinnvoll und geboten, deren Anreize an der Beitragsleistung zu orientieren, da diese Führungskräfte eher eine Unsicherheitssituation

---

[931] Vgl. Hofstede z. B. (1993), S. 82.

[932] Vgl. die Ausführungen im vorherigen Abschnitt IV.D.2.3.1.

[933] Vgl. Hodgetts/Luthans (1993), S. 45.

[934] Ebd.

[935] Vgl. die Ausführungen in Abschnitt II.B.3.

[936] Dies entspräche auch der Präferenz hinsichtlich der Anreizarten einer unsicherheitsvermeidenden Führungskraft (vgl. die Ausführungen im vorherigen Abschnitt IV.D.2.3.2).

bezüglich ihres variablen Einkommens akzeptieren, in der Chance auf eine Erhöhung ihres Einkommens.

Unterschiedliche kulturelle Werte von Führungskräften sollten demzufolge auch bei der Gestaltung der Anreizsystemstruktur berücksichtigt werden.

Kontextuale Faktoren

Als kontextuale Faktoren, denen ein Einfluss auf die Gestaltung der Anreizsystemstruktur zugeschrieben werden konnte, wurden innerhalb der rechtlichen Faktoren die handelsrechtlichen und die steuerrechtlichen Regelungen eines Landes herausgearbeitet sowie institutionelle Faktoren, die den Arbeitsmarkt betreffen.

(a) rechtliche Faktoren

Hinsichtlich des Einflusses handelsrechtlicher Regelungen auf die Anreizsystemstruktur ergeben sich die gleichen Argumente, wie innerhalb der Diskussion der Anreizarten.[937] Die dort angeführten Regelungen führen eindeutig zu einer Präferenz von erfolgsneutralen variablen Anreizen (primär in Form von Aktienoptionen) gegenüber den erfolgsmindernden fixen Anreizen.

Neben den handelsrechtlichen Regelungen besitzen die steuerrechtlichen Regelungen eines Landes in dem Maß einen Einfluss auf die Wahl der Anreizsystemstruktur, in dem fixe und variable Anreize unterschiedlichen Besteuerungen unterliegen. Dies kann zum einen die Einkommensbesteuerung der Führungskraft betreffen, zum anderen die Besteuerung der Unternehmung. Bezüglich der Einkommensbesteuerung der Führungskräfte ergibt sich ein derartiger Effekt unterschiedlicher Besteuerung fixer und variabler Anteile bspw. dadurch, dass variable Vergütungsbestandteile – etwa Kapitalbeteiligungen – nicht, wie die fixen Gehälter, dem Einkommenssteuersatz unterliegen, sondern dem – i. d. R. niedrigeren – Steuersatz für Veräußerungsgewinne.[938] Eine solche Variante gilt bspw. in den USA für die variable Anreizart der Incentive Stock Options.[939] Eine Führungskraft bevorzugt dann einen variablen Vergütungsbestandteil gegenüber einer fixen Vergütung.

Aus Unternehmungssicht ergibt sich hinsichtlich der steuerlichen Anerkennung der unterschiedlichen Vergütungsbestandteile eine mögliche Wirkung auf die Anreizsystemstruktur. So zeigt sich jeweils dann ein Vorteil für fixe oder variable Anreize seitens der Unterneh-

[937] Vgl. die Ausführungen zum Einfluss der handelsrechtlichen Regelungen nach US-GAAP, IAS und HGB im vorherigen Abschnitt IV.D.2.3.1.

[938] Vgl. Schnabel (1998), S. 64.

[939] Ebd., S. 115 ff. Im Gegensatz dazu werden bspw. in Deutschland handelbare Aktienoptionen regelmäßig als Arbeitslohn gesehen und unterliegen dementsprechend der Einkommenssteuer (vgl. dazu und zum allgemeinen Überblick über die weitere steuerliche Behandlung von Aktienoptionen in Deutschland z. B. Herzig (1999), S. 288 ff. und Keßler/Kühnberger (2000), S. 652).

mung, wenn eine der beiden Arten in größerem Umfang abzugsfähig ist als die andere.[940] Steuerrechtliche Regelungen führen etwa in den USA auch aus Sicht der Unternehmung zu einer bevorzugten Verwendung von variablen Anreizen, denn hinsichtlich des fixen Grundgehalts einer Führungskraft existiert eine Beschränkung der Abzugsfähigkeit auf US-$ 1 Million, während für variable leistungsabhängige Anreizarten keine Beschränkung besteht.[941]

(b) institutionelle Faktoren

Die institutionelle Größe „Arbeitsmarkt" hat in folgender Weise einen Einfluss auf die Anreizsystemstruktur in einem ASF einer multinationalen Unternehmung: durch sie werden die jeweils gültigen, am Arbeitsmarkt üblichen Anreizstrukturen geprägt, die als Referenzgrößen für die Gestaltung des ASF in einer Unternehmung aufgrund von Gerechtigkeits- und Wettbewerbsfähigkeitsgründen zu nutzen sind.[942]

So ist bspw. aus der Studie von *Towers Perrin* über die Gesamtvergütung im internationalen Vergleich ersichtlich, dass zwischen verschiedenen Ländern erhebliche Unterschiede in der Anreizsystemstruktur bestehen.[943] Dabei weist China (Shanghai) den höchsten Anteil an fixen Anreizen auf, während die USA mit Abstand den höchsten Anteil an variablen Anreizen in der Gesamtvergütung bei Führungskräften besitzen.[944] An den in einem bestimmten Land am Arbeitsmarkt vorherrschenden Anreizsystemstrukturen muss sich eine Unternehmung etwa orientieren, wenn sie eine neue Tochtergesellschaft in einem Land gründet und einheimische Führungskräfte rekrutieren will; dies gilt auch dann, wenn sie eine Führungskraft eines bestimmten Landes rekrutieren möchte, welche die jeweiligen einheimischen Anreizsystemstrukturen gewöhnt ist und bevorzugt – was wiederum mit den in einem Land spezifischen kulturellen Werten zu begründen ist.

Hinsichtlich des Einflusses des Arbeitsmarktes ist auch hier die Beziehung zu der unternehmungsspezifischen Größe der Branchenzugehörigkeit anzuführen. Für den Arbeitsmarkt der jeweiligen Branche, der die multinationale Unternehmung zuzurechnen ist, kann sich eben-

---

[940] Vgl. Schnabel (1998), S. 64.

[941] Vgl. Balsam (2002), S. 85 f.

[942] Bezüglich der Gerechtigkeitsüberlegungen vgl. bspw. die Ausführungen in Abschnitt II.B.3 zur Gerechtigkeitsanforderung. Hinsichtlich der Wettbewerbsfähigkeitsüberlegungen vgl. z. B. die Ausführungen zur Personalselektionsfunktion in Abschnitt II.B.2.2.

[943] Vgl. Towers Perrin (2001), S. 24.

[944] Für Deutschland konnte ein vergleichsweise hoher Anteil am fixen Bestandteil ermittelt werden (vgl. Towers Perrin 2001, S. 24 und zu einer ausführlicheren empirischen Studie über die Verbreitung variabler Anreize in Deutschland z. B. Bassen/Koch/Wichels (2000)).

falls eine spezifische Anreizsystemstruktur ergeben, die, in Analogie zu den Ausführungen bezüglich des internationalen Arbeitsmarktes, zu berücksichtigen ist.[945]

Organisationsstruktur

Neben den unternehmungsumfeldspezifischen Faktoren und der Branchenzugehörigkeit – als unternehmungsspezifischer Größe – konnte auch die Organisationsstruktur als ein die Anreizsystemstruktur beeinflussender Faktor ermittelt werden. Der Einfluss der Organisationsstruktur bezieht sich darauf, dass in unterschiedlichen Unternehmungsebenen u. U. unterschiedliche Verhältnisse von fixen und variablen Anreizen gewährt werden. So konnte bspw. für Deutschland nachgewiesen werden, dass Unterschiede im Verhältnis variabler Anreize zu fixen Anreizen bestehen, wenn unterschiedliche Führungsebenen betrachtet werden (vgl. Abb. 17).[946]

Ersichtlich ist, das mit abnehmender hierarchischer Position der jeweiligen Führungskraft die Anreizsystemstruktur sich zugunsten eines höheren fixen Anteils ändert.[947] Es ist davon auszugehen, dass sich solche Ergebnisse auch in anderen Ländern wiederfinden. Eine Ursache für solche Unterschiede in der Anreizsystemstruktur kann bspw. in den unterschiedlichen individuellen Handlungsspielräumen der Führungskräfte gesehen werden.[948] Den Führungskräften der obersten Unternehmungsebene kann dabei der größte Handlungsspielraum zugeschrieben werden, der sich durch ihr breites Aufgabenspektrum begründet.[949] Je größer der individuelle Handlungsspielraum ist, desto höher sollten tendenziell auch die variablen Anreize im Anreizsystem sein.[950] Denn aufgrund des größeren Handlungsspielraumes besteht die größere Gefahr, dass die Führungskraft den Interessen der Unternehmung(seigner) entgegen wirkt bzw. die Handlungen der Führungskraft nicht vollständig seitens der Unternehmung zu kontrollieren ist.[951] Da durch variable leistungsabhängige Anreize die Führungskraft eher an die Unternehmungsinteressen gebunden wird als mit fixen Anreizen, erscheint die Verwendung zunehmender Anteile variabler Anreize für „ansteigende“ Unternehmungsebenen zweckdienlich.

---

[945] Vgl. hierzu die Ausführungen im vorherigen Abschnitt IV.D.2.3.1 etwa hinsichtlich der Differenzierung in „bewegliche“ und „fließende“ Arbeitsmärkte.

[946] Vgl. Bassen/Koch/Wichels (2000).

[947] Ähnliche Ergebnisse liefert auch Geil (2000).

[948] Vgl. Hungenberg (1999), S. 729.

[949] Vgl. dazu die Ausführungen in Abschnitt I.B.2 und Staehle (1999), S. 89 f.

[950] Vgl. Hungenberg (1999), S. 729.

[951] Dies entspricht dem typischen Prinzipal-Agenten-Konflikt (vgl. dazu die Ausführungen in Abschnitt II.A.2.1).

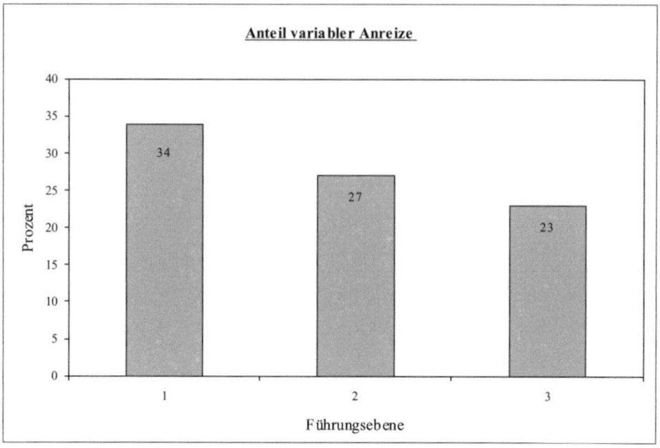

Abb. 17: Anteil der variablen Anreize am gesamten materiellen Anreizsystem in Abhängigkeit von der Führungsebene. Ergebnisse für Deutschland im Jahr 2000 (Quelle: In Anlehnung an Basse/Koch/Wichels (2000), S. 10)

Welche und wie viele Unternehmungsebenen dabei existieren, hängt von der in der multinationalen Unternehmung vorliegenden Organisationsstruktur bzw. den unterschiedlichen in den einzelnen Unternehmungsteilbereichen vorliegenden Organisationsstrukturen ab.[952]

Unternehmungskultur

Als letzte Einflussgröße hinsichtlich der Anreizsystemstruktur ergab sich die Unternehmungskultur. Ihr Einfluss bezieht sich insbesondere auf die Unterschiede zwischen Unternehmungskulturen in multinationalen Unternehmungen.

Der Einfluss der Unternehmungskultur in einer multinationalen Unternehmung ergibt sich daraus: in Abhängigkeit von der Art der vorliegenden Unternehmungskultur – entweder universell-orientiert oder pluralistisch-orientiert – werden die unterschiedlichen Gegebenheiten der einzelnen internationalen Tochtergesellschaften berücksichtigt oder werden lediglich die Gegebenheiten der Muttergesellschaft beachtet und auf die Tochtergesellschaften übertragen. Im Fall einer eher pluralistisch-orientierten Unternehmungskultur kommen die o. a. Argumente hinsichtlich des jeweiligen nationalen Arbeitsmarktes oder auch der handelsrechtlichen Regelungen und deren Einflüsse auf die Anreizsystemstruktur zum Tragen. Im Gegensatz dazu werden bei Vorliegen einer eher universell-orientierten Unternehmungskultur keine regionen- oder landesspezifischen Unterschiede berücksichtigt; für alle Unternehmungsteilbereiche gilt dann die gleiche Anreizsystemstruktur, wobei diese natürlich wiederum durch die unternehmungsspezifische Organisationsstruktur und die unternehmungskulturellen Werte determiniert wird.

[952] Vgl. die Ausführungen in Abschnitt IV.C.2.1.

Zusammenfassend ist festzuhalten, dass auch die Anreizsystemstruktur unter Berücksichtigung sämtlicher Einflussfaktoren gestaltet werden sollte. Wichtige Einflussfaktoren liegen in den kulturellen Faktoren, die sich primär auf die Ausprägungen vom Individualismus-, Maskulinitäts- und Unsicherheitsvermeidungsgrad beziehen. Darüber hinaus sind kontextuale Faktoren, wie handels- und steuerrechtliche und den Arbeitsmarkt betreffende institutionelle Faktoren wichtig. Der Einfluss der unternehmungsspezifischen Organisationsstruktur bezieht sich darauf, dass auf unterschiedlichen Unternehmungsebenen verschiedene Verhältnisse von fixen und variablen Anreizen sinnvoll und geboten erscheinen. Zudem ergeben sich aus der jeweiligen Unternehmungskultur Hinweise darauf, inwieweit verschiedene unternehmungsexterne Gegebenheiten unterschiedlicher Unternehmungsteilbereiche berücksichtigt werden müssen.

2.3.3. Beteiligungsbasen

Die Beteiligungsbasen können neben der Leistungsbeurteilung als eines der wichtigsten Gestaltungselemente innerhalb eines ASF gesehen werden. Sie sind grundlegend für die Bestimmung und Funktionsfähigkeit des variablen Vergütungselements. Mit der Festlegung der Beteiligungsbasen wird sichtbar gemacht, welche Erfolgsgrößen einer Unternehmung formal als Erfolgs- und Leistungskriterien verstanden werden.[953] Dabei sind Beteiligungsbasen stets Erfolgskriterien, während Erfolgskriterien erst dann zu Beteiligungsbasen werden, wenn dies innerhalb der Entwicklung und Gestaltung eines ASF so vereinbart wurde.[954] Die Beteiligungsbasen dienen dabei nicht nur der Ermittlung der durch die Führungskraft erreichten variablen Erfolgsanteile, sondern stimmen i. d. R. auch mit den Grundlagen für die Beurteilung der Beitragsleistung der Führungskraft überein.[955]

In Tab. 7 ist die grundsätzlich mögliche Differenzierung verschiedener Gruppen von Beteiligungsbasen dargestellt:[956]

---

[953] Vgl. Becker (1990), S. 29.

[954] Ebd.

[955] Vgl. Becker (1991a), S. 759.

[956] Vgl. z. B. Becker (1990), S. 29, (1991a), S. 759 f. und Winter (1996a), S. 108 ff. Bei *Winter* findet sich noch eine fünfte Art der Beteiligungsbasis, die „Verhaltensindikatoren“. Diese werden allerdings als wenig geeignet für die Messung des Ergebnisses der Führungskraft betrachtet (vgl. Winter (1996a), S. 137). Zudem werden sie nach Auffassung der Autorin innerhalb der Leistungsbeurteilung bei der Berücksichtigung des Leistungsverhaltens behandelt. Im Folgenden werden sie deshalb hier vernachlässigt.

BETEILIGUNGSBASIS	BEISPIELE
(1) Rechnungslegungskennzahlen	• Jahresgewinn • Rendite • Cash Flow
(2) Marktpreise	• absoluter Marktpreis • relativer Marktpreis
(3) Ökonomische Werte	• Ertragswert oder Kapitalwert einer Strategie, Geschäftseinheit oder Unternehmung
(4) Strategische Erfolgsfaktoren	• Marktanteile • Produktqualität

Tab. 7: Mögliche Beteiligungsbasen in einem ASF (in Anlehnung an Winter (1996a), S. 109 und Becker (1991a), S. 759 f.)

Um die Bedeutung der einzelnen Beteiligungsbasen hinsichtlich der Entwicklung und Gestaltung eines ASF in einer multinationalen Unternehmung heraus stellen zu können, wird im Folgenden jede Gruppe der Beteiligungsbasen zunächst kurz dargestellt und auf allgemeine Weise kritisch diskutiert. Im Anschluss daran wird analysiert, inwieweit die oben identifizierten Einflussfaktoren die Wahl der Beteiligungsbasen innerhalb eines ASF beeinflussen können. Die identifizierten Einflussfaktoren sind innerhalb der kulturellen Faktoren die Ausprägungsgrade des Individualismuswertes und der Unsicherheitsvermeidung einer Führungskraft. Die kontextualen Faktoren, die einen Einfluss auf die Wahl der Beteiligungsbasen haben können, sind die Rechtsform einer Unternehmung, die kapitalmarktrechtlichen Regelungen, die handelsrechtlichen Regelungen und die institutionelle Größe Kapitalmarkt. Darüber hinaus ist ein Einfluss der unternehmungsspezifischen Organisationsstruktur denkbar.

(1) Rechnungslegungskennzahlen

Bei den als Beteiligungsbasis verwendeten Rechnungslegungskennzahlen handelt es sich um Gewinngrößen (Jahresgewinn oder Gewinn pro Aktie), auf Basis von Rechnungslegungszahlen ermittelte Rentabilitätsziffern (z. B. Eigenkapitalrendite (ROE = Return on Equity), Gesamtkapitalrendite (ROA = Return on Assets), Investitionsrendite (ROI = Return on Investment)), Umsatz oder auch den Cash Flow.

Allen diesen Rechnungslegungskennzahlen ist gemein, dass es sich um Kennzahlen einer vergangenen Periode handelt, die unmittelbar keine zukünftigen Entwicklungen und Erfolgspotentiale beinhalten.[957] Werden diese Größen als Beteiligungsbasen innerhalb eines ASF genutzt, richten auch die Führungskräfte ihr Verhalten an diesen Größen aus. Dies hat aufgrund der Vergangenheitsorientierung zur Folge, dass das Führungskräfteverhalten weniger

[957] Vgl. z. B. Janssen/Scherer (1999), S. 615.

an der Erreichung zukünftiger strategischer Erfolge orientiert ist als viel mehr an einer für sie optimalen Entwicklung dieser vergangenheitsorientierten Rechnungslegungskennzahlen. Die Auswirkungen der heutigen Entscheidungen der Führungskräfte auf die zukünftige Entwicklung bleibt bei diesen Beteiligungsbasen unberücksichtigt.[958] So ist bspw. denkbar, dass eine Führungskraft eine für die zukünftige Ertragslage der Unternehmung wichtige Investition in die Forschungs- und Entwicklungstätigkeit nicht tätigt, weil Forschungs- und Entwicklungstätigkeiten im Rechnungswesen in der Ausgabeperiode stets gewinnmindernd – und so nicht anders als eine Fehlinvestition – abgebildet werden.[959] Es käme dann zu einem Fehlanreiz, weil sämtliche rechnungslegungsbasierten Kennzahlen, die im Zusammenhang mit der Jahresgewinngröße stehen, trotz der eigentlich erwünschten strategischen Investitionstätigkeit der Führungskraft, negativ beeinflusst würden.[960]

Des Weiteren unterliegen diese Rechnungslegungskennzahlen zahlreichen Ermessens- und Manipulationsmöglichkeiten, die sich bei der Betrachtung einer Unternehmung ergeben und vor allem in den bilanzpolitischen Gestaltungsmöglichkeiten (z. B. der Festlegung von Abschreibungen oder Rückstellungen) liegen. Die Ermittlung der jeweiligen Rechnungslegungskennzahl, die als Beteiligungsbasis verwendet werden soll, kann durch einen solchen Gestaltungsspielraum sehr unterschiedlich ausfallen, je nach Vorgehensweise des Rechnungslegenden. So bieten sich dem Rechnungslegenden nach deutschem HGB etwa bei einem Ankauf von konsolidierungspflichtigen Unternehmungsanteilen einer anderen Unternehmung unterschiedliche Möglichkeiten zur Behandlung eines entstehenden Geschäftswerts. Je nach Wahl der Behandlungsmethode können hieraus völlig unterschiedliche Eigenkapitalrenditen folgen, so dass eine Verwendung der Eigenkapitalrendite als Beteiligungsbasis in einem solchen Fall sehr fraglich wäre (vgl. dazu Tab. 8).

[958] Vgl. Winter (1996a), S. 111.

[959] Das gilt für die meisten Rechnungslegungssysteme der Welt, etwa nach deutschem Handelsrecht,oder den US-amerikanischen Rechnungslegungsregeln, allerdings nur unter Einschränkung für die International Accounting Standards (IAS).

[960] Insbesondere wenn der $\text{ROI} = \frac{\text{Jahresgewinn}}{\text{investiertes Kapital}}$ in diesem Beispiel als Beteiligungsbasis verwendet würde, hätte die Führungskraft erhebliche Einbußen in ihrem Einkommen zu verzeichnen.

Eine Tochtergesellschaft des Hoechst-Konzerns kaufte am 28.06.1995 für US$ 7,1 Mrd. 71% der Anteile von Marion Merell Dow. Im Rahmen der Kapitalkonsolidierung entstand ein Geschäftswert von DM 8,1 Mrd. Der Jahresgewinn vor Geschäftswertabschreibung des Hoechst-Konzerns betrug 1995 DM 2650 Mio.			
Bilanzpolitische Möglichkeiten	*Aktivierung/Abschreibung über 4 Jahre (§ 309 I S. 1 HGB) in Mio. DM*	*Aktivierung/Abschreibung über 20 Jahre (§ 309 I S. 2 HGB) in Mio. DM*	*Erfolgsneutrale Verrechnung mit den Rücklagen (§309 I S. 3 HGB) in Mio. DM*
Abschreibung des Geschäftswertes	2.045	405	-
Jahresgewinn nach Geschäfts-wertabschreibung	625	2.245	2.650
Eigenkapital	13.883	15.503	7.808
Eigenkapitalrendite	**4,5%**	**14,5%**	**33,9%**

Tab. 8: Beispiel für eine unterschiedliche Eigenkapitalrendite durch bilanzpolitischen Spielraum nach deutschem HGB [961] (Quelle: In Anlehnung an Peemöller (2001), S. 281)

In einer empirischen Studie konnte *Healy* bereits 1985 nachweisen, dass tatsächliche Zusammenhänge zwischen den bilanzpolitischen Entscheidungen von rechnungslegenden Führungskräften und gewinnabhängigen Beteiligungsbasen innerhalb eines ASF bestehen.[962] Führungskräfte mit Rechnungslegungsverantwortung nutzen hiernach die Rechnungslegung so für sich aus, dass ihre variable Vergütung möglichst hoch ausfällt.

Den angeführten bilanzpolitischen Beeinflussungsmöglichkeiten kann dadurch begegnet werden, dass der Cash Flow als Beteiligungsbasis genutzt wird. Der Cash Flow ergibt sich mittels einer verkürzten Faustformel – indirekt ermittelt – als Summe aus Jahresgewinn und Abschreibung, so dass sich die Veränderung, die sich durch eine unterschiedliche Abschreibung ergibt, in der Summe wieder ausgleicht (im Beispiel jeweils 2650 Mio. DM). Allerdings müssen dem Cash Flow andere Schwächen der gewinnabhängigen Rechnungslegungskennzahlen ebenso zugeschrieben werden: er ist im Regelfall genauso vergangenheitsbezogen und lässt keine Aussagen darüber zu, inwieweit die Führungskraft Wert für die Unternehmung geschaffen hat. Aus dem absoluten Cash Flow würde im Beispiel nicht einmal hervorgehen, dass mögliche strategisch wertvolle Anteile einer anderen Unternehmung gekauft wurden.

Aufgrund der angeführten Kritikpunkte an den Rechnungslegungskennzahlen als Beteiligungsbasis innerhalb eines ASF liegt der Schluss nahe, dass sie einer zweckdienlichen Verwendung entgegensteht. Dies gilt zumindest so lange, wie solche operativen Rechnungsle-

---

[961] Die vom Hoechstkonzern gewählte Bilanzierung lag in der Abschreibung über 20 Jahre (vgl. Peemöller (2001), S. 281).

[962] Vgl. Healy (1985).

gungskennzahlen nicht durch strategische Größen ergänzt werden.[963] Inwieweit diese Argumente genauso für die Beteiligungsbasen innerhalb von ASF in multinationalen Unternehmungen gelten, ob sie sich verringern oder weiter verschärfen, wird innerhalb der Diskussion um die identifizierten Einflussfaktoren und im Vergleich zu den anderen Beteiligungsbasen – nach deren kritischer Darstellung – erörtert werden.

(2) Marktpreise

Wird als Beteiligungsbasis ein Marktpreis herangezogen, ist darunter der am Kapitalmarkt ermittelte Börsenpreis der Unternehmung bzw. aller Aktien der Unternehmung zu verstehen. Die Orientierung am Marktpreis der Unternehmung geht dabei auf die Forderung nach Wertorientierung in der Unternehmungsführung (Shareholder-Value-Orientierung) zurück, die als Ziel die Maximierung des Aktionärsvermögens hat.[964] Der Marktpreis aller Aktien einer Unternehmung stellt dabei das Ergebnis der täglichen Unternehmungsbewertung durch den Kapitalmarkt dar.[965] Er ist somit ein durch Externe bestimmter Indikator für den Wert einer Unternehmung. Dabei kann dieser Marktpreis als absolute Größe oder als relative Größe im Vergleich zu Wettbewerbern oder der Gesamtmarktentwicklung gesehen werden.[966]

Der Vorteil der Verwendung von Marktpreisen als Beteiligungsbasen von ASF liegt darin, dass es sich im Gegensatz zu den Rechnungslegungskennzahlen zum einen um Größen handelt, die nicht vergangenheitsbezogen sind, sondern die die aktuelle und zukünftige Entwicklung der Unternehmung abbilden und damit eher auf den strategischen Erfolg ausgerichtet sind. Zum anderen werden sie unternehmungsextern durch die am Markt tätigen Investoren gebildet, so dass zunächst von einer Manipulationsmöglichkeit, wie sie bei den Rechnungslegungszahlen durch rechnungslegungsverantwortliche Führungskräfte möglich ist, nicht auszugehen ist.

Ein Beispiel für die Vorteilhaftigkeit zukunftsorientierter Beteiligungsbasen im Sinne von Marktpreisen gegenüber Rechnungslegungskennzahlen bietet die empirische Studie von *Dechow/Sloan*:[967] Sie weisen nach, dass Führungskräfte, die gewinnabhängig vergütet werden

---

[963] Vgl. Winter (1996a), S. 111 ff.

[964] Vgl. Schmid (1998), S. 221 und grundlegend zur Shareholder-Value-Orientierung vor allem Rappaport (1995).

[965] Vgl. Loehr (1993), S. 182.

[966] Vgl. Winter (1996a), S. 117. Häufig wird in diesem Zusammenhang nicht von Marktpreisen als Beteiligungsbasis, sondern von Marktwerten oder auch Marktindizes gesprochen. Diese Begrifflichkeiten werden hier nicht verwendet. Weil es sich bei dieser Beteiligungsbasis um das Ergebnis von Tätigkeiten auf einem Markt handelt, ist sinnvollerweise von Preisen und nicht von Werten zu sprechen. Marktindizes hingegen beziehen sich stets auf den kumulierten oder standardisierten Marktpreis einer Gruppe von Aktien *verschiedener* Unternehmungen (mindestens zwei), bspw. der Deutsche Aktienindex (DAX) mit den dreißig umsatzstärksten deutschen Aktien (vgl. Perridon/Steiner (1997), S: 231). Die Verwendung dieses Begriffs für den Marktpreis der Aktien *einer* Unternehmung erscheint daher ungeeignet.

[967] Vgl. Dechow/Sloan (1991).

und kurz vor der Pensionierung stehen, Investitionen in Forschungs- und Entwicklungsaktivitäten kürzen bzw. unterlassen; dies steht in Einklang mit obigen Aussagen zu einer verzerrten Abbildung von Forschungs- und Entwicklungsaktivitäten – als Fehlinvestition – in der Rechnungslegung. Je mehr Führungskräfte allerdings gleichzeitig an Aktien der Unternehmung beteiligt sind, desto geringer tritt der Effekt auf.

Aber auch Marktpreise als Beteiligungsbasen in ASF besitzen eine Reihe kritischer Aspekte. Zunächst ist fraglich, ob im Marktpreis tatsächlich der innere, „wahre“ Wert einer Unternehmung abgebildet wird und somit auch die strategische Leistung einer Führungskraft erfasst werden kann. Eine vollständige Abbildung in Marktpreisen ist nach der modernen Finanzmarktliteratur nur innerhalb eines informationseffizienten Kapitalmarkts möglich.[968] Diese – noch Anfang der siebziger Jahre als bestätigt geglaubte – Informationseffizienz wird heute jedoch in Frage gestellt.[969] Die Problematik besteht so darin, ob der Marktpreis dann als Indikator für die Leistung der Führungskraft verwendet werden kann, wenn er den „wahren“ Wert der Unternehmung, der durch die Führungskraft (mit)geschaffen wurde, nicht widerspiegelt.

Doch selbst bei Vorliegen eines informationseffizienten Kapitalmarktes, sind in dem Marktpreis von Aktien Faktoren enthalten, die nicht durch die Führungskraft zu beeinflussen sind.[970] So ist es möglich, dass eine Führungskraft, deren Beteiligungsbasis für den variablen Teil ihres ASF im Marktpreis liegt, selbst bei schlechten Leistungen belohnt bzw. bei guten Leistungen bestraft wird, weil externe Faktoren – wie Steuer- oder Rechtsänderungen eines Landes – den Marktpreis dementsprechend beeinflusst haben. Der motivational wichtige Zusammenhang von Anreiz und Beitrag ist dann nicht mehr gegeben.

Neben der Schwierigkeit, dass der Marktpreis nicht unbedingt den Wert der Unternehmung widerspiegelt und ein Zusammenhang mit der Beitragsleistung der Führungskräfte nicht immer gegeben ist, tritt aber auch hier die Möglichkeit der Manipulation der Beteiligungsbasis auf. Obwohl der Marktpreis von unternehmungsexternen Investoren am Kapitalmarkt bestimmt wird, liegen dennoch in der Praxis deutliche Anzeichen dafür vor, dass Führungskräfte den Marktpreis von Aktien ihrer Unternehmung dadurch beeinflussen können, indem sie

---

[968] Vgl. z. B. Perridon/Steiner (1997), S. 258 f.; grundlegend: Fama (1976), S. 143, Copeland/Weston (1988), S. 331 f.

[969] Gegen eine Informationseffizienz sprechen etwa die Ende des letzten Jahrtausends beobachtbaren schwindelerregenden Höhen der Marktpreise von „Wachstumsunternehmungen“ bzw. die derzeit vorliegende schwindelerregende Tiefe der Marktpreise an den Börsen weltweit (von *Weck* zynischerweise als „Bingobörse“ bezeichnet, „in der Fantasie mehr gilt als Substanz“ (Weck (2000), S. 1)). In beiden Situationen ist nicht davon auszugehen, dass der Marktpreis in einem plausiblen Verhältnis zum tatsächlichen Unternehmungswert steht. Hier kann dann nicht mehr von Kapitalmarkteffizienz gesprochen werden. Vielmehr sind dann eher Modelle spekulativer oder irrationaler Übertreibungen zur Beschreibung geeignet (vgl. dazu z. B. Shleifer/Summers (1990), Menckhoff/Röckemann (1994), S. 277 ff.).

[970] Vgl. Rappaport (1983), S. 50.

geeignete bilanzpolitische Maßnahmen ergreifen. Dies sind solche, die eine Außenwirkung für die Investoren auf dem Kapitalmarkt haben und so die Bildung des Marktpreises beeinflussen. Dies gilt allerdings nur für die Führungskräfte der obersten Unternehmungsebene, die für die Rechnungslegung originär verantwortlich sind.[971] Beispielhaft ist das sogenannte „big bath" oder „Rumpelstilzchen Accounting" anzuführen:[972] Danach werden nach einem Führungskräftewechsel in einer Unternehmung von den neuen Führungskräften vielfach schlechte Ergebnisse des abgelaufenen Geschäftsjahres ausgewiesen (etwa durch überhöhte außerplanmäßige Abschreibungen), die dann den alten Führungskräften zugeschrieben werden. Hierdurch können dann in den Folgeperioden bessere Ergebnisse erreicht (um die bereits zuvor abgeschriebenen Werte ergebnissteigernd) und diese den neuen Führungskräften zugeschrieben werden. Durch solche besseren Ergebnisse in den Folgeperioden wird auch der Marktpreis beeinflusst, der dann als Beteiligungsbasis für die Führungskraft verwendet wird, aber i. d. R. in diesem Fall nicht viel mit der tatsächlichen Beitragsleistung zu tun hat. Bei solchen beeinflussenden Maßnahmen – die ursächlich wiederum auf die Manipulationsmöglichkeiten der Rechnungslegungskennzahlen zurückzuführen sind – würde auch eine Verwendung von relativen Marktpreisen (z. B. im Vergleich zu der Entwicklung von Wettbewerbern) keine Lösung bieten.

Eine weitere Beeinflussungsmöglichkeit auf die Beteiligungsbasis Marktpreis besitzen die Führungskräfte etwa auch dadurch, dass sie bei nahendem Beurteilungsstichtag für die Marktpreisentwicklung ungünstige Informationen über die Unternehmung kurzfristig zurückhalten und erst nach dem Beurteilungsstichtag veröffentlichen oder auch „künstlich" vermeintlich gute Nachrichten über die Unternehmung lancieren. Dies gilt insofern, als unternommene Maßnahmen, die noch keine verlässlichen Wertsteigerungen aufweisen, als „wertsteigernd" der Öffentlichkeit kommuniziert werden.[973] Zudem haben Führungskräfte die Möglichkeit, über die Dividendenpolitik der Unternehmung den Marktpreis zu beeinflussen. Denn die Ausschüttung von niedrigen Dividenden hat eine höhere Thesaurierung und dementsprechend einen höheren Marktpreis zur Folge.[974] Hinsichtlich der Manipulierbarkeit des Marktpreises durch die Führungskräfte ist allerdings einschränkend anzufügen, dass

---

[971] Vgl. Wagenhofer/Ewert (2003) (sic!), S. 18.

[972] Ebd., S. 206.

[973] Vgl. z. Schmid (1998), S. 227. Allerdings kann sich eine solche Informationspolitik der Führungskräfte hinsichtlich der Beurteilung ihrer Beitragsleistung relativieren, wenn die Führungskräfte langfristig in der Unternehmung verbleiben. Denn dann ergibt sich für die nächste Beurteilung der Führungskraftleistung, dass die zunächst zurückgehaltenen Informationen doch in den Marktpreis eingegangen sind und entsprechend zur niedrigen Beurteilung der Führungskraftleistung führen (vgl. Winter (1996a), S. 121).

[974] Vgl. Menichetti (1996), S. 1689.

lediglich Führungskräfte der obersten Unternehmungsebene im Regelfall hierzu in der Lage sind.[975]

Zusammenfassend ist bezüglich der Marktpreise als Beteiligungsbasen innerhalb eines ASF festzuhalten, dass auch der Marktpreis als Beteiligungsbasis externen Einflüssen sowie einigen Beeinflussungsmöglichkeiten unterliegt, die u. U. verhindern können, dass tatsächlich die Beitragsleistung der jeweiligen Führungskraft (mit)bewertet wird. Um diesen und den Problemen der Rechnungslegungskennzahlen als Beteiligungsbasen begegnen zu können, existiert eine weitere Möglichkeit, Beteiligungsbasen innerhalb eines ASF festzulegen: die Verwendung von ökonomischen Werten. Diese werden im Folgenden vorgestellt.

(3) Ökonomische Werte

Auch innerhalb dieser Art der Beteiligungsbasen geht es darum, den inneren Wert einer Unternehmung zu bestimmen und eine explizite Beziehung zur Führungskraftleistung herzustellen. Entgegen den Marktpreisen wird der Unternehmungswert hier anhand von unternehmungsinternen Erfolgsdaten ermittelt.

Der ökonomische Unternehmungswert kann verstanden werden als Summe aller künftigen finanziellen Vorteilsströme aus dem Unternehmungsgeschehen, die mittels eines geeigneten Kalkulationszinsfußes auf den Bewertungszeitpunkt abgezinst werden.[976] Die finanziellen Vorteilsströme lassen sich dabei auf unterschiedliche Weise ermitteln:[977] So gibt es Bewertungsansätze – sogenannte Discounted Cash Flow-Bewertungsansätze – die ausschließlich auf Zahlungsströme abstellen, um solche finanziellen Vorteilsströme zu messen. Daneben existieren Ansätze, welche die finanzielle Vorteilhaftigkeit an den künftig an Aktionäre ausgeschütteten Dividenden orientieren, sogenannte Discounted Dividends-Bewertungsansätze. Eine weitere Form zur Ermittlung des Unternehmungswertes bieten sogenannte Ertragswertansätze, bei denen Ertragsüberschüsse als Grundlage der Bewertung dienen.[978] Schließlich gibt es Ansätze, die der Bewertung Residualgewinne zu Grunde legen.[979]

Um die o. a. finanziellen Vorteilsströme auf den Bewertungszeitpunkt beziehen zu können, wird ein Kalkulationszinsfuß zur Barwertermittlung benötigt. Aus theoretischen Überlegun-

---

[975] Vgl. Pellens/Crasselt/Rockholtz (1998), S. 16.

[976] Vgl. grundlegend hierzu bereits Williams (1938), S 55 ff.

[977] Es kann hier nicht zielführend sein, explizit auf jeden einzelnen Bewertungsansatz einzugehen. Stattdessen sei auf die ausführliche Darstellung der unterschiedlichen Bewertungsansätze verwiesen (vgl. etwa Ballwieser (1993), S. 153 ff. oder Mandl/Rabel (2002), Sp. 2007 ff.).

[978] *Miller/Modigliani* haben bereits 1961 nachgewiesen, dass sich alle genannten Bewertungsansätze auf den Discounted Cash Flow-Bewertungsansatz zurückführen lassen und – unter vorgegebenen Annahmen – zum gleichen Bewertungsergebnis kommen. Hierbei unterstellen *Miller/Modigliani* allerdings einen vollkommenen Kapitalmarkt, rationales Verhalten der Anleger, vollkommene Voraussicht hinsichtlich künftiger Erfolge sowie einen konstanten Kalkulationszinsfuß (vgl. Miller/Modigliani (1961), S. 412 ff.).

[979] Ein Beispiel hierfür ist das Economic Value Added-Konzept (vgl. Stewart (1991)).

gen soll er diejenige Rendite wiedergeben, die ein Aktionär erzielen würde, wenn er das bereitgestellte Kapital bei ungefähr gleichem Risiko in eine andere Anlage investierte.[980] Zur Ableitung des Kalkulationszinsfußes wird vielfach nach herrschender Kapitalmarkttheorie auf das sogenannte Capital Asset Pricing Modell (CAPM) zurückgegriffen.[981]

Kritisch lässt sich festhalten, dass die Ermittlung des ökonomischen Wertes den Eindruck erweckt, als würden ausschließlich „hard facts"[982] verwendet; tatsächlich basiert eine solche Ermittlung – schon angesichts der Unsicherheit bezüglich künftiger Entwicklungen – immer auf dem Ermessen des Ermittelnden. Dieses Ermessen drückt sich einerseits aus in der Wahl des jeweiligen Bewertungsansatzes mit damit verbundenen Problemen mangelnder Vollständigkeit, Transparenz und Sicherheit herangezogener Daten.[983] Besonders schwierig erweist sich die Prognose künftiger finanzieller Vorteilsströme – seien es Cash Flows, Ertragsüberschüsse, Dividenden oder Residualgewinne; darüber hinaus eröffnet die Ermittlung des risikoangepassten Kalkulationszinsfußes einen Problemkomplex, der nur durch große Vereinfachungen zu bewältigen ist.[984]

Auch für diese Art der Beteiligungsbasis kann demnach festgehalten werden, dass zum einen ihre Ermittlung mit Problemen behaftet ist, die einen jederzeit sinnvollen Zusammenhang zwischen ökonomischem Unternehmungswert und Führungskraftleistung anzweifeln lassen. Allerdings ist positiv anzumerken, dass aufgrund der Zukunftsorientierung zumindest im Ansatz der ökonomischen Wertermittlung eher eine Orientierung auf zukünftige strategische Erfolge erfolgt. Dies gilt insbesondere im Gegensatz zur kurzfristigen Gewinnmaximierung, die tendenziell eher bei den Rechnungslegungskennzahlen verfolgt wird.

(4) Strategische Erfolgsfaktoren

Durch die grundlegende Kritik an der Eignung der Rechnungslegungskennzahlen als Beteiligungsbasen innerhalb eines ASF wurden weitere Größen gesucht, die insbesondere eine Ausrichtung des Führungskräfteverhaltens auf die eigentlich intendierte strategische Erfolgserzielung erreichen können.[985] Dies wurde Beteiligungsbasen zugesprochen, die eine direkte Beziehung zur strategischen Unternehmungsführung besitzen.

---

[980] Vgl. Sieben (1995), S. 726.

[981] Vgl. z. B. Ballwieser (1993), S. 165.

[982] Vgl. Schmid (1998), S. 226.

[983] Ebd.

[984] Zum einen wird das CAPM aufgrund seiner wirklichkeitsfremden Annahmen häufig kritisiert und seine empirische Validität vielfach angezweifelt. Zum anderen wird bei der Ermittlung des risikoangepassten Kalkulationszinsfußes auf Basis des CAPM auf *historische* Marktpreisschwankungen abgestellt; der hieraus abgeleitete Risikozuschlag wird daher nicht zwingend zur Abbildung *künftigen* Risikos der Unternehmung geeignet sein (vgl. Busse v. Colbe (1997), S. 278 f.).

[985] Vgl. Winter (1996a), S. 127.

Innerhalb des Ansatzes der Verwendung strategischer Erfolgsfaktoren als Beteiligungsbasen wird angenommen, dass einige Erfolgsfaktoren jeweils als Schlüsselfaktoren bzw. kritische Erfolgsfaktoren aufgefasst werden können, da sie in ihrer Bedeutung anderen Erfolgsfaktoren überlegen sind und ihre Erfüllung in besonders starkem Zusammenhang zur strategischen Erfolgserreichung steht.[986] Wichtig ist dabei, dass die Erfolgsfaktoren jeweils nur in Abstimmung mit den verfolgten Strategien festgelegt werden können.[987] Anderenfalls könnte sich eine der verfolgten Zielerreichung gegenläufige Ausrichtung des Führungskräfteverhaltens ergeben.

Die Ableitung von strategischen Erfolgsfaktoren ist auf Basis theoretischer Gesetzmäßigkeiten, empirischer Forschungsergebnisse, aber auch aus Plausibilitätsüberlegungen, Analogieschlüssen und individueller Intuition möglich.[988] So können etwa aus der Erfahrungskurve, dem Lebenszyklus- oder Portfolio-Konzept strategische Erfolgsfaktoren abgeleitet werden.[989] Allerdings beinhaltet auch die Ableitung aus theoretischen Gesetzmäßigkeiten und empirischen Forschungsergebnissen einen hohen Anteil an individuellen Einflüssen des Ermittelnden. Es stellt sich die Frage, wie aus der Vielzahl der in Frage kommenden strategischen Erfolgsfaktoren gerade diejenigen abzuleiten sind, die für die Verwendung als Beteiligungsbasen relevant sein können.

Ein Konzept, dass zumindest die Beziehung zwischen abgeleiteten Erfolgsfaktoren und Unternehmungsstrategie gewährleistet, ist das Instrument der Balance Scorecard.[990] Die innerhalb der Balance Scorecard formulierten nur durch spezifische Messgrößen operationali–sierten Erfolgsfaktoren können dann auch als Beteiligungsbasen für ein ASF verwendet werden.[991] Allerdings können sich bei der Verwendung der Balance Scorecard dadurch Probleme ergeben, dass die Führungskraft einzelnen Beurteilungsgrößen unterschiedliche Bedeutung beimisst.[992] Zudem weisen *Speckbacher/Fröstl/Güldenberg* auf besondere Probleme bei der Entwicklung einer Balance Scorecard in der Unternehmung hin:[993] Sie raten davon ab, Balance-Scorecard-Messgrößen als Beteiligungsbasis heranzuziehen, solange noch nicht hinreichend klar ist, dass diese spezifischen Messgrößen die strategischen Erfolgsfaktoren wirklich abbilden bzw. wenn die strategische Zielerreichung nicht nur mit den in den Messgrößen ausgedrückten Erfolgsfaktoren zusammenhängt.

---

[986] Vgl. Krüger/Schwarz (1999), S. 75.

[987] Vgl. Welge/Hüttemann/Al-Laham (1996), S. 80.

[988] Vgl. Becker (1990), S. 35.

[989] Vgl. Becker/Holzer (1986), S. 443 und Winter (1996a), S. 131.

[990] Vgl. dazu grundlegend Kaplan/Norton (1996).

[991] Vgl. Pfaff/Kunz/Pfeiffer (2000).

[992] Vgl. Riegler (2000), S. 154.

[993] Vgl. Speckbacher/Fröstl/Güldenberg (2002), S. 290.

Zudem stellt sich auch bei den strategischen Erfolgsfaktoren das Ermittlungsproblem, wer diese strategischen Erfolgsfaktoren ermittelt bzw. wer die Ermittlung verantwortet. I. d. R. handelt es sich dabei um die obersten Führungskräfte, die einerseits den größten Überblick über die unternehmungsspezifische und unternehmungsumfeldspezifische Situation besitzen und darüber hinaus in der Lage sind, die Angemessenheit strategischer Ziele beurteilen zu können.[994] Daraus ergibt sich dann aber das Problem, dass die Verwendung der strategischen Erfolgsfaktoren, die durch die obersten Führungskräfte ermittelt wurden, nicht auch für deren Leistungsbeurteilung herangezogen werden sollten. Denn so hätten sie die Möglichkeit, möglichst für sie leicht erreichbare Erfolgsfaktoren zu definieren.[995] Die Verwendung der strategischen Erfolgsfaktoren als Beteiligungsbasis wäre somit auf die anderen Führungskräfte zu beschränken, die unterhalb der „ermittlungsrelevanten" Führungsstufe tätig sind.

Zusammenfassend lässt sich feststellen, dass die grundsätzliche Orientierung an strategischen Erfolgsfaktoren im Hinblick auf das Ziel eines ASF – der Ausrichtung des Führungskräfteverhaltens auf die strategische Unternehmungszielerreichung – als vorteilhaft anzusehen ist. Allerdings hängt eine sinnvolle Verwendung von strategischen Erfolgsfaktoren davon ab, inwieweit es möglich ist, strategische Erfolgsfaktoren unabhängig von individuellen Einflüssen zu ermitteln. Erreichbar wäre dies etwa dann, wenn durch die Forschung hinsichtlich der Ermittlung von Erfolgsfaktoren grundlegende, feste Bestimmungsmöglichkeiten für die strategischen Erfolgsfaktoren vorgegeben werden könnten.

Nachdem die verschiedenen Arten der Beteiligungsbasen kritisch betrachtet wurden, ergibt sich nun die Frage, inwieweit deren Verwendung vor dem Hintergrund des multinationalen Einflusses abgeschwächt bzw. verstärkt wird. Dazu werden im Folgenden die jeweiligen identifizierten Einflussfaktoren auf ihren Einfluss auf die Wahl der Beteiligungsbasis analysiert. Zunächst erfolgt die Betrachtung der kulturellen Einflüsse, dann die der kontextualen Faktoren und schließlich die der identifizierten unternehmungsspezifischen Einflussfaktoren.

Kulturelle Faktoren

Innerhalb der kulturellen Faktoren konnten der Individualismusgrad und der Unsicherheitsvermeidungsgrad als diejenigen kulturbedingten Werte von Führungskräften herausgestellt werden, die auch einen Einfluss auf die Wahl der Beteiligungsbasen besitzen können.

(1) Individualismus

Wird zunächst der Individualismusgrad betrachtet, lassen sich Aussagen dahingehend ableiten, dass für eine Führungskraft mit einem hohen Individualismusgrad eher solche Beteili-

---

[994] Vgl. Winter (1996a), S. 130.

[995] Ebd.

gungsbasen motivierende Wirkung besitzen, die eine Identifikation der individuellen Beitragsleistung ermöglichen. Im Fall der Beteiligungsbasis der Marktpreise ist dies eher nicht möglich, denn eine Feststellung, welche Führungskraft in welchem Ausmaß für die Marktpreisentwicklung, etwa einer Gesamtunternehmung, verantwortlich ist, lässt sich schwer extrahieren.[996]

Diese Feststellung steht allerdings im krassen Gegensatz zur Verwendung der Marktpreise als Beteiligungsbasen in der Praxis. Insbesondere bei US-amerikanischen Führungskräften, denen ein hoher Individualismusgrad zugesprochen wird, stellt die variable Vergütung durch Aktienoptionspläne, deren Beteiligungsbasis die Marktpreisentwicklung der jeweiligen Unternehmung darstellt, ein Hauptbestandteil der Vergütung dar.[997] Eine Erklärung hierfür könnte paradoxerweise ebenfalls in den kulturbedingten Werten der US-amerikanischen Individuen liegen, was aufrecht erhalten würde, dass kulturelle Werte einer Gesellschaft sich in deren Regelungen und Verhaltenskodizes wiedergeben: Der relativ hohe Maskulinitätsgrad, verbunden mit dem hohen Individualismusgrad drückt sich im Streben nach individueller Einkommensmaximierung aus. Dies schlägt sich auch in jener betriebswirtschaftlichen Sichtweise nieder, in der davon ausgegangen wird, das innerhalb einer Unternehmung lediglich eine relevante Anspruchsgruppe existiert: die Eigentümer, deren primäres Ziel in ihrer Einkommensmaximierung – der Maximierung des Shareholder Value (auf dessen Basis gerade die Marktpreise als Beteiligungsbasis relevant wurden) – besteht.[998] Die Verwendung der Marktpreise als Beteiligungsbasis innerhalb eines ASF wird so beiden Gruppen – sowohl den US-amerikanischen Aktionären als auch den US-amerikanischen Führungskräften – in ihrem Anspruch der Einkommensmaximierung gerecht. Die Führungskräfte erhalten einen Anreiz, der mit Abstand die höchste Vergütung ermöglicht;[999] den Aktionären als Eigentümern wird ihr Einkommen durch eine Marktwertsteigerung erhöht.

Trotz dieser spezifischen Sachlage in den USA, in der augenscheinlich eine Überlagerung des hohen Individualismusgrades durch den Maskulinitätsgrad hinsichtlich der Wahl der Beteiligungsbasis vorliegt, sind Aussagen hinsichtlich des Zusammenhanges zwischen einer zu wählenden Beteiligungsbasis und einem kulturbedingten hohen Individualismusgrad einer Führungskraft zulässig. Danach erscheinen die Marktpreise als Beteiligungsbasis für die Identifikation der individuellen Leistung eher ungeeignet. Ähnlich verhält es sich mit öko-

---

[996] Vgl. Becker (1990), S. 44.

[997] Vgl. Balsam (2002), S. 45 und die dort angeführte Übersichtstabelle, welche das Verhältnis verschiedener Vergütungsbestandteile von 1992-2000 darstellt. Eindeutige Erkenntnis hieraus ist, dass Aktienoptionen – obwohl schon Anfang der neunziger Jahre wichtiger Vergütungsbestandteil – heute den wichtigsten Bestandteil der Vergütung bilden.

[998] Vgl. auch Schmid (1998), S. 223. Es ist deshalb auch nicht überraschend, dass gerade ein US-Amerikaner als „Vater des Shareholder-Value-Konzeptes" gesehen wird.

[999] Vgl. hierzu etwa das bei Balsam (2002), S. 37 angeführte Beispiel des Einkommens aus Aktienoptionen von M. D. Eisner als CEO der Walt Disney Company.

nomischen Werten als Beteiligungsbasen. Denn die Notwendigkeit der Prognose zukünftiger finanzieller Vorteilsströme beinhaltet erhebliches Ermessen, wenn nicht sogar Spekulationspotential, das mit der Messung der tatsächlichen individuellen Leistung der Führungskräfte nicht immer vereinbar sein wird. Gegenüber den Marktpreisen, die im Regelfall für die Gesamtunternehmung gelten, ergibt sich allerdings der Vorteil, dass auch der ökonomische Wert von Unternehmungsteilbereichen auf diese Art ermittelt werden könnte: mit der Konsequenz, dass hier zumindest eine gewisse Individualisierung für Unternehmungsteilbereichsleiter möglich ist.

Die Identifikation der individuellen Leistung einer Führungskraft als motivierender Faktor einer individualismusorientierten Führungskraft ist zweifelsohne am ehesten durch die Rechnungslegungskennzahlen als Beteiligungsbasen gegeben. Die Ermittlung von bereichsbezogenen Kennzahlen, die einer individualisierten Leistungsbeurteilung der Führungskräfte entgegenkommen, erscheint mittels einer geeigneten Organisation der Rechnungslegung möglich.[1000] Hier können dann etwa verschiedene bereichsspezifische Ergebnisse ermittelt werden, bei denen der Zusammenhang zwischen Anreiz und Beitragsleistung für die Führungskraft deutlich sichtbar wird. Da diese Art der Beteiligungsbasis allerdings für die Unternehmung o. a. Nachteile aufweist, sollten bei ihrer Verwendung zur motivationalen Unterstützung von Führungskräften mit hohem Individualismusgrad zusätzlich strategische Komponenten verwendet werden. Diese könnten z. B. in identifizierten strategischen Erfolgsfaktoren liegen.

Hinsichtlich der Motivation der Führungskräfte mit geringem Individualismusgrad eignen sich hingegen alle angeführten Arten der Beteilungsbasen, denn alle sind grundsätzlich für die Ermittlung der kollektiven Führungskräfteleistung geeignet.

(2) Unsicherheitsvermeidung

Wird der kulturbedingte Unsicherheitsvermeidungsgrad einer Führungskraft in Bezug auf die geeignete Beteiligungsbasis betrachtet, lassen sich Aussagen über die Präferenzen der Führungskräfte ableiten. Eine Führungskraft mit einem hohen Unsicherheitsvermeidungsgrad ist entsprechend eher durch solche Beteiligungsbasen zu motivieren, die ihr suggerieren, dass i. d. R. ihr Einkommen nicht von zufälligen Ereignissen abhängt. Für Rechnungslegungskennzahlen ist ein solcher Unsicherheitsfaktor als relativ gering einzuschätzen. Denn die Ermittlung der Rechnungslegungskennzahlen unterliegt im Regelfall festgelegten Re-

[1000] Allerdings können für das dafür notwendige Herunterbrechen der Kapitalgrößen auf den jeweiligen Teilbereich lediglich Gesamtkapital- und Umsatzrenditen in Frage kommen (vgl. Günther (1997), S. 50). Die bereichsspezifische Zuweisung von Eigenkapital der Unternehmung ist nämlich mit immensen Problemen behaftet. Den auch bei Gesamtkapitalgrößen bestehenden Problemen der Bereichsaufschlüsselung kann durch die Verwendung von modifizierten Kennzahlen begegnet werden. So kann ein bereichspezifischer ROI ermittelt werden, in dem an die Stelle des unternehmungsbezogenen gesamten investierten Vermögens das investierte Vermögen des jeweiligen Geschäftsbereiches tritt (vgl. Janssen/Scheren (1999, S. 616).

geln. Zudem werden solche Kennzahlen lediglich für eine vergangene Periode ermittelt, so dass eine ex-post Berücksichtigung eventueller externer Einflüsse im Rahmen der Leistungsbeurteilung der Führungskraft möglich ist. Die Vergangenheitsorientierung wird in diesem Fall zum Vorteil, weil die Gefahr zukünftiger unsicherer Ereignisse für die Führungskraft hier nicht unmittelbar hereinspielt.

Marktpreise als Beteiligungsbasen für unsicherheitsvermeidende Führungskräfte erscheinen allenfalls dann zu ihrer Motivation geeignet, wenn relative Marktpreisgrößen herangezogen werden. Denn die Unsicherheit, inwieweit Umwelteinflüsse den Marktpreis neben der Führungskräfteleistung beeinflussen, kann hierdurch reduziert werden: Umwelteinflüsse, die in dem Marktpreis enthalten sind, können dann eliminiert werden, wenn angenommen wird, dass sich der Marktpreis als Summe von Leistung und Umwelteinfluss zusammen setzt und sich für den verwendeten Vergleichsmarktpreis (etwa eines Wettbewerbers oder einer Indexgröße) der gleiche Umwelteinfluss ergibt.[1001] Die Differenz beider Marktpreisentwicklungen lässt dann eine Extrahierung des Umfangs der Umwelteinflüsse zu, so dass eine um unsichere Umwelteinflüsse „bereinigte" Führungskräfteleistung identifiziert werden kann.[1002] Es stellt sich in diesem Zusammenhang dennoch die Frage, welcher Vergleichsmarktpreis genutzt wird: ob eher Marktpreise von Wettbewerbern, die in der gleichen Branche tätig sind, herangezogen werden sollten oder eher ein indexierter Marktpreis, etwa ein Branchenindex.[1003]

Wird allerdings die o. a. Manipulationsmöglichkeit der Marktpreise durch Führungskräfte der obersten Ebene betrachtet, kommt für eine unsicherheitsvermeidende Führungskraft ein weiterer Aspekt eines möglichen Risikos hinzu, wenn sie eine Führungskraft auf einer, der obersten Führungsebene untergeordneten Ebene ist. Lediglich den Führungskräften der obersten Unternehmungsebene wird ein direkter Einfluss auf den Marktpreis zugesprochen.[1004] Die untergeordnete Führungskraft ist dann eventuell dem zusätzlichen Risiko von nicht-marktwertsteigernden Aktivitäten der obersten Führungskräfte ausgesetzt.

Für eine unsicherheitsvermeidende Führungskraft stellen ökonomische Werte als Beteiligungsbasen unsichere Werte dar, da zu ihrer Ermittlung Prognosen über die unsichere zukünftige Entwicklung finanzieller Vorteilsströme gestellt werden müssen. Daraus ergibt sich das Problem, dass – je nach Verwendung einer spezifischen Bewertungsmethode – aufgrund der zu prognostizierenden Größen unterschiedliche Unternehmungswerte ermittelt werden könnten. Die Unsicherheit der Prognosen steigt mit zunehmendem Zeithorizont weiter an. Zwar lässt sich das Prognoseproblem besser in den Griff bekommen, wenn der Prognosezeit-

---

[1001] Vgl. Kerr/Kren (1992), S. 362.

[1002] Ebd.

[1003] Vgl. Winter (1996a), S. 120.

[1004] Vgl. Pellens/Crasselt/Rochholtz (1998), S. 15.

raum auf mehrere Teilperioden aufgeteilt wird; dies ändert allerdings nichts an der grundsätzlichen Unsicherheit, die stets mit einer Prognose verbunden ist.

Bei den strategischen Erfolgsfaktoren als Beteiligungsbasis ergibt sich für eine unsicherheitsvermeidende Führungskraft wieder das Problem der unsicheren zukünftigen Entwicklung. Handelt es sich um strategische Erfolgsfaktoren, deren Realisierung einen sehr langfristigen Zeithorizont betreffen, wird dies keinen motivationalen Effekt auf die Führungskraft ausüben. Allerdings kann dem begegnet werden, indem etwa mittels des Verfahrens der Balance Scorecard spezifische Messgrößen abgeleitet werden, die dann im „Sicherheitsgrad" den Rechnungslegungskennzahlen ähneln.[1005] Für eine Führungskraft mit einem geringen Unsicherheitsvermeidungsgrad hingegen gelten die Aspekte hinsichtlich der Vermeidung unsicherer zukünftiger Entwicklungen in wesentlich geringerem Maße. Sie wird sich problemlos mit prognostizierten Größen identifizieren, wenn sie eine verlässliche Ermittlung unterstellen kann.

Der Einfluss der kulturellen Faktoren bezieht sich im Kontext „Auswahl einer geeigneten Beteiligungsbasis" nicht nur auf die kulturbedingten Wertestrukturen der Führungskräfte dahingehend, dass sie spezifische Beteiligungsbasen präferieren; zusätzlich ist zu berücksichtigen, dass die Ermittlung der Beteiligungsbasen selbst kulturellen Einflüssen ausgesetzt sein kann; dies kann etwa durch unterschiedliche Vorgehensweisen in der Rechnungslegung erfolgen. So haben etwa *Schultz/Lopez* in einem Experiment gezeigt, dass Deutsche, Franzosen und US-Amerikaner – bei gleichen ökonomischen Sachverhalten von Unternehmungen – trotz der gleichen verwendeten Rechnungslegungsregeln Garantierückstellungen in unterschiedlicher Höhe bildeten.[1006] Die durch Rechnungslegung beeinflussbaren Beteiligungsbasen können demnach auch auf diesem Weg durch kulturelle Faktoren beeinflusst werden.[1007]

Nachdem ein möglicher Einfluss auf die Beteiligungsbasen durch die kulturellen Faktoren aufgezeigt wurde werden nun die kontextualen Faktoren hinsichtlich ihres Einflusses auf die Beteiligungsbasen untersucht.

Kontextuale Faktoren

Werden zunächst die rechtlichen Faktoren betrachtet, ist anzuführen, dass die Marktpreise als Beteiligungsbasis lediglich von börsennotierten Unternehmungen anwendbar sind.[1008]

[1005] Die Kennzahlen aus der Balance Scorecard können dabei auch nicht-monetäre Ziele berücksichtigen (vgl. Steinmann/Schreyögg (2000), S. 234).

[1006] Vgl. Schultz/Lopez (2001), S. 281 ff.

[1007] Dies gilt primär für die Rechnungslegungskennzahlen, aber – wie o. a. – auch für die Marktpreise und die ökonomischen Werte; wenn durch die Verwendung der Balance Scorecard innerhalb der strategischen Erfolgsfaktoren Messgrößen entstehen, die ebenfalls in Abhängigkeit von Rechnungslegung entstehen, betrifft dies auch die Beteiligungsbasis der strategischen Erfolgsfaktoren.

[1008] Wie bereits in Abschnitt III.B.2.2 angeführt, ist heute davon auszugehen, dass in nahezu jedem Land eine solche Unternehmungsform rechtsformabhängig zulässig ist.

Die ökonomische Funktion börsennotierter Unternehmungen ist allerdings in hohem Maß von der Funktionsfähigkeit des Kapitalmarktes des jeweiligen Landes abhängig. Auch hier kann wiederum die Verbindung zu einem anderen Gestaltungselement eines ASF angedeutet werden. Für die Verwendung des Marktpreises als Beteiligungsbasis ist die Börsennotierung der Unternehmung Voraussetzung. Beschränkt sich die Börsennotierung allerdings auf einen Unternehmungsteilbereich (i. d. R. die Muttergesellschaft), bedingt dies die Einengung des Kreises der beteiligten Führungskräfte auf die der Muttergesellschaft. Denn eine Beteiligung der Führungskräfte der Tochtergesellschaften, denen lediglich ein bruchteilartiger Einfluss auf den Erfolg der Muttergesellschaft zugeschrieben werden kann, ist dann nicht sinnvoll.

Direkt mit der Rechtsform verbunden sind die kapitalmarktrechtlichen Regelungen eines Landes, die sich wiederum auf die börsennotierten Unternehmungen beschränken. Die kapitalmarktrechtlichen Regelungen sind dann relevant, wenn die mit dieser Beteiligungsbasis verbundenen Anreizarten (etwa Aktienoptionen) betrachtet werden. Die Diskussion um diesen Einfluss ist dann identisch mit der Betrachtung innerhalb der Anreizarten und soll an dieser Stelle daher nicht wiederholt werden.[1009]

Die handelsrechtlichen Regelungen eines Landes betreffen hingegen – zumindest bis zu einem gewissen Grad – alle Beteiligungsbasen.[1010] Bei der Verwendung unterschiedlicher Rechnungslegungssysteme ergeben sich für gleiche ökonomische Sachverhalte u. U. gänzlich unterschiedliche Ausprägungen der Rechnungslegungskennzahlen, wodurch die Leistungsbewertung der Führungskraft und damit bestimmte variable Vergütungsteile dann auch – trotz angenommenem gleichen Leistungsverhalten – beeinflusst werden. In Tab. 9, am Beispiel der Daimler Benz AG, wird deutlich, dass es entscheidend für die Führungskraft sein kann, ob das deutsche HGB oder die US-amerikanischen US-GAAP für die Ermittlung von Rechnungslegungskennzahlen verwendet werden. Bei einer Verwendung der Eigenkapitalrendite als Beteiligungsbasis – definiert als das Jahresergebnis einer Periode bezogen auf das Eigenkapital zu Beginn der Periode – würde je nach Wahl des Rechnungslegungssystems etwa im Jahr 1993 die gleiche Leistung der Führungskraft einmal als positiv und auf Basis des anderen Systems als negativ bewertet werden. Dies würde für die Höhe des Einkommens einer Führungskraft einen erheblichen Unterschied ergeben.

[1009] Vgl. hierzu die Ausführungen in Abschnitt D.2.3.1. Des Weiteren könnten sich aber auch Einflüsse kapitalmarktrechtlicher Regelungen ergeben, die sich auf die Verwendung von Beteiligungsbasen beziehen. So ist etwa in Deutschland in § 86 AktG geregelt, dass die Gewinnbeteiligung von Vorstandsmitgliedern i. d. R. anhand des Anteils am Jahresgewinn der Unternehmung erfolgen soll. Zudem ist diese Erfolgsbeteiligung dann anhand eines vorgegebenen Berechnungsmodells (§ 86 Abs. 2 AktG) zu ermitteln. Allerdings stellt bspw. *Hoffmann-Becking* in seinen Ausführungen diesbezüglich dar, dass letztlich doch verschiedene unterschiedliche Beteiligungsbasen mit diesen gesetzlichen Regelungen vereinbar sind (vgl. Hoffmann-Becking (1999), S. 114 ff.).

[1010] Wie bereits angeführt, sind neben den Rechnungslegungskennzahlen selbst sowohl die Marktpreise, die ökonomischen Werte als auch – in beschränktem Maß – die strategischen Erfolgsfaktoren durch Rechnungslegung beeinflusst.

Jahr	1991	1992	1993	1994	1995	1996	1997
Jahresergebnis nach HGB (Mio. DM)	1.942	1.451	- 1.988	895	- 5.734	2.689	7.921
Jahresergebnis nach US-GAAP (Mio. DM)	1.886	1.350	- 1.839	1.052	- 5.729	2.762	8.042
Eigenkapital nach HGB (Mio. DM)	19.448	19.719	18.145	20.251	13.842	16.787	25.320
Eigenkapital nach US-GAAP (Mio. DM)	26.745	27.604	26.281	29.435	22.860	26.393	35.085
Eigenkapitalrendite nach HGB (%)		7,46	3,12	4,93	- 28,31	19,43	47,19
Eigenkapitalrendite nach US-GAAP (%)		5,05	- 6,66	4,00	- 19,46	12,08	30,47

Tab. 9: Jahresergebnis, Eigenkapital und Eigenkapitalrendite nach HGB und US-GAAP der Unternehmung „Daimler Benz" (konsolidiert) (Quelle: in Anlehnung an Ballwieser (2000), S. 463)

Für Führungskräfte in einer multinationalen Unternehmung, in der in verschiedenen Teilbereichen unterschiedliche Rechnungslegungssysteme verwendet werden (müssen), resultiert daraus das Problem einer ungleichen und damit ungerechten Beurteilung der Beitragsleistung der Führungskraft bzw. einer ungerechten Verteilung der variablen Vergütungsanteile. Wird bedacht, dass es sich stets um die gleiche Beitragsleistung der Führungskraft handelt, erscheint eine solche Willkür der Bewertung der Beitragsleistung bzw. Beteiligung der Führungskraft äußerst fragwürdig. Für die Gestaltung des ASF resultiert daraus die Frage, welches Rechnungslegungssystem das geeignetere ist. Dies kann hier nicht abschließend beantwortet werden. Zu verweisen ist an dieser Stelle wiederum auf die Funktionen und Anforderungen eines ASF. Die als wichtig festgelegten Anforderungen im Hinblick auf die Funktionserfüllung sind heranzuziehen. Wurde etwa die Anforderung der Akzeptanz als wichtig festgelegt, ist dann ausschlaggebend, inwieweit die Führungskräfte, die etwa jahrelang auf Basis der HGB-Rechnungslegung vergütet wurden, eine Umstellung akzeptieren würden oder ob dann nicht eher andere Beteiligungsbasen verwendet werden sollten.

Wie bereits innerhalb der Diskussion der Anreizarten und der Anreizsystemstruktur angesprochen wurde, ergeben sich in ihrer Konsequenz bedeutsame Unterschiede in handelsrechtlichen Regelungen hinsichtlich des Ausweises von Aktienoptionen innerhalb der Bilanz. Solche Unterschiede – wenn sie derzeit auch nur graduell erscheinen – können wiederum Auswirkungen auf die Beteiligungsbasis des Marktpreises besitzen. Aktienoptionen müssen zwar nicht erfolgsmindernd verbucht werden, innerhalb der US-GAAP besteht aber eine Pflicht, zusätzliche Informationen diesbezüglich zu geben. Diese Pflicht beinhaltet – etwa im Gegensatz zur IAS-Rechnungslegung – auch den Ausweis des Wertes der Aktienoptionen, die an die Führungskräfte ausgegeben wurden.[1011] Möglich ist aus einer solchen

[1011] Vgl. Baums (1996), S. 20.

Zusatzinformation, dass die am Kapitalmarkt tätigen Investoren die Unternehmungsaktie anders bewerten als in den Ländern, in denen dieser Ausweis nicht vorgeschrieben ist. Folglich würde sich der Marktpreis als Beteiligungsbasis innerhalb des ASF – gegenüber einem Marktpreis auf einem Kapitalmarkt ohne diese Bewertungsinformation – ändern.[1012] Es ist demnach davon auszugehen, dass auch die handelsrechtlichen Regelungen Einfluss auf die Beteiligungsbasen besitzen können.

Bei der Betrachtung der institutionellen Größe Kapitalmarkt ist wiederum primär die Beteiligungsbasis Marktpreis betroffen. Innerhalb der Arbeit wurde bereits in verschiedenen Zusammenhängen darauf hingewiesen, dass eine Vergütung anhand marktpreisorientierter Größen lediglich in einem entwickelten Kapitalmarkt sinnvoll sein kann.[1013] Deshalb ist es hier nicht notwendig, erneut auf die Wirkungsbeziehungen einzugehen. Lediglich die Konsequenz für die Auswahl der Beteiligungsbasen kann derart festgehalten werden, dass in Ländern mit unterentwickelten Kapitalmärkten hinsichtlich einer adäquaten Leistungsbeurteilung und Erfolgsbeteiligung der Führungskräfte lediglich Beteiligungsbasen verwendet werden, die kapitalmarktunabhängig sind. Sowohl aus Sicht der Führungskraft als auch aus Unternehmungssicht erscheint dies ökonomisch sinnvoll und geboten.

Organisationsstruktur

Schließlich wurde hinsichtlich der Beeinflussung der Beteiligungsbasen in einem ASF die Organisationsstruktur als unternehmungsspezifische Größe angeführt. Die Organisationsstruktur kann dann als relevant für die Wahl der Beteiligungsbasen gesehen werden, wenn an dem ASF ein großer Teil der Führungskräfte der Unternehmung beteiligt werden soll. Sowohl bei den Rechnungslegungskennzahlen, bei den Marktpreisen als auch den ökonomischen Werten bedarf es – je nach Unternehmungsstruktur – einer sinnvollen Bestimmung der Beteiligungsbasen. Hierbei handelt es sich jeweils um die Gewährleistung des Zusammenhangs zwischen Anreiz und Beitragsleistung.

Je stärker eine Unternehmung gegliedert ist, umso schwieriger wird es, Beteiligungsbasen zu finden, die für alle Führungskräfte der Unternehmung ökonomisch vernünftig erscheinen. Wie bereits innerhalb des Zusammenhangs zwischen der Rechtsform und den Beteiligungsbasen angesprochen, muss eine Differenzierung dahingehend vorgenommen werden, dass für die jeweilige Führungskraft relevante Beteiligungsbasen gefunden werden. Diese liegen vielfach in bereichsspezifischen Kennzahlen.

[1012] Paradoxerweise ändert sich der Marktpreis als Beteiligungsbasis dann deshalb, weil der Marktpreis selbst (Bestandteil der) Beteiligungsbasis ist.

[1013] Vgl. die Ausführungen zum Einfluss des Entwicklungsstandes des Kapitalmarktes auf die Motivationsfunktionserfüllung in Abschnitt III.B.2.2 und die Ausführungen hinsichtlich des Gestaltungselements Anreizarten in Abschnitt IV.D.2.3.1.

Als Rechnungslegungskennzahlen können einerseits die Kennzahlen verwendet werden, die im Rahmen der Rechnungslegung der Muttergesellschaft, der einzelnen selbstständigen Unternehmungsteilbereiche (Tochtergesellschaften) oder auch im Rahmen der Rechnungslegung für die ökonomische „Gesamt"-Unternehmung (Konzern) entstehen. Handelt es sich um die Leistungsbewertung der obersten Unternehmungsebene untergeordneten Führungskräfte innerhalb der gleichen Unternehmung, lassen sich modifizierte Kennzahlen ermitteln, die im Gegensatz zu Gesamtunternehmungsgrößen (etwa Gesamtkapitalrendite oder ROI) Teilbereichsgrößen (z. B. für die Ermittlung des ROI das von dem jeweiligen Bereich investierte Kapital) enthalten.[1014] Hierzu könnten Informationen aus geeigneten Segmentberichterstattungen der Unternehmungen herangezogen werden.[1015]

Für Marktpreise ist eine teilbereichsspezifische Verwendung nur insoweit möglich, wie eine Tochtergesellschaft selbst eine börsennotierte Unternehmung darstellt. Gilt der Marktpreis jedoch ausschließlich für die gesamte multinationale Unternehmung, ist eine Differenzierung in die anteiligen Teilbereichsleistungen nicht möglich.[1016] Gleiches gilt für Führungskräfte, die unterhalb der obersten Unternehmungsebene in der Muttergesellschaft tätig sind. Ihnen wird i. d. R. zwar ein Einfluss auf den Marktpreis zugesprochen, dieser ist allerdings nicht individuell auf deren Beitragsleistung messbar.[1017] Für Unternehmungswerte als ökonomische Werte gelten die gleichen Argumente wie für die Marktpreise. Die Ermittlung eines Unternehmungswertes ist zwar für einzelne Tochtergesellschaften möglich, nicht aber für spezifische Teilbereiche innerhalb einer Gesellschaft.[1018] Strategische Erfolgsfaktoren lassen sich hingegen für jeden Teilbereich – auch innerhalb einer Gesellschaft – ermitteln.[1019]

Insbesondere in stark divisionalisierten Unternehmungen tritt häufig bereichsegoistisches Verhalten der Führungskräfte auf.[1020] Um diesem Verhalten entgegen zu wirken, sollten neben den für die Führungskraft relevanten teilbereichsspezifischen Beteiligungsbasen auch gesamtunternehmungsspezifische Größen herangezogen werden. Dabei ist eine gesamtunternehmungsspezifische Beteiligungsbasis zu finden, mit der sich die jeweilige Führungskraft identifizieren kann. Aufgrund der o. a. Manipulierbarkeit einzelner Beteiligungsbasen durch Führungskräfte der obersten Unternehmungsebene gestaltet sich eine geeignete Auswahl aber schwierig. Da die individuelle Leistungszurechnung auf der Gesamtunternehmungsebe-

---

[1014] Vgl. Janssen/Scherer (1999), S. 616 f.

[1015] Vgl. Ordelheide/Stubenrath (2000).

[1016] Vgl. Becker (1990), S. 32.

[1017] Vgl. Pellens/Crasselt/Rockholtz (1998), S. 15.

[1018] Ebd., S. 19.

[1019] Sie sollten laut den o. a. Aspekten aufeinander sowie auf die Gesamtunternehmungsstrategie abgestimmt sein.

[1020] Vgl. die Ausführungen in Abschnitt IV.C.2.1.

ne (ausgenommen der obersten Führungskräfte) nicht möglich ist, sind hier sinnvollerweise Beteiligungsbasen zu verwenden, die weniger dem Anreiz zur Leistungsmotivation dienen, als vielmehr die Identifikation mit der Gesamtunternehmung stärken: mit dem Effekt, dass dies die Koordination zwischen verschiedenen Teilbereichen erhöht.[1021] Inwieweit sich die angeführten Beteiligungsbasen dafür eignen, hängt wiederum von den angeführten kulturellen, kontextualen und unternehmungsspezifischen Faktoren ab.

Zusammenfassend lässt sich festhalten, dass die Auswahl geeigneter Beteiligungsbasen für ein ASF ein sehr wichtiges Gestaltungselement darstellt. Der Diskussion ist zu entnehmen, dass alle Arten von Beteiligungsbasen ökonomisch vernünftig, allerdings auch kritisch zu betrachten sind. Insbesondere durch unterschiedliche handelsrechtliche Rechnungslegungsregelungen ergeben sich Probleme, die aus der Unternehmungstätigkeit von Unternehmungsteilbereichen in verschiedenen Ländern resultieren. Allerdings ist zu berücksichtigen, dass im Zuge weltweiter Harmonisierung im Zeitablauf eine Vereinheitlichung der in der Gesamtunternehmung verwendeten Rechnungslegung erwartet werden kann. Doch selbst dann tritt die o. a. angeführte Problematik auf: denn es ist kaum damit zu rechnen, dass sich Führungskräfte „freiwillig" – durch die Verwendung eines anderen Rechnungslegungssystems – schlechter stellen.

Es sind dementsprechend je nach unternehmungsspezifischen und unternehmungsumfeldspezifischen Gegebenheiten Abwägungen vorzunehmen: sowohl hinsichtlich des Vermeidens von Ermessen und von Manipulationen als auch hinsichtlich eines adäquaten Verhältnisses von Beitragsleistung der Führungskraft und der durch die Beteiligungsbasis ermöglichten Vergütung.

2.3.4. Ausschüttungsmodus

Ein letztes Gestaltungselement der Anreizkomponente eines ASF liegt in der Festlegung des Ausschüttungsmodus. Hiermit wird die Frage beantwortet, zu welchen Zeitpunkten die variablen leistungsorientierten Anreize den Führungskräften zugeteilt werden sollen. Diese Anreize sollten aus Anreiz-Beitrags-theoretischer Sicht den realisierten Anteilen (Beiträgen) der Führungskräfte am strategischen Erfolg entsprechen.[1022] Bei der Gestaltung des Ausschüttungsmodus werden sowohl der Ausschüttungszeitpunkt als auch die Ausschüt-

[1021] Die Stärkung der Identifikation mit der Gesamtunternehmung kann auch als Ziel der in der Praxis vielfach eingesetzten Mitarbeiterbeteiligungen in Form von Aktienbeteiligungen gesehen werden (vgl. Pellens/Crasselt/Rockholtz (1998), S. 15). Als tatsächlich „funktionierende" Beteiligungsbasis im Rahmen eines Anreizsystems kann der Marktpreis dann nicht verstanden werden.

[1022] Vgl. z. B. Hungenberg (1999), S. 733. Bei *Wälchli* betrifft der Ausschüttungsmodus nicht den zeitlichen Aspekt, sondern andere Aspekte der Gestaltung eines ASF, etwa die Anreizsystemstruktur und eher „technische" Aspekte, wie die Umrechnungsformel von Beteiligungsbasen in die Höhe der variablen Anreize (vgl. Wälchli (1995), S. 388 ff.).

tungsfrequenz entsprechender Anreize bestimmt. Grundsätzlich sind hierbei verschiedene Varianten der Ausschüttung denkbar:[1023]

(1) Sofortige Ausschüttung: Hier erfolgt die Ausschüttung der den Führungskräften zustehenden Anteile jeweils sofort nach einer periodischen Bewertung, um eine eindeutige Beziehung zwischen Anreizen und Beiträgen zu erhalten. Eine nachträgliche bzw. abschließende Korrektur der Anteile um den tatsächlich realisierten strategischen Erfolg erfolgt dabei nicht.

(2) Langfristige Ausschüttung nach mehreren Perioden: Die Ausschüttung erfolgt hier nicht nach einer Periode, sondern nach der Betrachtung und Bewertung mehrerer Perioden und dem dann ermittelten Erfolgsanteil der Führungskräfte. Diese Art der Ausschüttung knüpft an die Annahme, dass strategischer Erfolg i. d. R. erst nach mehreren Perioden tatsächlich ermittelt werden kann.

(3) Periodische Teilausschüttung zurückgestellter Erfolgsanteile: Hier erfolgt eine Kombination von (1) und (2), wobei ein Teil der Erfolgsanteile sofort, am Ende der Periode ausgeschüttet wird und ein anderer Teil erst nach der tatsächlichen Ermittlung des strategischen Erfolgs.

Im Folgenden werden die unterschiedlichen Gestaltungsalternativen im Zusammenhang mit den jeweiligen Einflussfaktoren gesehen. Dazu werden die jeweiligen Einflussfaktoren in Bezug auf die geeignete Ausschüttungsart analysiert. Die identifizierten Einflussfaktoren auf den Ausschüttungsmodus innerhalb eines ASF sind die kulturellen Faktoren (Zeitorientierungs- und Unsicherheitsvermeidungsgrad) und die steuerrechtlichen Regelungen als kontextuale Faktoren.

Kulturelle Faktoren

Zunächst soll der Einfluss des Unsicherheitsvermeidungsgrades einer Führungskraft bezüglich des von ihr präferierten Ausschüttungsmodus betrachtet werden. Es ist davon auszugehen, dass eine Führungskraft mit einem hohen Unsicherheitsvermeidungsgrad Ausschüttungszeitpunkte bevorzugt, die möglichst nahe an der Beitragsleistung liegen. Zum einen begründet sich dies damit, dass der Führungskraft die frühzeitige Möglichkeit der Risikodiversifikation ihres Einkommens gegeben wird.[1024] Eine Ausschüttung erst nach mehreren Perioden ermöglicht dies hingegen nicht und entspräche so einer Geldanlage mit zusätzlichem unsystematischem Risiko bis zur Ausschüttung.

[1023] Vgl. Becker (1990), S. 160, Hungenberg (1999), S. 733.

[1024] Vgl. hierzu die Diskussion von Risikodiversifikationsargumenten bei der Betrachtung der Anreizarten in Abschnitt IV.D.2.3.1.

Eine weitere Begründung für eine mögliche Priorisierung der sofortigen Ausschüttung durch unsicherheitsvermeidende Führungskräfte liegt in der Unsicherheit hinsichtlich des Einflusses zukünftiger Ereignisse. Eine sofortige Ausschüttung gewährleistet, dass Leistungsbedingungen direkt und auch zeitnah bei der Leistungsbeurteilung und der dann folgenden Ermittlung der Erfolgsanteile der Führungskräfte berücksichtigt werden können, während dies bei einer längerfristigen Periode u. U. nicht immer bzw. nicht mehr möglich ist.

Aus Unternehmungssicht kann die Variante der sofortigen Ausschüttung allerdings nur bedingt sinnvoll sein. Denn die tatsächlichen strategischen Erfolge, die sich verlässlich erst nach längerfristiger Betrachtung ergeben, können im Extremfall in der Gesamtsicht negativ sein (Strategiemisserfolge oder Fehleinschätzungen der Führungskraftleistung), einzelne periodische Teilergebnisse aber durchaus positiv. Die einmal an die Führungskräfte ausgeschütteten Anteile können aber dann nicht mehr zurückgefordert werden.[1025] Die Führungskraft wäre dann im vorhinein für operative Ergebnisse belohnt worden, jedoch nicht für die eigentliche strategische Leistung.

Eine mögliche Lösung dieses Konflikts besteht in der Verwendung der dritten Gestaltungsvariante. Hier können Teile der Erfolgsanteile sofort ausgeschüttet werden; zudem kann – durch die Einbehaltung von weiteren Teilen – der erst zu einem späteren Zeitpunkt möglichen Ermittlung strategischer Erfolge gerecht geworden werden.[1026]

Anders zu behandeln sind Führungskräfte, die durch den kulturellen Wert einer geringen Unsicherheitsvermeidung charakterisiert werden. Bei ihnen lässt sich keine Aussage über eine mögliche Präferenz aus Unsicherheitsaspekten machen, denn alle Varianten sind mit einem gewissen Risiko des Einkommensverlustes verbunden: Die sofortige Ausschüttung reduziert zwar – wie o. a. – die Gefahr des unsystematischen Risikos hinsichtlich des Einkommens der Führungskraft, allerdings sieht sich eine solche Führungskraft dem Risiko gegenüber, dass künftig die Anteile höher bewertet werden könnten als zu dem anfänglich sofortigen Ausschüttungspunkt. Für die unsicherheitsvermeidende Führungskraft hingegen war dieser potentielle Entgang künftig höherer Anteile noch nicht relevant, weil er nur unter Inkaufnahme einer zusätzlichen Unsicherheit realisierbar (gewesen) wäre. Bei Führungskräften mit geringer Unsicherheitsvermeidung spielt dieses letzte Argument eine geringere Rolle, so dass später erhöhte Anteile lediglich unter dem Aspekt des finanziellen Nutzenverlustes wahrgenommen werden. Bei einer langfristigen Ausschüttung ergibt sich eine analoge Argumentation, allerdings umgekehrt. Aufgrund der beiden stets gegenläufigen Risiken folgt hieraus: der kulturelle Wert eines geringeren Unsicherheitsvermeidungsgrades gibt hier keinen Aufschluss darüber, welches dieser Risiken der Unsicherheitstoleranz der Führungs-

---

[1025] Vgl. Becker (1990), S. 161.

[1026] Ebd.

kraft am ehesten entspricht. Lediglich die möglicherweise zu hohe Regelungsdichte, die durch eine sofortige periodische Ausschüttung gegeben wäre, spräche gegen diese Gestaltungsvariante. Bei einer eher langfristigen Ausschüttungsperiode, deren Ausschüttungszeitpunkt an die Erreichung strategischer Ziele gebunden ist, ergäbe sich hingegen teilweise ein unregelmäßiger Ausschüttungszeitpunkt.[1027]

Wird die kulturbedingte Zeitorientierung der Führungskräfte betrachtet (Kulturdimension der „Konfuzianischen Dynamik"), eröffnet sich die gleiche Argumentationskette wie die innerhalb der Diskussion um die Beteiligungsperiode.[1028] Den eher kurzfristig orientierten Führungskräften sind die kurzfristig erzielten Erfolge wichtig, so dass für sie auch die sofortige Ausschüttung der Erfolgsanteile in Frage kommt. Die eher langfristig orientierten Führungskräfte wollen hingegen primär den strategischen Erfolg erreichen und sich dementsprechend auch mit längerfristigen Ausschüttungsperioden identifizieren.

Kontextuale Faktoren

Aus den kontextualen Faktoren konnten die steuerrechtlichen Regelungen als eine den Ausschüttungsmodus determinierende Größe bestimmt werden. Der Einfluss bezieht sich dabei darauf: Steuerliche Regelungen eines Landes sind u. U. derart ausgestaltet, dass sofort ausgeschüttete, periodische Erfolgsanteile anders versteuert werden müssen als eine Ausschüttung nach mehreren Perioden bzw. eine geteilte Ausschüttungsart nach der dritten Variante.

Ein möglicher Steuervorteil ergibt sich für die sofortige bzw. für die nach mehreren Perioden erfolgende Ausschüttung etwa dann, wenn Änderungen in den steuerrechtlichen Regelungen vorhersagbar sind – z. B. durch angekündigte gesetzliche Steuererhöhungen bzw. -senkungen.[1029] Ist etwa für eine der nächsten Perioden eine Steuererhöhung hinsichtlich der Versteuerung des Einkommens der Führungskraft angekündigt, ist von einer Vorteilhaftigkeit einer sofortigen Ausschüttung auszugehen, da dieser ausgezahlte Erfolgsanteil einer geringeren Besteuerung unterliegt. Allerdings entgeht der Führungskraft dann unter der ersten Ausschüttungsmodusvariante die o. a. mögliche erhöhte Bewertung der Anteile aufgrund des ermittelten tatsächlichen strategischen Erfolges. Die Argumentation kann natürlich auch umgekehrt erfolgen. Bei einer in den nächsten Perioden absehbaren Steuervergünstigung für das Einkommen der Führungskraft ergeben sich aus steuerlicher Sicht eher langfristige Ausschüttungsperioden als vorteilhaft.

Im Sinne einer solchen ständigen Reaktion auf Veränderungen in der Besteuerung bedürfte es jedoch eines äußerst flexiblen Anreizsystems und ebenso einer großen Flexibilität der Un-

[1027] Ebd.

[1028] Vgl. die Ausführungen in Abschnitt IV.D. 2.3.

[1029] Insofern kann hier nicht nur von einem Einfluss einer rechtlichen Größe, sondern auch vom Einfluss einer politischen Größe ausgegangen werden.

ternehmung. Wenn bspw. vereinbart wurde, einen langfristigen Ausschüttungsmodus von fünf Jahren zu wählen und die Führungskraft aufgrund einer absehbaren Steuererhöhung im zweiten Jahr die Ausschüttung ihrer Anteile für das erste Jahr lieber sofort möchte, könnte dies u. U. zu Finanzierungsproblemen seitens der Unternehmung kommen, weil sie die aktuellen Erfolgsanteile im Regelfall investiert hat.

Um solchen kurzfristigen Änderungen zu entgehen, gleichzeitig aber mögliche Steuervorteile ausnutzen zu können, existiert die dritte Gestaltungsvariante der Ausschüttung von Erfolgsanteilen der Führungskraft. Hier wird zunächst lediglich ein zuvor bestimmter Teil der Erfolgsanteile ausgeschüttet, während ein anderer Teil von der Führungskraft zunächst „aufgeschoben“ wird und die Unternehmung ihn einbehält. Es handelt sich hierbei um sogenannte „Deferred Compensation Plans“.[1030] Explizite steuerliche Vorteile – im Sinne einer Steuerminimierung – ergeben sich dann, wenn der aufgeschobene Teil der Erfolgsanteile ausgeschüttet werden kann, wenn die jeweilige Besteuerung gering ist. Für Führungskräfte ist dies in dem Zeitpunkt der Fall, wenn ihr aufgeschobenes Einkommen gering besteuert wird.[1031] Aus Sicht der Unternehmung ist dies hingegen bei einem hohen Steuersatz der Fall, da die an die Führungskräfte ausgeschütteten Anteile die Besteuerungsgrundlage für die Unternehmung mindern und daraus eine höhere Steuerabzugsfähigkeit für die Unternehmung folgt. [1032]

Vielfach wird diese dritte Variante der Ausschüttung auch zur Altersvorsorge genutzt, etwa in Deutschland und den USA. In Deutschland unterliegt die Ausschüttung für den Versorgungsfall geringeren Steuern als der normalen Einkommensbesteuerung.[1033] In den USA ergibt sich für die Unternehmung insbesondere dann ein Steuervorteil, wenn es sich um „Qualified Plans“ handelt.[1034] Die Unternehmung hat dann die Möglichkeit, bereits zu dem Zeitpunkt, in dem die Führungskraft ihre Anteilsausschüttung aufschiebt und demnach über diesen Betrag noch keine Zahlung erhält, die zukünftige Einkommenszahlung geltend zu machen und so bereits heute eine Steuerabzugsfähigkeit zu erlangen.[1035] Um allerdings – aus Unternehmungssicht – eine Ausnutzung dieser Vorteile sinnvoll nutzen zu können, müssen solche Altervorsorgepläne für Führungskräfte abgestimmt sein mit der jeweiligen strategischen Erfolgsentwicklung der Unternehmung.

[1030] Vgl. Balsam (2002), S. 178 und zur kurzen Darstellung Becker (1990), S. 47 ff.

[1031] Vgl. Balsam (2002), S. 185.

[1032] Ebd.

[1033] Vgl. z. B. Fritsch, W. (2000), S. 399.

[1034] Ebd. Der Ausdruck „qualified“ bezieht sich dabei darauf, dass solche Pläne explizit in Abstimmung mit dem US-amerikanischen Steuerrecht geregelt sind; ist dies nicht der Fall, handelt es sich um „non-qualified“ Pläne (vgl. Schnabel (1998), S. 114).

[1035] Vgl. Balsam (2002), S. 185.

Aus den Ausführungen wurde deutlich, dass den ausgewählten kulturellen und kontextualen Faktoren bei der Festlegung des Ausschüttungsmodus innerhalb eines ASF Bedeutung zukommt. Unter Berücksichtigung dieser Faktoren erweist sich – sowohl für die Unternehmung als auch für die Führungskräfte – die dritte vorgestellte Variante als vorteilhaft, weil dadurch sämtlichen beeinflussenden Faktoren Rechnung getragen werden kann.

E. FAZIT

In diesem vierten Abschnitt der Arbeit wurde die Konzeptualisierung von ASF unter Berücksichtigung multinational-relevanter Einflussfaktoren durchgeführt. Für die Konzeptualisierung wurden zunächst die unternehmungsspezifischen Zielsetzungen als Basisparameter für die Gestaltung und Implementierung eines ASF in einer multinationalen Unternehmung herausgestellt. Nur vor dem Hintergrund der unternehmungsspezifischen Situation kann ein ASF sinnvoll und zielführend konzipiert werden. Für die unternehmungsbezogene Ausgestaltung ergaben sich einzelne Gestaltungselemente, die für die unternehmungsspezifische Funktionsfähigkeit eines ASF als wichtig erachtet werden. Um die Konzeptualisierung von ASF umfassend bearbeiten zu können, war es weiterhin notwendig, neben den – im dritten Abschnitt dieser Arbeit identifizierten – zusätzlichen Einflussfaktoren auf ASF in multinationalen Unternehmungen auch die bereits in der Literatur diskutierten Einflussfaktoren auf ASF in nationalen Unternehmungen einzubeziehen.

Zunächst lässt sich ein generelles Resultat der durchgeführten Konzeptualisierung festhalten: Durch die integrierende Analyse der Gestaltungselemente und Einflussfaktoren von ASF in multinationalen Unternehmungen konnten diejenigen Einflussfaktoren in ihrer Bedeutung bestätigt werden, die im dritten Abschnitt dieser Arbeit als relevant für die Betrachtung eines ASF in einer multinationalen Unternehmung erachtet wurden. Zudem erfuhren sie eine weitere Spezifizierung hinsichtlich ihres Einflusses auf ein ASF in einer multinationalen Unternehmung.

Aufbauend auf dieser Erkenntnis stellt sich die Frage nach einem möglichen differierenden Bedeutungsgrad der einzelnen Einflussfaktoren. Zur Beantwortung der Frage war es zunächst notwendig, eine Partialanalyse aller Gestaltungselemente eines ASF hinsichtlich der sie beeinflussenden multinational-relevanten Einflussfaktoren vorzunehmen. Bereits die Aussagen, die sich aus der darstellenden Betrachtung der unternehmungsumfeldspezifischen und unternehmungsspezifischen Einflussfaktoren hinsichtlich einer Beeinflussungsmöglichkeit der verschiedenen Gestaltungselemente eines ASF ableiten ließen, deuteten auf die Notwendigkeit der Berücksichtigung dieser Einflussfaktoren hin.[1036] In der weiter spezifizierten Analyse – durch die Betrachtung einzelner Gestaltungselemente und der Auswirkungen der jeweiligen Einflussfaktoren auf diese Elemente im Detail – konnte die Bedeutung dieser

[1036] Vgl. Abschnitt IV.C. zu den system-exogenen Rahmenbedingungen.

Faktoren explizit nachgewiesen werden. So ist die in Abschnitt IV.C.3 aufgestellte tabellarische Übersicht, die das durch den jeweiligen Einflussfaktor determinierte Gestaltungselement eines ASF darstellt, auch als Teilresultat aufzufassen.[1037]

Aufgrund der durchgeführten Partialanalyse lassen sich nun Aussagen über eine mögliche Gewichtung der Einflussfaktoren in multinationalen Unternehmungen ableiten: Die *kulturellen Faktoren* sind als besonders wichtige Einflussfaktoren zu identifizieren, weil sie primär die Motivation der Führungskräfte zur Beitragsleistung und deren Empfinden über die Angemessenheit der von der Unternehmung gebotenen Anreize determinieren. Insbesondere die Ausprägung der kulturellen Werte der Führungskräfte hinsichtlich des Individualismusgrades und des Grades der Unsicherheitsvermeidung lassen sich als grundlegend beeinflussende kulturelle Faktoren anführen. Den kulturellen Faktoren kann in allen Gestaltungselementen – außer dem Gestaltungselement „Kreis der Beteiligten" – eine nicht zu vernachlässigende Rolle zugesprochen werden. Die *kontextualen Faktoren* stellen nicht zuletzt in den beiden bedeutenden Gestaltungselementen – der Leistungsbeurteilung und den Beteiligungsbasen – unternehmungsumfeldspezifische Rahmenbedingungen dar; sie sind daher von der multinationalen Unternehmung bei der Gestaltung und Implementierung eines ASF grundsätzlich zu berücksichtigten. Einerseits ist ihre Berücksichtigung aus motivationstheoretischen Gründen hinsichtlich der Möglichkeit zur intentionalen Verhaltensausrichtung der Führungskräfte essentiell. Andererseits ist es für die multinationale Unternehmung von zentraler Bedeutung, dass der Aufwand, der einer Unternehmung durch ein ASF entsteht, den Nutzen des ASF nicht übersteigt: Kontextuale Faktoren tragen dabei in erheblichen Maß dazu bei, dass ein ASF in einem Land als für die Unternehmung aus Wirtschaftlichkeitsgründen sinnvoll betrachtet werden kann, während das gleiche ASF in einem anderen Land – unattraktiv oder gar ökonomisch schädigend erscheint. Letzteres gilt dann, wenn das Gleichgewicht zwischen bspw. sehr „teuren" Anreizen und den von den Führungskräften geleisteten Beiträgen nicht mehr gewährleistet ist.

Soll zusätzlich zu diesen Erkenntnissen eine Gewichtung der Bedeutung von unternehmungsumfeldspezifischen und unternehmungsspezifischen Einflussfaktoren – als weiteres Resultat – hergestellt werden, kann dies nicht abschließend erfolgen. Schließlich sind die unternehmungsspezifischen Faktoren durch die unternehmungsumfeldspezifischen Faktoren geprägt. Dennoch käme die alleinige Berücksichtigung von unternehmungsumfeldspezifischen Faktoren als überlagernde Faktoren einer verengten Betrachtungsperspektive gleich. Dies gilt auch, wenn die unternehmungsspezifischen Faktoren innerhalb der Analyse dieser Arbeit einen gegenüber den unternehmungsumfeldspezifischen Faktoren vergleichsweise geringen Raum einnehmen. Zurückzuführen ist dies darauf, dass insbesondere die Heterogenität der

---

[1037] Auf eine erneute Darstellung der Tabelle sei hier verzichtet und stattdessen auf die Übersicht in dem entsprechenden Abschnitt der Konzeptualisierung verwiesen.

unternehmungsumfeldspezifischen Rahmenbedingungen die Komplexität bei der Betrachtung von ASF in multinationalen Unternehmungen erhöht; die damit zusammenhängendem unternehmungsumfeldspezifischen Faktoren erfordern in der vorliegenden Arbeit daher eine differenziertere Betrachtungsweise.

Die vorgenommene Partialanalyse der einzelnen Gestaltungselemente und deren Einflussfaktoren ist im Rahmen der Konzeptualisierung als methodisch sinnvoll anzusehen. Nur so konnte eine Reduktion der Komplexität der Problemstellung erreicht werden. In der praktischen Ausgestaltung eines ASF in einer multinationalen Unternehmung muss jedoch eine Synthese der Erkenntnisse erfolgen, um dem systemischen Charakter des ASF gerecht werden zu können. Nur in einer Abstimmung der einzelnen Gestaltungselemente untereinander kann eine sinnvolle Ausgestaltung und Implementierung eines ASF in einer multinationalen Unternehmung erfolgen.

Aufbauend auf dieser Arbeit wäre es denkbar, dass ein weiteres Analyseziel in der Frage bestehen könnte, wie eine geeignete systemische Zusammensetzung der einzelnen Gestaltungselemente eines ASF unter Berücksichtigung der multinational-relevanten Einflussfaktoren vorgenommen werden kann. Einerseits wäre eine solche Analyse ausgesprochen komplex, andererseits müssten auch im Anschluss an eine solche Analyse in der praktischen Umsetzung wiederum die unternehmungsspezifischen strategischen Zielsetzungen und Gegebenheiten berücksichtigt werden. Dementsprechend bietet die hier vorliegende Konzeptualisierung sowohl eine Grundlage für die weitere wissenschaftliche Forschung als auch für die praktische Ausgestaltung eines ASF in einer multinationalen Unternehmung. Insofern ist mit dieser Konzeptualisierung das zweite Erkenntnisziel dieser Arbeit erreicht.

TEIL V. ZUSAMMENFASSUNG UND AUSBLICK

Die Notwendigkeit zur Beschäftigung mit der Thematik erwuchs daraus, dass multinationale Unternehmungen sich dynamischeren und komplexeren Umwelten gegenüber sehen als nationale Unternehmungen. Für die Führungskräfte multinationaler Unternehmungen impliziert dies höhere Anforderungen an ihre Tätigkeit. Da eine erfolgreiche Unternehmungstätigkeit entscheidend von der Tätigkeit der Führungskräfte abhängt, ist es aus Unternehmungssicht notwendig, das Verhalten der Führungskräfte auf die Unternehmungszielerreichung auszurichten. Dies kann mit Hilfe eines geeigneten ASF geschehen. Da in der Literatur bisher ein Konzept fehlt, das grundlegende Gestaltungsaspekte eines ASF vor dem Hintergrund multinational-relevanter Einflussfaktoren analysiert, ergab sich daraus die Themenstellung dieser Arbeit.

Mit der Arbeit wurde das Ziel einer Strukturierung des komplexen realen Phänomens „ASF in multinationalen Unternehmungen" auf Basis theoretischer Überlegungen verfolgt. Einerseits wurde dieses Ziel formuliert, um Grundlagen für die weitere wissenschaftliche Forschung legen zu können, andererseits um Orientierungshilfen für die praktische Anwendung zu bieten.

Zur Realisierung dieses Arbeitsziels wurden zwei Teilerkenntnisziele formuliert. In einem ersten Schritt musste es darum gehen, multinational-relevante Einflussfaktoren zu extrahieren, die – im Gegensatz zu der Betrachtung von ASF in nationalen Unternehmungen – bei der Gestaltung und Implementierung eines ASF auf besondere Weise zu berücksichtigen sind. Darauf aufbauend konnte dann die Strukturierung des Phänomens „ASF in multinationalen Unternehmungen" hinsichtlich relevanter Einflussfaktoren als zweites Erkenntnisziel vorgenommen werden.

Zur Erreichung der jeweiligen Teilerkenntnisziele wurde folgende Vorgehensweise gewählt: Zunächst wurden wichtige Begriffe dieser Arbeit themenspezifisch definiert. Die Suche nach einem geeigneten theoretischen Fundament für die zu bearbeitende Themenstellung schloss daran an. Hierzu war es notwendig, ein theoretisches Konzept zu finden, dass sowohl anreizspezifische Aspekte als auch die Komplexität, die durch die Betrachtung einer multinationalen Unternehmung entsteht, integrieren kann. Durch die themenspezifische Herleitung von Kriterien, die an das theoretische Fundament gestellt werden müssen, zeigte sich die Anreiz-Beitrags-Theorie als geeignet. Diese Aussage war jedoch nur vor dem Hintergrund einer expliziten Auseinandersetzung mit verschiedenen theoretischen Konzepten möglich, die mittels einer Eignungsanalyse hinsichtlich der Erfüllung der hergeleiteten Kriterien untersucht wurden. Lediglich die Anreiz-Beitrags-Theorie konnte dabei sämtlichen Kriterien gerecht werden; pikanterweise lag dies gerade in der oft kritisierten fehlenden Konkretisierung der Anreize und Beiträge begründet. Denn erst dadurch ließ sich die durch die Themenstellung induzierte Komplexität erfassen.

Auf Basis des theoretischen Fundaments der Anreiz-Beitrags-Theorie konnten dann auch theoretische Gestaltungsaspekte eines ASF in sinnvoller Weise erklärt werden. Hiermit wurde die Grundlage für eine spätere synthesische Analyse mit Erkenntnissen gelegt, die sich aus der Betrachtung multinationaler Unternehmungen ergeben. Die o. a. theoretischen Gestaltungsaspekte eines ASF sind in den Funktionen von und Anforderungen an ASF zu finden. Die Motivationsfunktion wurde als wichtigste Funktion eines ASF herausgearbeitet, während die Personalselektions- und die Koordinationsfunktion eher als deren Teilfunktionen zu verstehen sind. Die für eine Funktionserfüllung unterstützend wirkenden Anforderungen ergaben sich aus der Betrachtung unterschiedlicher theoretischer Arbeiten und konnten einerseits in solche differenziert werden, die sich auf die Beitragsleistung der Führungskräfte beziehen und solche, die primär für die Gewährleistung der Anreize seitens der Unternehmung bedeutsam sind.

In einem weiteren Schritt erfolgte eine Auseinandersetzung mit relevanten Aspekten einer multinationalen Unternehmung. Um Ansatzpunkte für mögliche multinational-relevante Einflussfaktoren aus ASF – für die Erreichung des ersten Teilerkenntnisziels – erhalten zu können, wurde das Forschungsgebiet des internationalen Managements perspektivisch betrachtet. Die im Dienst der Problemstellung aus der breiten Aufarbeitung relevanter Literatur extrahierten theoretischen Perspektiven lagen einerseits in der Kulturberücksichtigung und andererseits in der Umweltberücksichtigung innerhalb des internationalen Managements. Aus Gründen der Komplexitätsreduktion war es notwendig, thematisch relevante Literaturerkenntnisse eigenständig zu bündeln, um die Erkenntnisse für spätere Untersuchungszwecke heranzuziehen.

Innerhalb der Literaturanalyse der Kulturberücksichtigung im internationalen Management erschien es hilfreich – aufgrund eines fehlenden integrierenden Konzeptes – sowohl Erkenntnisse existierender konzeptionell-theoretischer Ansätze als auch empirisch-basierter Untersuchungen in die Analyse einfließen zu lassen. Hinsichtlich der Umweltberücksichtigung konnte das „Umweltschichtenmodell“ von *Dülfer* herangezogen werden, weil in ihm bereits verschiedene umweltberücksichtigende Ansätze integriert sind. Die themenbezogene perspektivische Literaturanalyse führte zunächst zu einem Katalog potentieller multinational-relevanter Einflussfaktoren, bestehend aus den „kontextualen Faktoren“ und den „kulturbedingten individuellen Wertestrukturen“.

Um das erste Teilerkenntnisziel zu erreichen, war zunächst eine „grundlegende“ Analyse erforderlich. Es galt zu untersuchen, ob die potentiellen Einflussfaktoren für die Wirksamkeit von ASF in multinationalen Unternehmungen relevant sind. Hierfür erfolgte die Synthese der theoretischen Gestaltungsaspekte von ASF mit den Erkenntnissen aus der angeführten perspektivischen Literaturanalyse. In diesem Zusammenhang wurden zunächst die kulturbedingten individuellen Wertestrukturen betrachtet und die aus der entsprechenden Literaturanalyse identifizierten Kulturdimensionen für eine themenspezifische Verwendung kritisch analysiert. Dies diente dazu, die verschiedenen Kulturdimensionen themenspezifisch zu bündeln und Redundanzen in den aggregierten Kulturdimensionen verschiedener Forschungen zu reduzieren. Im Anschluss daran erfolgte auf Basis der identifizierten relevanten Kulturdimensionen die Analyse hinsichtlich des Einflusses auf die Funktions- und Anforderungserfüllung von ASF. Als Ergebnis dieser grundlegenden Analyse wurden die kulturbedingten individuellen Wertestrukturen der Führungskräfte eindeutig als multinational-relevanter Einflussfaktor identifiziert.

Ein ähnliches Vorgehen wurde für den potentiellen Einflussfaktor „kontextuale Faktoren" gewählt. Zunächst wurden in einer allgemeinen Betrachtung relevante kontextuale Faktoren themenspezifisch zugeschnitten. Durch die anschließende grundlegende Analyse konnte einerseits der spezifische kontextuale Faktor „natürliche Gegebenheiten" als multinational-relevanter Einflussfaktor ausgeschlossen werden, während andererseits die rechtlich-politisch-institutionellen Faktoren – in Ergänzung des bisherigen Schrifttums – als kontextualer Einflussfaktor identifiziert wurden.

Mit der Identifikation dieser im multinationalen Kontext besonderen Einflussfaktoren wurde das erste Teilerkenntnisziel erreicht. Lediglich auf Basis dieser Erkenntnis war es sinnvoll, die folgende Detailanalyse zur Erreichung des zweiten Teilerkenntnisziels durchzuführen. Denn eine weitere Detailanalyse hinsichtlich der Art des Einflusses verschiedener Faktoren auf einzelne Gestaltungsaspekte eines ASF hätte sich erübrigt, wenn keine multinational-relevanten Einflussfaktoren extrahiert worden wären.

Im vierten Teil der Arbeit wurde dann eine solche Detailanalyse durchgeführt, um eine Konzeptualisierung von ASF in multinationalen Unternehmungen liefern zu können. Ziel dieser Konzeptualisierung war es, das komplexe Phänomen hinsichtlich der Wirkungsweise der multinational-relevanten Einflussfaktoren zu strukturieren. Grundlegend für die Konzeptualisierung erschien es, neben der methodischen Präferenz für ein partialanalytisches Vorgehen nicht den Blick für das Zusammenwirken unterschiedlicher multinational-relevanter Einflussfaktoren zu verlieren.

Auch wenn sich eine konzeptionelle Analyse aus Komplexitätsgründen sinnvollerweise auf die Partialsicht reduziert, erscheint im konkreten Praxisfall die gemeinsame Berücksichtigung aller unternehmungsspezifisch wirkender relevanten Faktoren geboten. Rechnung getragen wurde diesem wichtigen Aspekt in der Konzeptualisierung etwa dadurch, dass die unternehmungsspezifischen Intentionen den Basisparameter darstellen. Denn nur vor dem Hintergrund der unternehmungsspezifischen Zielsetzung, die (auch) durch die unternehmungs- und unternehmungsumfeldspezifischen Rahmenbedingungen determiniert ist, erscheint eine Gestaltung und Implementierung eines ASF sinnvoll.

Als zweites Element der Konzeptualisierung wurden die sog. system-exogenen Rahmenbedingungen extrahiert. Diese stellen solche Faktoren dar, die - als dem ASF von „außen" vorgegeben - bei dessen Gestaltung berücksichtigt werden müssen. Die Rahmenbedingungen resultierten dabei aus einer integrierenden Betrachtung der identifizierten multinational-relevanten Einflussfaktoren und der herkömmlichen unternehmungsspezifischen Einflussfaktoren. Im ersten Schritt einer Detailanalyse ergaben sich jeweils Unterschiede in den von den Rahmenbedingungen beeinflussten Gestaltungsaspekten eines ASF. Diese spezifischen Einflüsse erfuhren dann im dritten Element der Konzeptualisierung, bei den sog. system-endogenen Gestaltungsfaktoren von ASF, Berücksichtigung. Hier wurden die Art und die Auswirkung ihres Einflusses auf das entsprechende Gestaltungselement eines ASF explizit analysiert. Im Ergebnis konnte so die Strukturierung des Phänomens von „ASF in multinationalen Unternehmungen" und damit das zweite Teilerkenntnisziel erreicht werden. Für eine praktische Ausgestaltung erweist sich die vorgelegte Konzeptualisierung als hilfreiches Gerüst, weil sie aufzeigt, *welche* Faktoren und *wie* diese Faktoren bei der Gestaltung eines ASF zu berücksichtigen sind.

Die theoretische Relevanz der vorliegenden Arbeit liegt darin, dass – in Ergänzung zu bisherigen theoretischen Vorschlägen zur Ausgestaltung von ASF – Gestaltungselemente eines ASF unter besonderer Berücksichtigung multinational-relevanter Einflussfaktoren analysiert wurden. Als zusätzliches Ergebnis lässt sich dabei Folgendes festhalten: den unternehmungsumfeldspezifischen Einflussfaktoren, die sich in multinationalen Unternehmungen durch ihre große Heterogenität auszeichnen, ist gegenüber den bisher in der Literatur berücksichtigten Einflussfaktoren, ein bedeutenderes Gewicht zuzusprechen. Begründet liegt dies u. a. darin, dass solche multinationalen *unternehmungsumfeld*spezifischen Faktoren auch die *unternehmungs*spezifischen Faktoren von multinationalen Unternehmungen determinieren.

Was die Praxisrelevanz dieser Arbeit angeht, stellen die Erkenntnisse die heutzutage oft vernommenen Forderungen nach einem „globalen Anreizsystem" von Führungskräften in Frage. Denn eine Nichtberücksichtigung der jeweiligen spezifischen kulturellen und kontextualen Faktoren würde im Sinne der Arbeit die Funktionsfähigkeit eines ASF gefährden. Hinreichend deutlich wurde auch, dass eine Ausgestaltung eines ASF in multinationalen Unternehmungen erheblich mehr erfordert als es für nationale Unternehmungen nötig ist.

Dennoch muss angeführt werden, dass es aus Wirtschaftlichkeitsgründen für eine multinationale Unternehmung nicht sinnvoll sein kann, allzu sehr auf spezifische kulturelle Werte einer Führungskraft bzw. zu differenziert auf Unterschiede in kontextualen Faktoren in verschiedenen Unternehmungsteilbereichen einzugehen. Für eine ökonomisch sinnvolle Ausgestaltung eines ASF in einer multinationalen Unternehmung ließe sich dies etwa in folgendem Motto zusammenfassen: „So viel Standardisierung des ASF wie möglich, so viel Berücksichtigung multinationaler Besonderheiten wie nötig." Es liegt auf der Hand, dass die Umsetzung dieser Forderung eine besondere Herausforderung für Unternehmungen darstellt; sie ist daher – selbst unter Berücksichtigung der Erkenntnisse der vorliegenden Arbeit – stets nur im unternehmungsspezifischen Kontext zu klären.

Einschränkend sei angemerkt, dass die hergeleiteten Erkenntnisse vorwiegend auf ökonomischen Plausibilitätsanalysen beruhen. Zur weiteren Fundierung der Erkenntnisse erscheint es geboten, empirische Untersuchungen anzuschließen, die aus den Erkenntnissen dieser Arbeit ableitbare Hypothesen mit der Realität konfrontieren.

Was künftig interessante Forschung angeht, interessiert etwa, inwieweit in der Praxis multinationaler Unternehmungen den konzeptionell angeführten Faktoren Bedeutung bei der Gestaltung von ASF zugewiesen wird. Hierfür böte sich ein empirisches Design an, auf dessen Basis Unterschiede von ASF-Ausgestaltungen zwischen multinationalen Unternehmungen und „wenig" multinationalen bzw. nationalen Unternehmungen herauszuarbeiten wären. Sollte sich beim empirischen Test zeigen, dass ASF in multinationalen Unternehmungen – entsprechend der Erkenntnisse dieser Arbeit – bereits differenzierter ausgestaltet sind als in der Vergleichsgruppe, spräche dies für die Richtigkeit der hier erarbeiteten Erkenntnisse zu ASF in multinationalen Unternehmungen.

Sollte eine Bedeutung solcher Erkenntnisse in der Empirie nicht nachweisbar sein, hieße dies aber im Umkehrschluss nicht, dass sie grundsätzlich nicht praxisrelevant sind. Es bestünde schließlich die Möglichkeit, dass Unternehmungen die Notwendigkeit einer entsprechenden Anpassung von ASF noch nicht realisiert haben. Dann wäre es interessant, Führungskräfte multinationaler Unternehmungen zu befragen, ob die Berücksichtigung multinational-relevanter Einflussfaktoren auf ASF für sie ein Bedürfnis darstellt bzw. warum diese Faktoren nach ihrer Ansicht bisher nicht berücksichtigt werden. Aus einer solchen Befragung könnten ggf. Erkenntnisse resultieren, die – in Einklang mit den Ergebnissen dieser Arbeit – zumindest auf eine „latente" Notwendigkeit einer entsprechenden ASF-Anpassung bei multinationalen Unternehmungen hindeuteten.

Darüber hinaus ist weiterführende Forschung dahingehend denkbar, detailliertere Erkenntnisse über die Wirkungsweise der Einflussfaktoren von ASF zu erlangen. Dies beinhaltet Fragestellungen nach Konsequenzen unterschiedlicher Wirkungsrichtungen verschiedener Einflussfaktoren, etwa ob sich bei gleichzeitigem Auftreten spezifischer Ausprägungen der unterschiedlichen Einflussfaktoren diese u. U. in ihrer Wirkung auf die Anreizgestaltung aufheben?

Schließlich erscheint zur Überprüfung grundlegender Wertungsentscheidungen dieser Arbeit eine empirische Untersuchung im Zeitablauf sinnvoll. Hierbei kann es bspw. um Fragestellungen gehen, ob gerade bei der Gruppe der Führungskräfte die unterschiedlichen kulturellen Faktoren im Zeitablauf eine Annäherung erfahren (haben). Darüber hinaus ist zu prüfen, ob eine mögliche Konvergenz kontextualer Faktoren im Zeitablauf feststellbar ist.

Solche und ähnliche weiterführende Forschungsfragestellungen sind auf Basis der Erkenntnisse dieser Arbeit denkbar. Die hier vorliegende Arbeit trägt dazu bei, das hierfür notwendige grundlegende Verständnis der Thematik zu liefern.

Literaturverzeichnis

Adams, J. S. (1963a): *Toward an understanding of inequity.* In: Journal of Abnormal and Social Psychology. Vol. 67, No. 5, 1963, S. 422-436.

Adams, J. S. (1963b): *Wage inequities, productivity and work quality.* In: Industrial Relations. Vol. 3, No. 1, 1963, S. 9-16.

Adams, J. S. (1965): *Injustice in social exchange.* In: Berkowitz, L. (Hrsg.): Advances in experimental social psychology. Vol. 2, New York 1965, S. 267-299.

Adler, N. J. (1983): *Cross-Cultural Management Research: The Ostrich and the Trend.* In: Academy of Management Review. Vol. 8, No. 2, 1983, S. 226-232.

Adler, N. J. (1991): *International Dimensions of Organizational Behavior.* 2nd ed., Belmont 1991.

Adler, N. J. (2002): *International Dimensions of Organizational Behavior.* 4th ed., Cincinnatti 2002.

Adler, N. J./Ghadar, F. (1990): *Strategic Human Resource Management: A Global Perspective.* In: Pieper, R. (Hrsg.): Human Resource Management: An International Comparison. Berlin 1990, S. 235-260.

Aharoni, Y. (1971): *On the Definition of a Multinational Corporation.* In: The Quarterly Review of Economics and Business. Vol. 11, No. 3, 1991, S. 27-37.

Aktiengesetz (AktG)/GmbH-Gesetz (GmbHG) (1998). 29.Aufl., München 1998.

Albach, H. (1981): *Die internationale Unternehmung als Gegenstand der betriebswirtschaftlichen Forschung.* In: Zeitschrift für Betriebswirtschaft. Jg. 51, Ergänzungsheft 1, 1981, S. 13-24.

Ali, A. J./Camp R. C. (1996): *Global managers: qualifiers for effective competition.* In: International Journal of Manpower. Vol. 17, No. 6/7, 1996, S. 5-18.

Apfelthaler, G. (1999): *Interkulturelles Management. Die Bewältigung kultureller Differenzen in der internationalen Unternehmenstätigkeit.* Wien 1999.

Atkinson, J. W. (1975): *Einführung in die Motivationsforschung.* Stuttgart 1975.

Awasthi, V. N./Chow, C. W./Wu, A. (2001): *Cross-Cultural differences in the behavioral consequences of imposing performance evaluation and reward systems: An experimental investigation.* In: The International Journal of Accounting. Vol. 36, 2001, S. 291-309.

Backes-Gellner, U./Geil, L. (1997): *Managementvergütung und Unternehmenserfolg – Stand der theoretischen und empirischen Forschung.* In: Das Wirtschaftsstudium. Jg. 26, Nr. 5, 1997, S. 468-474.

Baetge, J./Kirsch, H.-J./Thiele, S. (2002): *Bilanzen.* 6., aktual. Aufl., Düsseldorf 2002.

BAKER, G. P./JENSEN, M. C./MURPHY, K. J. (1988): *Compensation and Incentives: Practice vs. Theory*. In: Journal of Finance. Vol. 43, No. 3, 1988, S. 598-616.

BALKIN, D. B./GOMEZ-MEIJA, L. R. (1987): *New Perspectives on Compensation*. Engelwood Cliffs 1987.

BALKIN, D. B./GOMEZ-MEIJA, L. R. (1990): *Matching Compensation and Organizational Strategies*. In: Strategic Management Journal. Vol. 11, 1990, S. 153-169.

BALLWIESER, W. (1993): *Methoden der Unternehmensbewertung*. In: Gebhardt, G./Gerke, W./Steiner, M. (Hrsg.): Handbuch des Finanzmanagements. Instrumente und Märkte der Unternehmensfinanzierung. München 1993, S. 151-176.

BALLWIESER, W. (2000): *Was bewirkt eine Umstellung der Rechnungslegung von HGB auf US-GAAP?*. In: Ballwieser, W. (Hrsg.): US-amerikanische Rechnungslegung. Grundlagen und Vergleiche mit deutschem Recht. 4. überarb. u. erw. Aufl., Stuttgart 2000, S. 447-465.

BALSAM, S. (2002): *An Introduction to Executive Compensation*. San Diego 2002.

BAMBERG, G./COENENBERG, A. G. (1996): *Betriebswirtschaftliche Entscheidungslehre*. 9. Aufl., München 1996.

BAMBERG, G./TROST, R. (1995): *Stellungsnahme zu: Christian Müller: Prinzipal-Agenten-Theorie und Informationsgehalt*. In: Die Betriebswirtschaft. Jg. 55, Nr. 1, 1995, S. 125-127.

BARKEMA, H. G./GOMEZ-MEIJA, L. R. (1998): *Managerial compensation and firm performance: A general research framework*. In: Academy of Management Journal. Vol. 41, No. 2, 1998, S. 135-145.

BARNARD, C. I. (1938): *The Function of the Executive*. Cambridge 1938.

BARNARD, C. I. (1970): *Die Führung großer Organisationen*. Deutsche Übersetzung der 17. Aufl., Originaltitel: The Functions of Executives (1938). Essen 1970.

BARTLETT, C. A./GOSHAL, S. (1990): *Internationalen Unternehmensführung. Innovation, globale Effizienz, differenziertes Marketing*. Frankfurt 1990.

BASSEN, A./KOCH, M./WICHELS, D. (2000): *Variable Entlohnungssysteme in Deutschland*. In: Finanz Betrieb. Jg. 2, Nr. 1, 2000, S. 9-17.

BAUMGARTNER, H. (1992): *Anforderungen an die Gestaltung eines mehrdimensionalen strategischen Anreiz-und Belohungssystems für Führungskräfte*. Bamberg 1992.

BAUMS, T. (1996): *Aktienoptionen für Vorstandsmitglieder*. Arbeitspapier Nr. 80, Universität Osnabrück, Institut für Handelsrecht und Wirtschaftsrecht. 1996, S. 217-223.

BECKER, F. G. (1987): *Zur Ausgestaltung eines strategisch-orientierten Anreizsystems*. In: Zeitschrift Führung und Organisation. Jg. 56, Nr. 3, 1987, S. 159-164.

Becker, F. G. (1988): *Flexibilisierung der Führungskräftevergütung?*. In: Zeitschrift für Personalforschung. Jg. 2, Nr. 2, 1988, S. 83-88.

Becker, F. G. (1990): *Anreizsysteme für Führungskräfte. Möglichkeiten zur strategisch-orientierten Steuerung des Managements*. Stuttgart 1990.

Becker, F. G. (1991a): *Strategisch-orientierte Anreizsysteme – beispielhaft dargestellt am „Incentive Compensation System" der General Electric Company*. In: Schanz, G. (Hrsg.): Handbuch Anreizsysteme in Wirtschaft und Verwaltung. Stuttgart 1991, S. 753-776.

Becker, F. G. (1991b): *Innovationsfördernde Anreizsysteme*. In: Schanz, G. (Hrsg.): Handbuch Anreizsysteme in Wirtschaft und Verwaltung. Stuttgart 1991, S. 567-593.

Becker, F. G. (1993): *Strategische Ausrichtung von Beteiligungssystemen*. In: Weber, W. (Hrsg.): Entgeltsysteme. Stuttgart 1993, S. 313-338.

Becker, F. G. (1995a): *Anreizsysteme als Führungsinstrumente*. In: Kieser, A./Reber, G./ Wunderer, R. (Hrsg.): Handwörterbuch der Führung. 2., neugestalt. Aufl., Stuttgart 1995, Sp. 34-45.

Becker, F. G. (1995b): *Strategische Anreizsysteme (Überblick)*. In: Scholz, C./Djarrahzadeh, M. (Hrsg.): Strategisches Personalmanagement. Konzeptionen und Realisationen. Stuttgart 1995, S. 185-200.

Becker, F. G. (1997): *Anreizsysteme für Führungskräfte: Das strategische Handeln fördern und entlohnen*. In: Gablers Magazin. Jg. 11, Nr. 11-12, 1997, S. 6-10.

Becker, F. G. (1998a): *Anreizsysteme für Controller bzw. für das Controlling*. In: Börsig, C./Coenenberg, A. G. (Hrsg.): Controlling und Rechnungswesen im internationalen Wettbewerb. Stuttgart 1998, S. 241-253.

Becker, F. G. (1998b): *Grundlagen betrieblicher Leistungsbeurteilungen. Leistungsverständnis und -prinzip, Beurteilungsproblematik und Verfahrensprobleme*. 3., überarb. u. erw. Aufl., Stuttgart 1998.

Becker, F. G./Fallgatter, M. J. (2002): *Unternehmungsführung. Einführung in das strategische Management*. Berlin 2002.

Becker, F. G./Holzer, H. P. (1986): *Erfolgsbeteiligung und Strategisches Management in den USA*. In: Die Betriebswirtschaft. Jg. 46, Nr. 4, 1986, S. 438-459.

Beermann, L./Stengel, M. (1996): *Werte im interkulturellen Vergleich*. In: Bergemann, N,/Sourisseaux, A. L. J. (Hrsg.): Interkulturelles Management. 2., überarb. Aufl., Heidelberg 1996, S. 7-34.

Berger, U./Bernhard-Mehlich, I. (2001): *Die Verhaltenswissenschaftliche Entscheidungstheorie*. In: Kieser, A. (Hrsg.): Organisationstheorien. 4., unveränd. Aufl., Stuttgart 2001, S. 133-168.

Berthel, J. (1997): *Personal-Management. Grundzüge für Konzeptionen betrieblicher Personalarbeit*. 5. überarb. u. erw. Aufl., Stuttgart 1997.

BERTHEL, J. (2000): *Personal-Management. Grundzüge für Konzeptionen betrieblicher Personalarbeit.* 6., überarb. u. erw. Aufl., Stuttgart 2000.

BIEL, J. (1979): *Multinationale Unternehmen.* München 1979.

BIGONESS, W. J./BLAKELY, G. L. (1996): *A Cross Cultural Study of Managerial Values.* In: Journal of International Business Studies. Vol. 27, No. 4, 1996, S. 739-752.

BLEICHER, K. (1991): *Organisation. Strategien – Strukturen – Kulturen.* 2., vollst. neu bearb. u. erw. Aufl., Wiesbaden 1991.

BLEICHER, K. (1992): *Strategische Anreizsysteme. Flexible Vergütungssysteme für Führungskräfte.* Stuttgart 1992.

BLEICHER, K. (1993): *Die Entwicklung der Managementkapazität – Schlüsselfaktor zur Positionierung von Unternehmen im internationalen Wettbewerb.* In: Strutz, H./Wiedemann, K. (Hrsg.): Internationales Personalmarketing – Konzepte – Erfahrungen – Perspektiven. Wiesbaden 1993, S. 3-21.

BLEICHER, K. (1999): *Unternehmungskultur und strategische Unternehmungsführung.* In: Hahn, D./Taylor, B. (Hrsg.): Strategische Unternehmungsplanung – Strategische Unternehmungsführung. Stand und Entwicklungstendenzen. 8., aktual. Aufl., Heidelberg 1999, S. 223-265.

BORRMANN, W. A. (1970): *Typus und Struktur internationaler Unternehmungen.* In: Borrmann, W. A. (Hrsg.): Managementprobleme internationaler Unternehmungen. Wiesbaden 1970, S. 17-49.

BOYD, B. K./SALAMIN, A. (2001): *Strategic reward systems : A contingency model of pay system desing.* In: Strategic Management Journal. Vol. 22, No. 8, 2001, S. 777-792.

BREID, V. (1995): *Aussagefähigkeit agencytheoretischer Ansätze im Hinblick auf die Verhaltenssteuerung von Entscheidungsträgern.* In: Zeitschrift für betriebswirtschaftliche Forschung. Jg. 47, Nr. 9, 1995, S. 821-854.

BRUNELLO, G./GRAZIANO, C./PARIGI, B. (2001): *Executive compensation and firm performance in Italy.* In: International Journal of Industrial Organization. Vol. 19, 2001, S. 133-161.

BUCKLEY, P. J. (1979): *The Modern Theory of the Multinational Enterprises.* In: Management Bibliographies & Reviews. Vol. 5, No. 3, 1979, S. 171-185.

BÜHNER, R. (1996): *Rechts- und Eigentumsaspekte des Unternehmens.* In: Bullinger, H.-J./Warnecke, H. J. (Hrsg.): Neue Organisationsformen im Unternehmen. Ein Handbuch für das moderne Management. Berlin 1996, S. 215-224.

BUSSE V. COLBE, W. (1997): *Was ist und was bedeutet Shareholder Value aus betriebswirtschaftlicher Sicht?.* In: Zeitschrift für Unternehmens- und Gesellschaftsrecht. Jg. 26, 1997, S. 271-290.

CHILD, J. (1981): *Culture, Contingency and Capitalism in the Cross-National Study of Organizations.* In: Cummings, L. L./Staw, B. M. (Hrsg.): Research in Organizational Behavior. Vol. 3, Greenwich 1981, S. 303-356.

CHMIELEWICZ, K. (1992): *Unternehmungsleitung, Organisation der.* In: Frese, E. (Hrsg.): Handwörterbuch der Organisation. 3. Aufl., Stuttgart 1992, Sp. 2464-2480.

CISCELL, D. H./CAROLL, T. M. (1980): *The determinants of executive salaries: A econometric survey.* In: Review of Economics and Statistics. Vol. 62, 1980, S. 7-13.

CLERMONT, A./SCHMEISSER, W. (1997): *Internationales Personalmanagement – Management mit Fingerspitzengefühl.* In: Clermont, A./Schmeisser, W. (Hrsg.): Internationales Personalmanagement. München 1997, S. 3-15.

COLLINGWOOD, H. (2001): *The Earnings Game. Everyone Plays, Nobody Wins.* In: Harvard Business Review. Vol. 79, No. 6, 2001, S. 65-74.

COPELAND, T. E./WESTON, J. F. (1988): *Financial Theory and Corporate Policy.* 3rd ed., Reading 1988.

CRYSTAL, G. S./WALKER, J. W. (1973): *Executive Compensation: The Organizational Interface.* In: Compensation Review. Vol. 5, No. 4, 1973, S. 24-29.

D'ARCY, A. (1999): *Gibt es eine anglo-amerikanische oder eine kontinentaleuropäische Rechnungslegung? Klassen nationaler Rechnungslegungssysteme zwischen Politik und statistischer Überprüfbarkeit.* Frankfurt a. M. 1999.

DAVID, P./KOCHHAR, R./LEVITAS, E. (1998): *The effect of institutional investors on the level and the mix of CEO compensation.* In: Academy of Management Journal. Vol. 41, No. 2, 1998, S. 200-208.

DECHOW, P. M./SLOAN, R. G. (1991): *Executive Incentives and the Horizon Problem: An empirical Investigation.* In: Journal of Accounting and Economics. Vol. 14, No. 1, 1991, S. 51-89.

DECI, E. L. (1972): *Intrinsic motivation, extrinsic reinforcement and inequity.* In: Journal of Personality and Social Psychology. Vol. 22, No. 1, 1972, S. 113-120.

DEUTSCHES AKTIENINSTITUT E.V. (1996): *Aktienoptionspläne für Führungskräfte.* Frankfurt a. M. 1996.

DILL, P./HÜGLER, G. (1997): *Unternehmenskultur und Führung betriebswirtschaftlicher Organisationen. Ansatzpunkte für ein kulturbewusstes Management.* In: Heinen, E./Fank, M. (Hrsg.): Unternehmenskultur. Perspektiven für Wissenschaft und Praxis. 2., bearb. u. erw. Aufl., München 1997, S. 141-209.

DÖRFLER, H.-W. (1993): *Grundlagen der praktischen Gestaltung von Anreizsystemen zur Unternehmensführung: ein Weg zur Unternehmenssteuerung durch Erfolgsfaktoren.* Frankfurt a. M. 1993.

DORFMAN, P. W./HOWELL, J. P. (1988): *Dimensions of National Culture and Effective Leadership Patterns: Hofstede Revisited.* In: Farmer, R. N./Mc Goun, E. G. (Hrsg.):

Advances in International Comparative Management. Vol. 3, Greenwich 1988, S. 127-150.

DRUMM, H. J. (2000): *Personalwirtschaftslehre.* 4., überarb. u. erw. Aufl., Berlin 2000.

DÜLFER, E. (1981): *Zum Problem der Umweltberücksichtigung im internationalen Management.* In: Pausenberger, E. (Hrsg.): Internationales Management. Stuttgart 1981, S. 1-44.

DÜLFER, E. (1982): *Internationalisierung der Unternehmung – gradueller oder prinzipieller Wandel?.* In: Lück, W./Trommsdorff, V. (Hrsg.): Internationalisierung der Unternehmung als Problem der Betriebswirtschaftslehre. Berlin 1982, S. 47-71.

DÜLFER, E. (1983): *Die spezifischen Personal- und Kommunikationsprobleme international tätiger Unternehmungen – eine Einführung.* In: Dülfer, E. (Hrsg.): Personelle Aspekte im internationalen Management. Berlin 1983, S. 1-26.

DÜLFER, E. (1985): *Die Auswirkungen der Internationalisierung auf Führung und Organisationsstruktur mittelständischer Unternehmen.* In: Betriebswirtschaftliche Forschung und Praxis. Jg. 37, Nr. 6, 1985, S. 493-514.

DÜLFER, E. (1992A): *Personalwesen in unterschiedlichen Kulturen.* In: Gaugler, E./Weber, W. (Hrsg.): Handwörterbuch des Personalwesens. 2., neubearb. U. erg. Aufl., Stuttgart 1992, Sp. 1881-1893.

DÜLFER, E. (1992B): *Kultur und Organisationsstruktur.* In: Frese, E. (Hrsg.): Handwörterbuch der Organisation. 3., völlig neu gestalt. Aufl. , Stuttgart 1992, Sp. 1201-1214.

DÜLFER, E. (1999): *Unternehmensethik – Bindeglied zwischen Unternehmenskultur und Landeskultur im Internationalen Management.* In: Kumar, B. N./Osterloh, M./ Schreyögg, G. (Hrsg.): Unternehmensethik und die Transformation des Wettbewerbs: Shareholder-Value – Globalisierung – Hyperwettbewerb. Stuttgart 1999, S. 365-391.

DÜLFER, E. (2001): *Internationales Management in unterschiedlichen Kulturbereichen.* 6. erg. Aufl., München 2001.

EBERS, M/GOTSCH.W. (2001): *Institutionenökonomische Theorie der Organisation.* In: Kieser, A. (Hrsg.): Organisationstheorien. 4. unveränd. Aufl., S. 199-251.

EISENHARDT, K.-M. (1989): *Agency Theory: An assessment and review.* In: Academy of Management Review. Vol. 14, No. 1, 1989, S. 57-74.

ELSCHEN, R. (1995): *Methodologische Nostalgie und faustische Theoriekritik.* In: Die Betriebswirtschaft. Jg. 55, Heft 1, 1995, S. 123-125.

ENDE, W. (1982): *Theorien der Personalarbeit in Unternehmen.* Königsstein 1982.

ENZWEILER, T. (2002): *ThyssenKrupp legt Vorstandsbezüge offen.* In: Financial Times Deutschland. 31.03.2002, S. 3.

EUGELM, S. (1993): *Die Beziehungen zwischen Unternehmung und Umwelt.* Stuttgart 1993.

EVERS, H. (1991): *Leistungsanreize für Führungskräfte.* In: Schanz, G. (Hrsg.): Handbuch Anreizsysteme in Wirtschaft und Verwaltung. Stuttgart 1991, S. 738-751.

FALLGATTER, M. (1996): *Beurteilung von Lower Management-Leistung. Konzeptualisierung eines zielorientierten Verfahrens.* Bergisch Gladbach 1996.

FAMA, E. F. (1976): *Foundation of Finance. Portfolio Decisions and Securities Prices.* New York 1976.

FAMA, E. F. (1980): *Agency Problems and Theory of the Firm.* In: Journal of Political Economy. Vol. 88, No. 2, 1980, S. 288-307.

FAMA, E. F../JENSEN, M. C. (1983A): *Agency Problems and Residual Claims.* In: Journal of Law and Economics. Vol. 26, June, 1983, S. 327-349.

FAMA, E. F./JENSEN, M. C. (1983B): *Separation of Ownership and Control.* In: Journal of Law and Economics. Vol. 26, June, 1983, S. 301-325.

FAßBENDER, S. (1957): *Die Führungskräfte im Unternehmen.* Essen 1957.

FAßBENDER, S. (1975): *Führungskräfte.* In: Gaugler, E. (Hrsg.): Handwörterbuch des Personalwesens. Stuttgart 1975, Sp. 876-889.

FAYERWEATHER, J. (1982): *International business strategy and administration.* 2. Aufl., Cambridge 1982.

FAYERWEATHER, J. (1989): *Internationale Unternehmung.* In: Macharzina, K./Welge, M. (Hrsg.): Handwörterbuch Export und internationale Unternehmung. Stuttgart 1989, Sp. 926-948.

FAYOL, H. (1929): *Allgemeine und industrielle Verwaltung.* München 1929.

FESTING, M. (1997): *International Human Resource Management Strategies in Multinational Corporations: Theoretical Assumptions and Empirical Evidence form German firms.* In: Wolf, J. (Hrsg.): International Human Resource and Cross Cultural Management, Management International Review. Vol. 37, Special Issue No. 1, 1997, S. 43-63.

FESTING, M. (1999): *Strategisches Internationales Personalmanagement. Eine transaktionskostentheoretisch fundierte Analyse.* 2, überarb. u. aktual. Aufl., München 1999.

FESTING, M./WEBER, W. (2000): *Internationales Personalmanagement.* In: Wirtschaftswissenschaftliches Studium. Jg. 29, Nr. 8, 2000, S. 428-433.

FINKELSTEIN, S./BOYD B. K. (1998): *How much does the CEO matter? The role of managerial discretion in the setting of CEO compensation.* In: Academy of Management Journal. Vol. 41, No. 2, 1998, S. 179-199.

FINKELSTEIN, S./HAMBRICK, D. C. (1988): *Chief Executive Compensation: A Synthesis and Reconciliation.* In: Strategic Management Journal. Vol. 9, 1988, S. 543-558.

FINKELSTEIN, S./HAMBRICK, D. C. (1996): *Strategic Leadership. Top Executives and their Effects on Organization.* St. Paul 1996.

FISCHER, M. (1995): *Agency-Theorie.* In: Wirtschaftswissenschaftliches Studium. Nr. 6, Juni, 1995, S. 320-322.

FRENCH, W. H. (1978): *The personnel management process.* 4th ed., Boston 1978.

FREY, B. S. (1990): *Ökonomie ist Sozialwissenschaft. Die Anwendung der Ökonomie auf neue Gebiete.* München 1990.

FREY, B. S. (2000): *Leistung durch Leistungslohn? Grenzen marktlicher Anreizsysteme für das Managerverhalten.* In: Frese, E./Hax, H. (Hrsg,): Das Unternehmen im Spannungsfeld von Planung und Marktkontrolle, Schmalenbachs Zeitschrift für betriebswirtschaftliche Forschung, Sonderheft 44. Düsseldorf 2000, S. 67-95.

FRITSCH, M. (2000): *Personalsuche in Europa.* In: Regnet, E./Hofmann, L. M. (Hrsg.): Personalmanagement in Europa. Göttingen 2000, S. 98-114.

FRITSCH, W. (2000): *Angebot Deferred Compensation – Ein Baustein im Rahmen der Eigenvorsorge. Eine Darstellung aus der Praxis.* In: Clermont, A./Schmeisser, W./ Krimphove, D. (Hrsg.): Personalführung und Organisation. München 2000, S. 399-411.

GADAMER, H.-G. (1972): *Wahrheit und Methode.* 3. Aufl., Tübingen 1972.

GEBERT, D./ROSENSTIEL, L. V. (1996): *Organisationspsychologie. Person und Organisation.* 4., überarb. u. erw. Aufl., Stuttgart 1996.

GEIL, L. (2000): *Determinanten der Managementvergütung in Deutschland: Theorie und Empirie.* In: Backes-Gellner, U. et. al. (Hrsg.): Flexibilisierungstendenzen in der betrieblichen Personalpolitik: Anreize, Arbeitszeiten und Qualifikation. München 2000, S. 9-37.

GOMEZ-MEIJA, L. R. (1984): *Effect of Occupation on Task Related, Contextual, and Job Involvement Orientation: A Cross-Cultural Perspective.* In: Academy of Management Journal. Vol. 27, No. 4, 1984, S. 706-720.

GOMEZ-MEIJA, L. R. (1992): *Structure and process of diversification, compensation strategy and firm performance.* In: Strategic Management Journal. Vol. 13, No. 5, 1002, S. 381-397.

GOMEZ-MEIJA, L. R. (1994): *Executive Compensation: A Reassessment and a Future Research Agenda.* In: Research in Personnel and Human Resources Management. Vol. 12, 1994, S. 161-222.

GOMEZ-MEIJA, L. R./WELBOURNE T. M. (1989): *Strategic Design of Executive Compensation Programs.* In: Gomez-Meija, L. R./Olsen, R./Milkovich, G. T. (Hrsg.): Compensation and Benefits. Washington 1989, S. 216-269.

GOODSTEIN, L. D. (1981): *Commentary: Do American Theories Apply Abroad? American Business Values and Cultural Imperialism.* In: Organizational Dynamics. Vol. 10, No. 1, 1981, S. 49-54.

GRAY, S. J. (1988): *Towards a Theory of Cultural Influence in the Development of Accounting Systems Internationally.* In: Abacus. March 1988, S. 1-15.

GREWE, A. (2000): *Implementierung neuer Anreizsysteme.* München 2000.

GULICK, L./URWICK, L. (1937): *Papers on the Science of Administration.* New York 1937.

GÜNTHER, T. (1997): *Unternehmenswertorientiertes Controlling.* München 1997.

GUTENBERG, E. (1962): *Unternehmungsführung: Organisation und Entscheidungen.* Wiesbaden 1962.

GUTENBERG, E. (1983): *Grundlagen der Betriebswirtschaftslehre. Erster Band. Die Produktion.* 24., unveränd. Aufl., Berlin 1983.

GUTHOF, P. (1995): *Strategische Anreizsysteme. Gestaltungsoptionen im Rahmen der Unternehmungsentwicklung.* Wiesbaden 1995.

HAHN, D./WILLERS, H. G. (1999): *Unternehmungsplanung und Führungskräftevergütung.* In: Hahn, D./Taylor, B. (Hrsg.): Strategische Unternehmungsplanung – strategische Unternehmungsführung: Stand und Entwicklungstendenzen. 8., aktual.. Aufl., Heidelberg 1999, S. 710-719.

HAIRE, M./GHISELLI, E.. E./PORTER, L. W. (1966): *Managerial Thinking: An International Study.* New York, 1966.

HANDELSGESETZBUCH (HGB) (1999). 34., überarb. Aufl., München 1998.

HAMBRICK, D. C./SNOW, C. C. (1989): *Strategic Reward Systems.* In: Snow, C. C. (Hrsg.): Strategy, Organization Design, and Human Resource Management. Vol. 3 of Strategic Management Policy and Planning. Greenwich 1989, S. 333-368.

HAMPDEN-TURNER, C./TROMPENAARS, F. (2000): *Building Cross-Cultural Competence.* Chichester 2000.

HARBISON, F./MYERS, C. (1959): *Management in Industrial World.* New York 1959.

HARVEY, M. (1993): *Designing a Global Compensation System. The Logic and a Model.* In: The Columbia Journal of World Business. Vol. 28, No. 4, 1993, S. 56-72.

HARVEY, M. G. (1997): *Focusing the International Personnel Performance Appraisal Process.* In: Human Resource Development Quarterly. Vol. 8, No. 1, 1997, S. 41-62.

HEALY, P. M. (1985): *The Effect of Bonus Schemes on Accounting Decisions.* In: Journal of Accounting and Economics. Vol. 7, 1985, S. 85-107.

HECKHAUSEN, H. (1980): *Motivation und Handeln.* Göttingen 1980.

Heckhausen, H. (1989): *Motivation und Handeln.* 2., völlig überarb. und erg. Aufl., Berlin 1989.

Hederer, G. (1975): *Die internationale Unternehmung. Veränderung eines sozioökonomischen Systems.* Meisenheim 1975.

Hederer, G./Kumar, B./Müller-Neumann, G. (1970): *Begriff und Wesensinhalt der internationalen Unternehmung.* In: Betriebswirtschaftliche Forschung und Praxis. Jg. 22, Nr. 9, 1970, S. 509-521.

Heenan, D. A./Perlmutter, H. (1979): *Multinational Organization Development.* Reading 1979.

Heide, T. (2001): *Informationsökonomische und verhaltenswissenschaftliche Ansätze als Beitrag zu einer theoretischen Fundierung des Controlling. Eine vergleichende Analyse anhand ausgewählter Beispiele.* Frankfurt a. M. 2001.

Heinen, E./Dill, P. (1986): *Unternehmenskultur – Überlegungen aus betriebswirtschaftlicher Sicht.* In: Zeitschrift für Betriebswirtschaft. Jg. 56, Nr. 3, 1986, S. 202-218.

Heise, H. J. (1999): *Ist die Besteuerung von Stock Options bei Einräumung oder Ausübung günstiger?.* In: Frankfurter Allgemeine Zeitung. 15.03.1999, Nr. 62, S. 31.

Hentze, J. (1987): *Kulturvergleichende Managementforschung.* In: Die Unternehmung. Jg. 41, Nr. 3, 1987, S. 170-185.

Hentze, J./Kammel, A./Lindert, K. (1997): *Personalführungslehre. Grundlagen, Funktionen und Modelle der Führung.* 3., vollst. überarb. Aufl., Bern 1997.

Herzberg, F. (1966): *Work and the nature of man.* Cleveland 1966.

Herzberg, F./Mausner, B./Snyderman, B. (1959): *The motivation to work.* New York 1959.

Herzig, N. (1999): *Steuerliche und bilanzielle Probleme bei Stock Options.* In: Bühler, W./Siegert, T. (Hrsg.): Unternehmenssteuerung und Anreizsysteme. Stuttgart 1999, S. 279-311.

Hibbert, E. P. (1997): *International Business. Strategy and Operations.* Houndmills 1997.

Hickson, D./Hinings, C./McMillan, C./Schwitter, J. (1974): *The culturefree context of organization structure: A tri-national comparison.* In: Sociology. Vol. 8, 1974, S. 59-80.

Hilb, M. (1991a): *Strategische Honorierungskonzepte.* In: Personalwirtschaft. Jg. 18, Nr. 6, 1991, S. 24-28.

Hilb. M. (1991b): *Entwicklungsphasen des multikulturellen Personalmanagements.* In: Marr, R. (Hrsg.): Euro-strategisches Personalmanagement. Mering 1991, S. 111-120.

Hodgetts, R. M./Luthans, F. (1993): *U.S. Multinationals' Compensation Strategies for Local Management: Cross-Cultural Implications.* In: Compensation Benefits Review. Vol. 25, No. 2, 1993, S. 42-48.

Hoffmann-Becking, M. (1999): *Gestaltungsmöglichkeiten bei Anreizsystemen.* In: Bühler, W./Siegert, T. (Hrsg.): Unternehmenssteuerung und Anreizsysteme. Stuttgart 1999, S. 109-128.

Hofstede, G. (1980A): *Culture's Consequences: International Differences in Work-Related Values.* Beverly Hills 1980.

Hofstede, G. (1980B): *Kultur und Organisation.* In: Grochla, E. (Hrsg.): Handwörterbuch der Organisation. 2., völlig neu gestalt. Aufl., Stuttgart 1980, Sp. 1169-1182.

Hofstede, G. (1983): *The Cultural Relativity of Organisational Practices and Theories.* In: Journal of International Business Studies. Vol. 14, 1983, S. 75-89.

Hofstede, G. (1991): *Cultures and organizations: software of the mind.* New York 1991.

Hofstede, G. (1993): *Interkulturelle Zusammenarbeit: Kulturen – Organisationen – Management.* Wiesbaden 1993.

Hofstede, G. (1995): *The business of international business is culture.* In: Jackson, T. (Hrsg.): Cross-cultural Management. Oxford 1995, S. 150-165.

Hofstede, G. (1996): *Riding the Waves of Commerce: A Test of Trompenaars „Model" of National Culture Differences.* In: International Journal of Intercultural Relations. Vol. 20, No. 2, 1996, S. 189-198.

Hofstede, G. (1997): *Lokales Denken, globales Handeln. Kulturen, Zusammenarbeit und Management.* München 1997.

Hofstede, G./Bond, M. H. (1988): *The Confuzius Connection: From Cultural Roots to Economic Growth.* In: Organizational Dynamics. Vol. 16, No. 4, 1988, S. 5-21.

Holtbrügge, D. (1995): *Personalmanagement multinationaler Unternehmungen in Osteuropa.* Wiesbaden 1995.

Hüffer. U. (1997): *Aktienbezugsrechte als Bestandteil der Vergütung von Vorstandsmitgliedern und Mitarbeitern – eine gesellschaftsrechtliche Analyse.* In: Zeitschrift für das gesamte Handelsrecht und Wirtschaftsrecht. Jg. 159, Nr. 161, 1997, S. 214-245.

Hughes, R. L./Ginnett, R. C./Curphy, G. J. (1996): *Leadership. Enhancing the Lessons of Experience.* 2nd ed., Boston, 1996.

Hungenberg, H. (1995): *Strategische Beurteilung- und Anreizsysteme für Führungskräfte.* In: Krystel, U./Link, J. (Hrsg.): Führungskräfte und Führungserfolg. Neue Herausforderungen für das strategische Management. Wiesbaden 1995, S. 381-397.

Hungenberg, H. (1999): *Anreizsysteme für Führungskräfte – Theoretische Grundlagen und praktische Ausgestaltungsmöglichkeiten.* In: Hahn, D./Taylor, B. (Hrsg.): Strategische Unternehmungsplanung – strategische Unternehmungsführung: Stand und Entwicklungstendenzen. 8. aktual. Aufl., Heidelberg 1999, S. 720-735.

HUNGENBERG, H. (2001): *Strategisches Management in Unternehmungen. Ziele –Prozesse – Verfahren.* 2., überarb. u. erw. Aufl., Wiesbaden 2001.

HYER, R. M. (1993): *Executive Compensation in the international Arena: Back to the Basics.* In: Compensation & Benefits Review. Vol. 25, No. 2, S. 49-54.

INGLEHARDT, R. (1979): *Wertewandel in den westlichen Gesellschaften: Politische Konsequenzen von materialistischen und postmaterialistischen Prioritäten.* In: Klages, H./Kmiecak, P. (Hrsg.): Wertewandel und gesellschaftlicher Wandel. Frankfurt 1979, S. 279-316.

INSTITUT FÜR AUSLANDSBEZIEHUNGEN (HRSG.) (1997): *Interkulturelles Management: annotierte Literaturauswahl.* Frankfurt 1997.

JACKSON, S./SCHULER, R. (1995): *Understanding human resource management in the context of organizations and their environment.* In: Applied Review of Psychology. Vol. 46, 1995, S. 237-264.

JAEGER, A. M. (1986): *Organization Development and National Culture: Where's the Fit?.* In: Academy of Management Review. Vol. 11, No. 1, 1986, S. 178-190.

JANSSEN, F./SCHERER, M. (1999): *Internationalisierung der Führungskennziffern? Führungskennzahlen in der deutschen Geschäftsberichtserstattung.* In: Küting, K./Langenbucher, G. (Hrsg.): Internationale Rechnungslegung. Stuttgart 1999, S. 605-629.

JENSEN, M. C. (1983): *Organization Theory and Methodology.* In: Accounting Review. Vol. 58, 1983, S. 319-339.

JENSEN, M. C./MECKLING, W. H. (1976): *Theory of the firm. Managerial behavior, agency costs and ownership.* In: Journal of Financial Economics. Vol. 3, 1976, S. 305-360.

JENSEN, M. C./MURPHY, K. J. (1990): *CEO Incentives – It's Not How Much You Pay, But How.* In: Harvard Business Review. Vol. 68, May-June, 1990, S. 138-153.

JOGGI, W./RUTISHAUSER-FREY, B. (1985): *Personalpolitik multinationaler Unternehmungen. Konzepte, Instrumente, Erfahrungen der Führungskräfte.* Konstanz 1985.

JOOS, P./LANG, M.H. (1994): *The Effects of Accounting Diversity: Evidence from the European Union.* In: Journal of Accounting Research. Supplement 1994, S. 141-168.

JÜRGENS, U./RUPP, J./VITOLS, K. (2000): *Corporate Governance and Shareholder Value in Deutschland.* Arbeitspapier, Wissenschaftszentrum Berlin für Sozialforschung. Berlin 2000.

KAMMEL, A./TEICHELMANN, D. (1994): *Internationaler Personaleinsatz: konzeptionelle und instrumentelle Grundlagen.* München 1994.

KAPLAN, R. S./NORTON, D. P. (1996): *The Balance Scorecard: Translating Strategy into Action.* Boston 1996.

Kappel, H./Uschatz, P. (1992): *Variable Kaderentlohnung. Erfolg und Leistung honorieren.* Zürich 1992.

Kappler, E. (1976): *Anreiz-Beitrags-Theorie als personalwirtschaftlicher Bezugsrahmen.* In: Bierfelder, W. (Hrsg.): Handwörterbuch des öffentlichen Dienstes. Berlin 1976, Sp. 83-96.

Keller, E. v. (1982): *Management in fremden Kulturen.* Stuttgart, 1982.

Keller, E. v. (1989): *Comparative Management.* In: Macharzina, K./Welge, M.K (Hrsg.): Handwörterbuch Export und internationale Unternehmung. Stuttgart 1989, Sp. 231-241.

Kerr, J. L./Kren, L. (1992): *Effect of relative decision monitoring on chief executive compensation.* In: Academy of Management Journal. Vol. 35, No. 2, 1992, S. 370-397.

Keßler, J./Kühnberger, M. (2000): *Stock Option Incentives. Betriebswirtschaftliche und bilanzielle Probleme eines modernen Vergütungssystems.* In: Clermont, A./Schmeisser, W./Krimphove, D. (Hrsg.): Personalführung und Organisation. München 2000, S. 629-662.

Kielley, J. E. (1990): *Global compensation: How much, Where and Why.* In: Chief Executive. June 1990, S. 26-31.

Kirsch, W. (1971): *Entscheidungsprozesse.* 3. Band, Wiesbaden 1971.

Kirsch, W. (1997): *Strategisches Management: Die geplante Evolution von Unternehmen. Völlig überarb. Neuauflage wesentlicher Teile der Veröffentlichungen „Beiträge zum Management strategischer Planung" und „Unternehmenspolitik und strategische Unternehmensführung".* Herrsching 1997.

Kirsch, W./Trux, W. (1989): *Strategisches Management.* In: Szyperski, N. (Hrsg.): Handwörterbuch der Planung. Stuttgart 1989, Sp. 1924-1935.

Klages, H. (1984): *Wertorientierungen im Wandel.* Frankfurt 1984.

Klages, H. (1987): *Indikatoren des Wertewandels.* In: Rosenstiel. L. v./Einsiedler, H. E./Streich, R. K. (Hrsg.): Wertewandel als Herausforderung für die Unternehmenspolitik. Stuttgart 1987, S. 1-16.

Kluckhohn, F. R. (1951): *Values and value-orientation in the theory of action: An exploration in definition and classification.* In: Parson, T./Shils, E. A. (Hrsg.): Toward a General Theory of Action. Cambridge (Mass.) 1951, S. 388-433.

Kluckhohn, F. R./Strodtbeck, F. L. (1961): *Variations in Value Orientations.* New York 1961.

Knauß, F./Trost, W. (2002): *Greenspan fordert neue Bilanzregeln.* In: Financial Times Deutschland. 06.05.2002, S. 19.

Köhnke, D./Stache, D. (1994): *Führungskräftepolitik in internationalen Konzernen.* In: Dahlems, R. (Hrsg.): Handbuch des Führungskräfte-Managements. München 1994, S. 541-562.

Kossbiel, H. (1993): *Beiträge verhaltens- und wirtschaftswissenschaftlicher Theorien zur Beurteilung der Effizienz betrieblicher Anreizsysteme. Eine Vorstudie auf der Grundlage einiger ausgewählter Ansätze.* In: Weber, W. (Hrsg.): Entgeltsysteme: Lohn, Mitarbeiterbeteiligung und Zusatzleistungen. Stuttgart 1993, S. 79-103.

Kossbiel, H. (1994): *Überlegungen zur Effizienz betrieblicher Anreizsysteme.* In: Die Betriebswirtschaft. Jg. 54, Nr. 1, 1979, S. 75-93.

Kossbiel, H. (1995): *Stellungsnahme zu: Christian Müller: Prinzipal-Agenten-Theorie und Informationsgehalt – Der Beitrag des normativen Prinzipal-Agenten-Ansatzes zum Erkenntnisfortschritt der Betriebswirtschaftslehre.* In: Die Betriebswirtschaft. Jg. 55, Heft 1, 1995, S. 127-130.

Kotter, J. P. (1982): *The General Managers.* New York 1982.

Kotter, J. P./Schlesinger, L. A. /Sathe, V. (1979): *Organization.* Homewood (Ill.) 1979.

Kroeber, A. L./Kluckhohn, F. R. (1952): *Culture: A Critical Review of Concepts and Definitions.* Cambridge (Mass.) 1952.

Krüger, W./Schwarz, G. (1999): *Strategische Stimmigkeit von Erfolgsfaktoren und Erfolgspotentialen.* In: Hahn, D./Taylor, B. (Hrsg.): Strategische Unternehmungsplanung. Strategische Unternehmungsführung. Stand und Entwicklungstendenzen. 8., aktual. Aufl., Heidelberg 1999, S. 75-104.

Kübler, F. (1998): *Gesellschaftsrecht.* 5. Aufl., Karlsruhe 1998.

Kumar, B. N. (1988): *Interkulturelle Managementforschung. Ein Überblick über Ansätze und Probleme.* In: Wirtschaftswissenschaftliches Studium. 17. Jg., Nr. 8, 1988, S. 398-394.

Kumar, B. N. (1991): *Kulturabhängigkeit von Anreizsystemen.* In: Schanz, G. (Hrsg.): Handbuch Anreizsysteme in Wirtschaft und Verwaltung. Stuttgart 1991, S. 127-148.

Kumar, B. N. (1992): *Personalpolitische Herausforderungen für im Ausland tätige Unternehmen.* In: Dichtl, E./Issing, O. (Hrsg.): Exportnation Deutschland. 2. Aufl., München 1992, S. 305-336.

Kumar, B. N. (1995): *Interkulturelles Management.* In: Corsten, H./Reiß, M. (Hrsg.): Handbuch Unternehmungsführung. Konzepte – Instrumente – Schnittstellen. Wiesbaden 1995, S. 683-692.

Kumar, B. N. (1998): *Konzeptioneller Rahmen des internationalen Personalmanagements.* In: Kumar, B. N./Wagner, D. (Hrsg.): Handbuch des Internationalen Personalmanagements. München 1998, S. 1-14.

KUMAR, B. N./HOFFMANN, K. (1999): *Cross-Cultural Understanding and International Management: Some Considerations on a Conceptional Framework for Conflict Resolution in Management in Foreign Cultures*. In: Kumar, B. N./Osterloh, M./Schreyögg, G. (Hrsg.): Unternehmensethik und die Transformation des Wettbewerbs: Shareholder-Value – Globalisierung – Hyperwettbewerb. Stuttgart 1999, S. 343-363.

KUPSCH, U./MARR, R. (1991): *Personalwirtschaft*. In: Heinen, E. (Hrsg.): Industriebetriebslehre. 9. vollst. neu bearb. und erw. Aufl., Wiesbaden 1991, S. 729-896.

KÜRSTEN, W. (2002): *Managerentlohnung, Risikopolitik und Stakeholder-Interessen – Eine theoretische Analyse der Konsequenzen von Aktienoptionsplänen*. In: Nippa, M./Kürsten, W. (Hrsg.): Corporate Governance: Herausforderungen und Lösungsansätze. Heidelberg 2002, S. 175-190.

LAMBERT, R. A./LARCKER, D. F./WEIGELT, K. (1991): *How sensitive is executive compensation to organizational size?*. In: Strategic Management Journal. Vol. 12, 1991, S. 395-402.

LANGEMEYER, H. (1999): *Das Cafeteria-Verfahren. Ein flexibles, individuelles Anreizsystem – betrachtet aus entscheidungstheoretischer Sicht*. München 1999.

LATTMANN, C. (1998): *Wissenschaftstheoretische Grundlagen der Personallehre*. Bern 1998.

LAURENT, A. (1983): *The cultural diversity of Western conceptions of management*. In: International Studies of Management and Organization. Vol. 8, No. 1-2, 1983, S. 75-96.

LAUX, H. (1990): *Risiko, Anreiz und Kontrolle – Prinzipal-Agent-Konzept – Einführung und Verbindung mit dem Delegationswert-Konzept*. Heidelberg 1990.

LAUX, H. (1992): *Anreizsysteme, ökonomische Dimension*. In: Frese, E. (Hrsg.): Handwörterbuch der Organisation. 3., völlig neu gestalt. Aufl., Stuttgart 1992, Sp. 112-122.

LAUX, H. (1995): *Erfolgssteuerung und Organisation. Band 1*. Berlin 1995.

LAWLER, E. E. III (1971): *Pay and organizational Effectiveness: A psychological View*. New York 1971.

LAWLER, E. E. III. (1981): *Pay and Organization Development*. Reading 1981.

LAWLER, E. E. III. (1989): *Pay for Performance: A strategic analysis*. In: Gomez-Meija, L. R. (Hrsg.): Compensation and Benefits. Washington D.C. 1989, S. 136-181.

LAWLER, E. E. III. (1991): *The organizational impact of executive compensation*. In: Foulkes, F. K. (Hrsg.): Executive Compensation: a Strategic guide for the 1990s. Massachusetts 1991, S. 129-151.

LEVINSON, H./ROSENTHAL, S. (1984): *CEO. Corporate Leadership in Action*. New York 1984.

LICHTENBERGER, B. (1992): *Interkulturelle Mitarbeiterführung: Überlegungen und Konsequenzen für das internationale Personalmanagement.* Stuttgart 1992.

LIMPENS, E. (1994): *Leistungsorientierte Differenzierung von Führungskräften.* Köln 1994.

LINDERT, K./HENTZE, J. (1999): *Anreizsysteme in Dienstleistungsunternehmen.* In: Hesse, H. (Hrsg.): Vision und Verantwortung: Herausforderung an der Schwelle zum neuen Jahrtausend. Hildesheim 1999, S. 369-383.

LINKE, M. I. (1996): *Konzeptionen für ein internationales Personalmanagement der Führungskräfte: Eine empirische Vergleichsstudie in deutschen und amerikanischen Unternehmungen.* Münster 1996.

LOCKE, E. A. (1968): *Toward a theory of task motivation and incentives.* In: Organization Behavior and Human Performance. Vol. 3, 1968, S. 157-189.

LOCKE. E. A. (1976): *The nature and causes of job satisfaction.* In: Dunette, H. D. (Hrsg.): Handbook of industrial and organizational psychology. Chicago 1976, S. 1279-1349.

LOEHR, H. (1993): *Bewertung von Unternehmen an den Kapitalmärkten.* In: Gebhardt, G./Gerke, W./Steiner, M. (Hrsg.): Handbuch des Finanzmanagements. Instrumente und Märkte der Unternehmensfinanzierung. München 1993, S. 177-195.

LUHMANN, N. (1984): *Soziale Systeme.* Frankfurt a. M. 1984.

MACHARZINA, K. (1989): *Internationale Betriebswirtschaftslehre.* In: Macharzina, K./Welge, M. K. (Hrsg.): Handwörterbuch Export und Internationale Unternehmung. Stuttgart 1989, Sp. 903-914.

MACHARZINA, K. (1993): *Entgeltfindung bei der Auslandsentsendung.* In: Weber, W. (Hrsg.): Lohn, Mitarbeiterbeteiligungen und Zusatzleistungen. Stuttgart 1993, S. 391-409.

MACHARZINA, K. (1999): *Unternehmensführung. Das internationale Managementwissen. Konzepte – Methoden – Praxis.* 3., aktual. .u. erw. Aufl., Wiesbaden 1999.

MACHARZINA, K./ENGELHARD, J. (1987): *Internationales Management.* In: Die Betriebswirtschaft. Jg. 74, Nr. 3, 1998, S. 319-344.

MACHARZINA, K./OESTERLE, M.-J. (1995): *Internationalisierung und Organisation unter besonderer Berücksichtigung europäischer Entwicklungen.* In: Scholz, C./Zentes, J. (Hrsg.): Strategisches Euro-Management. Stuttgart 1995, S. 203-225.

MACHARZINA, K./OESTERLE, M.-J./WOLF, J. (1998): *Europäische Managementstile – Eine kulturorientierte Analyse.* In: Berger, R./Steger, U. (Hrsg.): Auf dem Weg zur Europäischen Unternehmensführung.. München 1998, S. 137-164.

MAHARI, J. I. (1985): *Codes of Conduct für multinationale Unternehmen unter besonderer Berücksichtigung betriebswirtschaftlicher und juristischer Gesichtspunkte.* St. Gallen 1985.

MANDL, G./RABEL, K. (2002): *Unternehmensbewertung*. In: Küpper, H.-U./Wagenhofer, A. (Hrsg.): Handwörterbuch Unternehmensrechnung und Controlling. 4., völlig neu gestalt. Aufl., Stuttgart 2002, Sp. 2007-2016.

MANKIW, N. G. (1993): *Makroökonomie*. (übers. aus dem Amerikanischen von John, K. D.). Wiesbaden 1993.

MANSTEIN, R. V. (1991): *Perspektiven eines strategisch-orientierten Incentive Systems*. In: Schanz, G. (Hrsg.): Handbuch Anreizsysteme in Wirtschaft und Verwaltung. Stuttgart 1991, S. 777-794.

MARCH, J. G./SIMON, H. A. (1976): *Organisation und Individuum. Menschliches Verhalten in Organisationen*. Wiesbaden 1976.

MARKOWITZ, H. M. (1952): *Portfolio Selection*. In: Journal of Finance. Vol. 7, 1952, S. 77-91.

MARR, R./STITZEL, M. (1979): *Personalwirtschaft: ein konfliktorientierter Ansatz*. München 1979.

MASLOW, A. H. (1943): *A theory of human motivation*. In: Psychological Review. Vol. 50, S. 370-396.

MASLOW, A. H. (1977): *Motivation und Persönlichkeit*. (Dt. Fassung von „Motivation and personality“, 1954. New York.). Olten/Freiburg i. Br. 1977.

MATIASKE, W./MELLEWIGT, T. (2001): *Arbeitszufriedenheit: Quo vadis?*. In: Die Betriebswirtschaft. Jg. 61, Nr. 1, 2001, S. 7-24.

MAYRHOFER, W. (1996): *Entgeltfindung bei Auslandeinsätzen – Konzepte und Problemlösungen*. In: Macharzina, K./Wolf, J. (Hrsg.): Handbuch internationales Führungskräfte-Management. Stuttgart 1996, S. 353-372.

MCCLELLAND, D. C. (1961): *The achieving society*. Princeton (N.J.) 1961.

MCCLELLAND, D. C. (1971): *Assessing human motivation*. Morriston (N.J.) 1971.

MCCLELLAND, D. C./ATKINSON, J. W./CLARK, R. A./LOWELL, E. L. (1953): *The achievement motive*. New York 1953.

MEAD, R. (1994): *International management: cross cultural dimensions*. Cambridge 1994.

MEISSNER, H. G. (1994): *Internationales Marketing und internationale Politik – Abhängigkeiten, Einflussfaktoren und Strukturen*. In: Schiemenz, B./Wurl, H.-J. (Hrsg.): Internationales Management: Beiträge zur Zusammenarbeit. Wiesbaden 1994, S. 45-59.

MENCKHOFF, L./RÖCKEMANN, C. (1994): *Noise Trading auf Aktienmärkten. Ein Überblick zu verhaltensorientierten Erklärungsansätzen nicht fundamentaler Kursbildung*. In: Zeitschrift für Betriebswirtschaft. Jg. 64, Nr. 3, 1994, S. 277-295.

MENICHETTI, M. (1996): *Aktien-Optionsprogramme für das Top-Management*. In: Der Betrieb. Jg. 49, Nr. 34, S. 1688-1692.

MILLER, M. H./MODIGLIANI, F. (1961): *Dividend Policy, Growth, and the Valuation of Shares*. In: Journal of Business. Vol. 34, 1961, S. 411-433.

MINTZBERG, H. (1978): *Patterns in Strategy Formation*. In: Management Sience. Vol. 24, No. 9, 1978, S. 934-948.

MINTZBERG, H/MCHUGH, A. (1985): *Strategy Formation in Adhocracy*. In: Administrative Science Quarterly. Vol. 30, No. 2, 1985, S. 160-197.

MISCHEL, W. (1974): *Process in Delay of Gratification*. In: Berkowitz, L. (Hrsg): Advances in Experimental Social Psychology. Vol. 7, New York 1974, S. 249-292.

MÜLLER, C. (1995): *Agency-Theorie und Informationsgehalt*. In: Die Betriebswirtschaft. Jg. 55, Nr. 1, 1995, S. 61-76.

MÜLLER, H.-E. (2001): *Wie Global Player den Kampf um Talente führen*. In: Harvard Business Manager. Jg. 23, Nr. 6, 2001, S. 16-25.

MURPHY, K. (1985): *Corporate Performance and managerial renumeration*. In: Journal of Accounting and Economics. Vol. 7, 1985, S. 11-42.

NEGANDHI, A. R. (1975): *Comparative Management and Organization Theory: A Marriage Needed*. In: Academy of Management Journal. Vol. 17, No. 2, 1975, S. 334-344.

NEUBERGER, O. (1978): *Motivation und Zufriedenheit*. In: Mayer, A. (Hrsg.): Organisationspsychologie. Stuttgart 1978, S. 201-235.

NEWMAN, K. L./NOLLEN, S. D. (1996): *Culture and Congruence: The Fit between Management Practices and National Culture*. In: Journal of International Business Studies. Vol. 27, No. 4, 1996, S. 753-779.

NICK, F. R. (1975): *Anreiz-Beitrags-Theorie*. In: Gaugler, E. (Hrsg.): Handwörterbuch des Personalwesens. Stuttgart 1975, Sp. 38-47.

NIESCHLAG, R./DICHTL, E./HÖRSCHGEN,, H. (1997): *Marketing*. 18. Aufl., Berlin 1997.

O. V. (1998): *Daimler-Plan auch in zweiter Instanz mit guten Chancen*. In: Handelsblatt. 12./13.6. 1998, Nr. 110, S. 17.

O. V. (1998): *Millionenschwere Differenzen bei Daimler-Chrysler-Spitzengehältern*. In: Frankfurter Allgemeine Zeitung. 10.08.1998, Nr. 183, S. 15.

O. V. (1998): *Das Oberlandesgericht weist Wengers Klage zurück*. In: Handelsblatt. 13.08. 1998, Nr. 154, S. 13.

O. V. (1998): *Rätselraten um das Kompensationsmodell für Daimler-Führungskräfte*. In: Frankfurter Allgemeine Zeitung. 12.09.1998, Nr. 212, S. 17.

O. V. (1998): *Kopper nennt erste Details zur Managementvergütung*. In: Handelsblatt. 21.09. 1998, Nr. 181, S. 14.

O. V. (1998): *Gericht bestätigt Daimler-Optionsplan.* In: Handelsblatt. 31.10./1.11.1998, Nr. 210, S. 19.

O. V. (1999): *Amerikas Manager verdienen am besten.* In: Frankfurter Allgemeine Zeitung. 18.01. 1999, Nr. 14, S. 25.

O. V. (2001): *Nicht alles so machen wie die Amerikaner.* In: Die Zeit. 12.07.2001, Nr. 29, S. 19.

OECHSLER, W. (1995): *Personalmanagement in internationalen Unternehmungen.* In: Corsten, H./ Reiß, M. (Hrsg.): Handbuch Unternehmungsführung. Konzepte – Instrumente – Schnittstellen. Wiesbaden 1995, S. 673-682.

ORDELHEIDE, D./STUBENRATH, M. (2000): *Segmentberichterstattung: US-GAAP im Vergleich mit HGB/DRS.* In: Ballwieser, W. (Hrsg.): US-amerikanische Rechnungslegung. Grundlagen und Vergleiche mit dem deutschen Recht. 4., überarb. u. erw. Aufl., Stuttgart 2000, S. 379-405.

OSER, P./VATER, H. (2001): *Bilanzierung von Stock Options nach US-GAAP und IAS.* In: Der Betrieb. Jg. 54, Nr. 24, 2001, S. 1261-1268.

OSTERLOH, M. (1994): *Kulturalismus versus Universalismus. Reflektionen zu einem Grundlagenproblem des interkulturellen Managements.* In: Schiemenz, B./Wurl, H.-J. (Hrsg.): Internationales Management: Beiträge zur Zusammenarbeit. Wiesbaden 1994, S. 95-116.

OSTERLOH, M. (1999): *Wertorientierte Unternehmungsführung und Management-Anreizsysteme.* In: Kumar, B. N./Osterloh, M./Schreyögg, G. (Hrsg.): Unternehmensethik und die Transformation des Wettbewerbs: Shareholder-Value – Globalisierung – Hyperwettbewerb. Stuttgart 1999, S. 183-204.

OUCHI, W. G. (1981): *Theory Z. How American Business Can Meet the Japanese Challenge.* Reading 1981.

PARSON, T. (1971): *The System of Modern Societies.* Englewood Cliffs 1971.

PAWLIK, T (2000): *Personalmanagement und Auslandseinsatz.* Wiesbaden 2000.

PEEMÖLLER, V. H. (2001): *Bilanzanalyse und Bilanzpolitik. Einführung in die Grundlagen.* 2., vollst. überarb. u. erw. Aufl., Wiesbaden 2001.

PELLENS, B. (1999): *Internationale Rechnungslegung.* 3. überarb. u. erg. Aufl., Stuttgart 1999.

PELLENS, B./CRASSELT, N. (1998A): *Bilanzierung von Stock Options.* In: Der Betrieb. Jg. 51, Nr. 5, 1998, S. 217-223.

PELLENS, B./CRASSELT, N. (1998B): *Aktienkursorientierte Entlohungsinstrumente im Jahresabschluß.* In: Pellens, B. (Hrsg.): Unternehmenswertorientierte Entlohnungssysteme. Stuttgart 1998, S. 125-160.

PELLENS, B./CRASSELT, N./ROCKHOLTZ, C. (1998): *Wertorientierte Entlohungssysteme für Führungskräfte – Anforderungen und empirische Evidenz.* In: Pellens, B. (Hrsg.): Unternehmenswertorientierte Entlohnungssysteme. Stuttgart 1998, S. 1-28.

PERLITZ, M. (1997): *Aspekte, Strategien und Probleme bei der Entwicklung eines Handlungsrahmens für das internationale Personalmanagement.* In: Clermont, A./ Schmeisser, W. (Hrsg.): Internationales Personalmanagement. München 1997, S. 223-236.

PERLITZ, M. (2000): *Internationales Management.* 4., bearb. Aufl., Stuttgart 2000.

PERLMUTTER, H. V. (1969): *The Tortuous Evolution of the Multinational Corporation.* In: Columbia Journal of World Business. Vol. 4, No. 1, 1969, S. 9-18.

PERRIDON, L./RÖSSLER, M. (1980): *Die internationale Unternehmung: Entwicklung und Wesen.* In: Wirtschaftswissenschaftliches Studium. Jg. 9, Nr. 5, 1980, S. 211-217.

PERRIDON, L./STEINER, M. (1997): *Finanzwirtschaft der Unternehmung.* 9., überarb. u. erw. Aufl., München 1997.

PFAFF, D./KUNZ, A./PFEIFFER, T. (2000): *Balance Scorecard als Bemessungsgrundlage finanzieller Anreizsysteme – Eine theorie- und empiriegeleitete Analyse der resultierenden Grundprobleme.* In: Betriebswirtschaftliche Forschung und Praxis. Jg. 52, Nr. 1, 2000, S. 36-55.

PICOT, A./NEUBURGER, R. (1995): *Agency Theorie und Führung.* In: Kieser, A./Reber, G./Wunderer, R. (Hrsg.): Handwörterbuch der Führung. 2., neu gestalt. Aufl., Stuttgart 1995, Sp. 14-21.

PUGH, S. D./CLARK, T. A. R./MALLORY, G. R. (1995): *Struktur und strukturelle Änderungen in europäischen Unternehmen des produzierenden Gewerbes: Eine vergleichende Studie.* In: Scholz, C./Zentes, J. (Hrsg.): Strategisches Euro-Management. Stuttgart 1995, S. 229-245.

PUNNETT, B. J./WITHANE, S. (1990): *Hofstede's Value Survey Module: To Embrace or Abandon?* In: Prasad, B, S. (Hrsg.): Advances in International Comparative Management. Vol. 5, Greenwich 1990, S. 69-89.

RADEBAUGH, L. H./GRAY, S. J. (2002): *International Accounting and Multinational Enterprises.* 5th ed., New York 2002.

RAJAGOPALAN, N. (1997): *Strategic orientations, incentive plan adoptions and firm performance: evidence from electric utility firms.* In: Strategic Management Journal. Vol. 18, No. 10, 1997, S. 761-785.

RAPPAPORT, A. (1983): *How to design value-contributing executive incentives.* In: Journal of Business Strategy. Vol. 4, No. 2, 1983, S. 49-59.

RAPPAPORT, A. (1995): *Shareholder Value. Wertsteigerung als Maßstab für die Unternehmensführung.* Suttgart 1995.

REBER, G. (1976): *Implikationen der Anreiz-Beitrags-Theorie*. In: Zeitschrift für Betriebswirtschaft. Jg. 45, Nr. 3, 1976, S. 357-368.

RICHMAN, B. M./COPEN, M. (1972): *International Management and Economic Development*. New York 1972.

RICKS, D. A. (1985): *International Business Research: Past, Present and Future*. In: Journal of International Business Studies. Vol. 16, No. 2, 1985, S. 1-4.

RIDDER, H.-G. (1999): *Personalwirtschaftslehre*. Stuttgart 1999.

RIEGLER, C. (2000): *Anreizsysteme und wertorientiertes Management*. In: Wagenhofer, A./Hrebicek, G. (Hrsg.): Wertorientiertes Management: Konzepte und Umsetzungen zur Unternehmenswertsteigerung. Stuttgart 2000, S. 145-176.

RING, G. (1995): *Unternehmensmitbestimmung – Zur Partizipation der Arbeitnehmerschaft an wirtschaftlichen Entscheidungen im Aufsichtsrat von Großunternehmen*. In: Betrieb und Wirtschaft. Jg. 49, Heft 8, 1995, S. 281-285.

ROBERTS, C./WEETMAN, P./GORDON, P. (1998): *International Financial Accounting. A comparative Approach*. London 1998.

ROBOCK, S. H./ SIMMONDS, K. (1989): *International Business and Multinational Enterprises*. 4. Aufl., Homewood 1989.

ROESSEL. R. V. (1988): *Führungskräfte-Transfer in internationalen Unternehmungen*. Köln 1988.

RONEN, S. (1986): *Comparative and Multinational Management*. New York 1986.

ROSENSTIEL, L. V. (1975): *Die motivationalen Grundlagen des Verhaltens in Organisati–onen – Leistung und Zufriedenheit*. Berlin 1975.

ROSENSTIEL, L. V. (1999A): *Motivation von Mitarbeitern*. In: v. Rosenstiel, L. (Hrsg.): Führung von Mitarbeitern . 4. überarb. und erw. Aufl., Stuttgart 1999, S. 173-192.

ROSENSTIEL, L. V. (1999B): *Motivationale Grundlagen von Anreizsystemen*. In: Bühler, W./Siegert, T. (Hrsg.): Unternehmenssteuerung und Anreizsysteme. Stuttgart 1999, S. 47-77.

ROSENSTIEL, L. V. (2000): *Grundlagen der Organisationspsychologie*. 4., überarb. u. erw. Aufl., Stuttgart 2000.

ROSS, S. A. (1973): *The economic theory of agency: The principal's problem*. In: American Economic Review. Vol. 63, May 1973, S. 134-139.

RYAN, R. M./DECI, E. L. (2000): *When Rewards Compete with Nature: The Undermining of Intrinsic Motivation and Self-Regulation*. In: Sansone, C./Harackiewicz, J. M. (Hrsg.): Intrinsic and Extrinsic Motivation. The search for Optimal Motivation and Performance. San Diego 2000, S. 13-54.

Salter, M. S. (1973): *Tailor Incentives Compensation Strategy.* In: Harvard Business Review. Vol. 51, No. 2, 1973, S. 94-102.

Schanz, G. (1991): *Motivationale Grundlagen der Gestaltung von Anreizsystemen.* In: Schanz, G. (Hrsg.): Handbuch Anreizsysteme in Wirtschaft und Verwaltung. Stuttgart 1991, S. 3-30.

Schanz, G. (1993a): *Personalwirtschaftslehre. Lebendige Arbeit in verhaltenswissenschaftlicher Perspektive.* 2., völlig neubearb. Aufl., München 1993.

Schanz, G. (1993b): *Verhaltenswissenschaften und Betriebswirtschaftslehre.* In: Wittmann, W./Kern, W./Köhler, R./Küpper, H.-U./v. Wysocki, K. (Hrsg.): Handwörterbuch der Betriebswirtschaftslehre, Teilband 3. 5. völlig umgestalt. Aufl., Stuttgart 1993, Sp. 4521-4532.

Schanz, G. (2000): *Personal und Arbeit in verhaltenswissenschaftlicher Perspektive.* In: Clermont, A./Schmeisser, W./Krimphove, D. (Hrsg.): Personalführung und Organisation. München 2000, S. 193-208.

Schanz, G./Klein, M./Wunderlich, L. (1991): *Europäisierung der Unternehmenstätigkeit und Gestaltung von Anreizsystemen.* In: Schanz, G. (Hrsg.): Handbuch Anreizsysteme in Wirtschaft und Verwaltung. Stuttgart 1991, S. 149-170.

Schein, E. H. (1980): *Organisationspsychologie.* (Übersetzung zur englischen Originalausgabe: Organizational Psychology, 1965), 3. Aufl., Wiesbaden 1980.

Schein, E. H. (1984): *Coming to a New Awareness of Organizational Culture.* In: Sloan Management Review. Vol. 26, No. 3, 1984, S. 1-9.

Schein, E. H. (1986): *Wie Führungskräfte Kultur prägen und vermitteln.* In: gdimpuls. Jg. 4, Nr. 2, 1986, S. 23-36.

Schein, E. H. (1995): *Unternehmenskultur. Ein Handbuch für Führungskräfte.* (Übersetzung der englischen Originalausgabe: Organizational Culture and Leadership), 1992. Frankfurt 1995.

Scherm, E. (1997): *Aufgaben des Personalmanagements im Rahmen der Internationalisierung der Unternehmungstätigkeit.* In: Zeitschrift für Personalforschung. Jg. 11, Nr. 3, 1997, S. 298-316.

Scherm, E. (1999a): *Internationales Personalmanagement.* 2., unwes. veränd. Aufl., München 1999.

Scherm, E. (1999b): *Management goes global – Möglichkeiten und Grenzen eines Imports oder Exports von Managementkonzepten.* In: Zeitschrift Führung und Organisation. Jg. 70, Nr. 1, 1999, S. 25-30.

Schieffer, A. (1998): *Führungspersönlichkeit. Struktur, Wirkung und Entwicklung erfolgreicher Top-Führungskräfte.* Wiesbaden 1998.

Schildbach, T. (1989): *Zur Diskussion über das Bernoulli-Prinzip in Deutschland und im Ausland.* In: Zeitschrift für Betriebswirtschaft. Jg. 59, Nr. 7, 1989, S. 766-778.

SCHMID, S. (1996): *Multikulturalität in der internationalen Unternehmung: Konzepte – Reflexionen – Implikationen.* Wiesbaden 1996.

SCHMID, S. (1998): *Shareholder-Value-Orientierung als oberste Maxime der Unternehmungsführung? – Kritische Überlegungen aus der Perspektive des Strategischen Managements.* In: Zeitschrift für Planung. Jg. 9, Nr. 3, 1998, S. 219-238.

SCHMIDT, R. H. (1998): *Erich Gutenberg und die Theorie der Unternehmung.* Working Paper Series: Finance, Nr. 13. Frankfurt a. M. 1998.

SCHMIDT, R. H. (2000): *Die Systemfrage stellen. Deutschland-AG oder Shareholder-Value?.* In: Die Zeit. 30.03.2000, Nr. 14, S. 39.

SCHMIDT, R. H. (2001): *Kontinuität und Wandel bei der Corporate Governance in Deutschland.* In: Lassmann, G. (Hrsg.): Neuere Ansätze der Betriebswirtschaftslehre – in memoriam Karl Hax. Sonderheft der Zeitschrift für betriebswirtschaftliche Forschung. Nr. 47, 2001, S. 61-87.

SCHMIDT, R. H../HACKETHAL, A./TYRELL, M. (2002): *The Convergence of Financial Systems in Europe.* In: Franke, G./Gebhardt, G./Krahnen, J. P. (Hrsg.): German Financial Markets and Institutions: Selected Studies. Schmalenbach business review, Special Issue. No. 1, 2002, S. 7-53.

SCHNABEL, H. (1998): *Wertorientierte Vergütung von Führungskräften.* Wiesbaden 1998.

SCHNEIDER, S. C. (1990): *Nationale Kultur vs. Unternehmenskultur: Implikationen für das Personalmanagement.* In: Simon, H. (Hrsg.): Herausforderung Unternehmenskultur. Stuttgart 1990, S. 174-188.

SCHNEIDER, U. (1996): *Globalisierung und Regionalisierung als Herausforderung für das Führungskräfte-Management.* In: Macharzina, K./Wolf, J. (Hrsg.): Handbuch Internationales Führungskräfte-Management. Stuttgart 1996, S. 127-144.

SCHÖLLHAMMER, H. (1992): *Personalwesen in multinationalen Unternehmen.* In: Gaugler, E./Weber, W. (Hrsg.): Handwörterbuch des Personalwesens. 2. überarb. und erg. Aufl., Stuttgart 1992, Sp. 1863-1880.

SCHOLZ, C. (1994): *Personalmanagement. Informationsorientierte und verhaltenstheoretische Grundlagen.* 4. Aufl., München 1994.

SCHOLZ, C. (1998): *Organisations- und Personalarbeit in Europa: Von operativer Oberflächlichkeit zur eurostrategischen Grundausrichtung.* In: Berger, R./Steger, U. (Hrsg.): Auf dem Weg zur Europäischen Unternehmensführung: Ein Lesebuch für Manager und Europäer. München 1998, S. 181-199.

SCHOLZ, C./MESSEMER, T./SCHRÖTER, M. (1991): *Personalpolitik als Instrument zur bewussten Kulturdifferenzierung und Kulturkoexistenz.* In: Marr, R. (Hrsg.): Eurostrategisches Personalmanagement. München 1991, S. 43-74.

SCHREYÖGG, G. (1991): *Die internationale Unternehmung im Spannungsfeld von Landeskultur und Unternehmenskultur.* In: Marr, R. (Hrsg.): Euro-strategisches Personalmanagement. München 1991, S. 17-42.

Schreyögg, G. (1993): *Unternehmenskultur zwischen Globalisierung und Regionalisierung.* In: Haller, M. et al. (Hrsg.): Globalisierung der Wirtschaft. Einwirkungen auf die Betriebswirtschaftslehre. Bern 1993, S. 149-170.

Schreyögg, G. (2000): *Unternehmenskultur im internationalen Kontext.* In: Clermont, A./Schmeisser, W./Krimphove, D. (Hrsg.): Personalführung und Organisation. München 2000, S. 781-793.

Schuler, R. S./Rogovsky, N. (1998): *Understanding Compensation Practice Variations Across Firms: The Impact of National Culture.* In: Journal of International Business Studies. Vol. 29, No. 1, 1998, S. 159-177.

Schuler, R. S./Dowling, P. J./De Cieri, H. (1993): *An Integrative Framework of Strategic International Human Resource Management.* In: Journal of Management. Vol. 19, No. 2, 1993, S. 419-459.

Schultz, J. J./Lopez, T. (2001): *The Impact of National Influence on Accounting Estimates: Implications for International Accounting Standard-Setters.* In: International Journal of Accounting. Vol. 36, No. 3, 2001, S. 271-290.

Schwalbach, J. (1991): *Vorstandsbezüge werden falsch berechnet.* In: Harvard Manager. Jg. 13, Nr. 3, 1991, S. 39-42.

Schwalbach, J. (1999a): *Motivation, Kompensation und Performance.* In: Bühler, W./Siegert, T. (Hrsg.): Unternehmenssteuerung und Anreizsysteme. Stuttgart 1999, S. 169-182.

Schwalbach, J. (1999b): *Entwicklung der Managementvergütung.* In: Betriebswirtschaftliche Forschung und Praxis. Jg. 51, Nr. 6, 1999, S. 592-602.

Schwalbach, J./Graßhoff, U. (1997): *Managementvergütung und Unternehmenserfolg.* In: Zeitschrift für Betriebswirtschaft. Jg. 67, Heft 2, 1997, S. 203-217.

Seibert, U. (1998): *Stock Options für Führungskräfte – zur Regelung im Kontrolle- und Transparenzgesetz (KonTraG).* In: Pellens, B. (Hrsg.): Unternehmenswertorientierte Entlohnungssysteme. Stuttgart 1998, S. 29-52.

Shleifer, A./Summers, L. H. (1990): *The Noise Trader Approach to Finance.* In: Journal of Economics Perspectives. Vol. 4, 1990, S. 19-33.

Sieben, G. (1995): *Unternehmensbewertung: Discounted Cash Flow-Verfahren und Ertragswertverfahren – Zwei völlig unterschiedliche Ansätze?.* In: Lanfermann, J. (Hrsg.): Internationale Wirtschaftsprüfung. Düsseldorf 1995, S. 713-737.

Sieber, E. H. (1966): *Die internationale Unternehmung.* In: Engeleiter, H.-J. (Hrsg.): Gegenwartsfragen der Unternehmensführung. Herne 1966, S. 51-68.

Sieber, E. H. (1970): *Die multinationale Unternehmung, der Unternehmenstyp der Zukunft?.* In: Zeitschrift für betriebswirtschaftliche Forschung. Jg. 22, Nr. 7, 1970, S. 414-438.

Silverman, D. (1968): *Formal organizations or industrial sociology: Towards a social action analysis of organizations*. In: Sociology. Vol. 2, 1968, S. 221-238.

Silverman, D. (1972): *Theorie der Organisation*. Wien 1972.

Simon, H. A. (1981): *Entscheidungsverhalten in Organisationen*. Deutsche Übersetzung der 3. stark erw. Aufl., Originaltitel: Administrative Behavior (1945). Landsberg a. Lech 1981.

Simon, H. A./Smithburg, D. W./Thompson, V. A. (1971): *Public Administration*. 14. Aufl., New York 1971.

Simons, D. (2001): *Erfolgsneutrale oder erfolgswirksame Buchung von Aktienoptionsprogrammen? – Eine gegenüberstellende Beurteilung anhand eines Beispiels*. In: Die Wirtschaftsprüfung. Jg. 54, Nr. 2, 2001, S. 90-99.

Sloane, P. F. E./Twardy, M./Buschfeld, D. (1998): *Einführung in die Wirtschaftspädagogik*. Paderborn 1998.

Smircich, L. (1983): *Concepts of Culture and Organizational Analysis*. In: Administrative Sience Quarterly. Vol. 28, 1983, S. 339-358.

Smolka, K. M. (2002): *Altana geht im Mai an die New Yorker Börse*. In: Financial Times Deutschland. 28. Januar 2002, S. 6.

Solomon, C. M. (1995): *Global Compensation: Learn the ABCs*. In: Personnel Journal. Vol. 74, No. 7, 1995, S. 70-76.

Solomons, D. (1965): *Divisional Performance: Measurement and Control*. New York 1965.

Speckbacher, G./Fröstl, E./Güldenberg, S. (2002): *Die Anwendung der Balance Scorecard (BSC) in österreichischen Unternehmen. Konzeptionelle Grundlagen und Stand der Anwendung*. In: Seicht, G. (Hrsg.): Jahrbuch für Controlling und Rechnungswesen 2002. Wien 2002, S. 283-307.

Spiller, H. J. (1997): *Arbeiten in den USA: Leistung und Gegenleistung*. In: Personal. Jg. 97, Nr. 5, 1997, S. 252-253.

Spring, H.-R. (1975): *Die Entlöhnung von ins Ausland entsandten Mitarbeitern durch die multinationale Unternehmung*. Winterthur 1975.

Staehle, W. H. (1999): *Management. Eine verhaltenswissenschaftliche Perspektive*. 8. überarb. Aufl. von Conrad, P./Sydow, J., München 1999.

Stahl, G. (1998): *Internationaler Einsatz von Führungskräften*. München 1998.

Steers, R./Sánchez-Runde, C. (2002): *Culture, Motivation, and Work Behavior*. In: Gannon, M. J./Newman, K. L. (Hrsg.): The Blackwell Handbook of Cross-Cultural Management. Oxford 2002, S. 190-216.

STEINER, M. (1995): *Internationalisierung mittelständischer Unternehmungen – Das Kulturmanagement aus Sicht des Stammhauses.* Hallstadt 1995.

STEINLE, C./EGGERS, B./HELL, A. TER (1992): *Gestaltungsmöglichkeiten und -grenzen von Unternehmenskulturen.* In: Diskussionspapier Nr. 174, Fachbereich Wirtschaftswissenschaften, Universität Hannover. Hannover 1992.

STEINMANN, H./SCHERER, A. G. (1996): *Interkulturelles Management zwischen Universalismus und Relativismus – Kritische Anfragen der Betriebswirtschaftslehre an die Philosophie.* Diskussionsbeitrag Nr. 88, Lehrstuhl für Allg. BWL und Unternehmungsführung, Universität Nürnberg-Erlangen.

STEINMANN, H./SCHREYÖGG, G. (2000): *Management. Grundlagen der Unternehmensführung. Konzepte – Funktionen – Fallstudien.* 5., überarb. Aufl., Wiesbaden 2000.

STEPPAN, R. (1998): *Gehälter fast wie bei Vater Staat.* In: Handelsblatt. 10,/11. 07.1998, Nr. 130, S. K1-K2.

STEWART, G. B. (1991): *The quest for value: The EVA management guide.* New York 1991.

STONICH, P. J. (1984): *The Performance Measurement and Reward System: Critical to Strategic Management.* In: Organizational Dynamics. Vol. 13, No. 3, S. 45-57.

SUSA, J. (1996): *Die Gestaltung eines Entgeltsystems für die in Transformation befindlichen Unternehmen in den postsozialistischen Ländern.* Braunschweig, 1996.

SWINFORD, D. (1987): *Unbundling divisional management incentives.* In: Management Review. Vol. 76, July 1987, S. 35-44.

TEPSTRA, V. (1978): *The Cultural Environment of International Business.* Ohio 1978.

THOMAS, A. (1996): *Aspekte interkulturellen Führungsverhaltens.* In: Bergemann, N./Sourisseaux, A. L. J. (Hrsg.): Interkulturelles Management. 2. überarb. Aufl., Heidelberg 1996, S. 35-58.

TOWERS PERRIN (2001): *Worldwide Total Renumeration.* New York et. al 2001.

TROMPENAARS, F. (1993A): *Riding the Waves of Culture: Understanding cultural diversity in business.* London 1993.

TROMPENAARS, F. (1993B): *Handbuch globales Managen.* Düsseldorf 1993.

TROMPENAARS, F./HAMPDEN-TURNER, C. (2001): *Riding the waves of culture.* 2. korrigierte Aufl., London 2001.

VELIYATH, R./FERRIS, S. P./RAMASWAMY, K. (1994): *Business Strategy and Top Management Compensation: The Mediating Effects of Employment Risk, Firm Performance and Size.* In: Journal of Business Research. Vol. 30, No.22, 1994, S. 149-159.

VERNON, R. (1971): *Sovereignity at Bay. The Multinational spread of US Enterprises.* New York 1971.

VROOM, V. H. (1964): *Work and motivation.* New York 1964.

WAGENHOFER, A. (2002): *International Accounting Standards. Bilanzierung und Bewertung. Auswirkungen auf den Jahresabschluß.* 3., aktual. u. erw. Aufl., Frankfurt a. M. 2002.

WAGENHOFER, A./EWERT, R. (2003 (SIC!)): *Externe Unternehmensrechnung.* Heidelberg 2003(sic!).

WÄLCHLI, A. (1995): *Strategische Anreizgestaltung.* Bern 1995.

WEBER, W./FESTING, M./DOWLING, P. J./SCHULER, R. S. (2001): *Internationales Personalmanagement.* 2., aktual. u. überarb. Aufl., Wiesbaden 2001.

WECK, R., DE (2000): *Der Manager-Wahn. Wenn Wirtschaftsführer nicht führen, sondern spielen.* In: Die Zeit. 13.04.2000, Nr. 16,

WEINAND, F. (2000): *Kulturbewusstes Personalmanagement.* Frankfurt a.M. 2000.

WEINER, B. (1972): *Theories of Motivations: From mechanism to cognition.* Chicago 1972.

WEINERT, A. B. (1992): *Anreizsysteme, verhaltenswissenschaftliche Dimension.* In: Frese, E. (Hrsg.): Handwörterbuch der Organisation . 3. völlig neu gestalt. Aufl., Stuttgart 1992, Sp. 122-133.

WEINERT, A. B. (1998): *Organisationspsychologie.* 4., vollst. überarb. Aufl., Weinheim 1998.

WELGE, M. K. (1980): *Management in deutschen multinationalen Unternehmungen: Ergebnisse einer empirischen Untersuchung.* Stuttgart 1980.

WELGE, M. K. (1992A): *Führungskräfte.* In: Gaugler, E. /Weber, W. (Hrsg.): Handwörterbuch des Personalwesens. 2. neubearb. U. erg. Aufl., Stutgart 1992, Sp. 937-947.

WELGE, M. K. (1992B): *Strategien für den internationalen Wettbewerb zwischen Globalisierung und lokaler Anpassung.* In: Kumar, B.N./Haussmann, H. (Hrsg.): Handbuch der Internationalen Unternehmungstätigkeit. München 1992, S. 569-589.

WELGE, M. K./HOLTBRÜGGE, D. (1998): *Internationales Management.* Landsberg a. L. 1998.

WELGE, M. K./HÜTTEMANN, H. H./AL-LAHAM, A. (1996): *Strategieimplementierung, Anreizsystemgestaltung und Erfolg.* In: Zeitschrift Führung und Organisation. Jg. 65, Nr. 2, 1996, S. 80-85.

WENZEL, H.G./PIEKARSKI, C. (1984): *Klima und Arbeit.* 3. Aufl., München 1984.

WILD, J. (1973): *Organisation und Hierarchie.* In: Zeitschrift für Organisation. Jg. 42, Nr. 1, 1973, S. 45-54.

WILLIAMS, J. B. (1938): *The Theory of Investment Value.* Cambridge (Mass.) 1938.

WINTER, S. (1996A): *Prinzipien der Gestaltung von Managementanreizsystemen.* Wiesbaden 1996.

WINTER, S. (1996B): *Möglichkeiten der Gestaltung von Anreizsystemen für Führungskräfte.* Forschungsbericht Nr. 96-6. Berlin 1996.

WIRTH, E. (1996): *Vergütung von Expatriates.* In: Macharzina, K./Wolf, J. (Hrsg.): Handbuch Internationales Führungskräfte-Management. Stuttgart 1996, S. 373-398.

WOLF, J. (1994): *Internationales Personalmanagement. Kontext – Koordination – Erfolg.* Wiesbaden 1994.

WOODRUFF, D. (2001): *Europe, a latecomer, embraces options.* In: The Wall Street Journal. Vol. 112, May 15th, 2001, S. 20.

WUNDERER, R. (1992): *Internationalisierung als strategische Herausforderung für das Personalmanagement. Darstellung ausgewählter Probleme.* In: Zeitschrift für Betriebswirtschaft. Globalisierung und Wettbewerb. Ergänzungsheft 2, 1992, S. 161-181.

WUNDERER, R. (2001): *Führung und Zusammenarbeit: eine unternehmerische Führungslehre.* 4., vollst. überarb. Aufl., Neuwied 2001.

WUNDERER, R./GRUNWALD, W. (1980): *Führungslehre. Band I. Grundlagen der Führung.* Berlin 1980.

YOUNG, K. K. (2002): *Value of multinationality: Internationalization, managerial self-interest, and managerial compensation.* In: Journal of Business Finance & Accounting. Vol. 29, No. 1/2, 2002, S. 55-75.

PERSONAL UND ORGANISATION

Herausgegeben von Prof. Dr. Fred G. Becker, Bielefeld, und Prof. Dr. Jürgen Berthel, Siegen

Band 18
Christian Orth
Unternehmensplanspiele in der betriebswirtschaftlichen Aus- und Weiterbildung – Entwicklung eines Planspiels mit variabler Modellkomplexität
Lohmar – Köln 1999 • 248 S. • € 39,- (D) • ISBN 3-89012-648-0

Band 19
Hanno Stöcker
Leistungsbeurteilungsverfahren in deutschen Banken – Eine empirische Untersuchung
Lohmar – Köln 1999 • 272 S. • € 43,- (D) • ISBN 3-89012-670-7

Band 20
Monika Stricker
Personalabbau mit Perspektive – Ansätze zur Förderung der beruflichen Neuorientierung vor dem besonderen Hintergrund von Restrukturierungen
Lohmar – Köln 1999 • 360 S. • € 46,- (D) • ISBN 3-89012-695-2

Band 21
Sven Günther
Evaluation von Personalentwicklung on-the-job – Konzeptionelle Grundlagen einer integrativen Gestaltung
Lohmar – Köln 2001 • 284 S. • € 44,- (D) • ISBN 3-89012-839-4

Band 22
André Fleer
Der Leistungsbeitrag der Personalabteilung – Systematisierung und Ansätze zu dessen Beurteilung
Lohmar – Köln 2001 • 322 S. • € 46,- (D) • ISBN 3-89012-879-3

Band 23
Marc Kastner
Nutzenanalyse von Personalprogrammen – Betriebliche Berufsausbildung und Personalauswahl aus entscheidungstheoretischer Sicht
Lohmar – Köln 2001 • 310 S. • € 45,- (D) • ISBN 3-89012-884-X

Band 24
Thomas Peuntner
Einfluß des Arbeitsrechts auf Beschäftigungsentscheidungen
Lohmar – Köln 2002 • 424 S. • € 51,- (D) • ISBN 3-89012-926-9

Band 25
Lars Renner
Flexibilität durch individualisierte Arbeitsinhalte und Arbeitszeiten
Lohmar – Köln 2002 • 326 S. • € 49,- (D) • ISBN 3-89012-988-9

Band 26
Lars Reichmann
Entgeltflexibilisierung – Betriebswirtschaftliche und rechtliche Möglichkeiten an Beispielen der IT-Branche
Lohmar – Köln 2002 • 362 S. • € 53,- (D) • ISBN 3-89012-989-7

Band 27
Frank Bau
Anreizsysteme in jungen Unternehmen – Eine empirische Untersuchung
Lohmar – Köln 2003 • 282 S. • € 47,- (D) • ISBN 3-89936-081-8

Band 28
Maike Gattermann-Kasper
Gestaltungsperspektiven von Telearbeit
Lohmar – Köln 2003 • 292 S. • € 48,- (D) • ISBN 3-89936-085-0

Band 29
Christian Rafflenbeul-Schaub
Die Wahl der Lohnform für Verkäufer im Einzelhandel – Eine empirische Untersuchung
Lohmar – Köln 2003 • 254 S. • € 46,- (D) • ISBN 3-89936-151-2

Band 30
Katja Hüfner
Anreizsysteme für Führungskräfte in multinationalen Unternehmungen – Eine Konzeptualisierung unter Berücksichtigung multinational-relevanter Einflussfaktoren
Lohmar – Köln 2003 • 320 S. • € 52,- (D) • ISBN 3-89936-152-0

PLANUNG, ORGANISATION UND UNTERNEHMUNGSFÜHRUNG

Herausgegeben von Prof. Dr. Dr. h. c. Norbert Szyperski, Köln, Prof. Dr. Winfried Matthes, Wuppertal, Prof. Dr. Udo Winand, Kassel, Prof. (em.) Dr. Joachim Griese, Bern, PD Dr. Harald F. O. von Kortzfleisch, Kassel, PD Dr. Ludwig Theuvsen, Göttingen, und Prof. Dr. Andreas Al-Laham, Stuttgart

Band 86
Beate Degen
Responsible Care© in Investments
Lohmar – Köln 2003 • 314 S. • € 48,- (D) • ISBN 3-89936-087-7

Band 87
Harald Wüllenweber
Mehr Kundenbindung durch Organisationales Lernen – Konzept – Modellierung – empirische Befunde
Lohmar – Köln 2003 • 354 S. • € 52,- (D) • ISBN 3-89936-106-7

Band 88
Carolina Catrin Schnitzler
Unternehmenskultur in Internet-Unternehmen – Gestaltungsmöglichkeiten durch Gründer und Führungskräfte
Lohmar – Köln 2003 • 284 S. • € 48,- (D) • ISBN 3-89936-111-3

Band 89
Jens Kiefel
Unternehmenssteuerung im Informationszeitalter – Gestaltung zwischen systemischer Machbarkeit und ökonomischer Rationalität
Lohmar – Köln 2003 • 360 S. • € 53,- (D) • ISBN 3-89936-134-2

Band 90
Matthias Kern
Lean Information System – Problemorientierte Gestaltung von Informationssystemen unter besonderer Berücksichtigung von Lean Management
Lohmar – Köln 2003 • 372 S. • € 54,- (D) • ISBN 3-89936-141-5

Band 91
Jochen Großpietsch
Supply Chain Management in der Konsumgüterindustrie
Lohmar – Köln 2003 • 254 S. • € 46,- (D) • ISBN 3-89936-145-8

WIRTSCHAFTSINFORMATIK

Herausgegeben von Prof. Dr. Dietrich Seibt, Köln, Prof. Dr. Hans-Georg Kemper, Stuttgart, Prof. Dr. Georg Herzwurm, Dresden, und Prof. Dr. Dirk Stelzer, Ilmenau

Band 32
Martin Schindler
Wissensmanagement in der Projektabwicklung – Grundlagen, Determinanten und Gestaltungskonzepte eines ganzheitlichen Projektwissensmanagements
3., durchgesehene Auflage
Lohmar – Köln 2002 • 404 S. • € 51,- (D) • ISBN 3-89936-038-9

Band 34
Olaf Coenen
E-Learning-Architektur für universitäre Lehr- und Lernprozesse
2. Auflage
Lohmar – Köln 2002 • 540 S. • € 55,- (D) • ISBN 3-89012-934-X

Band 38
Stefan Schäfer
Einführung von E-Business-Systemen in deutschen Unternehmen – Fallstudien, Expertenbefragung und DAX100-Umfrage
Lohmar – Köln 2002 • 492 S. • € 53,- (D) • ISBN 3-89012-949-8

Band 39
Matthias Lohse
Intranets – Konzept und Wege zur Realisierung
Lohmar – Köln 2002 • 270 S. • € 46,- (D) • ISBN 3-89012-970-6

Band 40
Christian Seel
Visuelle Simulation von Dienstleistungsprozessen
Lohmar – Köln 2002 • 262 S. • € 46,- (D) • ISBN 3-89012-998-6

Band 41
Manfred Esser
Komplexitätsbeherrschung in dynamischen Diskurswelten – Ein Metamodell zur Modellierung betrieblicher Informationssysteme
Lohmar – Köln 2002 • 280 S. • € 46,- (D) • ISBN 3-89936-036-2

Band 42
Anja Lohse
Integration unterschiedlich strukturierter Daten
Lohmar – Köln 2003 • 234 S. • € 45,- (D) • ISBN 3-89936-135-0

Band 43
Christian Lenz
Empfängerorientierte Unternehmenskommunikation – Einsatz der Internet-Technologie am Beispiel der Umweltberichterstattung
Lohmar – Köln 2003 • 384 S. • € 55,- (D) • ISBN 3-89936-137-7

Band 44
Henning Baars
Videokonferenzsysteme im Kontext betrieblicher Anwendungsszenarien – Architekturgestaltung, Akzeptanz, Nutzen
Lohmar – Köln 2003 • 646 S. • € 73,- (D) • ISBN 3-89936-146-6

ELECTRONIC COMMERCE

Herausgegeben von Prof. Dr. Dr. h. c. Norbert Szyperski, Köln, Prof. Dr. Beat F. Schmid, St. Gallen, Prof. Dr. Dr. h. c. August-Wilhelm Scheer, Saarbrücken, Prof. Dr. Günther Pernul, Essen, und Prof. Dr. Stefan Klein, Münster

Band 12
Horst Tripp
Electronic Procurement Services
Lohmar – Köln 2002 • 394 S. • € 49,- (D) • ISBN 3-89012-935-8

Band 13
Elmar-Marius Licharz
Vertrauen in B2C
Lohmar – Köln 2002 • 294 S. • € 44,- (D) • ISBN 3-89012-945-5

Band 14
Karin Dittewig
Managing Partnerships for Maximum Performance – Best Practice Evidence from the Information Technology Industry
Lohmar – Köln 2002 • 318 S. • € 45,- (D) • ISBN 3-89012-953-6

Band 15
Ursula Markus
Integration der virtuellen Community in das CRM – Konzeption, Rahmenmodell, Realisierung
Lohmar – Köln 2002 • 270 S. • € 46,- (D) • ISBN 3-89012-973-0

Band 16
Ulrike Geißler
Lobbying im E-Business
Lohmar – Köln 2002 • 314 S. • € 48,- (D) • ISBN 3-89012-995-1

Band 17
Ernest Kosilek/Wolfgang Uhr
Public Electronic Procurement – Eine empirische Untersuchung
Lohmar – Köln 2002 • 222 S. • € 44,- (D) • ISBN 3-89936-017-6

Band 18
Daniel Hunziker
Bricks & Clicks im E-Business
Lohmar – Köln 2003 • 228 S. • € 44,- (D) • ISBN 3-89936-054-0

Band 19
Jens Ochel
Senioren im Internet
Lohmar – Köln 2003 • 258 S. • € 46,- (D) • ISBN 3-89936-062-1

Band 20
Arne Schulke
Kooperation zwischen traditionellen Unternehmen und E-Business Startups – Eine Analyse aus Sicht des strategischen Managements
Lohmar – Köln 2003 • 286 S. • € 47,- (D) • ISBN 3-89936-075-3

TECHNOLOGIEMANAGEMENT, INNOVATION UND BERATUNG

Herausgegeben von Prof. Dr. Dr. h. c. Norbert Szyperski, Köln, vBP StB Prof. Dr. Johannes Georg Bischoff, Wuppertal, und Prof. Dr. Heinz Klandt, Oestrich-Winkel

Band 21
Franz Feldmann
Betriebs- und regionalwirtschaftliche Effekte von Technologieparks
Lohmar – Köln 1999 • 252 S. • € 39,- (D) • ISBN 3-89012-693-6

Band 22
Thorsten Meis
Existenzgründung durch Kauf eines kleinen oder mittleren Unternehmens
Lohmar – Köln 2000 • 428 S. • € 51,- (D) • ISBN 3-89012-734-7

Band 23
Bernd Heitzer
Finanzierung junger innovativer Unternehmen durch Venture Capital-Gesellschaften
Lohmar – Köln 2000 • 280 S. • € 43,- (D) • ISBN 3-89012-795-9

Band 24
Andreas Stephan Beyer
Wertorientiertes Innovationsmanagement
Lohmar – Köln 2002 • 312 S. • € 48,- (D) • ISBN 3-89936-019-2
